Calcul stochastique et modèles de diffusions

Francis Comets
Thierry Meyre

Calcul stochastique et modèles de diffusions

Cours et exercices corrigés

2e édition

SMAI

DUNOD

La série « Mathématiques pour le Master/SMAI » propose une nouvelle génération de livres adaptés aux étudiants de Master niveau M1 et aux élèves ingénieurs. Leur adéquation au cursus LMD et aux outils de calcul modernes sont au service de la qualité scientifique.

La SMAI (Société de Mathématiques Appliquées et Industrielles) assure la direction éditoriale grâce à un comité renouvelé périodiquement et largement représentatif des différents thèmes des mathématiques appliquées et de leur évolution : analyse numérique, probabilités appliquées, statistique, optimisation, systèmes dynamiques et commande, traitement d'images et du signal, finance, recherche opérationnelle, etc. Son ambition est de constituer un ensemble d'ouvrages de référence.

Illustration de couverture : © Digitalvision

5 rue Laromiguière, 75005 Paris
www.dunod.com

ISBN 978-2-10-073837-3

Table des matières

AVANT-PROPOS IX

Partie 1 • Cours

CHAPITRE 1 • **INTRODUCTION : PROCESSUS ALÉATOIRE**

1.1 Définition 3

1.2 Loi des processus aléatoires 4

1.3 Existence de processus aléatoires 6

1.4 Espaces gaussiens 7

CHAPITRE 2 • **MOUVEMENT BROWNIEN ET MARTINGALES**

2.1 Mouvement brownien 11

2.2 Principe d'invariance 16

2.3 Construction du mouvement brownien 18

2.4 Variation quadratique du mouvement brownien 21

2.5 Martingales 22

2.6 Caractérisation de Paul Lévy 32

CHAPITRE 3 • **INTÉGRALE ET DIFFÉRENTIELLE STOCHASTIQUE**

3.1 Intégrale stochastique d'Itô 37

3.2 Formule d'Itô 44

CHAPITRE 4 • **PREMIERS PAS AVEC LE CALCUL STOCHASTIQUE**

4.1 Équation de Langevin 55

4.2 Mouvement brownien et équations aux dérivées partielles 60

4.3 La transformation de Girsanov 70

4.4 La loi de l'arcsinus 80

CHAPITRE 5 • **ÉQ. DIFFÉRENTIELLES STOCHASTIQUES ET PROCESSUS DE DIFFUSION**

5.1 Équations différentielles stochastiques 83

5.2 Approximation diffusion 96

5.3 Filtrage linéaire 99

CHAPITRE 6 • **DIFFUSIONS ET OPÉRATEURS AUX DÉRIVÉES PARTIELLES**

6.1 Les diffusions comme processus de Markov 107

6.2 Diffusions et équations aux dérivées partielles 112

6.3 Mouvement d'une particule dans un potentiel 119

6.4 Générateur infinitésimal : d'autres applications 131

CHAPITRE 7 • **SIMULATION DE DIFFUSIONS**

7.1 Introduction et le cas du mouvement brownien 137

7.2 Schéma d'Euler 140

7.3 Approximation forte 141

7.4 Approximation faible 144

7.5 Schéma de Milstein 146

Partie 2 • Exercices et problèmes corrigés

CHAPITRE 8 • **EXERCICES D'INTRODUCTION : VECTEURS GAUSSIENS**

8.1 Rappels de cours 153

8.2 Exercices corrigés 156

CHAPITRE 9 • **MOUVEMENT BROWNIEN ET MARTINGALES, EXERCICES**

9.1 Rappels sur l'espérance conditionnelle 165

9.2 Complément de cours en vue des exercices : variation d'un processus 167

9.3 Propriétés du mouvement brownien 168

9.4 Pont brownien 173

9.5 Martingales 182

CHAPITRE 10 • **INTÉGRALE ET DIFFÉRENTIELLE STOCHASTIQUE, EXERCICES**

10.1 Complément de cours : intégrale de Wiener 203
10.2 Exercices sur l'intégrale de Wiener 204
10.3 Processus d'Itô 214
10.4 Formule d'Itô avec un mouvement brownien réel 217
10.5 Formule d'Itô avec un mouvement brownien multidimensionnel 224

CHAPITRE 11 • **PREMIERS PAS AVEC LE CALCUL STOCHASTIQUE, EXERCICES**

11.1 Oscillation d'une diffusion à l'origine 233
11.2 Loi d'un temps d'atteinte pour le mouvement brownien avec dérive constante 234
11.3 Fonctionnelle d'Onsager-Machlup 241
11.4 Changement de dérive 244

CHAPITRE 12 • **EDS ET PROCESSUS DE DIFFUSION, EXERCICES**

12.1 Mouvement brownien sur le cercle unité 247
12.2 Variation de la constante 248
12.3 Changement de variable 250
12.4 Borne supérieure d'une diffusion 251
12.5 Propriété de martingale pour une transformée de diffusion 253
12.6 Mouvement brownien géométrique 254
12.7 Carré de processus de Bessel 258
12.8 Dépendance en la condition initiale 259
12.9 Équation différentielle stochastique de Tanaka 261

CHAPITRE 13 • **DIFFUSIONS ET OPÉRATEURS AUX DÉRIVÉES PARTIELLES, EXERCICES**

13.1 Compléments de cours 265
13.2 Passages successifs de barrières pour un mouvement brownien réel 267
13.3 Principe de réflexion du mouvement brownien 269
13.4 Récurrence ou transience du mouvement brownien 272

CHAPITRE 14 • **SIMULATION DE DIFFUSIONS, EXERCICES**

14.1 Introduction à Matlab 279
14.2 Simulation d'un mouvement brownien 282
14.3 Fonction de répartition du maximum d'un pont brownien 286
14.4 Simulation d'une diffusion 289

CHAPITRE 15 • **PROBLÈMES CORRIGÉS**

15.1 Équation de Smoluchowski 295

15.2 Fonction hyperbolique d'un mouvement brownien 303

15.3 Mouvement brownien sur le cercle 308

15.4 Fonctionnelle quadratique du mouvement brownien 313

15.5 Martingale et transformée de Fourier 316

15.6 Martingale locale exponentiellement intégrable mais non martingale 320

15.7 Mouvement brownien conditionné à rester positif 325

15.8 Équation des ondes 330

RÉFÉRENCES BIBLIOGRAPHIQUES 337

INDEX 339

Avant-propos

Ce livre est une introduction au calcul stochastique et aux processus de diffusion. Les diffusions sont des fonctions aléatoires, qui sont très utilisées en physique, chimie, biologie, statistique et en finance. Leur nature même en fait un outil de *modélisation* formidable : elle permet de capter des dynamiques instantanées entachées d'incertitude. Bien au-delà de leur intérêt descriptif, elles se prêtent aux utilisations quantitatives. Ce livre donne les outils d'étude et de calcul, à la fois analytiques et numériques, et détaille par ailleurs certains aspects phénoménologiques des diffusions.

Le livre reprend nos notes de cours et de travaux dirigés au Diplôme d'études approfondies (DEA) de statistique et modèles aléatoires en économie et finance – devenu maintenant le Master 2e année (M2) modélisation aléatoire – à l'université Paris 7 – Denis Diderot.

Nous avons voulu écrire un cours direct et simple, fluide et illustré, en privilégiant les arguments et les aspects essentiels. Il existe d'excellents ouvrages sur le sujet, mais la difficulté technique et le niveau de généralité sont souvent des obstacles difficiles à franchir. Celui-ci ne vise pas à la plus grande généralité, mais aux objets et concepts primordiaux, en ne développant que les outils strictement nécessaires, dans un cadre simple. Il est cependant, le plus souvent, sans concession mathématique. La rigueur est le prix à payer pour disposer de la puissance du calcul stochastique, mais il reste néanmoins que le calcul stochastique doit être utilisé aussi communément que le calcul différentiel classique de Newton.

La beauté de la théorie des diffusions ne saurait faire oublier les exigences de sa mise en œuvre pratique : comme toutes les autres formes de calcul, le calcul stochastique ne s'acquiert réellement qu'à force d'exercice. C'est pourquoi il nous a paru important, aussi bien dans notre enseignement oral que dans la présente édition, d'offrir à nos étudiants et à nos lecteurs l'opportunité de développer une habileté technique en se confrontant à divers énoncés puis en comparant leur travail aux corrigés, généralement très détaillés, qui leur sont proposés. En outre, divers rappels et compléments utiles sont donnés au fil de cet ouvrage ; certains auraient pu trouver leur place dans la première partie consacrée au cours, mais nous avons fait le choix de les présenter sous forme d'exercices. Divers sujets de problèmes sont proposés en annexe ; à la suite de chacun d'eux, une proposition de correction est développée. Il s'agit en fait d'énoncés d'examens, composés dans le cadre de notre enseignement.

Les diverses applications du calcul stochastique soulèvent rapidement la question de la simulation des diffusions apparaissant dans les modèles étudiés. En outre, c'est souvent en cherchant à simuler un processus que l'on comprend plus en détail son mode de construction. C'est pourquoi nous avons voulu consacrer les chapitres 7 et 14 à une introduction à ce vaste sujet. Le lecteur y trouvera un guide des premiers pas avec le logiciel Matlab puis des exercices de simulation de diffusions « classiques », accompagnés de propositions de codes en Matlab. Les figures qui illustrent cet ouvrage ont été obtenues à l'aide de tels codes.

Ce livre s'adresse aux élèves de master qui ont déja suivi, à l'université ou en école d'ingénieur, un cours de probabilité avec théorie de la mesure et de l'intégration abstraite : étudiants en mathématiques financières, en statistique, en probabilité dans une filière théorique ou appliquée, en physique théorique ou statistique.

Le livre s'articule en deux parties : I. Cours ; II. Exercices, énoncés et corrigés. Nos expériences pédagogiques nous ont conduits à préférer cette forme dans l'intérêt du lecteur. Au final, l'exposé du cours est linéaire, il est conçu pour se lire sans devoir nécessairement remettre à plus tard la lecture de certains paragraphes. La deuxième partie du livre rassemble les énoncés des exercices et leurs corrigés détaillés ; par sa variété, sa progressivité et son aspect complet, elle est, pensons-nous, unique dans le domaine. De nombreux renvois et références rendent les deux parties parfaitement complémentaires. Le découpage en chapitre est identique dans les deux parties.

Les aspects essentiels que nous abordons sont : le mouvement brownien, les martingales continues, les équations différentielles stochastiques, les liens avec les équations aux dérivées partielles linéaires du second ordre, la simulation des diffusions. Nous avons détaillé certains exemples : le processus d'Ornstein-Uhlenbeck, le filtrage de Kalman, la diffusion de Feynman-Kac, la diffusion de Smoluchowski – en particulier sous l'aspect de la réversibilité –, une version simplifiée de l'algorithme de recuit simulé. Pour les équations différentielles stochastiques, nous avons aussi privilégié l'aspect modélisation. Nous nous sommes volontairement abstenu d'aborder les changements de temps, la théorie spécifique des équations différentielles stochastiques unidimensionnelles, celle du temps local. Nous avons volontairement sacrifié l'exhaustivité à la simplicité et la clarté.

C'est le lieu pour nous de remercier d'abord Jean-François Le Gall et Gabriel Ruget qui nous ont fait découvrir le mouvement brownien et les modèles de diffusion avec enthousiasme. Francis Comets a beaucoup appris de Jacques Neveu et Étienne Pardoux à l'occasion d'enseignements communs à l'École Polytechnique. Nous remercions

Laure Élie qui nous a donné l'opportunité de faire cet enseignement en DEA à Paris 7, où Thierry Meyre a aussi collaboré avec Mireille Chaleyat-Maurel. Nous remercions Dominique Prochasson pour ses critiques et remarques sur le manuscrit du cours. Thierry Meyre remercie Marc Hoffmann avec lequel il a partagé de sympathiques séances de travaux pratiques en Matlab. Enfin, ce livre ne serait pas écrit sans l'attention, la réactivité et la bonne humeur de nos étudiants de DEA : ils ont fortement motivé sa rédaction, nous espérons que leurs successeurs leur donneront raison et qu'ils pourront évoquer ensemble quelques anecdotes et souvenirs lors de la traditionnelle « réunion des anciens ».

La deuxième édition de cet ouvrage a été pour nous l'occasion de rectifier des inexactitudes – dont certaines signalées par nos lecteurs auxquels nous sommes reconnaissants – et de renouveler une partie des exercices et problèmes. Nous remercions vivement nos collègues François Delarue, Mathieu Merle et Justin Salez, pour leurs contributions à cette nouvelle édition.

PARTIE 1

COURS

Chapitre 1

Introduction : processus aléatoire

Dans ce court chapitre, nous donnons quelques définitions de base et le plus souvent élémentaires, concernant les processus aléatoires. Nous nous limitons au strict nécessaire pour la suite du livre, bien loin d'entrer dans une étude systématique qu'on pourra trouver dans [**8, 15, 17**].

1.1 DÉFINITION

Soit $(\Omega, \mathcal{A}, \mathbf{P})$ un espace de probabilité, et $(E, \mathcal{E})$ un espace mesurable. Soit $\mathbb{T}$ un ensemble, par exemple $\mathbb{T} = \mathbb{N}, \mathbb{R}, \mathbb{R}^d$. On considère une application

$$\begin{aligned} X :\ \mathbb{T} \times \Omega &\to E \\ (t, \omega) &\mapsto X(t, \omega) . \end{aligned}$$

On lui associe, pour tout $t \in \mathbb{T}$, sa coordonnée d'indice t, notée X_t ou encore $X(t)$, qui est définie comme l'application $\omega \mapsto X(t, \omega)$ de Ω dans E. On dira que X est un processus aléatoire X défini sur Ω, indexé par $\mathbb{T}$ et à valeurs dans E si ses coordonnées sont des variables aléatoires sur Ω, i.e., si

$$X(t) : \omega \mapsto X(t, \omega) \text{ est une variable aléatoire pour tout } t \in \mathbb{T}.$$

Ce cadre englobe à la fois le cas où $\mathbb{T} = \mathbb{N}$ ou $\mathbb{Z}$ – on dit alors aussi que X est une suite aléatoire –, le cas où $\mathbb{T} = \mathbb{R}$ ou $\mathbb{R}^+$ – on dit alors que X est une fonction aléatoire–, et celui où $\mathbb{T} = \mathbb{Z}^d$ ou $\mathbb{R}^d$ – on dit que X est un champ aléatoire. Bien sûr, dans le cas d'un ensemble d'indice fini $\mathbb{T} = \{1, \cdots n\}$, $X = (X_1, \cdots X_n)$ est un vecteur aléatoire, et le lecteur gardera à l'esprit ce cas simple, pour le mettre en regard du cas général.

Exemple 1.1. a) Avec ξ_i, $i \geqslant 1$ une suite de variables aléatoires réelles sur Ω, et $\mathbb{T} = \mathbb{N}$, la suite des sommes partielles

$$X(t, \omega) = \sum_{i \leqslant t} \xi_i$$

intervient dans de nombreux problèmes.

b) Considérons des fréquences $f_k > 0$, des modulations d'amplitude $\lambda_k > 0$ avec $\sum_k \lambda_k < \infty$, et

$$X(t, \omega) = \sum_{k \geqslant 1} \lambda_k A_k(\omega) \sin\{2\pi f_k t + \phi_k(\omega)\} , \quad t \in \mathbb{T} = \mathbb{R}, \tag{1.1.1}$$

avec une suite indépendante identiquement distribuée $(A_k, \phi_k)_k$ définie sur Ω à valeurs $(0, 1] \times (-\pi, \pi]$. La fonction aléatoire X est la superposition d'ondes avec amplitudes et phases aléatoires, c'est un modèle couramment utilisé en théorie du signal.

1.2 LOI DES PROCESSUS ALÉATOIRES

En particulier, on désire considérer la trajectoire de X, i.e., l'application (encore notée X) : $\omega \mapsto (X(t, \omega))_{t \in \mathbb{T}}$, de Ω dans l'ensemble $E^{\mathbb{T}}$ des applications de $\mathbb{T}$ dans E.

Rappelons que la tribu produit $\bigotimes_{t \in \mathbb{T}} \mathcal{E}$ est la tribu sur $E^{\mathbb{T}}$ engendrée par les cylindres mesurables de dimension finie, i.e., les sous-ensembles de $E^{\mathbb{T}}$ de la forme

$$C = \Pi_{t \in \mathbb{T}} A_t , \quad \text{avec } A_t \in \mathcal{E} \text{ et } \operatorname{Card}\{t : A_t \neq E\} < \infty . \tag{1.2.2}$$

On peut vérifier que si X est un processus aléatoire, sa trajectoire $\omega \mapsto (X(t, \omega))_{t \in \mathbb{T}}$ est mesurable de $(\Omega, \mathcal{A})$ dans $(E^{\mathbb{T}}, \bigotimes_{t \in \mathbb{T}} \mathcal{E})$. On appelle loi du processus aléatoire X la mesure de probabilité $\mathbf{P}_X$ sur $\bigotimes_{t \in \mathbb{T}} \mathcal{E}$, image de $\mathbf{P}$ par X, définie par

$$\mathbf{P}_X(A) = \mathbf{P}(X \in A) , \quad A \in \bigotimes_{t \in \mathbb{T}} \mathcal{E} .$$

Puisque la classe des cylindres mesurables de dimension finie engendre la tribu, et est stable par intersection finie, le théorème de la classe monotone (page 48 [**24**]) montre que la probabilité $\mathbf{P}_X$ est déterminée par ses valeurs sur cette classe. Mais, si $C = \Pi_{t \in \mathbb{T}} A_t$ est un cylindre et si $t_1, \cdots t_n$ désignent les indices t pour lesquels $A_t \neq E$, la valeur de la probabilité $\mathbf{P}_X(C)$ s'exprime à l'aide de la loi du vecteur fini-dimensionnel $(X_{t_1}, \cdots X_{t_n})$, puisque

$$\mathbf{P}_X(C) = \mathbf{P}((X_{t_1}, \cdots X_{t_n}) \in A_{t_1} \times \cdots \times A_{t_n}) .$$

Ainsi, la loi de X est déterminée par ses marginales fini-dimensionnelles. Si $Y = (Y_t)_{t\in\mathbb{T}}$ est un autre processus aléatoire dans E, et si $(X_{t_1}, \cdots X_{t_n})$ a même loi que $(Y_{t_1}, \cdots Y_{t_n})$ pour tout n et tout $t_1, \cdots t_n \in \mathbb{T}$, les deux processus sont égaux en loi.

Réciproquement, à toute loi de probabilité Q sur $\bigotimes_{t\in\mathbb{T}} \mathcal{E}$ correspond un processus au moins : considérons $\Omega = E^{\mathbb{T}}, \mathcal{A} = \bigotimes_{t\in\mathbb{T}} \mathcal{E}$, $\mathbf{P} = Q$, et le processus $X = (X_t)_t$, appelé *processus canonique* défini par $X_t : \omega = (\omega_s)_{s\in\mathbb{T}} \mapsto \omega_t$. (Il s'agit bien d'un processus, car l'application projection X_t est mesurable.) Alors, le processus X est simplement l'identité sur Ω, et sa loi est $X \circ \mathbf{P} = Q$.

Indépendance de deux processus : par définition, les processus $X = (X_t, t \in \mathbb{T})$ et $Y = (Y_s, s \in \mathbb{S})$ définis sur le même espace $(\Omega, \mathcal{A}, \mathbf{P})$ sont dits indépendants si et seulement si les tribus engendrées, $\sigma(X) = \sigma(X_t, t \in \mathbb{T})$ et $\sigma(Y)$, le sont. Puisque $\sigma(X)$ est engendrée par les ensembles $\{X_{t_1} \in A_1, \cdots X_{t_n} \in A_n\}$ pour $t_1, \cdots t_n \in \mathbb{T}, n \geqslant 1$ et $A_1, \cdots A_n \in \mathcal{E}$, on a les équivalences

$$\begin{aligned} X, Y \text{ indépendants} &\iff \mathbf{P}_{(X,Y)} = \mathbf{P}_X \otimes \mathbf{P}_Y \\ &\iff \begin{array}{l}(X_{t_1}, \cdots X_{t_n}) \text{ et } (Y_{s_1}, \cdots Y_{s_m}) \text{ indépendants} \\ \forall n, t_1, \cdots t_n, m, s_1, \cdots s_m,\end{array} \end{aligned}$$

i.e., si on a l'indépendance de tous les vecteurs fini-dimensionnels extraits de X et de Y.

Il existe plusieurs notions de **continuité** de fonction aléatoire réelle, mais celle-ci est la plus importante pour nous. Dorénavant, $\mathbb{T} \subset \mathbb{R}$ est un intervalle.

Définition 1.1. *Une fonction aléatoire réelle continue est une fonction aléatoire réelle $X : (t, \omega) \mapsto X(t, \omega) \in \mathbb{R}$, telle que*

$$t \mapsto X(t, \omega) \text{ est continue } \forall \omega \ .$$

On considérera aussi des fonctions aléatoires réelles presque sûrement (p.s.) continues, i.e., telles que la propriété ci-dessus soit vraie pour $\mathbf{P}$-presque tout ω, et notre propos s'applique à ces fonctions aléatoires réelles p.s. continues sans modification. Notant $\mathcal{C} = \mathcal{C}(\mathbb{T}, \mathbb{R})$ l'ensemble des fonctions continues de $\mathbb{T}$ dans $\mathbb{R}$, il est plus naturel de définir, vu la continuité, la trajectoire $\omega \mapsto X(\cdot, \omega)$ de X comme l'application (toujours notée X) de Ω dans $\mathcal{C}$. Mais $\mathcal{C}$ possède une topologie naturelle, et le résultat suivant montre que cette application est borélienne. Munissons $\mathcal{C}(\mathbb{T}, \mathbb{R})$ de la norme uniforme $\|x - y\|_\infty = \max_{t\in\mathbb{T}} |x(t) - y(t)|$ si $\mathbb{T}$ est un intervalle fermé borné, et sinon, de la topologie de la convergence uniforme sur les compacts de $\mathbb{T}$. Considérons enfin la tribu borélienne $\mathcal{B}(\mathcal{C})$ sur $\mathcal{C}$.

Définition 1.2. *Si X est une fonction aléatoire réelle continue, l'application*

$$X : \omega \mapsto X(\cdot, \omega) \ .$$

est mesurable de $(\Omega, \mathcal{A})$ dans $(\mathcal{C}(\mathbb{T}, \mathbb{R}), \mathcal{B}(\mathcal{C}))$. On appellera loi de la fonction aléatoire réelle continue X la loi image de $\mathbf{P}$ par X sur la tribu borélienne $\mathcal{B}(\mathcal{C})$.

Démonstration. (que l'on pourra passer en première lecture) : Montrons que la trace sur $\mathcal{C}$ de la tribu produit $\mathcal{B}(\mathbb{R})^{\otimes \mathbb{T}}$ coincide avec la tribu borélienne $\mathcal{B}(\mathcal{C})$, ce qui entraîne la mesurabilité.

(i) L'inclusion $\mathcal{B}(\mathbb{R})^{\otimes \mathbb{T}} \bigcap \mathcal{C} \subset \mathcal{B}(\mathcal{C})$: pour tout t, l'application coordonnée $x \mapsto x(t)$ de $\mathcal{C}$ dans $\mathbb{R}$ est continue – car liptchitzienne de rapport 1 dans la norme uniforme –, donc borélienne. Mais la tribu produit étant la plus petite tribu rendant les projections mesurables, on a l'inclusion voulue.

(ii) Réciproquement, la tribu borélienne est engendrée par les ouverts, et puisque $\mathcal{C}$ est séparable, elle est engendrée par les boules ouvertes, ou encore par les boules fermées. Mais on peut écrire toute boule fermée $B(y, \varepsilon)$ de centre $y = (y(t), t \in \mathbb{T})$ et rayon $\varepsilon > 0$ sous la forme

$$\begin{aligned} B(y,\varepsilon) &= \bigcap_{t\in\mathbb{T}} \{x \in \mathcal{C} : |x(t) - y(t)| \leqslant \varepsilon\} \\ &= \bigcap_{n>0} \bigcap_{t\in\mathbb{T}\bigcap\mathbb{Q}} \{x \in \mathcal{C} : |x(t) - y(t)| \leqslant \varepsilon + 1/n\} \end{aligned}$$

par continuité de x et y. La dernière écriture montre que les boules fermées sont dans la tribu produit. □

1.3 EXISTENCE DE PROCESSUS ALÉATOIRES

Pour nous assurer de l'existence de processus élémentaires, rappelons deux résultats classiques. Le premier affirme l'existence d'une suite de variables aléatoires indépendantes identiquement distribuées de loi prescrite.

Théorème 1.1. *Soit $(E, \mathcal{E}, \rho)$ un espace probabilisé quelconque. Il existe une unique probabilité P sur $(E^{\mathbb{N}}, \mathcal{E}^{\otimes\mathbb{N}})$ telle que $P(C) = \Pi_{n\in\mathbb{N}}\, \rho(A_n)$ pour tout cylindre mesurable $C = \prod_n A_n$.*

Voir [**21**], p. 149, pour une démonstration. En ajoutant une hypothèse sur l'espace de base E, on peut construire des familles i.i.d. infinies mais non dénombrables, comme le montre le deuxième résultat.

Si Q est une probabilité sur $E^{\mathbb{T}}$ et $J \subset \mathbb{T}$, on note $Q_{|J}$ la projection de Q sur E^J, i.e., l'image de Q par la projection de $E^{\mathbb{T}}$ sur E^J. On a bien sûr la propriété de compatibilité : si $I \subset J$, $(Q_{|J})_{|I} = Q_I$.

Théorème 1.2. *(de prolongement de Kolmogorov.) Soit $\mathbb{T}$ un ensemble d'indice quelconque, et E un espace polonais (i.e., métrisable, séparable, complet). Considérons une famille Q_I de probabilités sur $\mathcal{B}(E)^{\otimes I}$ indexée par les sous-ensembles finis I de $\mathbb{T}$, qui soit compatible au sens où*

$$(Q_J)_{|I} = Q_I\ , \quad I \subset J \subset \mathbb{T}\ , J \text{ fini}\ .$$

Alors, il existe une unique probabilité R sur la tribu borélienne de $E^{\mathbb{T}}$ telle que $R_{|I} = Q_I\ , \quad I \subset \mathbb{T}$ fini.

Voir [**21**], p. 79, pour une démonstration. Nous allons plutôt donner ici un exemple d'application.

Si X est un processus aléatoire réel indexé par $\mathbb{T}$, arbitraire mais de carré intégrable (i.e., $\mathbf{E}X(t)^2 < \infty, t \in \mathbb{T}$), on définit ses fonctions de moyenne m et de covariance Γ,

$$m(t) = \mathbf{E}X(t) \ , \quad \Gamma(s,t) = \mathrm{Cov}(X(s), X(t)) \ .$$

Notons que Γ est nécessairement symétrique de type positif, c'est-à-dire que toute matrice carrée extraite de Γ est symétrique positive. On dira qu'une fonction Γ de $\mathbb{T} \times \mathbb{T} \mapsto \mathbb{R}$ est *symétrique de type positif* si

$$\Gamma(s,t) = \Gamma(t,s) \ , \qquad \sum_{1 \leqslant i,j \leqslant n} u_i u_j \Gamma(t_i, t_j) \geqslant 0 \quad \forall n \geqslant 1, u_1, \ldots u_n \in \mathbb{R} \ .$$

Notons que dans le cas où Γ est une fonction de covariance, cette dernière somme vaut $\mathrm{Var}(\sum_i u_i X(t_i)) \geqslant 0$.

Exemple 1.2. (Existence de processus gaussiens, voir définition ci-dessous)

Soit $m : \mathbb{T} \mapsto \mathbb{R}$, et $\Gamma : \mathbb{T} \times \mathbb{T} \mapsto \mathbb{R}$ une fonction symétrique de type positif. Alors, il existe un processus gaussien X indexé par $\mathbb{T}$, de moyenne m et covariance Γ. Il est unique en loi, sa loi est appelée *loi normale* de moyenne m et covariance Γ, notée $\mathcal{N}_{\mathbb{T}}(m, \Gamma)$.

En effet, pour un sous-ensemble fini $I \subset \mathbb{T}$, considèrons le vecteur $m_{|I} = (m(t); t \in I)$, et la matrice $\Gamma_{|I} = [\Gamma(s,t); s, t \in I]$, qui est symétrique positive par hypothèse : il est bien connu que la loi normale $Q_I = \mathcal{N}_I(m_{|I}, \Gamma_{|I})$ existe sur $\mathbb{R}^I$. D'autre part, si $I \subset J \subset \mathbb{T}$ sont finis, soit Y un variable aléatoire indexé par J de loi Q_J ; la projection de Q_J sur $\mathbb{R}^I$ est la loi de la restriction $(Y(t), t \in I)$, qui est encore un vecteur gaussien d'après les propriétés classiques des vecteurs gaussiens, il a pour moyenne $(m_{|J})_{|I} = m_{|I}$ et matrice de covariance $[\Gamma_{|J}]_{|I} = \Gamma_{|I}$. Finalement, $(Q_J)_I = Q_I$, et d'après le théorème 1.2, il existe une loi Q sur $\mathbb{R}^{\mathbb{T}}$ dont les projections sont les Q_I. Pour montrer son unicité, il suffit de remarquer qu'une telle loi est définie par ses projections fini-dimensionnelles, et que la loi $\mathcal{N}(m_{|I}, \Gamma_{|I})$ est unique.

1.4 ESPACES GAUSSIENS

Voici quelques rappels : la densité gaussienne d'espérance $m \in \mathbb{R}$ et d'écart-type $\sigma > 0$ est la fonction

$$g_{m,\sigma^2}(x) = \frac{1}{\sigma\sqrt{2\pi}} \exp\left\{ -\frac{(x-m)^2}{2\sigma^2} \right\}$$

On écrira g_{σ^2} au lieu de g_{m,σ^2} pour simplifier les notations. La loi de densité g_{m,σ^2} sur $\mathbb{R}$ est notée $\mathcal{N}(m, \sigma^2)$, et appelée loi normale (ou gaussienne) de moyenne m et variance σ^2. Une variable aléatoire réelle X est dite gaussienne si elle suit une densité gaussienne, ou si elle est p.s. constante ; dans ce dernier cas, on note m cette constante, $\sigma = 0$ et $\mathcal{N}(m, 0)$ la loi – de manière consistante. Sa fonction caractéristique est

$$\mathbf{E}\exp\{iuX\} = \exp\{ium - \sigma^2u^2/2\}\ , \quad u \in \mathbb{R}$$

Un vecteur aléatoire $X = (X_1, \cdots X_n)$ est dit gaussien si toute combinaison linéaire $\sum_i u_iX_i$ de ses composantes est une variable aléatoire réelle gaussienne. On constate aisément que, notant $m = \mathbf{E}(X)$ et $\Gamma = \mathrm{Cov}(X)$ la matrice de covariance de taille $n \times n$, alors la fonction caractéristique de X est

$$\mathbf{E}\exp\{iu \cdot X\} = \exp\{iu \cdot m - \frac{1}{2}u^*\Gamma u\}\ , \quad u \in \mathbb{R}^n\ ,$$

avec u^* le transposé du vecteur u.

Définition 1.3. *Une fonction aléatoire réelle $X = (X(t), t \in \mathbb{T})$ est dite gaussienne si tout vecteur fini-dimensionnel $(X(t_1), \cdots X(t_n))$ (avec $n \geqslant 1$ et $t_1, \cdots, t_n \in \mathbb{T}$ arbitraires), est gaussien.*

La loi de la fonction aléatoire réelle X, définie par les lois des vecteurs fini-dimensionnels qui sont eux-mêmes caractérisés par moyenne et variance, est donc entièrement spécifiée par les fonctions de moyenne $m(t)$ et de covariance $\Gamma(s, t)$.

Pour étudier les processus gaussiens, il est souvent utile d'utiliser la force de la théorie hilbertienne. Voici un exemple.

Par définition, si X est une fonction aléatoire gaussienne, l'espace vectoriel engendré par les composantes de X,

$$\mathrm{Vect}(X) = \{\sum_{i=1}^{n} u_iX(t_i)\ ;\ n \geqslant 1, u_i \in \mathbb{R}, t_i \in \mathbb{T}, i \leqslant n\}$$

est constitué de variables aléatoires gaussiennes. C'est donc un sous-espace vectoriel de $L^2(\Omega, \mathcal{A}, \mathbf{P})$, qui lui-même est un espace de Hilbert pour le produit scalaire $Y, Z \mapsto \langle Y, Z\rangle = \mathbf{E}(XY)$. L'adhérence $\overline{\mathrm{Vect}(X)}^{L^2}$ de $\mathrm{Vect}(X)$ dans $L^2(\Omega, \mathcal{A}, \mathbf{P})$ est encore un sous-espace vectoriel de $L^2(\Omega, \mathcal{A}, \mathbf{P})$, il est fermé dans cet espace de Hilbert : il est lui-même un espace de Hilbert, en restreignant le produit scalaire à $\overline{\mathrm{Vect}(X)}^{L^2}$. Ses éléments sont des variables aléatoires gaussiennes, car elles sont L^2-limites de variables aléatoires gaussiennes. En effet, une propriété bien connue est que toute limite en loi de variables aléatoires gaussiennes est encore gaussienne.

Définition 1.4. *(i) Un sous-espace vectoriel fermé H de L^2 est appelé espace gaussien, s'il est constitué de variables aléatoires gaussiennes centrées.*

(ii) Soit X une fonction aléatoire gaussienne. L'espace gaussien H^X associé à X est

$$H^X = \overline{\mathrm{Vect}\,(X(t) - \mathbf{E}X(t); t \in \mathbb{T})}^{L^2}\ .$$

Lorsque X est centré, c'est le plus petit sous-espace gaussien contenant toutes les composantes de X.

Supposons à présent que X est une fonction aléatoire réelle gaussienne, indéxée par $\mathbb{T} = \mathbb{R}$, continue en moyenne quadratique, i.e.,

$$t \mapsto X(t) \text{ , est continue de } \mathbb{R} \to L^2(\Omega, \mathcal{A}, \mathbf{P})$$

Cette propriété de continuité de X entraîne que l'espace H^X est séparable : on constate facilement que le $\mathbb{Q}$-espace vectoriel engendré par la famille dénombrable $(X(t) - \mathbf{E}X(t); t \in \mathbb{Q})$ est dense dans H^X muni de sa norme. L'espace H^X est donc un Hilbert séparable, il possède une suite orthonormée $(\xi_n; n \in \mathbb{N})$. Remarquons que les variables aléatoires $\xi_n = \xi_n(\omega)$ sont gaussiennes centrées – car éléments de H^X –, de variance 1 – car elles sont normées –, et non corrélées – car $\mathrm{Cov}(\xi_n, \xi_m) = <\xi_n, \xi_m> = 0$ – donc indépendantes – puisque la suite $(\xi_n)_n$ de H^X est une suite conjointement gaussienne. Ainsi, les $\xi_n, n \geqslant 0$, forment tout simplement une suite indépendante et identiquement distribuée de loi gaussienne centrée réduite. Réciproquement, pour une telle suite, le sous-espace fermé engendré par cette suite est un espace gaussien séparable.

Développons maintenant $X(t) - \mathbf{E}X(t)$ sur cette base orthonormée :

$$X(t) = \mathbf{E}X(t) + \sum_n c_n(t)\xi_n(\omega) \quad t \in \mathbb{R} \, , \tag{1.4.3}$$

avec les coefficients donnés par

$$c_n(t) = <X(t) - \mathbf{E}X(t), \xi_n> = \mathbf{E}X(t)\xi_n \, .$$

Cette décomposition s'appelle la *formule de Karhunen-Loève*. Il convient de remarquer que X s'écrit comme somme d'une série de produits d'une fonction de t seulement, et d'une fonction de ω seulement. Nous la retrouverons dans le chapitre suivant, lors de la construction du mouvement brownien, plus précisément à la formule (2.3.4).

Chapitre 2

Mouvement brownien et martingales

2.1 MOUVEMENT BROWNIEN

C'est au botaniste Brown en 1827 que l'on doit – outre son nom – une des premières observations du mouvement brownien. Examinant le mouvement de grains de pollen en suspension dans un liquide, il remarqua les trajectoires erratiques des grains, dont les collisions avec les particules du liquide occasionnaient une dispersion (diffusion) des grains. Vers 1905, Albert Einstein mit en évidence le mouvement brownien en étudiant la dynamique moléculaire, ainsi que ses relations avec l'équation de la chaleur et la diffusion. Jean Perrin entreprit son étude expérimentale systématique vers 1909, et observa le caractère exotique des trajectoires (qu'il qualifiait de « lignes rugueuses », et dont il pressentait l'invariance d'échelle). Ces deux séries de travaux valurent, chacun à leur tour, le prix Nobel à leurs auteurs pour avoir donné une démonstration de la nature atomique de la matière. Paul Langevin proposa bientôt une équation – phénoménologique et susceptible d'être résolue – pour la dynamique d'une grosse molécule plongée dans un gaz de particules plus petites et désordonnées. À partir de 1925, Norbert Wiener jeta les fondements mathématiques du mouvement brownien, puis Paul Lévy étudia ses propriétés analytiques fines. Depuis 1950, de nombreux travaux lui ont été consacrés, dont l'un des plus importants est le développement du calcul stochastique par Kiyoshi Itô. Le lecteur pourra consulter la section 2.11 de [**15**] pour un aperçu historique, ou encore les chapitres 2-3-4 de [**19**] pour un point de vue de physicien théoricien sur l'histoire plus ancienne.

2.1.1. Définition

Définition 2.1. *On appelle* **mouvement brownien** *toute fonction aléatoire réelle continue* $B = (B(t); t \geqslant 0)$ *à accroissements indépendants gaussiens*

$$B(t) - B(s) \sim \mathcal{N}(0, t-s)\ ,\quad 0 \leqslant s \leqslant t\ ,$$

avec $B(0) = 0$.

Soit une subdivision $0 = t_0 < t_1 < t_2 < \ldots < t_n = t$ de $[0,t]$. Par définition, le vecteur $(B(t_i) - B(t_{i-1}))_{i=0}^n$ possède une densité, donnée au point $y = (y_i)_{i=1}^n$ par

$$\prod_{i=1}^n g_{t_i - t_{i-1}}(y_i) = \prod_1^n (2\pi(t_i - t_{i-1}))^{-1/2} \times \exp\left\{ -\frac{1}{2} \sum_{i=1}^n \frac{y_i^2}{t_i - t_{i-1}} \right\} .$$

Par changement de variables linéaire $y \mapsto (y_1, y_1+y_2, y_1+y_2+y_3, \ldots)$ de déterminant jacobien égal à un, on en déduit que le vecteur $(B(t_i))_{i=1}^n$ a lui-même une densité, donnée en $x = (x_i)_{i=1}^n$ par

$$\prod_1^n (2\pi(t_i - t_{i-1}))^{-1/2} \times \exp\{ -\frac{1}{2} \sum_{i=1}^n \frac{(x_i - x_{i-1})^2}{t_i - t_{i-1}} \}\ , \qquad (2.1.1)$$

avec la convention $x_0 = 0$. Ainsi la définition 2.1 définit un unique processus (en loi).

> ***Remarque.*** Une extrapolation audacieuse $n \to \infty$ dans la formule précédente conduit à voir la loi $\mathbf{P}_B$ du mouvement brownien comme la probabilité sur l'espace $\mathcal{C}([0,t], \mathbb{R})$ des fonctions $\mathbf{x} = (\mathbf{x}(s))_s$ réelles continues sur $[0,t]$, donnée par
>
> $$d\mathbf{P}_B(\mathbf{x}) = C \times \exp\left\{ -\frac{1}{2} \int_0^t \dot{\mathbf{x}}(s)^2 ds \right\} \ d\mu(\mathbf{x})\ ,$$
>
> avec μ une « mesure uniforme » sur $\mathcal{C}([0,t], \mathbb{R})$ (analogue de la mesure de Lebesgue sur $\mathbb{R}^n$), $\dot{\mathbf{x}}$ la dérivée et C la constante de normalisation pour que $\mathbf{P}_B$ soit de masse 1. En fait, aucun des trois facteurs du membre de droite n'a de sens ! Précisément,
>
> (i) il n'existe pas de mesure non triviale sur les boreliens de $\mathcal{C}([0,t], \mathbb{R})$ qui soit invariante par les translations ;
>
> (ii) nous verrons que pour presque toute trajectoire $\mathbf{x}$ du brownien, $\int_0^t \dot{\mathbf{x}}(s)^2 ds = \infty$, de sorte que l'exponentielle est nulle p.s. ;
>
> (iii) la constante C est donc infinie.
>
> Cependant, le membre de droite existe, en tant que loi de la fonction aléatoire réelle B que nous allons construire, et la formule (2.1.1) est la version rigoureuse de la formule heuristique ci-dessus.

Remarque. Dans la définition 2.1 on pourrait remplacer l'hypothèse d'accroissements « gaussiens » par une hypothèse, apparemment plus faible, d'accroissements stationnaires centrés de variance $t - s$. Plus précisément, si les accroissements $B(t) - B(s)$ sont indépendants stationnaires centrés de variance $t - s$, le théorème de la limite centrale de Lindeberg (th. 4.6 dans [**7**]) – avec la continuité – entraîne alors que les accroissements

$$B(t) - B(s) = \lim_{n\to\infty} \sum_{i=1}^{n} B(s + (t-s)i/n) - B(s + (t-s)(i-1)/n)$$

sont nécessairement de loi gaussienne. Ainsi le caractère gaussien est en fait automatique, pour un processus continu à accroissements indépendants stationnaires.

Le bruit blanc

Beaucoup de phénomènes se modélisent à l'aide du bruit blanc, une fonction aléatoire réelle $N(t) = N(t, \omega), t \in \mathbb{R}_+$, qui serait un analogue parfait des suites de variables aléatoires indépendantes identiquement distribuées, c'est-à-dire une fonction aléatoire réelle dont les coordonnées sont « totalement aléatoires ».

Les ingénieurs utilisent couramment ce concept, mais donnons plutôt un exemple simple tiré de la finance. Un capital investi a une valeur $X(t)$ à l'instant t. S'il est investi dans un actif sans risque, il évolue selon l'équation différentielle

$$\frac{dX(t)}{dt} = \alpha X(t) ,$$

où $\alpha > 0$ est le taux d'intérêt. Mais s'il est investi dans un actif risqué, ou si le taux d'intérêt fluctue, l'évolution de la valeur X n'est qu'approximativement gouvernée par cette équation, que l'on doit corriger par un terme aléatoire décrivant les facteurs extérieurs de risque et/ou les fluctuations, par exemple,

$$\frac{dX(t)}{dt} = \alpha X(t) + X(t)N(t) , \qquad (2.1.2)$$

avec N un bruit blanc qui fait que le taux d'intérêt instantané $\alpha + N(t)$ est à présent fluctuant autour de sa valeur moyenne α.

Plus précisément et de manière générale, le bruit blanc devrait répondre aux exigences suivantes :

les variables aléatoires réelles $N(t), t \in \mathbb{R}_+$,
sont indépendantes et de même loi centrée.

Le problème alors est que, nécessairement pour une telle famille « continue » de variables aléatoires indépendantes identiquement distribuées, avec probabilité 1 l'application $t \mapsto N(t)$ n'est pas mesurable (sauf si $N(t) \equiv 0$, voir l'exemple 1.2.5 de [**13**]). Ceci est bien gênant, puisque l'on aimerait considérer des intégrales $\int_0^t N(s)ds$ du bruit blanc. Le problème du bruit blanc, en les termes ci-dessus, est donc mal posé. Avant d'abandonner le point de vue du bruit blanc, notons tout de même que, si on avait pu lui donner un sens, la primitive du bruit blanc aurait été le mouvement brownien,

$$" \int_0^t N(s)ds = B(t) "$$

puisque les accroissements $(B(t_i) - B(t_{i-1}))_i$ sont indépendants, centrés et de même loi si $t_i - t_{i-1}$ est constant. Au contraire du précédent, le problème du mouvement brownien, en les termes de la définition ci-dessus, est quant à lui, bien posé : on est capable de le construire, c'est ce que nous allons faire dans la section 2.3 ci-dessous. On peut alors définir le bruit blanc, non pas comme ci-dessus, mais comme la dérivée (au sens des distributions) du mouvement brownien : cette dérivée n'est pas une fonction, mais bien une distribution. De même, l'équation differentielle (2.1.1) est bien posée, nous l'étudierons dans la suite sous le nom de « mouvement brownien géométrique ».

2.1.2. Premières propriétés

Voilà les premières propriétés – élementaires mais fondamentales – du mouvement brownien.

Proposition 2.1. *a) B est une fonction aléatoire réelle continue, gaussienne centrée de covariance*

$$\mathbf{E}B(t)B(s) = \min(s,t) \ ,$$

et réciproquement ces propriétés caractérisent (en loi) le brownien.

b) Si B est un mouvement brownien, il en est de même pour :

1. $X(t) = a^{-1}B(a^2t)$ avec a une constante non nulle

2. $X(t) = tB(1/t), t > 0 \ , \ \ X(0) = 0$

3. $X(t) = B(t + t_0) - B(t_0)$

4. $X(t) = B(T - t) - B(T) \ , \ \ t \in [0, T]$ (avec $T > 0$).

Faisons quelques commentaire des propriétés b) :

1. Le changement d'échelle et de temps décrit dans 1) est appelé *scaling diffusif* : le processus $(aB(t))_t$ a même loi que le processus $(B(a^2t))_t$. Cette loi d'échelle s'oppose au comportement balistique : l'archétype dans ce cas est la fonction $x(t) = vt$, avec $v \neq 0$ constante, pour laquelle on a $x(at) = ax(t)$, et $x(t) = a^{-1}x(at)$, qualifié de scaling hyperbolique.
2. Le mouvement brownien est invariant – en loi ! – par inversion du temps d'après 2).

3. Il renaît « tout neuf » après des temps fixes t_0 (3, appelée *propriété de Markov*, si l'on lui adjoint la remarque que, d'après l'indépendance des accroissements du mouvement brownien, X est de plus indépendant de $(B(s))_{s\leqslant t_0})$).
4. Il est invariant par retournement du temps d'après 4), une propriété appelée *réversibilité* en physique.

On pourra appréhender plus complètement ces propriétés en observant les figures 2.1 et 2.2

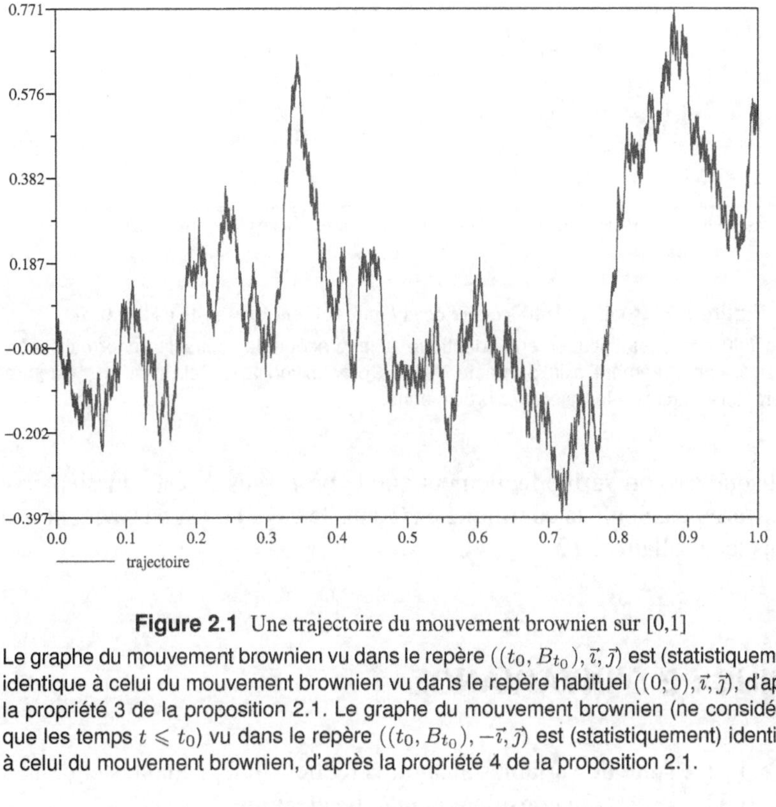

Figure 2.1 Une trajectoire du mouvement brownien sur [0,1]
Le graphe du mouvement brownien vu dans le repère $((t_0, B_{t_0}), \vec{\imath}, \vec{\jmath})$ est (statistiquement) identique à celui du mouvement brownien vu dans le repère habituel $((0,0), \vec{\imath}, \vec{\jmath})$, d'après la propriété 3 de la proposition 2.1. Le graphe du mouvement brownien (ne considérant que les temps $t \leqslant t_0$) vu dans le repère $((t_0, B_{t_0}), -\vec{\imath}, \vec{\jmath})$ est (statistiquement) identique à celui du mouvement brownien, d'après la propriété 4 de la proposition 2.1.

Démonstration. a) Le vecteur $(B(t_i))_{i=1}^n$ est gaussien d'après (2.1.1), par conséquent le processus B est gaussien. Bien sûr, $\mathbf{E}B(t) = 0$, et pour $0 \leqslant s \leqslant t$, on a par indépendance des accroissements,

$$\begin{aligned}\mathrm{Cov}(B(s), B(t)) &= \mathbf{E}(B(s)B(t)) = \mathbf{E}(B(s)\{B(t) - B(s)\}) + \mathbf{E}(B(s)^2) \\ &= \mathbf{E}(B(s))\mathbf{E}\{B(t) - B(s)\} + \mathrm{Var}(B(s)) = 0 + s \\ &= s \wedge t\,.\end{aligned}$$

Réciproquement, la loi d'un processus gaussien est défini par moyenne et covariance.

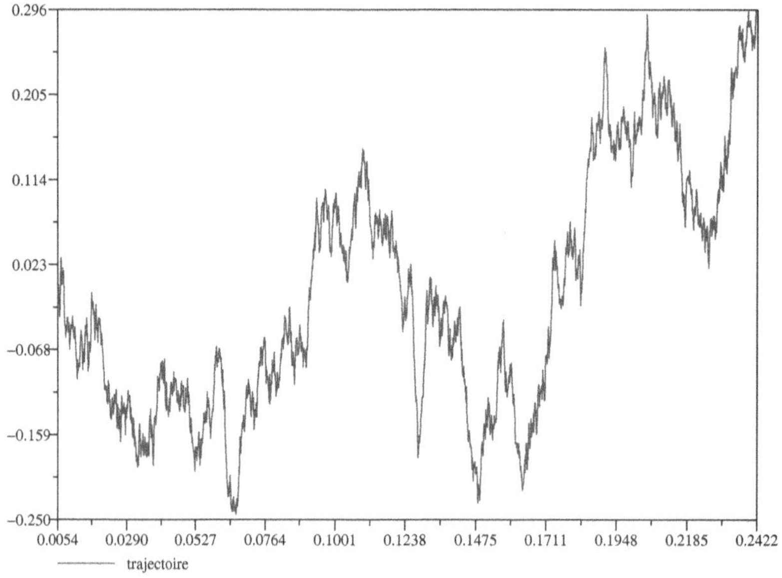

Figure 2.2 Zoom de la trajectoire de la figure 2.1, entre les instants 0 et 0.24...
Cette figure est (statistiquement) identique à la précédente, sous la renormalisation diffusive, conformément à la propriété 1 de la proposition 2.1. Cela met en évidence le caractère fractal de la trajectoire brownienne.

b) Dans chaque cas, on vérifie facilement que le processus X est gaussien centré et a la bonne covariance. Seule la continuité en 0 dans le cas 2) n'est pas évidente, elle sera établie dans le corollaire 2.12. □

2.2 PRINCIPE D'INVARIANCE

Soit $\xi_i, i \geqslant 1$, une suite de variables aléatoires réelles indépendantes et de même loi, avec $\mathbf{E}\xi = 0, \mathbf{E}\xi^2 = \sigma^2$. On considère la marche aléatoire

$$S_n = \xi_1 + \ldots \xi_n \ , \quad n \geqslant 0 \ .$$

Le théorème de la limite centrale implique que $S_n/(\sigma\sqrt{n}) \to \mathcal{N}(0,1)$ en loi quand $n \to \infty$. Derrière cette convergence de variables aléatoires se cache une convergence de fonctions aléatoires. Définissons la ligne polygonale X^n extrapolant la marche $S_.$,

$$X^n(t) = \frac{\sum_{i=1}^{[nt]} \xi_i + (nt - [nt])\xi_{[nt]+1}}{\sigma\sqrt{n}} \ , t \in \mathbb{R}_+ \ . \tag{2.2.3}$$

X^n est une fonction aléatoire réelle continue. On calcule facilement ses accroissements,

$$\begin{pmatrix} X^n(t_1) \\ X^n(t_2) - X^n(t_1) \end{pmatrix} = \frac{1}{\sigma\sqrt{n}} \begin{pmatrix} \sum_{i=1}^{[nt_1]} \xi_i \\ \sum_{i=[nt_1]+1}^{[nt_2]-[nt_1]} \xi_i \end{pmatrix} + o_{L^2}(1)$$
$$\xrightarrow{\text{loi}} \mathcal{N}(0, t_1) \otimes \mathcal{N}(0, t_2 - t_1)$$

si $n \to \infty$, par le théorème de la limite centrale. Plus généralement, pour une subdivision arbitraire $0 = t_0 < t_1 < t_2 < \ldots < t_m$, on a

$$\lim_{n\to\infty} (X^n(t_i) - X^n(t_{i-1}))_{i=1}^m = (B(t_i) - B(t_{i-1}))_{i=1}^m$$

en loi, et donc la convergence en loi des marginales fini-dimensionnelles

$$\lim_{n\to\infty} (X^n(t_i))_{i=1}^m = (B(t_i))_{i=1}^m .$$

Sans être suffisant, cela est la première étape pour montrer la convergence des lois de processus.

Théorème 2.2. de Donsker (1951) : Principe d'invariance. *La suite de processus aléatoires $(X^n, n \geqslant 1)$ converge en loi vers le mouvement brownien. En d'autres termes, soit $\mathbf{P}_n$ la loi de X^n sur $\mathcal{C}(\mathbb{R}_+, \mathbb{R})$, et $\mathbf{P}_B$ la loi de B. Alors,*

$$\mathbf{P}_n \to \mathbf{P}_B \text{ étroitement },$$

ou encore

$$\lim_{n\to\infty} \mathbf{E}F(X^n) = \mathbf{E}F(B) , \quad \forall F : \mathcal{C}(\mathbb{R}_+, \mathbb{R}) \to \mathbb{R} \text{ continue bornée.}$$

Nous ne montrons pas ce résultat, cela nous demanderait d'approfondir la convergence en loi de processus continus. (Le lecteur pourra consulter le chapitre 8 de **[6]** sur ce point.) Donnons-en plutôt des conséquences.

Corollaire 2.3.

1. *La suite de variables aléatoires réelles* $\max\{X^n(t); t \in [0,1]\}$ *converge en loi vers* $\max\{B(t); t \in [0,1]\}$.
2. *De même,* $\int_0^1 X^n(t)^2 dt \to \int_0^1 B(t)^2 dt$ *en loi.*
3. *Soient* $\overline{B}(t) = \max\{B(s); s \in [0,t]\}$ *la valeur record à l'instant t, et* $\overline{X}^n(t) = \max\{X^n(s); s \in [0,t]\}$. *La suite de processus continus* $\overline{X}^n$ *converge en loi vers* $\overline{B}$.

Démonstration.

1) La fonction $g : \mathcal{C}([0,1], \mathbb{R}) \to \mathbb{R}$ définie par $g(\mathbf{x}) = \max\{x(t); t \in [0,1]\}$ est lipschitzienne de rapport 1,

$$|g(\mathbf{x}) - g(\mathbf{y})| \leqslant \|\mathbf{x} - \mathbf{y}\|_\infty$$

pour la norme uniforme sur $[0,1]$, $\|\mathbf{x}\|_\infty = \sup\{|x(t)|; t \in [0,1]\}$. En effet, $g(\mathbf{x}) = \mathbf{x}(t_0)$ pour un certain $t_0 \in [0,1]$, et donc

$$g(\mathbf{x}) - g(\mathbf{y}) \leqslant \mathbf{x}(t_0) - \mathbf{y}(t_0) \leqslant \|\mathbf{x} - \mathbf{y}\|_\infty .$$

Échangeant $\mathbf{x}$ et $\mathbf{y}$, on voit que g est lipschitzienne, et donc continue. Comme la convergence en loi est préservée par image continue, le théorème 2.2 entraîne que $g(X^n) \xrightarrow{\text{loi}} g(B)$ quand $n \to \infty$.

2) La fonction $h(\mathbf{x}) = \int_0^1 \mathbf{x}(t)^2 dt$ est continue sur $\mathcal{C}([0,1],\mathbb{R})$. En effet, toute suite $\mathbf{x}^n$ convergeant dans cet espace vers une limite $\mathbf{x}$, est bornée : $C = \sup_n\{\|\mathbf{x}^n\|_\infty\} < \infty$. Donc,

$$|h(\mathbf{x}^n) - h(\mathbf{x})| = |\int_0^1 (\mathbf{x}^n(t) - \mathbf{x}(t))(\mathbf{x}^n(t) + \mathbf{x}(t))dt| \leqslant 2C\|\mathbf{x}^n - \mathbf{x}\|_\infty \to 0 ,$$

et le résultat est une conséquence du théorème 2.2.

3) La fonction $G : \mathcal{C}([0,T],\mathbb{R}) \to \mathcal{C}([0,T],\mathbb{R})$, $\mathbf{x} \mapsto \overline{\mathbf{x}}$ est lipschitzienne, car, comme au 1), $|\overline{\mathbf{x}}(t) - \overline{\mathbf{y}}(t)| \leqslant \sup\{|\mathbf{x}(s) - \mathbf{y}(s)|; s \in [0,t]\}$ et donc $\|\overline{\mathbf{x}} - \overline{\mathbf{y}}\|_\infty \leqslant \|\mathbf{x} - \mathbf{y}\|_\infty$. Comme ci-dessus, le résultat est conséquence du théorème 2.2. □

2.3 CONSTRUCTION DU MOUVEMENT BROWNIEN

Dans cette section, nous allons voir qu'il n'est pas très difficile de construire un processus gaussien de même moyenne et covariance que le mouvement brownien, mais qu'il est plus compliqué de le construire à trajectoires continues. Nous suivons la construction de Paul Lévy (1948). Pour commencer, nous utiliserons la théorie élémentaire des espaces de Hilbert. On considère les deux espaces de Hilbert :

- $L^2(\Omega, \mathcal{A}, \mathbf{P})$ contenant une suite $(\xi_n)_n$ de gaussiennes $\mathcal{N}(0,1)$ indépendantes ;
- $L^2(\mathbb{R}_+, \mathcal{B}, dt)$ où l'on choisit une base orthonormale $(\phi_n)_n$, et où l'on notera $\langle \phi, \psi \rangle = \int_{\mathbb{R}_+} \phi(t)\psi(t)dt$ le produit scalaire.

Avec $\tilde{\phi}_n$ la primitive de ϕ_n, $\tilde{\phi}_n(s) = \langle \mathbf{1}_{[0,s]}, \phi_n \rangle$, on pose

$$B(s) = \sum_n \tilde{\phi}_n(s)\xi_n \ , \tag{2.3.4}$$

comme le suggère la formule de Karhunen-Loeve (1.4.3). Cette série $B(s)$ converge dans $L^2(\Omega, \mathcal{A}, \mathbf{P})$, $\forall s \geqslant 0$. En effet, la suite des coefficients $(\tilde{\phi}_n(s))_n$ est de carré sommable,

$$\sum_n \tilde{\phi}_n(s)^2 = \int_{\mathbb{R}_+} \mathbf{1}^2_{[0,s]} dt = s$$

d'après l'identité de Parseval dans $L^2(\mathbb{R}_+, \mathcal{B}, dt)$ et la décomposition de $\mathbf{1}_{[0,s]}$ dans la base orthonormale $(\phi_n)_n$. Puisque la suite des coefficients $(\tilde{\phi}_n(s))_n \in \ell_2$, et que $(\xi_n)_n$ est une suite orthonormale dans $L^2(\Omega, \mathcal{A}, \mathbf{P})$, la série $\sum_n \tilde{\phi}_n(s)\xi_n$ converge (e.g., on peut facilement voir qu'elle est de Cauchy), et de plus, $\mathbf{E}B(s)^2 = s$ et plus généralement,

$$\mathbf{E}B(s)B(s') = \sum_n \tilde{\phi}_n(s)\tilde{\phi}_n(s') = \int_{\mathbb{R}_+} \mathbf{1}_{[0,s]}\mathbf{1}_{[0,s']}dt = \min\{s, s'\} .$$

Finalement, B ainsi défini est une fonction aléatoire réelle gaussienne centrée et de même covariance que le mouvement brownien. On voit facilement que $t \mapsto B(t)$ défini par (2.3.4) est continu de $\mathbb{R}^+$ dans L^2, puisque pour tout $0 \leqslant s \leqslant t$,

$$\mathbf{E}|B(t) - B(s)|^2 = \mathbf{E}[B(t)^2 + B(s)^2 - 2B(s)B(t)] = t - s ,$$

d'après l'égalité précédente. La continuité des trajectoires $t \mapsto B(t)$ pour presque tout ω est une propriété bien plus subtile ! Voilà déjà un exemple élementaire montrant que la continuité dans L^2 n'entraîne pas la continuité des trajectoires.

Exercice au fil du cours

Soient $\Omega = [0, 1]$ muni de la mesure de Lebesgue, et

$$X_t(\omega) = \mathbf{1}_{\mathbb{Q}}(\omega - t) .$$

Montrer que $X : \mathbb{R}_+ \to L^2(\Omega)$ est continu (et même constant !), mais qu'aucune trajectoire n'est continue en aucun temps t. Le processus continu $Y(t, \omega) = 0$ est tel que $X_t = Y_t$ p.s. pour tout t, il est appelé une *version continue* de X.

Pour montrer l'existence du brownien, nous allons à présent bien choisir la base $(\phi_n)_n$ pour établir la continuité des trajectoires. Ceci est le cœur de l'affaire, et les calculs sont plus faciles avec la base de Haar : soient

$$\phi(t) = \begin{cases} 1 & \text{si } 0 < t \leqslant 1/2 \\ -1 & \text{si } 1/2 < t \leqslant 1 \\ 0 & \text{si } t \notin (0, 1] \end{cases}$$

et

$$\phi_{m,k}(t) = 2^{m/2}\phi(2^m t - k) , \quad \psi_k(t) = \mathbf{1}_{(k,k+1]}(t) .$$

On voit que les fonctions $\phi_{m,k}, \psi_k, k, m \in \mathbb{N}$ sont normées et orthogonales, et il est bien connu qu'elles constituent une base orthonormée de $L^2(\mathbb{R}_+, \mathcal{B}, dt)$, appelée base de Haar.

Les primitives $\tilde{\phi}_{m,k}(t) = 2^{-m/2}\tilde{\phi}(2^m t - k)$ (fonctions « tentes » de Schauder) sont à supports disjoints pour m fixé, elles sont représentées figure 2.4

La décomposition (2.3.4) s'écrit à l'aide de gaussiennes indépendantes centrées réduites $\eta_k, \xi_{k,m}$,

$$\begin{aligned} B(s) &= \sum_k \tilde{\psi}_k(s)\eta_k + \sum_{k,m} \tilde{\phi}_{k,m}(s)\xi_{k,m} \\ &=: \beta(s) + \sum_m B^{(m)}(s) . \end{aligned} \tag{2.3.5}$$

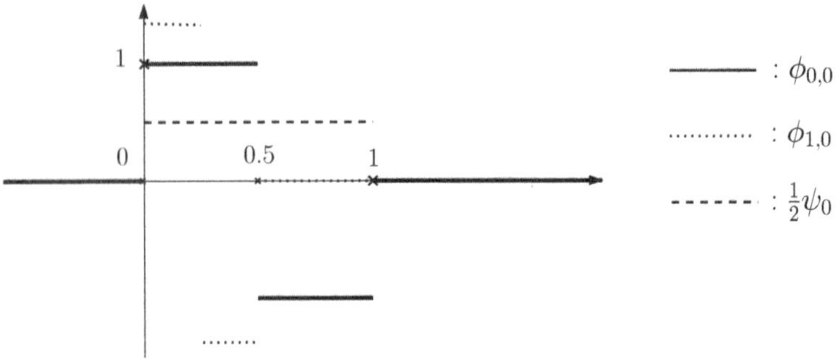

Figure 2.3 Base de Haar. Les fonctions $\phi_{0,0}, \phi_{1,0}, \psi_0$ sont orthogonales.

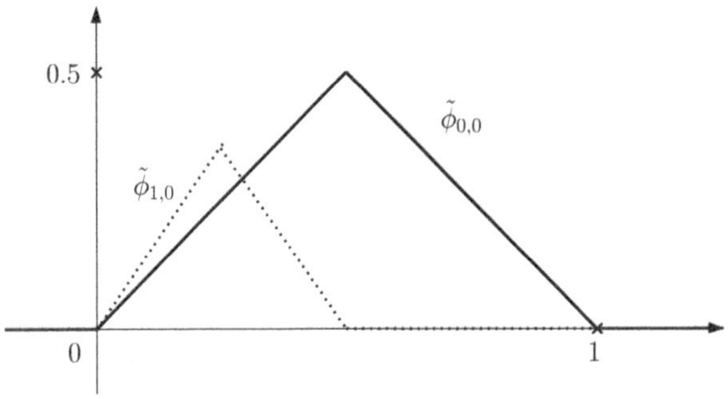

Figure 2.4 Fonctions « tentes » de Schauder.

Ces fonctions $\beta = \sum_k \tilde{\psi}_k(s)\eta_k$, $B^{(m)}(s) = \sum_k \tilde{\phi}_{k,m}(s)\xi_{k,m}$ sont continues, puisque les séries qui les définissent ne comportent qu'au plus un terme non nul. La continuité de B résulte alors du lemme :

Lemme 2.4. *Avec probabilité un, la série $\sum B^{(m)}$ converge uniformément sur $[0, T]$ ($\forall T < \infty$).*

Le lemme entraîne que la somme est donc p.s. continue, de même que B.

Démonstration du lemme. Nous prenons $T = 1$ pour simplifier les notations. Puisque la série $B^{(m)}(s)$ se réduit à un terme et que $\|\tilde{\phi}_{k,m}\|_\infty = 2^{-(m+2)/2}$,

$$\begin{aligned} \mathbf{P}(\|B^{(m)}\|_\infty > a\, 2^{-(m+2)/2}) &= \mathbf{P}(\max\{|\xi_{k,m}|; k = 0, \dots 2^m - 1\} > a) \\ &\leqslant 2^m \mathbf{P}(|\xi| > a) \end{aligned}$$

avec $\xi \sim \mathcal{N}(0, 1)$. L'inégalité suivante va nous être utile :

$$\mathbf{P}(|\xi| > a) \leqslant \exp(-a^2/2) \ , \qquad a \geqslant 1 \ . \tag{2.3.6}$$

Elle s'obtient facilement en écrivant

$$\begin{aligned} \mathbf{P}(|\xi| > a) &= 2\int_a^\infty (2\pi)^{-1/2} e^{-x^2/2} dx \leqslant 2\int_a^\infty (2\pi)^{-1/2} x e^{-x^2/2} dx \\ &= 2(2\pi)^{-1/2} e^{-a^2/2} < e^{-a^2/2} . \end{aligned}$$

En utilisant (2.3.6) avec $a = (2m)^{1/2}$, on obtient

$$\sum_m \mathbf{P}(\|B^{(m)}\|_\infty > m^{1/2}\, 2^{-(1+m)/2}) \leqslant \sum_m (2/e)^m < \infty .$$

D'après le lemme de Borel-Cantelli, on a $\|B^{(m)}\|_\infty \leqslant m^{1/2} 2^{-(1+m)/2}$ pour m plus grand qu'un rang $m_0(\omega)$ fini pour presque tout ω, et dans ce cas $\sum_m \|B^{(m)}\|_\infty < \infty$. Ainsi p.s., la série $\sum_m B^{(m)}$ est normalement convergente sur $[0, T]$, et donc uniformément convergente. □

Remarque. L'avantage d'utiliser la base de Haar – et non, par exemple, la base de Fourier des fonctions trigonométriques sur $[0, 1]$ – , est que ses éléments sont bien localisés en espace. Ainsi, les séries définissant β et $B^{(m)}$ se réduisent à un seul terme !

2.4 VARIATION QUADRATIQUE DU MOUVEMENT BROWNIEN

Soit $t \geqslant 0$, $h > 0$. Par définition, l'accroissement $B(t + h) - B(t)$ est de loi $\mathcal{N}(0, h)$, de sorte que le taux d'accroissement $[B(t + h) - B(t)]/h$ tend vers l'infini (en loi) quand $h \searrow 0$: la fonction B ne peut pas être dérivable. Pour une partition $\{t_i\}_i (t_0 = 0 < t_1 < \ldots < t_n = T)$ de $[0, T]$, on définit le pas comme $\Delta = \max_i\{t_i - t_{i-1}\}$, et la variation de B par $\sum_{1\leqslant i\leqslant n} |B(t_i) - B(t_{i-1})|$. Une conséquence de la constatation ci-dessus, est que la variation du mouvement brownien tend vers l'infini lorsque le pas $\Delta \to 0$. (La variation totale du mouvement brownien est infinie.) Cependant la limite sera finie si on considère la variation quadratique et non la variation.

Définition 2.2. *La variation quadratique du mouvement brownien est la limite*

$$\lim_{\Delta\to 0} \sum_{1\leqslant i\leqslant n} |B(t_i) - B(t_{i-1})|^2 ,$$

qui existe dans $L^2(\Omega, \mathcal{A}, \mathbf{P})$ et vaut la constante T.

Démonstration. En effet, on rappelle que si $X \sim \mathcal{N}(0, \sigma^2)$, $\mathbf{E}(X^2) = \sigma^2$, $\mathrm{Var}(X^2) = 2\sigma^4$. Appliqué aux termes de

$$V = V(B, \{t_i\}_i) := \sum_{1\leqslant i\leqslant n} |B(t_i) - B(t_{i-1})|^2$$

cela donne

$$\mathbf{E}V = T \quad , \qquad \mathrm{Var}(V) = 2\sum_i (t_i - t_{i-1})^2 \leqslant 2T\,\Delta\,.$$

Finalement, $\|V(B,\{t_i\}_i) - T\|_2 = \mathrm{Var}(V) \to 0$ quand $\Delta \to 0$. □

La variation quadratique d'une fonction continûment différentiable est nulle. En effet,

$$V(f,\{t_i\}_i) = \sum_i f'(t_i)^2(t_i - t_{i-1})^2 + o(\Delta) = \mathcal{O}(\Delta)$$

dans ce cas. Le résultat du théorème 2.2 indique que le mouvement brownien, bien que continu, n'est pas très lisse. Ses fluctuations sur des petites échelles de temps sont comparativement grandes : très grossièrement,

$$B(t+dt) - B(t) = \mathcal{O}(\sqrt{dt})$$

et on gardera à l'esprit que $\sqrt{dt} \gg dt$.

Le mouvement brownien est Hölder-continu d'exposant $(1/2) - \varepsilon$ pour tout $\varepsilon > 0$, comme le montrent les résultats suivants que nous admettons (voir [**15**]) :

1. Pour presque tout ω, la trajectoire $t \mapsto B(t)$ n'est dérivable en aucun $t \geqslant 0$.
2. Pour $\alpha < 1/2$, $\quad |B(t) - B(s)| \leqslant C(\alpha,\omega,T)\,|t-s|^\alpha\,, \quad 0 \leqslant s,t \leqslant T$ avec $C(\alpha,\omega,T) < \infty$ p.s.

2.5 MARTINGALES

La notion de martingale est centrale dans les processus stochastiques, en particulier dans le calcul stochastique. Nous nous contentons ici d'une présentation très partielle, limitée aux aspects utiles à notre cours. Pour plus de détails, le lecteur pourra consulter [**15**], [**26**], et pour le cas discret, la présentation élémentaire de [**30**] ainsi que [**20**].

2.5.1. Filtration et martingales

Une *filtration* est une suite croissante de sous-tribus $\mathcal{F} = (\mathcal{F}_t)_{t\in\mathbb{T}}$ de $\mathcal{A}$, i.e. $\mathcal{F}_s \subset \mathcal{F}_t$ si $s \leqslant t$. L'ensemble d'indice $\mathbb{T}$ est ici $\mathbb{N}$ ou $\mathbb{R}_+$. La tribu $\mathcal{F}_t$ représente l'information disponible à l'instant t. Un processus aléatoire $X = (X(t))_t$ sur Ω est dit *adapté* à la filtration $(\mathcal{F}_t)_{t\in\mathbb{T}}$ si $X(t) : \Omega \to \mathbb{R}$ est $\mathcal{F}_t$-mesurable pour tout t dans $\mathbb{T}$. La filtration propre d'un processus $X = (X(t))_t$ est définie par $\mathcal{F}_t = \sigma(X_s; s \leqslant t)$; elle représente l'information contenue dans l'observation de X entre les instants 0 et t. On la note $\mathcal{F}^X$. Ainsi, tout processus X est adapté à sa propre filtration $\mathcal{F}^X$.

Définition 2.3. *Étant donné un espace de probabilité* $(\Omega, \mathcal{A}, \mathbf{P})$*, muni d'une filtration* $\mathcal{F}$*, une fonction aléatoire réelle* $M = (M(t); t \geqslant 0)$ *est appelée une* $\mathcal{F}$*-martingale, ou simplement, une martingale, si elle est adaptée et intégrable, et si*

$$\mathbf{E}(M(t)|\mathcal{F}_s) = M(s) \quad p.s., \forall s < t\,.$$

C'est une fonction qui reste constante en moyenne conditionnelle, elle n'a tendance ni à croître ni à décroître. En particulier,

$$\mathbf{E}M(t) = \mathbf{E}M(0) \ .$$

Exemple 2.1. Soit X une variable aléatoire réelle intégrable sur un espace de probabilité $(\Omega, \mathcal{A}, \mathbf{P})$, muni d'une filtration $\mathcal{F}$. Alors,

$$X(t) = \mathbf{E}(X|\mathcal{F}_t) \ , \quad t \in \mathbb{R}_+ \ ,$$

est une martingale, d'après la propriété de conditionnements successifs de l'espérance conditionnelle : si $s \leqslant t$,

$$\mathbf{E}(X(t)|\mathcal{F}_s) = \mathbf{E}(\mathbf{E}(X|\mathcal{F}_t)|\mathcal{F}_s) = \mathbf{E}(X|\mathcal{F}_s) \ ,$$

puisque $\mathcal{F}_s \subset \mathcal{F}_t$. Une telle martingale est appelée une martingale régulière.

Le mouvement brownien nous donne beaucoup d'exemple de martingales, de même que son analogue discret, la promenade aléatoire.

Exemple 2.2. (i) $\mathbb{T} = \mathbb{N}$. Soit ξ_i, $i \geqslant 1$ une suite de variables aléatoires réelles indépendantes et de même loi, intégrables et de moyenne nulle. La marche aléatoire associée $S_n = \xi_1 + \ldots \xi_n$ est une martingale pour sa propre filtration, $\mathcal{F}_n^S = \sigma(\xi_i, 1 \leqslant i \leqslant n)$. En effet, $S_n \in L^1(\mathcal{F}_n^S)$, et

$$\mathbf{E}(S_{n+1}|\mathcal{F}_n^S) = \mathbf{E}(S_n + \xi_n|\mathcal{F}_n^S) = S_n + \mathbf{E}(\xi_n) = S_n$$

par linéarité et indépendance.

(ii) $\mathbb{T} = \mathbb{R}_+$. Un mouvement brownien B est une martingale (pour sa propre filtration, $\mathcal{F}^B$. En effet, par la définition 2.1, $B(t) - B(s)$ est indépendant de la tribu $\mathcal{F}_s^B$ pour $0 \leqslant s < t$, et par les mêmes arguments que ci-dessus,

$$\begin{aligned} \mathbf{E}(B(t)|\mathcal{F}_s^B) &= \mathbf{E}(B(s) + B(t) - B(s)|\mathcal{F}_s^B) \\ &= B(s) + \mathbf{E}(B(t) - B(s)) \\ &= B(s) \ . \end{aligned}$$

Exemple 2.3. (i) On suppose de plus que $\mathrm{Var}(\xi) = \sigma^2 < \infty$. Alors $M_n = S_n^2 - n\sigma^2$ est une $\mathcal{F}^S$-martingale.

(ii) $M(t) = B(t)^2 - t$ est une martingale. En effet,

$$\begin{aligned} \mathbf{E}(M(t)|\mathcal{F}_s^B) &= \mathbf{E}([B(s) + B(t) - B(s)]^2|\mathcal{F}_s^B) - t \\ &= B(s)^2 + \mathbf{E}([B(t) - B(s)]^2) + 2B(s)\mathbf{E}[B(t) - B(s)] - t \\ &= M(s) \ . \end{aligned}$$

puisque $B(s) \in \mathcal{F}_s^B$ et que $B(t) - B(s)$ est indépendant de $\mathcal{F}_s^B$.

Exemple 2.4. (i) Pour $\lambda \in \mathbb{R}$ ou $\mathbb{C}$, $Z(t) = \exp\{\lambda B(t) - \lambda^2 t/2\}$ est une martingale (complexe, si $\lambda \in \mathbb{C}$). En effet, $Z(t) = Z(s) \times \exp\{\lambda[B(t) - B(s)] - \lambda^2(t-s)/2\}$ où le dernier terme est indépendant de $\mathcal{F}_s^B$ et de loi $\mathcal{N}(0, t-s)$, de sorte que

$$\mathbf{E}(Z(t)|\mathcal{F}_s^B) = Z(s)\mathbf{E}(\exp\{\lambda[B(t) - B(s)] - \lambda^2(t-s)/2\} = Z(s) .$$

(ii) Trouvez la martingale exponentielle dans le cas de S_n ; on supposera que $\mathbf{E} \exp \lambda X_1 < \infty$.

Définition 2.4. *On dit que* $M = (M(t))_t$ *est une sous-martingale [resp. sur-martingale] si elle est adaptée et intégrable, et si*

$$\mathbf{E}(M(t)|\mathcal{F}_s) \geqslant M(s) \ \ p.s., \forall s < t \ ,$$

[resp., si $\mathbf{E}(M(t)|\mathcal{F}_s) \leqslant M(s)$ *p.s.].*

Les sous-martingales sont l'analogue des fonctions (ou suites) croissantes dans le cadre stochastique. Cette notion est naturelle :

Proposition 2.5. *Si* M *est une* $\mathcal{F}$*-martingale, et* Φ *une fonction convexe sur* $\mathbb{R}$ *telle que* $N(t) = \Phi(M(t))$ *soit intégrable, alors* $N = (N(t); t \in \mathbb{T})$ *est une sous-martingale.*

Démonstration. En effet, par l'inégalité de Jensen,

$$\mathbf{E}[\Phi(M_t)|\mathcal{F}_s] \geqslant \Phi(\mathbf{E}[M_t|\mathcal{F}_s]) = \Phi(M_s) ,$$

soit $\mathbf{E}(N_t|\mathcal{F}_s) \geqslant N_s$. (On a noté $M_t = M(t)$ selon l'usage, afin d'alléger les écritures.) □

2.5.2. Théorème d'arrêt

Pour étudier les fonctions aléatoires, il est naturel d'introduire des temps aléatoires. Un temps d'arrêt modélise une décision prise au vu de l'information disponible jusqu'alors. On adopte donc la

Définition 2.5. *Une variable aléatoire* $\tau : \Omega \to \mathbb{T} \bigcup \{\infty\}$ *est un* $\mathcal{F}$*-temps d'arrêt si*

$$\{\tau \leqslant t\} \in \mathcal{F}_t \quad \forall t \in \mathbb{T} .$$

Voilà quelques exemples. Une constante $\tau = t_0$ est un temps d'arrêt, de même que le minimum $\tau_1 \wedge \tau_2$ de deux temps d'arrêt – et donc $\tau_1 \wedge t_0$ –, et que $\inf_n\{\tau_n\}$, $\sup_n\{\tau_n\}$ lorsque les τ_n en sont. Enfin, le **temps d'entrée dans un fermé** F d'un processus X continu

$$\tau_F = \inf\{t \geqslant 0; X(t) \in F\} \tag{2.5.7}$$

est un $\mathcal{F}$-temps d'arrêt (lorsque X est $\mathcal{F}$-adapté). En effet, par continuité des trajectoires,

$$\begin{aligned}\{\tau_F \leqslant t\} &= \bigcup_{s\in[0,t]} \{X(s) \in F\} \\ &= \Big[\bigcap_{k\geqslant 1} \bigcup_{s\in \bigcup \mathbb{Q}\bigcap[0,t]} \{\mathrm{dist}(X(s), F) \leqslant 1/k\}\Big] \bigcup \{X(t) \in F\}\end{aligned}$$

qui est élément de $\mathcal{F}_t$.

Pour X une fonction aléatoire continue et τ un $\mathcal{F}$-temps d'arrêt p.s. fini, on considère la variable aléatoire

$$X(\tau) : \omega \to X(\tau(\omega), \omega)$$

Dans le cas $\mathbb{T} = \mathbb{N}$, on voit facilement que $X(\tau)$ est une variable aléatoire, obtenue par recollement mesurable de variables aléatoires. Dans le cas $\mathbb{T} = \mathbb{R}_+$, c'est moins immédiat : on peut approcher τ par des temps d'arrêt τ_n prenant un nombre dénombrable de valeurs,

$$\tau_n = (k+1)/n \text{ si } \tau \in [k/n, (k+1)/n[\,, \quad \tau_n = \infty \text{ si } \tau = \infty\,, \tag{2.5.8}$$

et remarquer que $X(\tau) = \lim_n X(\tau_n)$. Pensons à une martingale M comme le gain du joueur à un jeu équitable, et à un temps d'arrêt τ comme à l'instant où le joueur décide de s'arrêter de jouer. Sauf clairvoyance dans le futur (ou déli d'initié), sa stratégie d'arrêt ne doit pas changer le jeu équitable en un jeu favorable (ni défavorable). C'est ce qu'affirme le théorème suivant, appelé **théorème d'arrêt** ou **théorème d'échantillonnage**, dans lequel le temps fixe t de la définition 2.3 est remplacé par un temps d'arrêt borné :

Théorème 2.6. *Soit $M = (M(t))_t$ une $\mathcal{F}$-martingale continue et τ un $\mathcal{F}$-temps d'arrêt borné, avec $0 \leqslant s \leqslant \tau \leqslant \mathrm{Cst} < \infty$. Alors,*

$$\mathbf{E}[M(\tau)|\mathcal{F}_s] = M(s)\,.$$

Si S est une $\mathcal{F}$-surmartingale continue,on a $\mathbf{E}[S(\tau)|\mathcal{F}_s] \leqslant S(s)$.

Par conséquent, on a la propriété très utile

$$\mathbf{E}M(\tau) = \mathbf{E}M(0)\,, \tag{2.5.9}$$

soit que le gain moyen reste inchangé par une stratégie licite, comme annoncé ci-dessus.

Notons par ailleurs que le résultat ne peut pas être vrai sans condition sur τ. En effet, le temps d'atteinte T_b du point b, $T_b = \inf\{t \geqslant 0; B(t) = b\}$, est un temps d'arrêt p.s. fini (voir la remarque ci-dessous), et $B(T_b) = b$. Donc $\mathbf{E}B(T_b) = b \neq \mathbf{E}B(0) = 0$.

Le théorème ne s'applique pas – τ n'est pas borné –, mais il implique que $\mathbf{E}B(T_b \wedge n) = 0$ pour tout n, soit encore

$$b\mathbf{P}\left(T_b \leqslant n\right) + \mathbf{E}\left(B(n)\mathbf{1}_{T_b>n}\right) = 0 \tag{2.5.10}$$

On peut alors commenter la stratégie qui consiste « à jouer jusqu'à ce que l'on gagne b euros », i.e., qui consiste à stopper le jeu la première fois où $B = b$. Le jeu décrit ainsi reste trop irréaliste si l'on n'ajoute pas des contraintes supplémentaires, que la durée du jeu est finie ou que votre fortune est finie.

Avec la contrainte supplémentaire (et raisonnable) que le jeu ne dure pas plus que le temps n (n pouvant être arbitrairement grand), l'espérance du gain est nulle d'après (2.5.9). Si n est grand, $\mathbf{P}(T_b \leqslant n)$ est proche de 1, mais le deuxième terme dans (2.5.10) compense le gain : à condition d'être très patient et très riche, on peut gagner une somme fixée avec forte probabilité, mais on encourt un petit risque de perdre beaucoup. Attention, si l'on joue régulièrement dans ces conditions, on finira par perdre, et on perdra alors une somme importante annulant nos nombreux petits gains précédents !

Dans le cas où la fortune du joueur est finie, c'est l'énoncé suivant qui nous montre que l'espérance du gain est encore nulle.

Corollaire 2.7. (Arrêt des martingales bornées) *Soient M une martingale continue, τ un temps d'arrêt p.s. fini, tel que*

$$|M(\tau \wedge n)| \leqslant K \quad \forall n$$

pour une constante $K < \infty$. Alors,

$$\mathbf{E}M(\tau) = \mathbf{E}M(0)$$

Démonstration. D'après l'hypothèse $|M(\tau \wedge n)| \leqslant K$, on a $|M(\tau)| \leqslant K$ et

$$|\mathbf{E}[M(\tau) - M(\tau \wedge n)]| \leqslant 2K\mathbf{P}(\tau > n) \to 0$$

quand $n \to \infty$. Mais, d'après la conséquence (2.5.9) du théorème 2.6, on a $\mathbf{E}M(\tau \wedge n) = \mathbf{E}M(0)$, et finalement $\mathbf{E}M(\tau) = \mathbf{E}M(0)$. □

Donnons avant tout quelques exemples illustrant l'efficacité de ces outils.

Exemple 2.5. **Distribution de sortie d'un intervalle.** Avec τ le temps de sortie de l'intervalle $]-a, b[$ (avec $a, b > 0$) du mouvement brownien B,

$$\tau = \inf\{t \geqslant 0; B(t) \in]-a, b[^c\} ,$$

on a

$$\mathbf{P}[B(\tau)=b] = \frac{a}{a+b} \quad , \qquad \mathbf{P}[B(\tau)=-a] = \frac{b}{a+b} \, . \tag{2.5.11}$$

Démonstration. Le temps τ est un temps d'arrêt, d'après (2.5.7). Il est p.s. fini, puisque

$$\begin{aligned}
\mathbf{P}[\tau > n] &\leqslant \mathbf{P}[\tau > n-1, B(n) \in]-a, b[] \\
&\leqslant \mathbf{P}[\tau > n-1, |B(n) - B(n-1)| < a+b] \\
&= \mathbf{P}[\tau > n-1]\mathbf{P}[|B(n) - B(n-1)| < a+b] \\
&\leqslant \mathbf{P}[|B(1)| < a+b]^n \longrightarrow 0
\end{aligned}$$

quand $n \to \infty$. L'égalité vient de l'indépendance des accroissements du mouvement brownien, et de ce que $\{\tau > n-1\} = \{\tau \leqslant n-1\}^c \in \mathcal{F}_{n-1}^B$. Puisque τ est non borné, on considère aussi $\tau_n = \tau \wedge n$, auquel on applique le théorème 2.6

$$0 = \mathbf{E}B(0) = \mathbf{E}B(\tau_n) = \mathbf{E}[B(\tau)\mathbf{1}_{\tau \leqslant n}] + \mathbf{E}[B(n)\mathbf{1}_{\tau > n}] ,$$

soit

$$b\mathbf{P}[B(\tau) = b, \tau \leqslant n] - a\mathbf{P}[B(\tau) = -a, \tau \leqslant n] = -\mathbf{E}[B(n)\mathbf{1}_{\tau > n}] .$$

Puisque $\tau < \infty$ p.s., on en déduit que :

- le dernier terme tend vers 0 par convergence dominée, et les deux termes précédents convergent, e.g., $\mathbf{P}[B(\tau) = b, \tau \leqslant n] \to \mathbf{P}[B(\tau) = b]$, quand $n \to \infty$,
- $\mathbf{P}[B(\tau) = b] + \mathbf{P}[B(\tau) = -a] = 1$.

Finalement, on obtient

$$\begin{cases} b\mathbf{P}[B(\tau)=b] - a\mathbf{P}[B(\tau)=-a] & = & 0 \\ \mathbf{P}[B(\tau)=b] + \mathbf{P}[B(\tau)=-a] & = & 1 \end{cases}$$

ce qui montre (2.5.11). □

Remarque. Notons $\tau = \tau_{a,b}$ pour indiquer la dépendance en a et b, et notons comme plus haut T_b le temps d'atteinte de b. Puisque $\tau_{a,b} < \infty$ p.s., on voit que $\{T_b < \infty\} = \bigcup_{a>0}\{B(\tau_{a,b}) = b\}$ p.s., et par conséquent,

$$\mathbf{P}(T_b < \infty) = \lim_{a \nearrow \infty} (\nearrow) \mathbf{P}(B(\tau_{a,b}) = b) = 1$$

d'après le calcul précédent.

Exemple 2.6. Suite du précédent, mais en utilisant cette fois la martingale $M(t) = B(t)^2 - t$. Avec les notations précédentes,

$$\mathbf{E}M(\tau_n) = \mathbf{E}M(0) = 0 ,$$

et

$$\begin{aligned} \mathbf{E}M(\tau_n) &= b^2\mathbf{P}[B(\tau) = b, \tau \leqslant n] + a^2\mathbf{P}[B(\tau) = -a, \tau \leqslant n] \\ &\quad + \mathbf{E}[B(n)^2\mathbf{1}_{\tau > n}] - \mathbf{E}\tau_n \\ &\longrightarrow b^2\mathbf{P}[B(\tau) = b] + a^2\mathbf{P}[B(\tau) = -a] + 0 - \mathbf{E}\tau \end{aligned}$$

par convergence dominée et par convergence monotone ($\tau_n \nearrow \tau$). Finalement, τ est intégrable, et, compte-tenu des valeurs des probabilités,

$$\mathbf{E}\tau = ab$$

Si τ est un temps d'arrêt, on définit la *tribu des événements antérieurs* à τ,

$$\mathcal{F}_\tau = \left\{ A \in \mathcal{A} \; ; \; A \bigcap \{\tau \leqslant t\} \in \mathcal{F}_t, \; \forall t \geqslant 0 \right\} \tag{2.5.12}$$

La notation est cohérente : il est clair que $\mathcal{F}_\tau = \mathcal{F}_{t_0}$ si $\tau = t_0$ p.s. De plus, pour deux temps d'arrêt, on a

$$\sigma \leqslant \tau \text{ p.s.} \quad \Longrightarrow \quad \mathcal{F}_\sigma \subset \mathcal{F}_\tau .$$

En effet, pour $A \in \mathcal{F}_\sigma$,

$$A\bigcap\{\tau \leqslant t\} = \Big[A\bigcap\{\sigma \leqslant t\}\Big]\bigcap\{\tau \leqslant t\} \in \mathcal{F}_t\,.$$

Théorème 2.8. *Soit $M = (M(t))_t$ une $\mathcal{F}$-martingale continue, et σ, τ deux $\mathcal{F}$-temps d'arrêt bornés, avec $0 \leqslant \sigma \leqslant \tau \leqslant \mathrm{Cst} < \infty$. Alors,*

$$\mathbf{E}[M(\tau)|\mathcal{F}_\sigma] = M(\sigma)\,.$$

Si S est une $\mathcal{F}$-surmartingale continue, on a $\mathbf{E}[S(\tau)|\mathcal{F}_\sigma] \leqslant S(\sigma)$.

Ce résultat entraîne le théorème 2.6. Dans le cas discret, le résultat plus faible $\mathbf{E}[S(\tau)] \leqslant S(\sigma)$ est établi dans l'exercice corrigé 9.5 Le cas continu considéré dans le théorème 2.8 se déduit du cas discret en approximant τ, σ par des temps d'arrêt prenant un nombre fini de valeurs comme dans (2.5.8). Pour une démonstration complète, le lecteur pourra se reporter au théorème 3.2 de [**26**].

On vérifie que $M(\tau)$ est $\mathcal{F}_\tau$-mesurable. Une conséquence du résultat est qu'une martingale M arrêtée à un temps d'arrêt reste une martingale :

> ***Remarque.*** Pour toute martingale M et tout temps d'arrêt τ (fini ou non), la fonction aléatoire X,
>
> $$X(t) = M(t \wedge \tau)$$
>
> est une martingale pour la filtration $\mathcal{F}$.

Démonstration. Pour $s \leqslant t$, le théorème 2.8 avec les temps d'arrêt bornés $s \wedge \tau, t \wedge \tau$, montre que $\mathbf{E}[M(t \wedge \tau)|\mathcal{F}_{s\wedge\tau}] = M(s \wedge \tau)$. (Attention, ceci n'est pas la propriété voulue !) Mais, pour toute variable aléatoire intégrable Z, on a $\mathbf{E}[Z|\mathcal{F}_{s\wedge\tau}] = \mathbf{E}[Z|\mathcal{F}_s]$ p.s. sur l'événement $\{s \leqslant \tau\}$; ceci est conforme à l'intuition, on pourra consulter [**15**], chapitre I, problème 2.17, pour une démonstration. Donc,

$$\mathbf{E}[M(t \wedge \tau)|\mathcal{F}_s] = M(s \wedge \tau)$$

sur l'ensemble $\{s \leqslant \tau\}$. Par ailleurs, sur l'événement $\{\tau \leqslant s\}$, on a

$$\begin{aligned}
\mathbf{E}[M(t \wedge \tau)|\mathcal{F}_s] &= \mathbf{E}[M(t \wedge \tau)|\mathcal{F}_s]\mathbf{1}_{\{\tau\leqslant s\}} \\
&= \mathbf{E}[\mathbf{1}_{\{\tau\leqslant s\}}M(t \wedge \tau)|\mathcal{F}_s] \\
&= \mathbf{E}[\mathbf{1}_{\{\tau\leqslant s\}}M(s \wedge \tau)|\mathcal{F}_s] \\
&= M(s \wedge \tau)
\end{aligned}$$

puisque $\{\tau \leqslant s\} \in \mathcal{F}_s$. □

> ***Remarque.*** Si τ est un temps d'arrêt (pour $\mathcal{F}^B$) fini, alors le processus W avec
>
> $$W(t) = B(\tau + t) - B(\tau)\,, \quad t \geqslant 0$$
>
> est un mouvement brownien indépendant de $\mathcal{F}^B_\tau$.

On dit que le mouvement brownien renaît « tout neuf » de ses temps d'arrêt (selon les termes de [**12**], « Brownian motion starts afresh at stopping times »). Ce résultat généralise la proposition 2.1 b-3), qui ne considérait que les temps d'arrêt constants. Une preuve consiste à montrer que $\exp\{i\lambda W(t) - \lambda^2 t/2\}$ est une martingale pour $\lambda \in \mathbb{R}$ en utilisant le théorème d'arrêt.

2.5.3. Une inégalité de martingale

Il existe bon nombre d'inégalités remarquables pour les martingales. Nous n'en donnons qu'une seule ici :

Théorème 2.9. Inégalité de Doob. *Soit M une martingale de carré intégrable, continue.Pour tout $t > 0, \lambda > 0$,*

$$\mathbf{P}(\max_{0 \leqslant s \leqslant t} |M(s)| \geqslant \lambda) \leqslant \frac{1}{\lambda^2} \mathbf{E}[M(t)^2]$$

Ce résultat est à comparer avec l'inégalité de Bienaymé-Tchebichev : pour toute variable aléatoire réelle X (que l'on prend d'habitude centrée) $\mathbf{P}(|X| \geqslant \lambda) \leqslant \frac{1}{\lambda^2}\mathbf{E}[X^2]$.

En utilisant la propriété de martingale, le contrôle est uniforme en temps avec les mêmes constantes !

Le théorème découle immédiatement du résultat suivant, en prenant $S(t) = M(t)^2$, qui est une sous-martingale d'après la proposition 2.5 :

Proposition 2.10. *Avec S une sous-martingale positive, continue, $t > 0, \lambda > 0$, on a*

$$\mathbf{P}(\max_{0 \leqslant s \leqslant t} S(s) \geqslant \lambda) \leqslant \frac{1}{\lambda} \mathbf{E}[S(t)]$$

Démonstration. Nous allons donner deux démonstrations, l'une complète, l'autre basée sur le théorème d'arrêt.

Première démonstration : Discrétisons d'abord le temps : pour tout $n > 0$ fixé, posons $t_k = kt/n, k = 0, 1, \ldots$. Soit K la variable aléatoire égale au plus petit entier $k \leqslant n$ tel que $S(t_k) > \lambda$ s'il en existe, égale à ∞ sinon.

On a :

$$
\begin{aligned}
\mathbf{P}(\max_{0\leqslant k\leqslant n} S(t_k) > \lambda) &= \sum_{k=0}^{n} \mathbf{P}(K=k) \\
&\leqslant \sum_{k=0}^{n} \frac{1}{\lambda}\mathbf{E}(\mathbf{1}_{K=k} S(t_k)) \qquad \text{(par Markov)} \\
&\leqslant \sum_{k=0}^{n} \frac{1}{\lambda}\mathbf{E}(\mathbf{1}_{K=k}\mathbf{E}(S(t)|\mathcal{F}_{t_k}) \qquad \text{(sous-martingale)} \\
&= \sum_{k=0}^{n} \frac{1}{\lambda}\mathbf{E}(\mathbf{1}_{K=k} S(t)) \qquad (\text{car } \{K=k\} \in \mathcal{F}_{t_k}) \\
&\leqslant \frac{1}{\lambda}\mathbf{E}(S(t))
\end{aligned}
$$

Pour obtenir le résultat voulu en temps continu, notons $A_n = \{\max_{0\leqslant k\leqslant n} S(t_k) > \lambda\}$, remarquons que la suite d'événements A_{2^n} est croissante, et, par continuité de S,

$$
\mathbf{P}(\max_{0\leqslant s\leqslant t} S(s) > \lambda) \leqslant \mathbf{P}(\bigcup_n A_{2^n}) = \lim_n \mathbf{P}(A_{2^n}) \leqslant \frac{1}{\lambda}\mathbf{E}[S(t)]
$$

d'après ce qui précède. L'inégalité obtenue entraîne celle de l'énoncé.

Deuxième démonstration : On applique le théorème d'arrêt 2.5.2., à la surmartingale $-S$, aux temps d'arrêt bornés $\sigma = \sigma' \wedge t$ avec $\sigma' = \inf\{u \geqslant 0; S(u) \geqslant \lambda\}$ et $\tau = t$. Puisque $S \geqslant 0$, il vient :

$$
\mathbf{E}S(t) \geqslant \mathbf{E}S(\sigma) \geqslant \lambda\mathbf{P}(\sigma' \leqslant t) = \lambda\mathbf{P}(\max_{0\leqslant s\leqslant t} S(s) \geqslant \lambda)\ ,
$$

ce qui est le résultat voulu. □

Proposition 2.11. *(Loi des grands nombres pour le mouvement brownien).*

$$
\lim_{t\to\infty} \frac{B(t)}{t} = 0 \quad \text{p.s.}
$$

Démonstration. Pour tout $\varepsilon > 0$, l'événement

$$
\begin{aligned}
\left\{\max_{2^n\leqslant t\leqslant 2^{n+1}} \frac{|B(t)|}{t} > \varepsilon\right\} &= \left\{\exists t \in [2^n, 2^{n+1}] : |B(t)| > \varepsilon t\right\} \\
&\subset \left\{\exists t \in [2^n, 2^{n+1}] : |B(t)| > \varepsilon 2^n\right\}
\end{aligned}
$$

a une probabilité

$$
\begin{aligned}
\mathbf{P}\left\{\max_{2^n\leqslant t\leqslant 2^{n+1}} \frac{|B(t)|}{t} > \varepsilon\right\} &\leqslant \mathbf{P}\left\{\exists t \in [2^n, 2^{n+1}] : |B(t)| > \varepsilon 2^n\right\} \\
&\leqslant (\varepsilon 2^n)^{-2}\mathbf{E}B(2^{n+1})^2 = \varepsilon^{-2}2^{-n+1}\ ,
\end{aligned}
$$

si bien que $\mathbf{P}(\limsup_{t\to\infty} |B(t)|/t \leqslant \varepsilon) = 1$ par le lemme de Borel-Cantelli. D'où $\{\lim_t |B(t)|/t = 0\} = \bigcap_{k\geqslant 1}\{\limsup_{t\to\infty} |B(t)|/t \leqslant 1/k\}$ est de probabilité un. □

Nous pouvons maintenant conclure un point laissé ouvert dans la démonstration de la proposition 2.1, la continuité en 0 du mouvement brownien après inversion du temps.

Corollaire 2.12.

$$\lim_{s\to 0^+} sB(1/s) = 0 \quad \text{p.s.}$$

Démonstration. Il suffit de poser $s = 1/t$ dans la proposition précédente. □

2.5.4. Martingales de carré intégrable

On considère à présent une martingale M de carré intégrable, i.e. $\mathbf{E}M(t)^2 < \infty, \forall t$. Avec Φ la fonction convexe $\Phi(x) = x^2$, on déduit de la proposition 2.5 que $M(t)^2$ est une sous-martingale. En fait, on peut le voir directement en montrant l'égalité suivante, très utile : pour $s \leqslant t$,

$$\mathbf{E}\left(M(t)^2 - M(s)^2|\mathcal{F}_s\right) = \mathbf{E}\left([M(t) - M(s)]^2|\mathcal{F}_s\right) \quad \text{p.s.} \tag{2.5.13}$$

En effet, en développant,

$$\begin{aligned}\mathbf{E}\left([M(t) - M(s)]^2|\mathcal{F}_s\right) &= \mathbf{E}\left(M(t)^2 + M(s)^2 - 2M(s)M(t)|\mathcal{F}_s\right)\\ &= \mathbf{E}\left(M(t)^2|\mathcal{F}_s\right) + M(s)^2 - 2M(s)\mathbf{E}\left(M(t)|\mathcal{F}_s\right)\\ &= \mathbf{E}\left(M(t)^2|\mathcal{F}_s\right) - M(s)^2\,,\end{aligned}$$

et on obtient la relation voulue. Par ailleurs, si $(t_i)_{i\leqslant n}$ est une subdivision de $[0, t]$, on obtient facilement

$$\mathbf{E}[M(t) - M(0)]^2 = \mathbf{E}\sum_{i=1}^{n}[M(t_i) - M(t_{i-1})]^2$$

Il est naturel de chercher à compenser la sous-martingale $M(t)^2$, c'est-à-dire de lui soustraire un terme pour la rendre martingale. Dans le cas continu, la variation quadratique (cf. définition 2.2 pour le mouvement brownien) permet de répondre à cette question, comme l'indique ce résultat que nous admettrons (cf [**15**], th. 5.8) : soit $M = (M(t); t \in \mathbb{R}^+)$ une martingale continue de carré intégrable, et $\langle M\rangle(t)$ sa variation quadratique sur l'intervalle $[0, t]$, i.e.

$$\langle M\rangle(t) = \lim \sum_i |M(t_i) - M(t_{i-1})|^2 \quad \text{en } \mathbf{P}\text{-probabilité}$$

quand le pas de la subdivision $(t_i)_i$ de $[0, t]$ tend vers 0. Alors,

$$M(t)^2 - \langle M\rangle(t)$$

est une martingale.

Remarque. On montre, dans la théorie générale des martingales, que pour toute martingale de carré intégrable M, il existe un processus aléatoire V adapté, croissant et nul en 0, tel que $M(t)^2 - V(t)$ soit une martingale. Modulo une condition de mesurabilité que nous passons ici sous silence, ce processus V est unique, on l'appelle alors le *crochet* de M et on le note $V = \langle M \rangle$. Nous venons ci-dessus d'affirmer que le crochet coincide avec la variation quadratique si la martingale est continue. Le lecteur interessé pourra consulter [**15**], ou [**26**].

Exemple 2.7. Dans le cas $M = B$, on a $\langle B \rangle(t) = t$ et ce résultat est conforme à l'exemple 2.3 : $B(t)^2 - t$ est une martingale.

Remarque. Pour M, N deux $\mathcal{F}$-martingales continues de carré intégrable, on définit leur crochet comme

$$\langle M, N \rangle(t) = (1/2)(\langle M + N \rangle(t) - \langle M \rangle(t) - \langle N \rangle(t))$$

Puisque $xy = (1/2)[(x + y)^2 - x^2 - y^2]$, on voit aisément que $M(t)N(t) - \langle M, N \rangle(t)$ est une martingale.

Exercice au fil du cours

En plus des hypothèses précédentes, on suppose que les processus M, N sont indépendants. Montrer que MN est une martingale par rapport à $(\mathcal{F}_t, t \geqslant 0)$ avec $\mathcal{F}_t$ la tribu engendrée par $M(s), N(s)$ pour $s \in [0, t]$. Par unicité du crochet, cela entraîne $\langle M, N \rangle = 0$.

2.6 CARACTÉRISATION DE PAUL LÉVY

Dans les paragraphes précédents, nous avons replacé le mouvement brownien dans la théorie générale des martingales. Cette démarche sera reprise dans le chapitre 3. En fait, le mouvement brownien tient une place tout-à-fait centrale dans la théorie des martingales. Nous avons vu que le mouvement brownien est une martingale de crochet égal à t, cf. (ii) de (2.2) et (2.3). Réciproquement, on a la propriété remarquable qu'une martingale continue [1] de crochet égal à t est nécessairement un mouvement brownien. En plus d'être une propriété fondamentale, elle est aussi très utile, puisqu'il est assez simple de vérifier ses hypothèses.

Théorème 2.13. Caractérisation de Paul Lévy du mouvement brownien.
Soit M une fonction aléatoire réelle continue. Les deux propositions suivantes sont équivalentes :
1. M et $(M(t)^2 - t)_{t \geqslant 0}$ sont des martingales pour la filtration propre associée à M,

1. La continuité est nécessaire. En effet, si $N(t)$ est le processus de Poisson standard, $M(t) = N(t) - t$ est une martingale (exercice 5) ainsi que $M(t)^2 - t$, mais M n'est pas un mouvement brownien.

2. *M est un mouvement brownien.*

Remarque.

(i) Nous montrons en fait l'équivalence pour toute filtration $\mathcal{F}$, entre (1') M et $M(t)^2 - t$ sont des $\mathcal{F}$-martingales, et (2') M est un $\mathcal{F}$-mouvement brownien, au sens de la définition 3.1 à venir.

(ii) Comme indiqué ci-dessus, seule l'implication $(1) \implies (2)$ est nouvelle pour nous. Remarquons que le caractère gaussien provient de la continuité de M ; alors, les deux premiers moments suffisent à préciser la loi.

Démonstration. Pour simplifier les notations, nous notons ici $\mathcal{F} = \mathcal{F}^M$ la filtration propre associée à M. Pour prouver $(1) \implies (2)$, nous allons montrer que pour tout $\lambda \in \mathbb{R}$,

$$\exp\{\lambda M(t) - \frac{\lambda^2}{2}t\}$$

est une martingale. Alors, il est immédiat que pour $0 \leqslant s \leqslant t$,

$$\mathbf{E}[\exp\{\lambda(M(t) - M(s))\}|\mathcal{F}_s] = \exp\{\frac{\lambda^2}{2}(t-s)\} ,$$

ce qui prouve bien que M a des accroissements gaussiens indépendants avec les bons moments. Pour montrer la propriété de martingale, nous allons considérer le cas $s = 0$ – le cas général $s \geqslant 0$ est tout-à-fait similaire, il ne fait qu'alourdir les notations –, et donc établir que

$$\mathbf{E}\exp\{\lambda M(t) - \frac{\lambda^2}{2}t\} = 1 \qquad (2.6.14)$$

Pour établir cette identité, nous allons montrer les deux inégalités complémentaires.

Première étape : première inégalité dans (2.6.14). Fixons $0 < \varepsilon \leqslant 1$, et définissons récursivement $\tau_0^\varepsilon = 0$,

$$\tau_{k+1}^\varepsilon = t \wedge (\tau_k^\varepsilon + \varepsilon) \wedge \inf\{s \geqslant \tau_k^\varepsilon : |M(s) - M(\tau_k^\varepsilon)| \geqslant \varepsilon\}$$

Chaque τ_k^ε est un temps d'arrêt, et par continuité des trajectoires, on a $\tau_k^\varepsilon = t$ pour k assez grand, et $|M(\tau_{k+1}^\varepsilon) - M(\tau_k^\varepsilon)| \leqslant \varepsilon$. On écrit

$$M(t) = \sum_{k\geqslant 0} [M(\tau_{k+1}^\varepsilon) - M(\tau_k^\varepsilon)] \ , \quad t = \sum_{k\geqslant 0} [\tau_{k+1}^\varepsilon - \tau_k^\varepsilon] \ ,$$

et l'intégrant de (2.6.14) comme

$$\lim_{n\to\infty} \exp\left\{\sum_{k=0}^n \left(\lambda[M(\tau_{k+1}^\varepsilon) - M(\tau_k^\varepsilon)] - \frac{\lambda^2}{2}[\tau_{k+1}^\varepsilon - \tau_k^\varepsilon]\right)\right\} .$$

Définissons

$$\Pi_k = \mathbf{E}\left[\exp\left\{\lambda[M(\tau_{k+1}^\varepsilon) - M(\tau_k^\varepsilon)] - (\frac{\lambda^2}{2} + \delta)[\tau_{k+1}^\varepsilon - \tau_k^\varepsilon]\right\} |\mathcal{F}_{\tau_k^\varepsilon}\right]$$

où $\delta = \delta(\varepsilon, \lambda) \in (0, 1]$ sera choisi plus tard, de sorte que $\delta(\varepsilon, \lambda) \to 0$ quand $\varepsilon \to 0$ pour tout λ. De façon générale, si μ et σ sont deux variables aléatoires bornées par ε et telles que $\mathbf{E}\mu = \mathbf{E}[\mu^2 - \sigma] = 0$, on a pour tout $\delta \in (0, 1]$

$$\begin{aligned} &\mathbf{E}\exp\{\lambda\mu - (\frac{\lambda^2}{2} + \delta)\sigma\} \\ &\quad\leqslant \mathbf{E}\left[1 + \{\lambda\mu - (\frac{\lambda^2}{2} + \delta)\sigma\} \right. \\ &\qquad\left. + \frac{1}{2}\{\lambda\mu - (\frac{\lambda^2}{2} + \delta)\sigma\}^2 + C_\lambda\{|\mu|^3 + \sigma^3\}\right] \\ &\quad\leqslant \mathbf{E}\left[1 - \delta\sigma + C'_\lambda\varepsilon\sigma\right] \\ &\quad\leqslant 1 \end{aligned} \tag{2.6.15}$$

en choisissant $\delta = C'_\lambda\varepsilon$. Ainsi, $\Pi_k \leqslant 1$, et par récurrence,

$$\mathbf{E}\exp\left\{\sum_{k=0}^{n}\left(\lambda[M(\tau_{k+1}^\varepsilon) - M(\tau_k^\varepsilon)] - (\frac{\lambda^2}{2} + \delta)[\tau_{k+1}^\varepsilon - \tau_k^\varepsilon]\right)\right\} \leqslant 1 \tag{2.6.16}$$

pour tout n, et par le lemme de Fatou,

$$\mathbf{E}\exp\{\lambda M(t) - (\frac{\lambda^2}{2} + \delta)t\} \leqslant 1 .$$

En faisant $\varepsilon \to 0$, on a $\delta \to 0$, et on obtient l'inégalité dans (2.6.14).

Deuxième étape : estimée de queue. Comme indiqué plus haut, ce que nous avons obtenu en réalité par l'argument précédent est que

$$\mathbf{E}[\exp\{\lambda(M(t) - M(s))\}|\mathcal{F}_s] \leqslant \exp\{\frac{\lambda^2}{2}(t - s)\} \quad p.s.,$$

i.e. que $Z_\lambda(t) = \exp\{\lambda M(t) - \frac{\lambda^2}{2}t\}$ est une sur-martingale. Soient $r > 0$, et le temps d'arrêt $\tau' = \inf\{u \geqslant 0; B(u) - B(0) \geqslant r\}$. D'après le théorème 2.8, appliqué à Z_λ, $\sigma = 0$ et $\tau = \tau' \wedge t$, on a, lorsque $\lambda \geqslant 0$,

$$\begin{aligned} 1 &= \mathbf{E}Z_\lambda(\sigma) \\ &\geqslant \mathbf{E}Z_\lambda(\tau) \\ &\geqslant \mathbf{E}[Z_\lambda(\tau)\mathbf{1}_{\tau' \leqslant t}] \\ &\geqslant \exp\{\lambda r - \frac{\lambda^2}{2}t\} \times \mathbf{P}(\tau' \leqslant t) , \end{aligned}$$

soit

$$\mathbf{P}(\max_{0 \leqslant u \leqslant t}\{B(u) - B(0)\} \geqslant r) \leqslant \exp -\{\lambda r - \frac{\lambda^2}{2}t\} , \quad \lambda \geqslant 0 ,$$

soit encore, en remarquant que la borne est optimale lorsque $\lambda = r/t \geqslant 0$,

$$\mathbf{P}(\max_{0 \leqslant u \leqslant t}\{B(u) - B(0)\} \geqslant r) \leqslant \exp\{-\frac{r^2}{2}t\} .$$

En travaillant avec $\lambda \leqslant 0$, on obtient par les mêmes arguments que la probabilité $\mathbf{P}(\max_{0\leqslant u\leqslant t}\{B(u) - B(0)\} \leqslant -r)$ est majorée par la même quantité. Finalement[2], on a pour tout $r > 0$,

$$\mathbf{P}(\max_{0\leqslant u\leqslant t}\{|B(u) - B(0)|\} \geqslant r) \leqslant 2\exp\{-\frac{r^2}{2}t\}\,. \qquad (2.6.17)$$

Dernière étape : l'autre inégalité dans (2.6.14). En répétant l'argument de (2.6.15), il est facile de trouver $\delta' = \delta'(\varepsilon, \lambda) \in (0, 1]$ avec $\delta' \to 0$ quand $\varepsilon \to 0$ pour tout λ, tel que

$$\mathbf{E}\exp\left\{\sum_{k=0}^{n}\left(\lambda[M(\tau^\varepsilon_{k+1}) - M(\tau^\varepsilon_k)] - (\frac{\lambda^2}{2} - \delta')[\tau^\varepsilon_{k+1} - \tau^\varepsilon_k]\right)\right\} \geqslant 1\,.$$

Maintenant, l'estimée (2.6.17) permet d'appliquer le théorème de convergence dominée quand $n \to \infty$ dans le membre de gauche. Par conséquent,

$$\mathbf{E}\exp\{\lambda M(t) - (\frac{\lambda^2}{2} - \delta')t\} \geqslant 1\,,$$

et l'inégalité permettant de compléter (2.6.14) s'obtient alors en faisant $\varepsilon \to 0$. □

Remarque. Le théorème possède un prolongement concernant la convergence de fonctions aléatoires vers le mouvement brownien. Remarquable lui aussi par sa simplicité, on peut l'énoncer comme suit. Une suite de martingales continues $(M_n)_{n\in\mathbb{N}}$ (avec $M_n = (M_n(t), t \geqslant 0)$) dont le crochet $\langle M_n\rangle(t) \to t$ en probabilité quand $n \to \infty$ ($\forall t$), converge elle-même (au sens des fonctions aléatoires) vers le mouvement brownien. Le lecteur intéressé pourra consulter **[8]**.

2. Cette estimée n'est pas trop mauvaise, car le principe de réflexion (cf. 13.3) montre que

$$\mathbf{P}(\max_{0\leqslant u\leqslant t}\{B(u)\} \geqslant r) = 2\mathbf{P}(B(t) \geqslant r) = (2/\pi t)^{1/2}\int_z^\infty \exp\{-\frac{z^2}{2}t\}dz\,.$$

Chapitre 3

Intégrale et différentielle stochastique

3.1 INTÉGRALE STOCHASTIQUE D'ITÔ

On a vu que le mouvement brownien B n'est pas à variation bornée, on ne peut donc pas appliquer la théorie générale de l'intégration. Cependant on va définir une intégrale pour le mouvement brownien, soit $\int_0^t \phi(s,\omega)dB(s)$. L'idée est de la définir par des techniques hilbertiennes de prolongement comme une isométrie. Pour des intégrants déterministes $\phi = \phi(t) \in L^2(\mathbb{R}^+)$, il s'agit de l'intégrale de Wiener (1934), que l'on peut construire dans l'espace gaussien associé à B. Mais il est important pour les applications de couvrir le cas $\phi = \phi(t,\omega)$ d'intégrants aléatoires, cas que nous considérons directement : c'est l'intégrale dûe à Itô (vers 1950).

Le prix à payer alors, est que f doit être non-anticipante par rapport au Brownien. Nous allons expliquer brièvement pourquoi. Il est naturel d'exiger que l'intégrale de $X(\omega)\mathbf{1}_{]s,t]}(u)$ soit égale, si elle existe, à $X(\omega)[B(t) - B(s)]$, et que l'intégrale soit linéaire. Dès lors, l'intégrale doit vérifier

$$\int \phi(t,\omega)dB(t,\omega) = \sum_{i=0}^{n-1} X_i(\omega)[B(t_{i+1},\omega) - B(t_i,\omega)]$$

$$\text{pour } \phi(t,\omega) = \sum_{i=0}^{n-1} X_i(\omega)\mathbf{1}_{]t_i,t_{i+1}]}(t) .$$

Ensuite, pour un intégrant ϕ général, on définira l'intégrale par $\int \phi dB = \lim_n \int \phi_n dB$ pour une suite approximante ϕ_n de fonction comme ci-dessus. Pour cerner les difficultés, prenons l'exemple simple $\phi(t) = B(t)\mathbf{1}_{[0,T]}(t)$ du mouvement brownien sur un horizon de temps déterministe $T > 0$: les deux suites approximantes

$$\phi_n(t) = \sum_{i=0}^{n-1} B(t_{i+1})\mathbf{1}_{]t_i,t_{i+1}]}(t)\ , \quad \psi_n(t) = \sum_{i=0}^{n-1} B(t_i)\mathbf{1}_{]t_i,t_{i+1}]}(t)$$

sont des choix tout à fait naturels (avec $(t_i)_i$ une subdivision de $[0, T]$), mais ils mènent à une solution tout à fait différente ! En effet,

$$\int \phi_n(t)dB(t) - \int \psi_n(t)dB(t) = \sum_{i=0}^{n-1}[B(t_{i+1}, \omega) - B(t_i, \omega)]^2$$

tend vers $T > 0$ lorsque le pas de la subdivision tend vers 0, par le théorème 2.2. La raison de cette différence, est que l'approximant ϕ_n anticipe le mouvement brownien, au contraire de ψ_n. Pour définir sans amiguïté l'intégrale il faut préciser quelle approximation choisir. On choisira l'approximant non-anticipant ψ_n.

Afin de définir des intégrants non-anticipants, des considérations de filtrations sont nécessaires.

3.1.1. Filtrations et mesurabilité

Dans les applications, nous avons besoin souvent d'autres processus aléatoires que B, et donc de filtrations plus riches que $\mathcal{F}^B$.

Définition 3.1. *Étant donné une filtration $\mathcal{F} = (\mathcal{F}_t, t \geqslant 0)$ sur $(\Omega, \mathcal{A}, \mathbf{P})$, un mouvement brownien B défini sur $(\Omega, \mathcal{A}, \mathbf{P})$ est appelé un $\mathcal{F}$-mouvement brownien s'il est adapté à $\mathcal{F}$, et si $B(t) - B(s)$ est indépendant de $\mathcal{F}_s$ ($0 \leqslant s \leqslant t$).*

On supposera toujours que $\mathcal{F}_0$ contient tous les ensembles de mesure nulle de $\mathcal{A}$. Voici une classe intéressante de fonctions non-anticipantes.

Définition 3.2. *Une fonction réelle $\phi(t, \omega)$ sur $\mathbb{R}^+ \times \Omega$ [respectivement, $[0, T] \times \Omega$,] est dite progressivement mesurable si $\forall t \in \mathbb{R}^+$ [resp., $t \in [0, T]$,] l'application $(s, \omega) \mapsto \phi(s, \omega)$ de $[0, t] \times \Omega \to \mathbb{R}$ est $\mathcal{B}[0, t] \otimes \mathcal{F}_t$-mesurable.*

C'est une propriété peu exigeante, puisque

Proposition 3.1. *Toute fonction aléatoire continue adaptée est progressivement mesurable.*

Démonstration. Pour $n \geqslant 1$, définissons

$$X_n(s, \omega) = X(kT/n, \omega) \quad \text{pour} \quad \frac{kT}{n} < s \leqslant \frac{(k+1)T}{n}\ .$$

Alors, la fonction X_n est progressivement mesurable, et, par continuité, elle converge vers X en tout point $(s, \omega) \in [0, T] \times \Omega$ quand $n \to \infty$, ce qui montre que X est progressivement mesurable. □

On note $M^2(\mathbb{R}^+)$ [resp., $M^2[0, T]$,] l'espace des fonctions aléatoires progressivement mesurables telles que

$$\mathbf{E} \int_{\mathbb{R}^+} \phi^2(t, \omega) dt < \infty$$

[resp., $\mathbf{E} \int_0^T \phi^2(t, \omega) dt < \infty$], et $M^2 = \bigcap_T M^2[0, T]$. On convient d'identifier deux élements égaux sur un ensemble de $\mathbf{P} \otimes dt$-mesure nulle. Alors, $M^2(\mathbb{R}^+)$ est un espace de Hilbert avec produit scalaire $\langle \phi, \psi \rangle = \mathbf{E} \int_{\mathbb{R}^+} \phi(t, \omega) \psi(t, \omega) dt$. De même $M^2[0, T]$ est un Hilbert, mais pas M^2.

Comme dans la théorie de l'intégration de Lebesgue, l'intégrale est définie, d'abord et simplement, pour les fonctions qui ne prennent qu'un nombre fini de valeurs.

3.1.2. Fonctions en escalier

Une fonction en escalier est une fonction aléatoire réelle $\phi(t, \omega)$ de la forme

$$\phi(t, \omega) = \sum_{i=0}^{n-1} X_i(\omega) \mathbf{1}_{]t_i, t_{i+1}]} \tag{3.1.1}$$

avec $0 = t_0 < t_1 < t_2 < \ldots < t_n$ et $X_i \in L^2(\mathcal{F}_{t_i})$.

L'important à noter dans cette dernière condition, est que l'exigence est double : les X_i sont de carrés intégrables, mais surtout $\mathcal{F}_{t_i}$-mesurables : la valeur X_i de ϕ sur l'intervalle $]t_i, t_{i+1}]$ ne dépend que de l'information disponible à t_i. On voit qu'une telle fonction en escalier est progressivement mesurable ; en effet, pour B borélien de $\mathbb{R}$ et $T > 0$,

$$\{\phi_{|[0,T] \times \Omega} \in B\} = \bigcup_{i : t_i \leqslant T}]t_i, t_{i+1} \wedge T] \times \{X_i \in B\}$$

qui est réunion finie de rectangles de $\mathcal{B}[0, T] \otimes \mathcal{F}_T$. (Si X_i était $\mathcal{F}_{t_{i+1}}$-mesurable, ϕ ne serait pas progressivement mesurable.) Ces fonctions en escalier (3.1.1) sont dans $M^2(\mathbb{R}^+)$, car

$$\mathbf{E} \int_{\mathbb{R}^+} \phi(t)^2 dt = \sum_{i=0}^{n-1} \mathbf{E} X_i^2 (t_{i+1} - t_i) < \infty \, . \tag{3.1.2}$$

On définit l'intégrale stochastique des fonctions en escalier par la formule

$$\int_{\mathbb{R}^+} \phi(t) dB(t) = \sum_{i=0}^{n-1} X_i [B(t_{i+1}) - B(t_i)] \, . \tag{3.1.3}$$

Alors l'application $\phi \mapsto \int \phi \, dB$ ainsi définie est linéaire sur l'espace vectoriel E des fonctions en escalier (3.1.1) et est à valeurs dans $L^2(\Omega)$ puisque

$$
\begin{aligned}
\mathbf{E}\left(\int_{\mathbb{R}^+} \phi(t)dB(t)\right)^2 &= \sum_i \mathbf{E}\left(X_i^2 \mathbf{E}([B(t_{i+1}) - B(t_i)]^2 | \mathcal{F}_{t_i})]\right) + \\
&\quad +2 \textstyle\sum_{i<j} \mathbf{E}\left(X_i[B(t_{i+1}) - B(t_i)]X_j \mathbf{E}[B(t_{j+1}) - B(t_j)|\mathcal{F}_{t_j}]\right) \\
&= \mathbf{E}\int_{\mathbb{R}^+} \phi(t)^2 dt = \|\phi\|^2_{M^2(\mathbb{R}^+)} \qquad (3.1.4)
\end{aligned}
$$

d'après la propriété que B est un $\mathcal{F}$-mouvement brownien. (On remarquera dans ce calcul, la raison pour choisir des intégrants non anticipants : c'est cette propriété qui nous permet d'utiliser que les accroissements du mouvement brownien sont conditionnellements centrés.) Cette application $\phi \mapsto \int \phi \, dB$ est même une isométrie de E dans $L^2(\Omega)$. L'idée générale de la construction d'intégrales stochastiques dans les cadres les plus divers est de prolonger une intégrale explicitement définie sur un ensemble de fonctions simples (ici, (3.1.1)) de façon à conserver une isométrie sur l'adhérence de l'ensemble des fonctions simples. Nous suivons ce schéma.

3.1.3. Approximations en escalier dans $M^2(\mathbb{R}^+)$

Commençons par donner un procédé d'approximation dans le cas déterministe.

On considère l'opérateur linéaire P_n sur $L^2(\mathbb{R}^+)$ donné pour $f \in L^2(\mathbb{R}^+)$ par

$$
P_n f(t) = n \sum_{i=1}^{n^2} \left(\int_{(i-1)/n}^{i/n} f(s)ds \right) \mathbf{1}_{]i/n,(i+1)/n]}(t) .
$$

Il s'agit d'une fonction en escalier, égale à la moyenne de f sur l'intervalle $]i/n, (i+1)/n]$ précédent. L'opérateur P_n contracte la norme L^2, puisque par Cauchy-Schwarz,

$$
[P_n f(t)]^2 \leqslant n \int_{(i-1)/n}^{i/n} f(s)^2 ds \ , \ t \in]i/n, (i+1)/n] \ ,
$$

de sorte que

$$
\int_{\mathbb{R}^+} [P_n f(t)]^2 dt \leqslant \int_{\mathbb{R}^+} f(t)^2 dt \qquad (3.1.5)
$$

par sommation. Enfin, on a

$$
P_n f \to f \text{ quand } n \to \infty \text{ dans } L^2(\mathbb{R}^+) \qquad (3.1.6)
$$

pour toute f continue à support compact, et donc pour toute $f \in L^2(\mathbb{R}^+)$ par densité dans L^2.

Nous utilisons à présent l'opérateur d'approximation P_n dans $M^2(\mathbb{R}^+)$. Si $\phi \in M^2(\mathbb{R}^+)$, $\phi(\cdot, \omega) \in L^2(\mathbb{R}^+)$ pour presque tout ω, et on définit donc $P_n\phi(t, \omega) = [P_n\phi(\cdot, \omega)](t)$.

Alors,

1. $P_n\phi$ est une fonction en escalier (3.1.1) (avec $t_i = i/n$), notamment car $\int_{(i-1)/n}^{i/n} \phi(s,\omega)ds$ est $\mathcal{F}_{t_i}$-mesurable puisque ϕ est *progressivement mesurable.*
2. $P_n\phi \to \phi$ dans $M^2(\mathbb{R}^+)$. En effet, pour tout ω tel que $\phi(\cdot,\omega) \in L^2(\mathbb{R}^+)$, l'observation (3.1.6) ci-dessus entraîne la convergence $\int_{\mathbb{R}^+}([P_n\phi(\cdot,\omega)](t) - \phi(t,\omega))^2 dt$ vers 0. Il suffit alors, pour obtenir le résultat désiré

$$\|P_n\phi - \phi\|^2_{M^2(R^+)} = \mathbf{E}\int_{\mathbb{R}^+}([P_n\phi(\cdot,\omega)](t) - \phi(t,\omega))^2 dt \longrightarrow 0 \ , \qquad (3.1.7)$$

d'appliquer le théorème de convergence dominée, en remarquant que par l'inégalité de Minkowski,

$$\begin{aligned}\int_{\mathbb{R}^+}([P_n\phi(\cdot,\omega)](t) - \phi(t,\omega))^2\, dt &\leqslant \left[\|P_n\phi(\cdot,\omega)\|_{L^2(\mathbb{R}^+)} + \|\phi(\cdot,\omega)\|_{L^2(\mathbb{R}^+)}\right]^2 \\ &\leqslant 4\|\phi(\cdot,\omega)\|^2_{L^2(\mathbb{R}^+)}\end{aligned}$$

indépendant de n et $\mathbf{P}$-intégrable si $\phi \in M^2(\mathbb{R}^+)$.

3.1.4. Intégrale stochastique dans $M^2(\mathbb{R}^+)$

Par le théorème de prolongement d'opérateurs linéaires bornés, l'isométrie définie par (3.1.3), $\phi \in \mathrm{E} \mapsto \int_{\mathbb{R}^+}\phi\, dB \in L^2(\Omega,\mathcal{A},\mathbf{P})$, se prolonge de manière unique en un isométrie définie sur l'adhérence de E, soit $M^2(\mathbb{R}^+)$ tout entier. On notera encore $\phi \mapsto \int_{\mathbb{R}^+}\phi\, dB$ l'opérateur prolongeant.

Définition 3.3. *La variable aléatoire $\int_{\mathbb{R}^+}\phi\, dB \in L^2(\Omega,\mathcal{A},\mathbf{P})$ est appelée intégrale stochastique de $\phi \in M^2(\mathbb{R}^+)$.*

On remarque que l'intégrale stochastique est déterminée de manière unique par la condition que l'application $\phi \mapsto \int_{\mathbb{R}^+}\phi\, dB$ soit une isométrie donnée par (3.1.3) lorsque ϕ est en escalier. La propriété d'isométrie entraîne que

Théorème 3.2. *Pour ϕ, ψ dans $M^2(\mathbb{R}^+)$, on a*

$$\mathbf{E}\int_{\mathbb{R}^+}\phi(t)dB(t) = 0\ ,\ \ \mathbf{E}(\int_{\mathbb{R}^+}\phi(t)dB(t))^2 = \mathbf{E}\int_{\mathbb{R}^+}\phi(t)^2 dt\ ,$$

$$\mathbf{E}\left[(\int_{\mathbb{R}^+}\phi(t)dB(t))(\int_{\mathbb{R}^+}\psi(t)dB(t))\right] = \mathbf{E}\int_{\mathbb{R}^+}\phi(t)\psi(t)dt\ .$$

De façon plus explicite, on peut écrire ce prolongement comme une limite dans L^2,

$$\begin{aligned}\int_{\mathbb{R}^+}\phi(t)dB(t) &= \lim_n \int_{\mathbb{R}^+} P_n\phi(t)dB(t) \\ &= \lim_n \sum_{i=1}^{n^2} n\left(\int_{\frac{i-1}{n}}^{\frac{i}{n}}\phi(s,\omega)ds\right)\left[B(\frac{i+1}{n}) - B(\frac{i}{n})\right] \qquad (3.1.8)\end{aligned}$$

Remarque. On pourrait utiliser bien d'autres suites approximantes dans (3.1.8). Ainsi, si ϕ est de plus continue en temps,

$$\int_{\mathbb{R}^+} \phi(t)dB(t) = \lim_n \sum_{i=1}^{n^2} \phi(i/n)[B(\frac{i+1}{n}) - B(\frac{i}{n})] \, ,$$

mais le procédé donné dans (3.1.8) est tout à fait général et très régularisant.

Remarque. **Intégrale de Wiener :** Pour des intégrants $\phi = f(t)$ déterministes avec $f \in L^2(dt)$, on peut se contenter d'une construction plus simple de l'intégrale stochastique, l'intégrale de Wiener. Cette construction, due à Paley, Wiener et Zygmund (1934), définit $\int f(t)dB(t)$ comme un élément de l'espace gaussien H^B engendré par le mouvement brownien, elle apparaît comme un cas particulier de l'intégrale que nous avons construit ci-dessus. Le lecteur pourra consulter le complément de cours et la définition (10.1.2). Il est important de remarquer que, d'après (3.1.8) et puisque f est déterministe, la variable

$$\int_{\mathbb{R}^+} f(t)dB(t) \text{ est gaussienne}$$

comme limite de variables aléatoires gaussiennes. Sa loi est $\mathcal{N}(0, \int_{\mathbb{R}^+} f(s)^2 ds)$. Bien plus, le processus $t \mapsto \int_0^t f(s)dB(s) = \int_{\mathbb{R}^+} \mathbf{1}_{]0,t]}(s)f(s)dB(s)$ est un processus gaussien pour les mêmes raisons.

3.1.5. L'Intégrale stochastique sur M^2 est une martingale

Lorsque ϕ est élément de M^2, on définit l'intégrale fonction de sa borne supérieure par

$$\int_0^t \phi(s)dB(s) = \int_{\mathbb{R}^+} \mathbf{1}_{]0,t]} \, \phi(s)dB(s) \, , \quad t \geqslant 0.$$

En effet, $\mathbf{1}_{]0,t]} \, \phi$ est progressivement mesurable (en tant que produit de telles fonctions) puisque ϕ l'est, et $\phi \in M^2 \Rightarrow \mathbf{1}_{]0,t]} \, \phi \in M^2(\mathbb{R}^+)$, de sorte que le membre de droite de la définition précédente existe bien.

On pose $\int_s^t \phi(u)dB(u) = \int_{\mathbb{R}^+} \mathbf{1}_{]s,t]}(u)\phi(u)dB(u)$ et l'on en déduit la relation de Chasles $\int_0^t \phi(u)dB(u) = \int_0^s \phi(u)dB(u) + \int_s^t \phi(u)dB(u)$ par linéarité. L'intégrale stochastique est une fonction continue de sa borne supérieure :

Proposition 3.3. *La fonction aléatoire $t \mapsto \int_0^t \phi \, dB$ est continue en moyenne quadratique en tout point $t_0 \geqslant 0$, et elle possède une version continue sur $\mathbb{R}_+$.*

Démonstration. La première propriété est simple à établir : pour $t > t_0$,

$$\mathbf{E}\left(\int_0^t \phi dB - \int_0^{t_0} \phi dB\right)^2 = \mathbf{E}\left(\int_{t_0}^t \phi dB\right)^2 = \mathbf{E}\left(\int_{t_0}^t \phi(s)^2 ds\right)$$

(d'après le théorème 3.2) qui tend vers 0 quand $t \searrow t_0$. La continuité L^2 est montrée. La continuité p.s. est plus délicate. Notons que, par définition, $M_n(t) = \int_0^t P_n \phi \, dB$ est continue pour tout ω. L'inégalité de Doob appliquée à la martingale continue $M_m - M_n$ et à l'horizon de temps $T < \infty$ donne

$$\mathbf{P}(\max_{t \in [0,T]} |M_n - M_m|(t) > r) \leqslant r^{-2} \|P_n \phi - P_m \phi\|^2_{M^2[0,T]} , \quad r > 0$$

qui tend vers 0 quand $n, m \to \infty$. Ainsi, en probabilité, la suite M_n est de Cauchy dans l'espace des fonctions continues sur $[0, T]$ muni de la norme uniforme. On peut donc trouver un extracteur $n_k \nearrow \infty$ tel que, presque sûrement, la suite extraite M_{n_k} converge uniformément sur les compacts de $\mathbb{R}_+$. La limite M_∞ est continue, en tant que limite uniforme d'une suite de fonctions continues. Puisque $M_n(t) \to \int_0^t \phi dB$, on a bien sûr l'égalité $M_\infty = \int_0^t \phi dB$ p.s., et M_∞ est une version continue de l'intégrale stochastique. □

Rappelons-nous que la filtration $\mathcal{F} = (\mathcal{F}_t)_t$ est intervenue de manière cruciale dans les définitions et la construction ci-dessus. En voici la raison principale :

Proposition 3.4. *Pour ϕ dans M^2, la fonction aléatoire $M(t) = \int_0^t \phi(s) dB(s)$ est une $\mathcal{F}$-martingale de carré intégrable, de crochet (cf. remarque, section 2.5.4.)*

$$\langle M \rangle(t) = \int_0^t \phi(s)^2 ds .$$

Démonstration. Par (3.1.8), on peut trouver une (suite de) subdivision $(t_i)_i$ de $[s, t]$ ainsi que des variables aléatoires $X_i \in L^2(\mathcal{F}_{t_i})$ telles que

$$\int_s^t \phi(u) dB(u) = L^2 - \lim \sum_i X_i [B(t_{i+1}) - B(t_i)] .$$

M est adapté à la filtration $\mathcal{F}$. Par construction, M est de carré intégrable. Par continuité de l'espérance conditionnelle dans L^2,

$$\begin{aligned} \mathbf{E}(\int_s^t \phi(u) dB(u) | \mathcal{F}_s) &= L^2 - \lim \sum_i \mathbf{E}(X_i [B(t_{i+1}) - B(t_i)] | \mathcal{F}_s) \\ &= L^2 - \lim \sum_i \mathbf{E}(X_i \mathbf{E}([B(t_{i+1}) - B(t_i)] | \mathcal{F}_{t_i}) | \mathcal{F}_s) \\ &= 0 , \end{aligned}$$

car B étant un $\mathcal{F}$-mouvement brownien, les espérances conditionnelles intérieures sont nulles.

Enfin, montrons que $M(t)^2 - \int_0^t \phi(s)^2 ds$ est une martingale. D'après (2.5.13), $\mathbf{E}(M(t)^2 - M(s)^2 | \mathcal{F}_s) = \mathbf{E}([M(t) - M(s)]^2 | \mathcal{F}_s)$, et il suffit de vérifier que

$$\mathbf{E}([M(t) - M(s)]^2 | \mathcal{F}_s) = \mathbf{E}([\int_s^t \phi \, dB]^2 | \mathcal{F}_s) = \mathbf{E}(\int_s^t \phi(u)^2 du | \mathcal{F}_s) .$$

Puisque la convergence dans L^2 entraîne la convergence dans L^1 des carrés, et par continuité L^1 de l'espérance conditionnelle, on calcule (notant $\Delta_i B = B(t_{i+1}) - B(t_i)$),

$$\begin{aligned}
\mathbf{E}\left(\left[\int_s^t \phi(u)dB(u)\right]^2 |\mathcal{F}_s\right) &= \mathbf{E}\left(\lim_n \left[\sum_i X_i \Delta_i B\right]^2 |\mathcal{F}_s\right) \\
&= \lim_n \mathbf{E}\left(\left[\sum_i X_i \Delta_i B\right]^2 |\mathcal{F}_s\right) \\
&= \lim_n \sum_i \mathbf{E}\left(\mathbf{E}\left[X_i^2[\Delta_i B]^2 |\mathcal{F}_{t_i}\right] |\mathcal{F}_s\right) + \\
&\quad +2\sum_{i<j} \mathbf{E}\left(\mathbf{E}\left[X_i X_j \Delta_i B \Delta_j B |\mathcal{F}_{t_j}\right] |\mathcal{F}_s\right) \\
&= \lim_n \sum_i \mathbf{E}\left(X_i^2[t_{i+1} - t_i] |\mathcal{F}_s\right) \\
&= \mathbf{E}\left(\int_s^t \phi(u)^2 du |\mathcal{F}_s\right),
\end{aligned}$$

de nouveau par continuité de l'espérance conditionnelle sur L^1. Cela termine la démonstration. □

Corollaire 3.5. *Pour ϕ, ψ dans M^2, $\int_0^t \phi(s)dB(s) \int_0^t \psi(s)dB(s) - \int_0^t \phi(s)\psi(s)ds$ est une martingale.*

Démonstration. Par polarisation. □

Nous étendrons l'intégrale stochastique dans la section 3.2.4.

3.2 FORMULE D'ITÔ

C'est la formule centrale du calcul stochastique, qui remplace la formule du calcul différentiel due à Newton.

3.2.1. Le calcul usuel ne s'applique pas au cas stochastique

Commençons par considérer le cas déterministe. Si $x(t)$ est une fonction $\mathcal{C}^1$, et $\Phi(x)$ aussi, le théorème fondamental du calcul différentiel s'écrit

$$\Phi(x(t)) = \Phi(x(0)) + \int_0^t \Phi'(x(s))x'(s)ds = \Phi(x(0)) + \int_0^t \Phi'(x(s))dx(s),$$

en voyant $x(t)$ comme une fonction à variation (localement) bornée, et en notant $dx(s) = x'(s)ds$ la mesure associée. Maintenant qu'on sait « intégrer par rapport au mouvement brownien », on peut se demander si cette formule a encore cours.

Considérons le cas le plus simple non-linéaire, où $\Phi(x) = x^2$. Avec la subdivision $t_i = it/n$, on a

$$\begin{aligned} B(t)^2 &= \sum_{i=1}^{n}[B(t_i)^2 - B(t_{i-1})^2] \\ &= 2\sum_{i=1}^{n} B(t_{i-1})[B(t_i) - B(t_{i-1})] + \sum_{i=1}^{n}[B(t_i) - B(t_{i-1})]^2 . \end{aligned}$$

Quand $n \to \infty$, le premier terme tend vers $2\int_0^t B(s)dB(s)$ – puisque la continuité de B permet d'appliquer la remarque de la section 3.1.4. –, le deuxième tend vers la variation quadratique $V = t$ du mouvement brownien. Ainsi,

$$B(t)^2 = 2\int_0^t B(s)dB(s) + t\ , \tag{3.2.9}$$

ce qui montre que la formule usuelle déterministe ne s'applique pas.

3.2.2. Formule d'Itô pour $\Phi(B(t)), \Phi \in \mathcal{C}_b^2$

Soit $\mathcal{C}_b^2 = \{\Phi \in \mathcal{C}^2(\mathbb{R};\mathbb{R}) : \Phi, \Phi', \Phi'' \text{ bornées }\}$. La proposition suivante prolonge le cas quadratique étudié ci-dessus.

Proposition 3.6. *Pour $\Phi \in \mathcal{C}_b^2$, on a p.s.*

$$\Phi(B(t)) = \Phi(B(0)) + \int_0^t \Phi'(B(s))dB(s) + \frac{1}{2}\int_0^t \Phi''(B(s))ds\ , \quad \forall t. \tag{3.2.10}$$

Le dernier terme est nouveau, comparé à la formule classique, il est dû à la variation quadratique de B.

Démonstration. En essayant de procéder comme plus haut avec $t_i = it/n$, on applique ici à la fonction Φ la formule de Taylor à l'ordre deux, et avec la continuité de B, on obtient

$$\begin{aligned} \Phi(B(t)) &= \Phi(B(0)) + \sum_{i=1}^{n}[\Phi(B(t_i)) - \Phi(B(t_{i-1}))] \\ &= \Phi(B(0)) + \sum_{i=1}^{n}\Phi'(B(t_{i-1}))[B(t_i) - B(t_{i-1})] \\ &\quad + \frac{1}{2}\sum_{i=1}^{n}\Phi''(B(\theta_i))[B(t_i) - B(t_{i-1})]^2\ , \end{aligned}$$

avec des $\theta_i = \theta_i(n,\omega) \in]t_{i-1}, t_i[$. Le terme $\sum_{i=1}^{n}\Phi'(B(t_{i-1}))[B(t_i) - B(t_{i-1})]$ dans le dernier membre converge quand $n \to \infty$ vers l'intégrale stochastique

$\int_0^t \Phi'(B(s))dB(s)$, d'après la remarque 3.1.4. et par continuité. Reste à vérifier que le dernier terme converge vers celui de (3.2.10). Dans le terme

$$U_n = \sum_{i=1}^{n} \Phi''(B(\theta_i))[B(t_i) - B(t_{i-1})]^2 ,$$

on va successivement remplacer θ_i par t_{i-1}, puis $[B(t_i) - B(t_{i-1})]^2$ par $[t_i - t_{i-1}]$. Posons

$$\begin{aligned} V_n &= \sum_{i=1}^{n} \Phi''(B(t_{i-1}))[B(t_i) - B(t_{i-1})]^2 , \\ W_n &= \sum_{i=1}^{n} \Phi''(B(t_{i-1}))[t_i - t_{i-1}] . \end{aligned}$$

Par Schwarz,

$$\begin{aligned} \mathbf{E}|U_n - V_n| \leqslant\ & \mathbf{E}(\sup_i |\Phi'' \quad (B(t_{i-1})) - \\ & \Phi''(B(\theta_i))| \times \sum_i [B(t_i) - B(t_{i-1})]^2) \end{aligned}$$

$$\leqslant \left[\mathbf{E}(\sup_i |\Phi''(B(t_{i-1})) - \Phi''(B(\theta_i))|^2) \times \mathbf{E}((\sum_i [B(t_i) - B(t_{i-1})]^2)^2) \right]^{1/2}$$

$$\to \left[0 \times t^2\right]^{1/2} = 0$$

en appliquant le théorème de Lebesgue pour la première limite, et d'après la convergence dans L^2 de la variation quadratique du mouvement brownien, cf. théorème 2.2. Par ailleurs,

$$\begin{aligned} \mathbf{E}|V_n - W_n|^2 &= \mathbf{E} \left[\left| \sum_{i=1}^{n} \Phi''(B(t_{i-1})) \left([B(t_i) - B(t_{i-1})]^2 - (t_i - t_{i-1}) \right) \right|^2 \right] \\ &= \sum_{i=1}^{n} \mathbf{E} \left[|\Phi''(B(t_{i-1})) \left([B(t_i) - B(t_{i-1})]^2 - (t_i - t_{i-1}) \right) |^2 \right] \\ &\leqslant \sup(\Phi'')^2 \times \sum_{i=1}^{n} \mathbf{E} \left[| \left([B(t_i) - B(t_{i-1})]^2 - (t_i - t_{i-1}) \right) |^2 \right] \\ &= \sup(\Phi'')^2 \times 2 \sum_{i=1}^{n} (t_i - t_{i-1})^2 \\ &\to 0 \end{aligned}$$

en développant le carré pour obtenir la deuxième égalité, et en calculant la variance du carré de la gaussienne pour obtenir la troisième. Enfin, lorsque $n \to \infty$, $W_n \to \int_0^t \Phi''(B(s))ds$ p.s. et dans $L^p, p \geqslant 1$. D'après les convergences précédentes, pour tout $t \geqslant 0$, l'égalité (3.2.10) a lieu dans L^1, donc p.s. Par continuité des trajectoires, on peut intervertir « $\forall t$ » et « p.s. », et la proposition est montrée. □

Notation différentielle : la différentielle stochastique de $\Phi(B)$ est

$$d\Phi(B(t)) = \Phi'(B(t))dB(t) + \frac{1}{2}\Phi''(B(t))dt\,,$$

et l'on a $\Phi(B(t)) = \Phi(B(0)) + \int_0^t d\Phi(B(s))$.

3.2.3. Formule d'Itô et processus d'Itô

Toute fonction aléatoire réelle de la forme

$$X(t) = X(0) + \int_0^t \phi(s)dB(s) + \int_0^t \psi(s)ds\,,$$

avec ϕ, ψ dans M^2 et $X(0)$ dans $L^2(\mathcal{F}_0)$, est appelée processus aléatoire d'Itô, et on notera $dX(s) = \phi(s)dB(s) + \psi(s)ds$ la différentielle stochastique. Une telle écriture est unique. Les mêmes arguments montrent que la formule d'Itô s'applique encore à ces processus, et aussi au cas complexe (en considérant séparément parties réelles et imaginaires) : pour $\Phi \in \mathcal{C}_b^2$,

$$\begin{aligned}\Phi(X(t)) &= \Phi(X(0)) + \int_0^t \Phi'(X(s))\,\phi(s)dB(s)\\ &\quad + \int_0^t \Phi'(X(s))\,\psi(s)ds + \frac{1}{2}\int_0^t \Phi''(X(s))\phi(s)^2\,ds \qquad (3.2.11)\end{aligned}$$

soit, en notation différentielle,

$$d\Phi(X(t)) = \Phi'(X(t))\,dX(t) + \frac{1}{2}\,\Phi''(X(t))\,d<X>(t)\,,$$

en convenant de définir le crochet $\langle X\rangle$ du processus d'Itô X par

$$\langle X\rangle(t) = \int_0^t \phi(s)^2 ds \qquad (3.2.12)$$

soit le crochet de sa partie martingale $\int_0^t \phi(s)dB(s)$.

Exemple 3.1. Montrons que $Z(t) = \exp\{i\int_0^t \phi(s)dB(s) + \frac{1}{2}\int_0^t \phi^2(s)ds\}$ est une martingale, pour ϕ progressivement mesurable réelle avec $|\phi| \leqslant C < \infty$.

Démonstration. Pour $T > 0$, on commence par construire une fonction Φ égale à $\exp z$ sur le demi-espace $\{z \in \mathbb{C};\ \mathrm{Re}\, z \leqslant C^2T/2\}$ du plan complexe, qui soit de classe $\mathcal{C}_b^2$ sur tout le plan complexe – la dérivation s'entend ici comme partielle par rapport aux composantes réelles, et non pas au sens des fonctions analytiques – : soit ρ une fonction numérique C^∞, égale à 1 sur l'intervalle $]-\infty, C^2T/2]$ et égale à 0 sur l'intervalle $[C^2T, \infty[$; alors la fonction

$$\Phi(z) = \rho(\mathrm{Re}\, z) \times \exp z$$

convient.

Si $T > 0$, la formule d'Itô précédente s'applique sur l'intervalle de temps $[0, T]$, au processus d'Itô $X(t) = i\int_0^t \phi(s)dB(s) + \frac{1}{2}\int_0^t \phi^2(s)ds$, et à la fonction Φ. On obtient

$$dZ(t) = Z(t)\{dX(t) + \frac{1}{2}d < X > (t)\} = i\phi(t)Z(t)dB(t) ,$$

et, tenant compte de $Z(0) = 1$,

$$Z(t) = 1 + i\int_0^t \phi(s)Z(s)dB(s) .$$

Puisque $|\phi Z| \leqslant C \exp C^2 t/2$, l'intégrant est dans M^2, et cette intégrale stochastique est une martingale. □

On aimerait bien sûr considérer le cas réel $Z(t) = \exp\{\int_0^t \phi(s)dB(s) - \frac{1}{2}\int_0^t \phi^2(s)ds\}$ au lieu de l'exponentielle complexe de l'exemple 3.1, ou encore pouvoir appliquer la formule d'Itô à $\Phi(x) = x^2$ au vu de l'exemple introductif de la section 3.2.1. Pour cela il faut pouvoir considérer des fonctions Φ régulières, mais sans condition de bornitude. La difficulté est que, dans la formule d'Itô, $\Phi'(X(t))\phi(t)$ ne reste pas forcément dans M^2 si Φ' est non bornée). Il est d'abord nécessaire d'étendre l'intégrale stochastique à un espace fonctionnel plus grand que M^2.

3.2.4. Localisation : intégrale et formule d'Itô générales

On note M^2_{loc} l'ensemble des fonctions progressivement mesurables ϕ, définies sur $\mathbb{R}^+ \times \Omega$, telles que

$$\int_0^T \phi^2(t,\omega)dt < \infty \; p.s., \quad \forall T.$$

Clairement, $M^2 \subset M^2_{\text{loc}}$. Si ϕ est progressivement mesurable, le temps aléatoire

$$\tau_n = \inf\{t \geqslant 0 : \int_0^t \phi(s)^2 ds \geqslant n\} \in [0, \infty]$$

est un $\mathcal{F}$-temps d'arrêt. Si $\phi \in M^2_{\text{loc}}$, alors la suite de temps d'arrêt $\tau_n \nearrow \infty$ p.s. quand $n \nearrow \infty$, et $\mathbf{1}_{[0,\tau_n]}(t)\phi(t) \in M^2$ pour tout n. Alors, l'intégrale $I_n = \int_0^t \mathbf{1}_{[0,\tau_n]}(s)\,\phi(s)dB(s)$ est bien définie. Notons par ailleurs que sur l'ensemble $\{\tau_m \geqslant t\}$, la suite I_n est constante pour $n \geqslant m$. Alors, sur l'ensemble $\bigcup_m \{\tau_m \geqslant t\}$ qui est de probabilité 1 si $\phi \in M^2_{\text{loc}}$, cette suite I_n converge. D'autre part, si $\phi \in M^2$, la limite de I_n coïncide avec l'intégrale de Itô construite à la section 3.1.4., puisque $I_n - \int_0^t \phi dB \to 0$ dans L^2 par la propriété d'isométrie. En conclusion, la limite de I_n généralise l'intégrale stochastique, et il est naturel d'adopter la définition suivante :

Définition 3.4. *L'intégrale stochastique de $\phi \in M^2_{\text{loc}}$ est*

$$\int_0^t \phi(s)dB(s) = \text{p.s.} - \lim_{n\to\infty} \int_0^t \mathbf{1}_{[0,\tau_n]}(s)\,\phi(s)dB(s) .$$

Cette construction préserve autant que puisse se faire, la propriété de martingale, au sens beaucoup plus faible que voici.

Définition 3.5. *Une fonction aléatoire réelle $X(t)$ est une* **martingale locale** *s'il existe une suite de temps d'arrêt τ_n, avec $\tau_n \nearrow \infty$ p.s. quand $n \nearrow \infty$, et tels que $M_n(t) = X(t \wedge \tau_n)$ soit une martingale pour tout n.*

Il s'agit d'une extension de la notion de martingale, puisque toute martingale est une martingale locale, comme le montre le choix $\tau_n \equiv n$. Par contre, une martingale locale peut ne pas être intégrable, et dans ce cas ce n'est pas une martingale. Mais il existe aussi des martingales locales intégrables qui ne sont pas des martingales ; un exemple en est donné au problème 15.6.

Pour $\phi \in M^2$, $X(t) = \int_0^t \phi(s)dB(s)$ est une martingale de carré intégrable. Lorsque $\phi \in M^2_{\text{loc}}$ seulement, l'intégrale stochastique $X(t) = \int_0^t \phi(s)dB(s)$ est une martingale locale, comme le montre le raisonnement ci-dessus.

L'intégrale stochastique $X = (X(t); t \in \mathbb{R}_+)$ fonction de la borne supérieure t, est encore p.s. continue. En effet, pour tout $T < \infty$, la suite de fonctions $t \mapsto I_n = I_n(t)$ est constante (en n) sur $[0, T]$ pour n supérieur à un rang $n_0(T)$ p.s. fini. Quant à la propriété d'isométrie de l'intégrale stochastique, elle est remplacée par l'inégalité

$$\mathbf{E}\left\{\left[\int_0^t \phi(s)dB(s)\right]^2\right\} \leqslant \mathbf{E}\int_0^t \phi(s)^2 ds\,. \tag{3.2.13}$$

En effet, si le membre de droite est fini, on a $\phi \in M^2([0,t])$ et l'inégalité est une égalité ; sinon, l'inégalité est triviale.

Avec cette extension, la formule d'Itô se généralise comme suit ([**15**], théorème 3.3). On introduit l'ensemble note $\mathcal{M}^1_{\text{loc}}$ des fonctions progressivement mesurables ϕ, définies sur $\mathbb{R}^+ \times \Omega$, telles que $\int_0^T |\phi(t,\omega)|dt$ soit fini p.s. pour tout T.

Théorème 3.7. *Si $X(t) = X(0) + \int_0^t \phi(s)dB(s) + \int_0^t \psi(s)ds$ est un processus d'Itô avec $\phi \in M^2_{\text{loc}}$, $\psi \in \mathcal{M}^1_{\text{loc}}$, si $\Phi \in \mathcal{C}^2$, alors, p.s., on a pour tout $t \geqslant 0$,*

$$\Phi(X(t)) = \Phi(X(0)) + \int_0^t \Phi'(X(s))\,\phi(s)dB(s) + \int_0^t \Phi'(X(s))\,\psi(s)ds + \frac{1}{2}\int_0^t \Phi''(X(s))\phi(s)^2 ds\,.$$

Exemple 3.2. Mouvement brownien géométrique. Pour $\sigma > 0$, $\mu \in \mathbb{R}$,

$$Z(t) = \exp\{\sigma B(t) + \mu t\}$$

est appelé mouvement brownien géométrique.

Démonstration. Appliquant le théorème avec $\Phi = \exp$, $X(t) = \sigma B(t) + \mu t$, on obtient $dZ(t) = Z(t)[\sigma dB(t) + (\mu + \sigma^2/2)dt]$, et comme $Z(0) = 1$,

$$Z(t) = \sigma \int_0^t Z(s)dB(s) + (\mu + \sigma^2/2) \int_0^t Z(s)ds \ .$$

On voit alors que le coefficient $\sigma Z(s)$ M^2, par un calcul explicite utilisant que $Z(s)$ est l'exponentielle d'une gaussienne : l'intégrale stochastique ci-dessus est une martingale. En particulier, on voit que, dans le cas où $\mu = -\sigma^2/2$, le processus Z est une martingale, ce que nous avons déjà remarqué à l'exemple 2.4. □

Exercices au fil du cours

1. Une condition pour qu'une martingale locale soit une martingale. Si la martingale locale continue à droite M est telle que

$$\mathbf{E} \sup_{0 \leqslant s \leqslant t} |M(s)| < \infty \quad \forall t \geqslant 0 \ ,$$

le processus M est une martingale.

Indication : justifier le passage à la limite $n \to \infty$ dans

$$\mathbf{E} M(\tau_n \wedge t | \mathcal{F}_s) = M(\tau_n \wedge s) \ .$$

2. Montrer que

$$B(t)^n - \frac{n(n-1)}{2} \int_0^t B(s)^{n-2} ds$$

est une martingale (Indication : appliquer la formule d'Itô à $B(t)^n$, puis montrer que $B(t)^{n-1} \in M^2$).

Remarque. La formule d'Itô permet d'exprimer des intégrales stochastiques $\int \phi dB$ en termes d'intégrales de Lebesgue. Ainsi, avec $\phi = \cos B(t)$, la formule d'Itô donne

$$\int_0^t \cos B(s) dB(s) = \sin B(t) + \frac{1}{2} \int_0^t \sin B(s) ds$$

Pour terminer cette section, énonçons une extension de la formule d'Itô qui nous sera utile dans la suite. Elle repose essentiellement sur l'observation que le mouvement brownien « ne reste en aucun point ».

Lemme 3.8. *La formule d'Itô pour le mouvement brownien,*

$$\Phi(B(t)) = \Phi(B(0)) + \int_0^t \Phi'(B(s))\, dB(s) + \frac{1}{2} \int_0^t \Phi''(B(s)) ds \ ,$$

reste encore valable pour $\Phi : \mathbb{R} \to \mathbb{R}$ de classe $\mathcal{C}^1$ partout sur $\mathbb{R}$ et $\mathcal{C}^2$ en dehors d'un ensemble fini $E = \{x_1, \ldots x_n\}$, telle que Φ'' reste bornée au voisinage de ces points.

On pourra sauter la démonstration en première lecture.

Démonstration. L'idée est d'approcher Φ par une suite de fonctions régulières pour lesquelles on peut appliquer la formule d'Itô déjà établie.

D'abord, considérons une suite $\Phi_n \in \mathcal{C}^2(\mathbb{R})$ telle que $\Phi_n \to \Phi$ et $\Phi'_n \to \Phi'$ convergent toutes deux uniformément sur $\mathbb{R}$ quand $n \to \infty$, et telles que $\Phi''_n(x) \to \Phi''(x)$ simplement en tout point $x \notin E$ avec Φ''_n uniformément bornées sur un voisinage de E. Pour construire cette suite, on peut procéder ainsi. On commence par se ramener au cas où Φ est à support compact en décomposant $\Phi = \gamma\Phi + (1-\gamma)\Phi$ pour une fonction $\gamma \in \mathcal{C}^\infty$ à support compact égale à 1 sur un voisinage de E : alors $(1-\gamma)\Phi \in \mathcal{C}^2(\mathbb{R})$, et la formule d'Itô du théorème 3.7 s'applique, et il suffit de montrer le lemme pour la fonction à support compact $\gamma\Phi$. Maintenant, pour Φ à support compact, il suffit de régulariser par convolution : pour $\psi \in \mathcal{C}^\infty$ à support compact avec $0 \leqslant \psi \leqslant 1$, on pose $\psi_n(x) = n\psi(nx)$, et la suite de fonction $\Phi_n = \Phi * \psi_n$ convient alors.

On applique alors la formule d'Itô à $\Phi_n(B(t))$,

$$\Phi_n(B(t)) = \Phi_n(B(0)) + \int_0^t \Phi'_n(B(s))dB(s) + \frac{1}{2}\int_0^t \Phi''_n(B(s))ds$$

Lorsque $n \to \infty$, cette relation converge terme à terme vers celle du lemme : les deux premiers par convergence uniforme de Φ_n, le troisième par celle de Φ'_n et par la propriété d'isométrie ; enfin, par Cauchy-Schwarz,

$$\mathbf{E}\left[\int_0^t \Phi''_n(B(s))ds - \int_0^t \Phi''(B(s))ds\right]^2$$
$$\leqslant t\int_0^t \int_\Omega [\Phi''_n(B(s)) - \Phi''(B(s))]^2 ds\mathbf{P}(d\omega)$$

qui tend vers 0 par convergence dominée, puisque $\{(\omega, s) \in \Omega \times [0,t] : B(s,\omega) \in E\}$ est de $\mathbf{P} \otimes ds$-mesure nulle, et que l'intégrant tend vers 0 en dehors de cet ensemble. □

3.2.5. Formule d'Itô vectorielle

Une famille $B = (B_j)_{1 \leqslant j \leqslant k}$ de mouvements browniens indépendants est appelée mouvement brownien de dimension k. On définit encore la notion de $\mathcal{F}$-mouvement brownien par la définition 3.1, avec bien sûr $B \in \mathbb{R}^k$. Si $\phi_{i,j} \in M^2_{\text{loc}}, i \leqslant d, j \leqslant k$, on note brièvement $\phi = (\phi_{i,j})_{i,j} \in M^2_{\text{loc}}$, et on note $\int_0^t \phi(s)dB(s)$ le processus à valeurs dans $\mathbb{R}^d$, dont la composante i est donnée par $\sum_{j=1}^k \int_0^t \phi_{i,j}(s)dB_j(s)$. La formule d'Itô s'étend au cas vectoriel sans difficulté majeure, et l'on peut considérer des fonctions dépendant aussi du temps.

Théorème 3.9. *Soient $\Phi(t,x)$ de classe $C^{1,2}$ sur $\mathbb{R}^+ \times \mathbb{R}^d$, ainsi que $\phi, \psi \in M^2_{\text{loc}}$, avec $\psi \in \mathbb{R}^d$ et ϕ une matrice $d \times k$. Pour $X(t) = X(0) + \int_0^t \phi dB + \int_0^t \psi ds$, on a*

$$\begin{aligned}
\Phi(t, X_t) &= \Phi(0, X_0) + \int_0^t \frac{\partial}{\partial t}\Phi(s, X_s)ds + \sum_{i=1}^{d} \int_0^t \frac{\partial}{\partial x_i}\Phi(s, X_s)\psi_i(s)ds \\
&\quad + \sum_{i=1}^{d} \int_0^t \frac{\partial}{\partial x_i}\Phi(s, X_s) \sum_{j=1}^{k} \phi_{i,j}(s)dB_j(s) \\
&\quad + \frac{1}{2}\int_0^t \sum_{i,i'} \frac{\partial^2}{\partial x_i \partial x_{i'}}\Phi(s, X_s) \sum_{j=1}^{k} \phi_{i,j}(s)\phi_{i',j}(s)ds \ .
\end{aligned}$$

Sous forme différentielle, on a $d\Phi(t, X_t) = \frac{\partial}{\partial t}\Phi dt + \nabla\Phi \cdot dX_t + \frac{1}{2}\text{tr}(\Phi''\phi\phi^*)dt$, avec ∇ le gradient et $\Phi'' = (\frac{\partial^2}{\partial x_i \partial x_j}\Phi)_{i,j}$ la matrice $d \times d$ des dérivées secondes en espace. Le dernier terme est un terme de variation quadratique provenant du terme de second ordre dans le développement de Taylor de la démonstration de la formule d'Itô (cf. démonstration de la proposition 3.6 ci-dessus), et la covariation de B_i et B_j est nulle si $i \neq j$, par indépendance (voir l'exercice à la fin de la section 2.5.4.). On définit le crochet $\langle X_i, X_{i'}\rangle$ par polarisation de la formule (3.2.12), c'est-à-dire celui de leurs parties martingales.

Voilà une **méthode de calcul** du dernier terme différentiel apparaissant dans le théorème 3.9. Elle est utile comme algorithme de calcul, et nous la présentons de manière extrêmement informelle, puisqu'il ne s'agit que d'une règle de calcul ! Le lecteur pourra se convaincre de sa grande utilité en l'appliquant aux formules d'Itô plus simples dejà rencontrées avant ce paragraphe, et en considérant l'exemple 3.3. Ce terme peut se calculer comme

$$\frac{1}{2}\sum_{i,i'=1}^{d} \frac{\partial^2}{\partial x_i \partial x_{i'}}\Phi(t, X_t)d\langle X_i, X_{i'}\rangle(t) \ ,$$

et le terme $d\langle X_i, X_{i'}\rangle(t)$ comme

$$\begin{aligned}
d\langle X_i, X_{i'}\rangle(t) &= \langle dX_i(t), dX_{i'}(t)\rangle \\
&= \langle \sum_{j=1}^{k} \phi_{i,j}dB_j(t) + \psi_i dt, \sum_{j'=1}^{k} \phi_{i',j'}dB_{j'}(t) + \psi_{i'}dt\rangle \\
&= \sum_{j,j'=1}^{k} \phi_{i,j}\phi_{i',j'}\langle dB_j(t), dB_{j'}(t)\rangle + \sum_{j=1}^{k} \phi_{i,j}\psi_{i'}\langle dB_j(t), dt\rangle + \\
&\quad + \sum_{j'=1}^{k} \psi_i\phi_{i',j'}\langle dt, dB_{j'}(t)\rangle + \psi_i\psi_{i'}\langle dt, dt\rangle
\end{aligned}$$

$$= \sum_{j,j'=1}^{k} \phi_{i,j}\phi_{i',j'}\langle dB_j(t), dB_{j'}(t)\rangle$$
$$= \sum_{j=1}^{k} \phi_{i,j}\phi_{i',j} dt \, .$$

On a utilisé la bilinéarité du crochet $\langle \cdot, \cdot \rangle$, sa symétrie, et les règles de calcul

$\langle \cdot, \cdot \rangle$	$dB_i(t)$	$dB_j(t)$	dt
$dB_i(t)$	dt	0	0
$dB_j(t)$	0	dt	0
dt	0	0	0

pour $i \neq j$, qui viennent de ce que le produit de deux martingales indépendantes B_i, B_j est encore une martingale, et donc a un crochet nul (cf. remarque à la fin de la section 2.5.4.), et de ce que $\langle dB_i(t), dt\rangle$ est « d'ordre $(dt)^{3/2}$ », c'est-à-dire, qu'il est négligeable.

C'est à présent un jeu d'écriture que de voir que pour $\phi, \psi \in M^2$ de taille $d \times k$, que $\int_0^t \phi dB \in L^2$, et que

$$\mathbf{E} \int_0^t \phi dB = 0 \, , \tag{3.2.14}$$
$$\mathbf{E}\left[(\int_0^t \phi(s)dB(s))(\int_0^t \psi(s)dB(s))^* \right] = \mathbf{E}\left[\int_0^t \phi(s)\psi(s)^* dt \right]$$

une matrice de taille $d \times d$, et que

$$\mathbf{E}\left[(\int_0^t \phi dB)^*(\int_0^t \psi dB) \right] = \mathbf{E}\left[\int_0^t \mathrm{tr}\,(\phi(s)\psi(s)^*)\, dt \right]$$
$$= \mathbf{E}\left[\int_0^t \mathrm{tr}\,(\psi(s)^*\phi(s))\, dt \right] .$$

Ces formules prolongent clairement celles concernant les moments d'ordre un et deux des transformés linéaires de vecteurs aléatoires ; ainsi, la deuxième ci-dessus est analogue à $\mathbf{E}(\phi X)(\psi X)^* = \phi\psi^*$ du cas où ϕ, ψ sont des matrices $d \times k$ déterministes et $X \in \mathbb{R}^k$ est un vecteur aléatoire centré de covariance I_d.

3.2.6. Formule d'intégration par parties

Soient

$$X(t) = X(0) + \int_0^t \phi(s)dB(s) + \int_0^t \psi(s)ds$$

et

$$Y(t) = Y(0) + \int_0^t \lambda(s)dB(s) + \int_0^t \gamma(s)ds \, ,$$

avec $\phi, \psi, \gamma, \lambda \in M^2_{\text{loc}}$, deux processus d'Itô réels. D'après la formule d'Itô vectorielle pour $\Phi(X(t), Y(t)) = X(t)Y(t)$, on a

$$d(XY) = XdY + YdX + \langle dX, dY \rangle \ ,$$

et on obtient la formule d'**intégration par parties** suivante :

$$X(t)Y(t) - X(0)Y(0) = \int_0^t X(s)dY(s) + \int_0^t Y(s)dX(s) + \int_0^t \phi(s)\lambda(s)ds \ . \tag{3.2.15}$$

En comparaison avec la formule d'intégration par parties de l'analyse classique : $\int_0^t x(s)dy(s) = [xy]_0^t - \int_0^t y(s)dx(s)$, la formule stochastique possède un terme supplémentaire, dû à la covariation quadratique des deux processus. Notons que si l'un des deux processus d'Itô X, Y, est une intégrale en temps seulement, alors le dernier terme est nul, et la formule a la forme usuelle du calcul différentiel ordinaire.

Exemple 3.3. Si B_1 et B_2 sont des mouvements browniens indépendants,

$$B_1(t)B_2(t) = \int_0^t B_1(t)dB_2(t) + \int_0^t B_2(t)dB_1(t)$$

Chapitre 4

Premiers pas avec le calcul stochastique

4.1 ÉQUATION DE LANGEVIN

Une particule se déplaçant sur la droite réelle est soumise à une force de friction et une force extérieure $F(t)$, mais on néglige toute énergie potentielle. D'après la seconde loi de la dynamique de Newton, la position $x(t)$ est alors solution de

$$mx'' = -bx' + F(t)$$

avec m la masse de la particule (qu'on choisira égale à 1), et $b > 0$ le coefficient de friction. Si la force extérieure F est due à des chocs, nombreux et petits, le principe d'invariance de la section 2.2 nous incite à considérer que $\int_u^v F(t)dt = \sigma[B(v) - B(u)]$, pour un coefficient $\sigma > 0$ paramétrant l'intensité de chocs et leurs amplitudes. La force F est alors un bruit blanc, i.e. la « dérivée » d'un mouvement brownien, et l'équation ci-dessus est improprement écrite, elle doit porter sur les différentielles stochastiques. La vitesse $V(t) = x'(t)$ est solution de l'équation différentielle stochastique

$$dV(t) = -bV(t)dt + \sigma dB(t) , \tag{4.1.1}$$

au sens où, p.s.,

$$V(t) - V(0) + \int_0^t bV(s)ds = \sigma B(t) \quad \forall t. \tag{4.1.2}$$

Cette équation différentielle stochastique fut proposée par Paul Langevin en 1908, pour décrire le mouvement d'une particule en suspension dans un liquide, de manière plus réaliste que le modèle brownien proposé par Einstein et plus en harmonie avec la mécanique de Newton. Cette équation est appelée équation de Langevin.

4.1.1. Équation de Langevin en dimension 1

Nous commençons à étudier cette équation en dimension 1. Soit B un $(\mathcal{F}_t)_{t\geqslant 0}$-mouvement brownien unidimensionnel.

Proposition 4.1. *La solution de l'équation de Langevin (4.1.1) partant de* $V(0) \in L^2(\mathcal{F}_0)$, *est donnée par le processus d'***Ornstein-Uhlenbeck***, défini par*

$$V(t) = e^{-bt}V(0) + \int_0^t e^{-b(t-s)}\sigma dB(s) \,. \tag{4.1.3}$$

Démonstration. L'équation (4.1.2) est délicate, car $B(t)$ n'est pas différentiable. Au contraire, $Y(t) = V(t) - \sigma B(t)$ est plus régulier : Y vérifie l'équation

$$Y(t) - Y(0) + \int_0^t bY(s)ds = -\int_0^t b\sigma B(s)ds \;;$$

Y est donc dérivable, et on résout (pour tout ω fixé) l'équation différentielle (ordinaire) linéaire

$$Y'(t) + bY(t) = e^{-bt}\left(e^{bt}Y(t)\right)' = -b\sigma B(t) \,,$$

soit $e^{bt}Y(t) - Y(0) = -\int_0^t \sigma b e^{bs}B(s)ds$, et revenant à V,

$$V(t) = e^{-bt}V(0) + \sigma B(t) - \int_0^t \sigma b e^{-b(t-s)}B(s)ds \,. \tag{4.1.4}$$

Enfin, on déduit de la formule d'intégration par parties (3.2.15) que

$$\int_0^t e^{bs}dB(s) + \int_0^t be^{bs}B(s)ds = [e^{bs}B(s)]_0^t \,,$$

ce qui montre que les deux expressions (4.1.3) et (4.1.4) sont égales. Cela termine la démonstration, et établit aussi l'unicité de la solution. □

On calcule aisément (exercice !)

$$\mathbf{E}V(t) = e^{-bt}\mathbf{E}V(0) \,,$$

et

$$\begin{aligned}\mathrm{Cov}(V(t),V(s)) &= e^{-b(t+s)}\mathrm{Var}V(0) + \int_0^{s\wedge t} e^{-b(t-u)}e^{-b(s-u)}\sigma^2 du \\ &= e^{-b(t+s)}\mathrm{Var}V(0) + \frac{\sigma^2}{2b}\left(e^{-b|t-s|} - e^{-b(t+s)}\right). \end{aligned} \tag{4.1.5}$$

Lorsque $t \to \infty$, $\mathbf{E}V(t) \to 0$, et si de plus $s = t + h$ avec $h \geqslant 0$ fixé, alors

$$\mathrm{Cov}(V(s),V(t)) \longrightarrow \frac{\sigma^2}{2b}e^{-bh} = \frac{\sigma^2}{2b}e^{-b|t-s|} \,.$$

En particulier,

$$\lim_{t\to\infty} \mathbf{E}[V(t)^2] = \frac{\sigma^2}{2b} ,$$

autrement dit, l'énergie cinétique moyenne des particules devient constante en temps long.

Notons aussi que l'intégrale stochastique apparaissant dans (4.1.3) est gaussienne, puisque l'intégrant est déterministe et d'après la remarque 3.1.4. On a d'ailleurs calculé au passage ci-dessus sa moyenne et sa variance. Ainsi, lorsque $V(0)$ est une variable aléatoire gaussienne, $V(t)$ l'est encore, comme somme de variables aléatoires gaussiennes indépendantes, et même le processus V est gaussien. Si $V(0) \sim \mathcal{N}(0, \sigma^2/2b)$, le processus gaussien V est centré, et de covariance $\mathrm{Cov}(V(s), V(t)) = (\sigma^2/2b)e^{-b|t-s|}$. On remarque qu'alors, la covariance $\mathrm{Cov}(V(s), V(t))$ ne dépend que la différence $t - s$, ce qui implique que la loi du processus V ne change pas quand on translate le temps.

Résumons ces propriétés dans les énoncés suivants.

Proposition 4.2. *(i) La loi gaussienne $\mathcal{N}(0, \sigma^2/2b)$ est invariante pour le processus d'Ornstein-Uhlenbeck, dans le sens où*

$$V(0) \sim \mathcal{N}(0, \sigma^2/2b) \Longrightarrow V(t) \sim \mathcal{N}(0, \sigma^2/2b) , \ \forall t \geqslant 0 .$$

*(ii) Si $V(0) \sim \mathcal{N}(0, \sigma^2/2b)$, le processus $(V(t), t \geqslant 0)$ est gaussien centré et de covariance $\mathrm{Cov}(V(s), V(t)) = \Gamma(t-s)$ avec $\Gamma(u) = (\sigma^2/2b)e^{-b|u|}$. Ce processus est stationnaire, dans le sens où pour tout $s \geqslant 0$, le processus translaté de s, soit $(V(t+s), t \geqslant 0)$ a même loi que le processus originel $(V(t), t \geqslant 0)$. On l'appelle le processus d'***Ornstein-Uhlenbeck stationnaire**.

(iii) Dans le cas général, la variable aléatoire $V(t)$ converge en loi vers la gaussienne $\mathcal{N}(0, \sigma^2/2b)$ quand $t \to \infty$. De même, pour $t_1 < \cdots < t_k$ fixés, les vecteurs fini-dimensionnels $(V(t+t_1), \cdots V(t+t_k))$ convergent en loi vers le vecteur gaussien centré de covariance $(\Gamma(t_i - t_j))_{1 \leqslant i,j \leqslant k}$.

Les résultats de (iii) montrent que le processus stationnaire décrit au (ii) décrit le comportement en temps long du processus d'Ornstein-Uhlenbeck, qui « oublie » ainsi sa condition initiale au fur et à mesure du temps.

Remarque. Avec W un mouvement brownien réel et $\sigma, b > 0$, la fonction aléatoire

$$Z(t) = \frac{\sigma}{\sqrt{2b}} \, e^{-bt} W(e^{2bt}) , \quad t \in \mathbb{R}, \tag{4.1.6}$$

est un processus d'Ornstein-Uhlenbeck stationnaire comme décrit dans la proposition 4.2, (ii). En effet, Z est le processus gaussien centré de covariance donnée pour $t \in \mathbb{R}, h \geqslant 0$ par

$$\begin{aligned}\mathbf{E}Z(t)Z(t+h) &= \frac{\sigma^2}{2b}e^{-b(2t+h)}\mathbf{E}W(e^{2bt})W(e^{2b(t+h)}) \\ &= \frac{\sigma^2}{2b}e^{-b(2t+h)}e^{2bt} \\ &= \Gamma(h)\ .\end{aligned}$$

Revenons à la position X de la particule,

$$X(t) = x_0 + \int_0^t V(s)ds$$

et supposons pour simplifier que x_0 est déterministe, ainsi que $V(0) = v_0$. Alors, X est un processus gaussien – puisque V en est un – de moyenne

$$m(t) = x_0 + \frac{1-e^{-bt}}{b}v_0$$

et de covariance

$$\begin{aligned}\Gamma(s,t) &= \int_0^s ds_1 \int_0^t dt_1 \ \mathrm{Cov}(V(s_1), V(t_1)) \\ &= \frac{\sigma^2}{b^2}(s \wedge t) - \frac{\sigma^2}{2b^3}\left(2 - 2e^{-bt} - 2e^{-bs} + e^{-b|t-s|} + e^{-b(t+s)}\right)\end{aligned}$$

Maintenant, supposons que

$$b \to \infty\ ,\ \sigma \to \infty\ ,\ \sigma/b \to \kappa \in]0, \infty[$$

Dans ce cas,

$$m(t) \to x_0\ , \quad \Gamma(s,t) \to \kappa^2(s \wedge t)\ ,$$

la covariance de $\kappa B(t)$. Comme la convergence en loi des processus gaussiens équivaut à la convergence simple des fonctions de moyenne et de covariance (propriété que l'on admettra), on voit que, sous ces conditions,

le processus des positions $(X(t); t \geqslant 0)$ converge en loi vers $(x_0 + \kappa B(t); t \geqslant 0)$

quand $b \to \infty$ et $\sigma/b \to \kappa$. (En d'autres termes, le modèle de Langevin est équivalent au modèle brownien d'Einstein dans cette asymptotique.) On remarquera aussi que le processus des vitesses ne converge pas, puisque $\mathrm{Var}(V(t)) \sim b/2 \to \infty$: ceci était attendu, puisque le mouvement brownien n'est pas dérivable.

4.1.2. Cas multidimensionnel

Considérons à présent le cas de l'équation de Langevin (4.1.1) vectorielle, qui intervient naturellement dans les applications en physique et en finance. Maintenant, le mouvement brownien

B est à valeurs $\mathbb{R}^d$, $b = (b_{ij})$ est une $d \times d$-matrice, de même que σ, et V est à valeurs $\mathbb{R}^d$.

Alors, en procédant comme ci-dessus, on voit que la solution V est unique, et encore donnée par la formule (4.1.3), que nous commentons maintenant.

Les exponentielles sont des exponentielles de matrice, ainsi

$$e^{tb} = \sum_{n=0}^{\infty} \frac{t^n}{n!} b^n$$

est une $d \times d$-matrice. On rappelle que $e^a e^b = e^{a+b}$ si les matrices a et b commutent, de sorte que

$$e^{(t+s)b} = e^{tb} e^{sb} \,, \quad \frac{d}{dt} e^{tb} = b e^{tb} = e^{tb} b \,.$$

On prendra garde que l'ordre des facteurs dans (4.1.3) est important, en l'absence d'hypothèse de commutation entre les matrices $b, \sigma, V(0)$.

Exercice au fil du cours

Appliquer la formule d'Itô vectorielle à V donné par la formule (4.1.3), et conclure que V satisfait l'équation de Langevin vectorielle (4.1.1).

Avec (3.2.14), on calcule

$$\begin{aligned} \mathbf{E}(V(t)) &= e^{-bt} \mathbf{E}(V(0)) \,, \\ \mathrm{Var}(V(t)) &= e^{-bt} \mathrm{Var}(V(0)) e^{-b^* t} + \int_0^t e^{-b(t-s)} \sigma \sigma^* e^{-b^*(t-s)} ds \,. \end{aligned}$$

- Supposons maintenant que les valeurs propres de la matrice b soient de parties réelles positives. Alors, le premier terme dans le membre de droite de (4.1.3) tend vers 0 lorsque $t \to \infty$, et la loi de V converge vers la gaussienne centrée de matrice de covariance

$$\chi = \lim_{t \to \infty} \mathrm{Var}(V(t)) = \int_0^\infty e^{-bu} \sigma \sigma^* e^{-b^* u} du \,, \tag{4.1.7}$$

qui est la distribution stationnaire du processus d'Ornstein-Uhlenbeck.

- Lorsqu'on a, de plus, $\sigma = \kappa \mathrm{Id}$ avec $\kappa > 0$, on voit que

$$\chi = \kappa^2 \int_0^\infty e^{-bu} e^{-b^* u} du \,,$$

et si b et b^* commutent,

$$\chi = \kappa^2 \int_0^\infty e^{-(b+b^*)u} du = \kappa^2 (b + b^*)^{-1} \,. \tag{4.1.8}$$

Exemple 4.1. **Oscillateur harmonique.** Considérons la particule du début du chapitre 4, se déplace dans un potentiel quadratique :

$$\left\{ \begin{aligned} dX(t) &= V(t)dt \\ dV(t) &= -\lambda X(t)dt - \beta V(t)dt + dW(t) \end{aligned} \right. \tag{4.1.9}$$

avec $\lambda, \beta > 0$ et W un mouvement brownien.

L'équation s'écrit

$$d\begin{pmatrix} X \\ V \end{pmatrix} = -b\begin{pmatrix} X \\ V \end{pmatrix} dt + \sigma dB(t) ,$$

avec

$$b = \begin{pmatrix} 0 & -1 \\ \lambda & \beta \end{pmatrix} , \quad B(t) = \begin{pmatrix} \overline{W}(t) \\ W(t) \end{pmatrix} , \quad \sigma = \begin{pmatrix} 0 & 0 \\ 0 & 1 \end{pmatrix} ,$$

où $\overline{W}$ est un mouvement brownien indépendant de W, qui n'a aucune importance dans la suite mais qui permet de se conformer au cadre défini au début. Le polynome caractéristique de la matrice b est $P(r) = r^2 - \beta r + \lambda$, et ses valeurs propres

$$r^{\pm} = \frac{1}{2}(\beta \pm \sqrt{\beta^2 - 4\lambda})$$

sont à parties réelles strictement positives. Comme pour l'oscillateur harmonique sans mouvement brownien, on distinguera les cas (i) sur-amorti : $\beta > 2\sqrt{\lambda}$, (ii) sous-amorti : $\beta < 2\sqrt{\lambda}$, (iii) critique : $\beta = 2\sqrt{\lambda}$. Sauf dans le dernier cas, la matrice e^{-bt} est donnée par

$$e^{-bt} = \frac{1}{r^+ - r^-} \begin{pmatrix} r^+ e^{-r^- t} - r^- e^{-r^+ t} & -e^{-r^- t} + e^{-r^+ t} \\ r^- r^+ [e^{-r^- t} - e^{-r^+ t}] & -r^- e^{-r^- t} + r^+ e^{-r^+ t} \end{pmatrix}$$

(Une façon simple de procéder est de remarquer que les entrées de la matrice doivent être combinaisons linéaires de $e^{-r^{\pm} t}$. Les coefficients sont alors déterminés par les relations e^{-bt} =Id et $(d/dt)e^{-bt} = -b$ pour $t = 0$.) La loi du couple (X, V) converge en loi vers la gaussienne de covariance χ donnée par (4.1.7), soit ici

$$\chi = \int_0^{\infty} \begin{pmatrix} (e^{-bt})^2_{1,2} & (e^{-bt})_{1,2}(e^{-bt})_{2,2} \\ (e^{-bt})_{1,2}(e^{-bt})_{2,2} & (e^{-bt})^2_{2,2} \end{pmatrix} dt = \frac{1}{2\beta} \begin{pmatrix} \frac{1}{\lambda} & 0 \\ 0 & 1 \end{pmatrix}$$

(On notera qu'ici, b et b^* ne commutent pas, et le résultat final n'est pas égal à $(b + b^*)^{-1}$ comme dans (4.1.8).)

En conclusion, cette loi limite correspond à vitesse et position indépendantes, de lois gaussiennes de variances respectives $1/(2\beta)$ et $1/(2\beta\lambda)$.

4.2 MOUVEMENT BROWNIEN ET ÉQUATIONS AUX DÉRIVÉES PARTIELLES

Il y a des liens importants entre probabilité et analyse, en particulier entre processus stochastiques et opérateurs différentiels linéaires ou aux différences. Comme nous allons le voir, la solution de certaines équations aux dérivées partielles linéaires admet une représentation en termes du mouvement brownien. Cela montre l'importance du mouvement brownien en mathématiques, ainsi que dans les autres sciences d'où proviennent ces équations. L'opérateur de Laplace est l'exemple le plus simple des opérateurs différentiels considérés, il est intimement lié au mouvement brownien.

4.2.1. Fonctions harmoniques

Le *Laplacien* Δu d'une fonction u de classe $\mathcal{C}^2$ sur un ouvert de $\mathbb{R}^d$ est défini par

$$\Delta u(x) = \sum_{i=1}^{d} \frac{\partial^2}{\partial x_i^2} u(x) \; .$$

Le mouvement brownien est lié à cet opérateur linéaire Δ, pour la raison simple suivante. Soit B un mouvement brownien de dimension d issu de $a \in \mathbb{R}^d$, i.e., $B(\cdot)-a$ est un mouvement brownien issu de 0. Si $\Phi : \mathbb{R}^d \mapsto \mathbb{R}$ est de classe $\mathcal{C}^2$, la formule d'Itô montre que

$$\Phi(B(t)) = N(t) + \int_0^t \frac{1}{2} \Delta \Phi(B(s)) ds \; , \qquad (4.2.10)$$

avec N la martingale locale $N(t) = \Phi(a) + \int_0^t \nabla \Phi(B(s)) dB(s)$.

Définition 4.1. *Une fonction u est dite harmonique sur le domaine (ouvert connexe) $D \subset \mathbb{R}^d$ si u est une fonction de classe $\mathcal{C}^2$ sur D, qui vérifie l'équation de Laplace*

$$\Delta u = 0 \quad \text{dans} \;\; D \; .$$

Par exemple, les fonctions $\ln(x_1^2 + x_2^2)$ et $e^{x_1} \sin x_2$ sont harmoniques en dimension 2, et en dimension $d \geqslant 3$, $f(x) = 1/|x|^{d-2}$ l'est sur $D = \mathbb{R}^d \setminus \{0\}$.

La propriété qui suit est élementaire, mais fondamentale.

Proposition 4.3. *Soit G un ouvert borné avec $\overline{G} \subset D$, et $\tau_G = \inf\{t \geqslant 0; B(t) \notin G\}$ le temps d'entrée dans G^c du mouvement brownien. Quand u est harmonique sur D, la fonction aléatoire*

$$M(t) = u(B(t \wedge \tau_G)) - u(a) \qquad (4.2.11)$$

est une martingale centrée pour le mouvement brownien issu de a.

Démonstration. Pour montrer cela, on considère une fonction $\Phi \in \mathcal{C}^2(\mathbb{R}^d)$ et qui coïncide avec u sur G : par exemple,

$$\Phi = \begin{cases} (\mathbf{1}_{G_{2\delta}} * \rho) \times u & \text{dans } D \\ 0 & \text{dans } D^c \end{cases}$$

convient, avec G_ε le ε-voisinage de G, avec 4δ =dist$(G, D^c) > 0$, et avec ρ une fonction d'intégrale 1 sur $\mathbb{R}^d$ qui soit $\mathcal{C}^\infty$ et à support dans la boule de $\mathbb{R}^d$ centrée en 0 et de rayon δ.

Avec les notations de (4.2.10), $\Phi(B(t \wedge \tau_G)) = N(t \wedge \tau_G) + \int_0^{t \wedge \tau_G} \frac{1}{2} \Delta \Phi(B(s)) ds$, et comme $\Phi = u$ sur G et que u y est harmonique, on a finalement

$$u(B(t \wedge \tau_G)) = N(t \wedge \tau_G) \; ,$$

où l'intégrale stochastique $N(t \wedge \tau_G) = u(a) + \int_0^t \mathbf{1}_{[0,\tau_G)}(s) \nabla \Phi(B(s)) dB(s)$ est une martingale L^2 (et pas seulement locale !), puisque $\nabla \Phi$ est borné sur $\overline{G}$. □

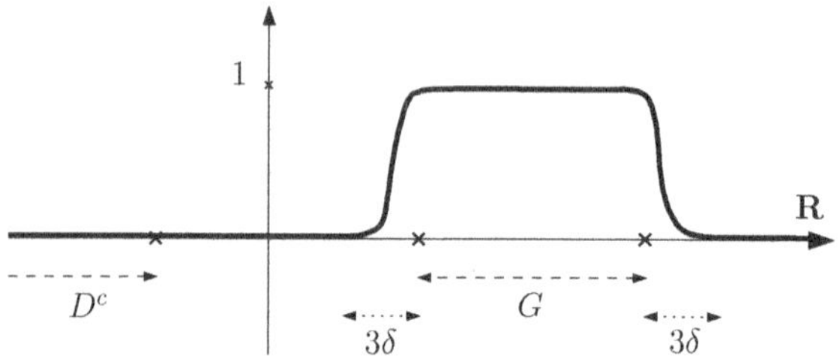

Figure 4.1 Fonction $\mathbf{1}_{G_{2\delta}} * \rho$, avec $\rho \geqslant 0$.

Une fonction réelle u satisfait à la *propriété de la valeur moyenne* sur D, si pour tout boule ouverte $\mathcal{B}(a,r)$ telle que $\overline{\mathcal{B}}(a,r) \subset D$, on a

$$u(a) = \int_{\partial\mathcal{B}(a,r)} u(x) d\mu_{a,r}(x) \ ,$$

où $\mu_{a,r}$ est la probabilité uniforme sur la sphère $\partial\mathcal{B}(a,r)$ de centre a et de rayon r. Cette propriété veut dire que la valeur de u en tout point a s'obtient comme moyenne de u sur n'importe quelle boule centrée en a d'adhérence incluse dans D.

Une remarque cruciale concernant le mouvement brownien issu de a, est que la loi du point de sortie de B de la boule $\mathcal{B}(a,r)$ est précisément cette probabilité $\mu_{a,r}$. En effet, par invariance [1] de B par les rotations de centre a, la distribution de sortie est elle-même invariante par ces transformations. Comme la loi uniforme est la seule probabilité sur la sphère qui possède cette invariance, on en déduit que

$$\mathbf{P}_a(B(\tau_{\partial\mathcal{B}(a,r)}) \in \cdot) = \mu_{a,r} \ . \tag{4.2.12}$$

Dans la formule précédente, ainsi que dans la suite, nous utilisons les notations $\mathbf{P}_a$, $\mathbf{E}_a$ pour rappeler que le mouvement brownien B part de a. Voici une conséquence de notre remarque :

Proposition 4.4. *Si u est harmonique sur D, elle y possède la propriété de la valeur moyenne.*

Intuitivement, on peut voir le résultat comme suit : si u est harmonique, $u(B(t))$ est « un jeu équitable » d'après (4.2.11). Mais le mouvement brownien est isotrope, et partant du centre il sort d'une boule de rayon quelconque, en une position uniformément répartie sur la surface. Donc la fonction u doit satisfaire la propriété de la valeur moyenne. En fait, ce raisonnement est rigoureux :

---

1. Le processus aléatoire $B(\cdot) - a$ est gaussien centré et de matrice de covariance $\mathrm{Cov}(B(s), B(t)) = (s \wedge t) I_d$. Pour toute transformation orthogonale R de $\mathbb{R}^d$, le processus aléatoire $R[B(\cdot) - a]$ est lui aussi gaussien de covariance $\mathrm{Cov}(RB(s), RB(t)) = (s \wedge t) R I_d R^* = (s \wedge t) I_d$, il a même loi que $B - a$.

Démonstration. En effet, avec $G = \mathcal{B}(a,r)$, il suffit de prendre l'espérance dans (4.2.11), pour obtenir

$$\begin{aligned} u(a) &= \mathbf{E}_a\, u\left(B(t \wedge \tau_{\partial\mathcal{B}(a,r)})\right) \\ &= \mathbf{E}_a\, u\left(B(\tau_{\partial\mathcal{B}(a,r)})\right) \\ &= \int_{\partial\mathcal{B}(a,r)} u(x) d\mu_{a,r}(x)\ , \end{aligned}$$

en faisant tendre t vers l'infini et en utilisant le théorème de Lebesgue dans la deuxième ligne, et enfin que $\mu_{a,r}$ est la loi de sortie du mouvement brownien (cf remarque) dans la dernière ligne. □

Remarque. On en déduit facilement le principe du maximum :

(i) la fonction u harmonique sur D, atteint son maximum sur tout compact $F \subset D$ au bord de F,

(ii) si elle atteint son maximum en un point (intérieur) à D, et si l'ouvert D est connexe, la fonction u y est constante.

Démonstration. Commençons à montrer (ii), et posons $M = \sup\{u(x); x \in D\}$. Pour un point $a \in D$, la propriété de la valeur moyenne montre que $u(a)$ est moyenne des valeurs $\{u(x); x \in \partial\mathcal{B}(a,r)\}$ pour tout $r > 0$ assez petit. Donc, si $u(a) = M$, u est constante sur $\partial\mathcal{B}(a,r)$ et égale à M, pour tout r petit ; elle est donc constante sur un voisinage de a. Alors, l'ensemble $A := \{x \in D; u(x) = M\}$ est ouvert dans D. Mais il est y est fermé (relatif à D), et si D est connexe et $A \neq \emptyset$ par hypothèse, cela entraîne $A = D$. Ainsi, u est constante sur D.
Pour montrer (i), considérons un point a dans l'intérieur F^O de F, et G la composante connexe de F^O contenant a. D'après la propriété de la valeur moyenne, $u(a) \leqslant \max\{u(x); x \in \partial G\}$ (avec égalité quand u est constante sur G, cf (ii)). Comme $\partial G \subset \partial F^O \subset \partial F$, on obtient bien que $u(a) \leqslant \max\{u(x); x \in \partial F\}$. □

Remarque. (réciproque de la proposition 4.4, admise ; cf. **[15]**, prop. 4.2.5 pour une démonstration.) On peut montrer, par des arguments d'analyse, que si $u : D \mapsto \mathbb{R}$ possède la propriété de la valeur moyenne sur D, elle y est harmonique.

4.2.2. Le problème de Dirichlet

Le problème de Dirichlet consiste à résoudre l'équation de Laplace sur D avec conditions au bord imposées.

Étant donné un ouvert D de $\mathbb{R}^d$, et $f : \partial D \mapsto \mathbb{R}$ une fonction continue, le *problème de Dirichlet* (D, f) consiste à trouver une fonction $u : \overline{D} \mapsto \mathbb{R}$ continue sur $\overline{D}$ et de classe $\mathcal{C}^2$ sur D, telle que

$$\left\{ \begin{array}{ll} \Delta u = 0 & \text{sur } D\ , \\ u_{|\partial D} = f & . \end{array} \right. \tag{4.2.13}$$

C'est un problème bien connu, que l'on peut résoudre analytiquement de façon explicite par transformation de Fourier sur certains domaines très particuliers. La puissance et la pertinence de la méthode probabiliste apparaissent immédiatement ici, puisqu'elle conduit très directement à la solution (4.2.14) ci-dessous, pour des domaines de géométrie tout à fait générale. Cependant, nous supposerons pour simplifier que D est *borné*. Définissons

$$u(x) = \mathbf{E}_x f(B(\tau_D)) \,, \quad x \in \overline{D} \,. \tag{4.2.14}$$

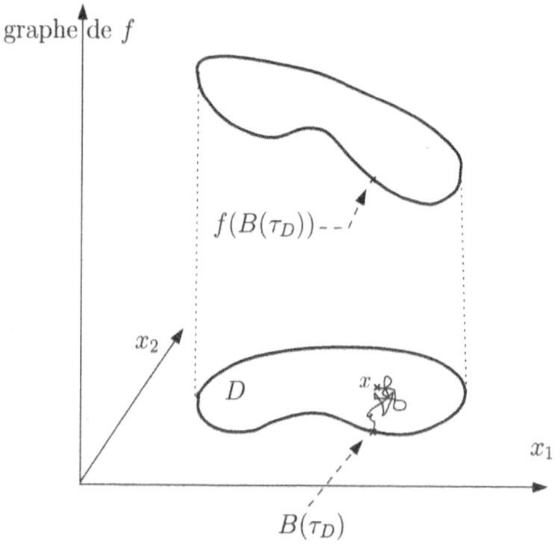

Figure 4.2 Problème de Dirichlet en dimension $d = 2$.
Représentation de la solution et distribution de sortie du mouvement brownien. La trajectoire représentée dans le plan horizontal est celle du mouvement brownien bidimensionnel partant de x, jusqu'au temps de sortie du domaine D.

Montrons que toute solution du problème de Dirichlet (D, f) est de la forme ci-dessus. Pour $\varepsilon > 0$, soit $D^\varepsilon := \{z \in D; \mathrm{dist}(z, D^c) > \varepsilon\}$ le ε-intérieur de D. D'après (4.2.11) et en prenant l'espérance, on voit que pour tout $x \in D$, et $\varepsilon > 0$ assez petit,

$$u(x) = \mathbf{E}_x u(B(t \wedge \tau_{D^\varepsilon}))$$

Ensuite, en faisant tendre $t \to \infty$, en utilisant que $\tau_{D^\varepsilon} < \infty$ pour D borné[2] ainsi que le théorème de Lebesgue, on obtient la première égalité de

$$\begin{aligned} u(x) &= \mathbf{E}_x u(B(\tau_{D^\varepsilon})) \\ &= \mathbf{E}_x u(B(\tau_D)) \\ &= \mathbf{E}_x f(B(\tau_D)) \,; \end{aligned}$$

pour la deuxième ligne, on a utilisé que $\tau_D < \infty$, que $\tau_{D^\varepsilon} \nearrow \tau_D$ et $B(\tau_{D^\varepsilon}) \to B(\tau_D)$ quand $\varepsilon \to 0$ ainsi que le théorème de Lebesgue ; enfin la dernière égalité vient de la condition au bord. Ainsi, la solution du problème de Dirichlet (D, f) est unique s'il

2. D étant borné, il est inclus dans un rectangle fini. Comme les coordonnées de B sont des mouvements browniens unidimensionnels, il suffit d'utiliser que le temps de sortie d'un intervalle borné est fini en dimension 1, cf. exemple 2.5.

en existe une au moins, et c'est la fonction (4.2.14). Nous allons montrer à présent l'existence, pour des domaines D « presque » généraux.

On dit que $D \subset \mathbb{R}^d$ est un domaine *régulier* si D est un ouvert connexe borné tel que

$$\mathbf{P}_x(\sigma_D = 0) = 1 \quad \forall x \in \partial D\,, \tag{4.2.15}$$

avec $\sigma_D = \inf\{t > 0; B(t) \notin D\}$ le temps de sortie du brownien de D ; notons que $\sigma_D \geqslant \tau_D$, avec $\tau_D = \inf\{t \geqslant 0; B(t) \notin D\}$ le temps d'entrée dans D^c, pour le brownien B qui part de $x \in \overline{D}$. Ainsi dans (4.2.15), on demande que le mouvement brownien partant du bord de D sorte immédiatement de D. Par exemple, si D est l'intérieur d'une courbe simple de classe $\mathcal{C}^1$ pour $d = 2$, ou plus généralement, le bord ∂D de D est une variété différentielle de classe $\mathcal{C}^1$, D est régulier : en effet, le mouvement brownien unidimensionnel issu de 0 visite, dans tout voisinage de l'origine des temps, chacun des demi-axes avec probabilité un (cf. l'inversion du temps, proposition 2.1, b-2), combinée avec la propriété que $\limsup_{t\to\infty} B(t) = -\liminf_{t\to\infty} B(t) = \infty$), ce qui entraîne la régularité voulue, par des considérations géométriques et différentielles élementaires. Au contraire, en dimension $d \geqslant 2$, un ouvert privé d'un point (intérieur) n'est pas régulier : en effet, le mouvement brownien démarrant de ce point va immédiatement rentrer dans l'ouvert.

On peut montrer que si D est régulier et u est donnée par (4.2.14), on a $u(x) = f(x)$ pour $x \in \partial D$, et même, pour $a \in \partial D$, $\lim_{x\to a, x\in D} u(x) = f(a)$ (cf **[15]**, section 4.2, théorème 2.12).

Pour montrer que u donnée par (4.2.14) est solution de (D, f), il suffit de montrer que u est harmonique dans D, soit, en utilisant la remarque 4.2.1., que u satisfait la propriété de la valeur moyenne. Pour $\mathcal{B}(a, r) \subset D$, on calcule en conditionnant au temps de sortie de cette boule

$$\begin{aligned} u(a) &= \mathbf{E}_a f(B(\tau_D)) \\ &= \mathbf{E}_a \mathbf{E}_a \left[f(B(\tau_D)) | \mathcal{F}_{\tau_{\mathcal{B}(a,r)}} \right] \\ &= \mathbf{E}_a u(B(\tau_{\mathcal{B}(a,r)})) \\ &= \int_{\partial\mathcal{B}(a,r)} u(y) d\mu_{a,r}(y)\ ; \end{aligned}$$

en effet, par indépendance des accroissements, $(B(t + \tau_{\mathcal{B}(a,r)}) - B(\tau_{\mathcal{B}(a,r)}), t \geqslant 0)$ est un mouvement brownien issu de 0 indépendant de $\mathcal{F}_{\tau_{\mathcal{B}(a,r)}}$, de sorte que $\mathbf{E}_a \left[f(B(\tau_D)) | \mathcal{F}_{\tau_{\mathcal{B}(a,r)}} \right] = u(B(\tau_{\mathcal{B}(a,r)}))$, et d'autre part, la loi de $B(\tau_{\mathcal{B}(a,r)})$ sous $\mathbf{P}_a$ est la loi uniforme $\mu_{a,r}$, cf (4.2.12). Nous avons donc obtenu dans cette section le résultat suivant :

Théorème 4.5. *Si D est un ouvert borné régulier, u donnée par (4.2.14) est l'unique solution du problème de Dirichlet (D, f).*

Donnons à présent quelques applications.

Exemple 4.2. Avec $d = 2$, prenons pour D l'anneau de centre 0 de rayons intérieur r et extérieur R, $0 < r < R < \infty$, soit

$$D = \{x = (x_1, x_2); r^2 < x_1^2 + x_2^2 < R^2\} ,$$

et,

$$f(x) = \begin{cases} 1 , & |x| = r \\ 0 , & |x| = R \end{cases}$$

D'après le théorème 4.5, la solution du problème de Dirichlet (D, f) est donnée par (4.2.14) – le domaine D est régulier ! Plus précisément,

$$u(x) = \mathbf{P}_x(B \text{ sort de } D \text{ par le cercle intérieur}) \tag{4.2.16}$$

Par un calcul direct, on vérifie aisément que la fonction suivante est solution de (4.2.13), et par unicité, elle coincide donc avec u :

$$u(x) = \frac{\ln R - \ln |x|}{\ln R - \ln r} , \quad x \in \overline{D}$$

Exemple 4.3. Suite du précédent. Avec $d \geqslant 3$ cette fois, prenons encore $D = \{r < |x| < R\}$, et f comme ci-dessus.

On vérifie cette fois que

$$u(x) = \mathbf{P}_x(B \text{ sort de } D \text{ par la sphère intérieure}) = \frac{|x|^{-d+2} - R^{-d+2}}{r^{-d+2} - R^{-d+2}}$$

Remarque. (Récurrence et transience du mouvement brownien). Une question intéressante est la suivante : que se passe-t-il lorsque R devient infiniment grand ? Dans tous les cas, on a

$$\lim_{R \to \infty} \mathbf{P}_x(B \text{ sort de } D \text{ par la sphère intérieure}) = \tag{4.2.17}$$

$$\mathbf{P}_x(B \text{ atteint la boule } \mathcal{B}(0, r) \text{ en temps fini}) \tag{4.2.18}$$

par convergence monotone et puisque le temps d'atteinte de la sphère extérieure tend p.s. vers l'infini avec R. Par ailleurs, on constate dans l'exemple 4.2 que $u(x) \to 1$ quand $R \to \infty$, tandis que $u(x) \to (r/|x|)^{d-2}$ dans l'exemple 4.3. En dimension $d = 2$, le mouvement brownien est **récurrent**, i.e., avec probabilité un il finit par atteindre la boule $\mathcal{B}(0, r)$ quel que soit son point de départ – et aussi, n'importe quelle boule de rayon strictement positif, par scaling. La même chose si $d = 1$. Au contraire, en dimension $d \geqslant 3$, le mouvement brownien a une probabilité strictement positive de ne jamais atteindre la boule $\mathcal{B}(0, r)$, il est **transient**. Pour ainsi dire, il y a trop d'espace en dimension $d \geqslant 3$ pour que le marcheur au hasard soit sûr de passer au voisinage de l'origine.

Exercice au fil du cours
En dimension $d = 1$, avec $D =]r, R[$ et f comme plus haut, trouver la solution du problème de Dirichlet (D, f). Comparer avec (2.5.11).

4.2.3. Équation de la chaleur

La thermique nous apprend que la solution u du problème de Dirichlet (D, f) est le champ de température à l'équilibre, à l'intérieur D d'un récipient dont les parois ∂D sont maintenues à température f (en supposant $f \geqslant 0$). On regarde maintenant des équations de Laplace avec évolution dans le temps. Par exemple, considérons une plaque infiniment mince, isolée, homogène et infinie. La température $u(t; y, z)$ au point (y, z) à l'instant $t \geqslant 0$, se détermine en fonction de la température initiale $f(\cdot)$ comme la solution de $\partial u/\partial t = (\sigma^2/2)[(\partial^2 u/\partial y^2) + (\partial^2 u/\partial z^2)]$, partant de $u(0; \cdot) = f$. Le coefficient $\sigma > 0$ décrit la diffusion de la chaleur dans la plaque, supposée homogène de sorte que σ ne dépend pas de (y, z). Une dérivation de l'équation de la chaleur, comme modèle de la diffusion de chaleur, est donnée à la fin de cette section.

En dimension d quelconque, on appelle *équation de la chaleur*, le problème de Cauchy

$$\begin{cases} \frac{\partial}{\partial t} u &= \frac{1}{2}\Delta u \,, \\ u(0, \cdot) &= f \,. \end{cases} \tag{4.2.19}$$

Considérons d'abord la loi de $B(t)$ sachant $\mathcal{F}_s$: par indépendance des accroissements, c'est la loi gaussienne $\mathcal{N}_d(B(s), (t-s)I_d)$, de densité donnée au point y et en notant $B(s) = x$,

$$p(t-s; x, y) = g_{t-s}(y-x) \,.$$

On voit aisément que $p = p(t; x, y)$ vérifie $p^{-1}\partial p/\partial t = -(d/2t) + |y-x|^2/2t^2$, et que $p^{-1}\partial^2 p/\partial x_i^2 = -(1/t) + (y_i - x_i)^2/t^2$, de sorte que $p = p(t; x, y)$ est solution de l'*équation progressive* (dite « forward ») (i.e., dans la variable y de la position future)

$$\frac{\partial}{\partial t} p = \frac{1}{2}\Delta_y p \,, \quad \lim_{t \searrow 0} p dy = \delta_x \,,$$

avec δ_x la mesure de Dirac en x, et aussi par symétrie, solution de l'*équation rétrograde* (dite « backward ») (i.e., dans la variable x de la position passée)

$$\frac{\partial}{\partial t} p = \frac{1}{2}\Delta_x p \,, \quad \lim_{t \searrow 0} p dx = \delta_y \,.$$

En raison de ces relations, p est la solution fondamentale de l'équation de la chaleur, et on l'appelle le *noyau de la chaleur*.

Proposition 4.6. *Supposons pour la condition initiale f que $\int |f(x)| e^{-c|x|^2} dx < \infty$ pour un $c > 0$. Alors, la fonction*

$$u(t, x) = \mathbf{E}_x f(B(t)) \tag{4.2.20}$$

est solution de (4.2.19) sur $[0, t_0[\times\mathbb{R}^d$, *avec* $t_0 = 1/(2c)$.

Démonstration. En effet, avec la définition de $u(t,x) = \int f(y)p(t;x,y)dy$, la propriété d'intégrabilité de f permet d'écrire, au moins si $t \in [0, 1/2c)$, que

$$\frac{\partial}{\partial t}u = \int f(y)\frac{\partial}{\partial t}p(t;x,y)dy\ , \quad \frac{\partial^2}{\partial x_i^2}u = \int f(y)\frac{\partial^2}{\partial x_i^2}p(t;x,y)dy\ ,$$

ce qui implique, d'après l'équation rétrograde, que u est solution de (4.2.19) sur cet intervalle de temps. □

Dérivation de l'équation de la chaleur

C'est Joseph Fourier, professeur de mathématiques à la toute nouvelle école Polytechnique, qui trouva vers 1804 l'équation de la propagation de la chaleur dans les corps solides. C'est d'ailleurs pour résoudre cette équation qu'il mît au point ce qu'on appelle maintenant l'analyse de Fourier. à partir d'une équation de bilan, nous allons maintenant « montrer » que la température est solution de l'équation de la chaleur, dans le cas $d = 1$ pour simplifier. Considérons une barre conductrice rectiligne de longueur illimitée, que l'on assimile à l'axe des x. En supposant petite l'aire S de section transverse, nous établissons le bilan du transfert de chaleur à l'abscisse x.

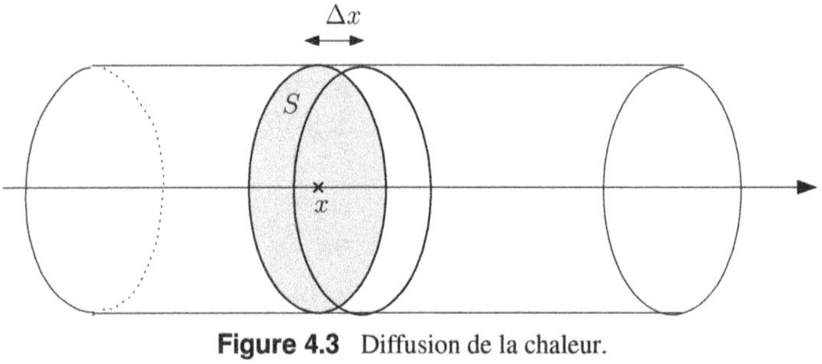

Figure 4.3 Diffusion de la chaleur.

La quantité de chaleur δQ qui circule pendant le temps Δt à travers la section transverse au point x est proportionnelle au gradient de température $\partial u/\partial x$ en x : par la loi de Fourier, on a

$$\frac{\delta Q}{\Delta t} = -k_1 S\frac{\partial u}{\partial x}\ ,$$

avec une constante k_1 qui dépend du matériau, et qui est positive strictement puisque la chaleur circule du chaud vers le froid, i.e. dans le sens des valeurs décroissantes de la température u. Considérons maintenant une petite tranche de section S d'épaisseur Δx et située au point x : le bilan global des échanges de chaleur (i.e., entre $x - \Delta x$, x, et $x + \Delta x$) pendant l'intervalle de temps Δt est

$$\delta Q = -k_1\left[\frac{\partial}{\partial x}u(t,x) - \frac{\partial}{\partial x}u(t,x+\Delta x)\right]S\Delta t\ ,$$

quand Δx et Δt sont infinitésimaux. Par ailleurs, cette quantité de chaleur échangée se traduit par une variation de température $u(t+\Delta t, x) - u(t,x)$, donc on a aussi

$$\delta Q = k_2 S \Delta x \left[u(t+\Delta t, x) - u(t,x)\right] \ ,$$

avec une constante $k_2 > 0$. En égalant les deux expressions de δQ, en divisant par $S\Delta x \Delta t$ et en faisant tendre Δx et Δt vers 0, on obtient

$$\frac{\partial u}{\partial t} = \frac{k_1}{k_2}\frac{\partial^2 u}{\partial x^2} \ .$$

4.2.4. Formule de Feynman-Kac

Considérons l'équation aux dérivées partielles parabolique linéaire

$$\begin{cases} \frac{\partial}{\partial t} u & = & \frac{1}{2}\Delta u - ku \ , \ (t,x) \in \mathbb{R}_+^* \times \mathbb{R}^d \\ u(0,\cdot) & = & f \end{cases} \qquad (4.2.21)$$

Le terme supplémentaire $k(x)$ représente le taux de dissipation de chaleur au point x, dans le cas où $k \geqslant 0$. Dans le cas où k n'est pas positive, on interprétera plutôt cette équation (avec $f \geqslant 0$) comme décrivant la densité $u(t,x)$ au temps t et au point x, de particules diffusant dans l'espace, qui se multiplient dans les sites x tels que $k(x) \leqslant 0$ (à un taux $-k$), et qui sont tuées dans les sites tels que $k(x) \geqslant 0$ (à un taux k). Puisque cette équation se réduit, si $k \equiv 0$, à l'équation de la chaleur, le résultat suivant n'est pas étonnant.

Proposition 4.7. *Supposons $f : \mathbb{R}^d \mapsto \mathbb{R}$ et $k : \mathbb{R}^d \mapsto \mathbb{R}$ boréliennes, avec f à croissance sous-exponentielle et k bornée. Alors, toute solution $u(t,x)$ de (4.2.21) de classe $C^{1,2}$ dont le gradient est à croissance sous-exponentielle (uniformément en temps), est donnée par la formule*

$$u(t,x) = \mathbf{E}_x \left[f(B(t)) \exp\{-\int_0^t k(B(s))ds\} \right] \ ; \qquad (4.2.22)$$

en particulier, une telle solution est unique.

Une interprétation précise de la formule (4.2.22) sera donnée dans (6.2.12) dans le cas où k est positif.

Démonstration. Fixons $t > 0$, et vu la régularité de u, appliquons la formule d'Itô au temps $s \in]0, t[$ à $s \mapsto u(t-s, B(s)) \exp\{-\int_0^s k(B(r))dr\}$: il vient

$$\begin{aligned} d\left(u(t-s, B(s))e^{-\int_0^s k(B(r))dr}\right) &= \\ &\left[-k(B(s))u(t-s, B(s))ds - \frac{\partial}{\partial t}u(t-s, B(s))ds + \right. \\ &\left. + \nabla u(t-s, B(s))dB(s) + \frac{1}{2}\Delta u(t-s, B(s))ds\right] e^{-\int_0^s k(B(r))dr} \\ &= e^{-\int_0^s k(B(r))dr} \times \nabla u(t-s, B(s))dB(s), \end{aligned}$$

en utilisant l'équation (4.2.21). On intègre entre $s = 0$ et $s = t$,

$$\begin{aligned} e^{-\int_0^t k(B(r))dr}u(0, B(t)) - u(t, B(0)) &= e^{-\int_0^t k(B(r))dr} f(B(t)) - u(t, B(0)) \\ &= \int_0^t e^{-\int_0^s k(B(r))dr} \nabla u(t-s, B(s))dB(s) \end{aligned}$$

On passe à l'espérance sous $\mathbf{P}_x$, en notant que l'intégrale stochastique est une martingale L^2, d'après les hypothèses de croissance sous-exponentielle du gradient de u et de bornitude de k. On obtient la relation (4.2.22). $\square$

Le cas d'un domaine : Soit D un domaine borné régulier de $\mathbb{R}^d$, k mesurable bornée sur D, et u une solution de

$$\begin{cases} \frac{\partial}{\partial t}u &= \frac{1}{2}\Delta u - ku \ , \ (t, x) \in \mathbb{R}_+^* \times D \\ u(0, \cdot) &= f \text{ sur } \overline{D}, \qquad u(\cdot, x) \equiv 0 \ \text{ pour } x \in \partial D \end{cases}$$

qui soit continue sur $\mathbb{R}_+ \times \overline{D}$, de classe $\mathcal{C}^{1,2}$ bornée et à dérivées bornées. On peut vérifier ([**28**], chapitre I-1.1) qu'alors,

$$u(t, x) = \mathbf{E}_x\left[f(B(t))\mathbf{1}_{t<T_D} \exp\{-\int_0^t k(B(s))ds\}\right]$$

avec T_D le temps de sortie de D.

4.3 LA TRANSFORMATION DE GIRSANOV

Soit $(\Omega, \mathcal{A}, \mathbf{P})$ un espace de probabilité où est défini un $\mathcal{F}$-mouvement brownien B.

4.3.1. Introduction : transformation de mesures gaussiennes

La densité gaussienne $g(x) = (2\pi)^{-1/2} \exp -x^2/2$ possède la propriété remarquable $g(x-a) = g(x)e^{ax - a^2/2}$, pour $a \in \mathbb{R}$, que l'on peut paraphraser ainsi. Si ξ est une gaussienne standard,

$$\mathbf{E}f(\xi + a) = \mathbf{E}[f(\xi)\exp\{a\xi - a^2/2\}] \ , \quad f \text{ mesurable bornée,}$$

i.e., la loi de la translatée $\xi + a$ est la même que celle de ξ sous une nouvelle probabilité, $dQ(\omega) = \exp\{a\xi(\omega) - a^2/2\}dP(\omega)$. Cette remarque a été généralisée du cas de la loi gaussienne à celle du mouvement brownien dans l'énoncé suivant :

Formule de Cameron-Martin (1944) : Soit f une fonction de carré intégrable sur $[0, \infty)$, $m(t) = \int_0^t f(s)ds$, et B un mouvement brownien. Alors,

$$\mathbf{E}F(B + m) = \mathbf{E}\left[F(B)\exp\{\int_0^\infty f(t)dB(t) - \frac{1}{2}\int_0^\infty f(t)^2dt\}\right]$$

pour toute fonctionnelle mesurable bornée sur l'espace des fonctions continues. (Cette formule sera une conséquence des résultats montrés dans la suite de ce chapitre, de même que les autres affirmations de cette introduction : nous ne nous préoccupons pas de les justifier pour le moment.) D'après la formule de Cameron-Martin, la loi de $B + m$ sous la probabilité $\mathbf{P}$ est la loi de B sous la nouvelle probabilité

$$d\mathbf{Q}(\omega) = \exp\{\int_0^\infty f(t)dB(t) - \frac{1}{2}\int_0^\infty f(t)^2dt\}\, d\mathbf{P}(\omega)$$

sur Ω, ce qui équivaut, après translation par la fonction non-aléatoire m, à

$$\overline{B} = B - m \text{ est un mouvement brownien sous } \mathbf{Q}.$$

Pour étendre la démarche au cas où f est seulement localement de carré intégrable, on ne doit pas définir $\mathbf{Q}$ comme ci-dessus, mais on peut considérer la martingale exponentielle

$$Z(t) = \exp\{\int_0^t f(s)dB(s) - \frac{1}{2}\int_0^t f(s)^2ds\}\,.$$

La formule $\mathbf{Q}_t(A) = \mathbf{E}^{\mathbf{P}}[Z(t)\mathbf{1}_A]$, pour tout $A \in \mathcal{F}_t$, définit une famille de probabilités $\mathbf{Q}_t$ sur $\mathcal{F}_t$, qui est consistante. D'après le théorème 1.2 de prolongement de Kolmogorov, cette famille définit une unique probabilité sur $\mathcal{F}_\infty$, soit $\mathbf{Q}$. Maintenant, $\mathbf{Q}$ n'est plus absolument continue par rapport à $\mathbf{P}$, mais cependant l'énoncé de Cameron-Martin reste valable pour $\mathbf{Q}$! Nous ne montrons pas l'énoncé précédent, qui sera simplement un cas particulier du résultat général suivant, dans lequel on va remplacer $f = f(t)$ par une fonction aléatoire $\phi = \phi(t, \omega)$.

> ***Remarque.*** On note $\mathbf{E}^{\mathbf{P}} \equiv \mathbf{E}$ l'espérance sur $(\Omega, \mathcal{A})$ pour la probabilité $\mathbf{P}$, pour la différencier de $\mathbf{E}^{\mathbf{Q}}$ celle pour $\mathbf{Q}$.

4.3.2. La formule de Girsanov

Si $\phi \in M^2_{\text{loc}}$, le processus $\int_0^t \phi(s,\omega)dB(s)$ est une martingale locale, de même que

$$Z(t) = \exp\{\int_0^t \phi(s,\omega)dB(s) - \frac{1}{2}\int_0^t \phi(s,\omega)^2ds\}\,. \qquad (4.3.23)$$

Quand cela sera nécessaire, on notera $Z(t) = Z_\phi(t)$ pour indiquer quel est l'intégrant ϕ utilisé.

Théorème 4.8. *Théorème de Girsanov (1960). Supposons que*

$$\mathbf{E}Z(t) = 1\,, \quad t \geqslant 0\,.$$

Alors, il existe une unique probabilité $\mathbf{Q}$ *sur* $\mathcal{F}_\infty$*, définie par*

$$\mathbf{Q}(A) = \mathbf{E}^{\mathbf{P}}[Z(t)\mathbf{1}_A]\,, \quad A \in \mathcal{F}_t\,.$$

De plus, la fonction aléatoire $\overline{B}$ *donnée par*

$$\overline{B}(t) = B(t) - \int_0^t \phi(s)ds$$

est un $(\mathbf{Q}, (\mathcal{F}_t)_{t \geqslant 0})$*-mouvement brownien.*

Il est utile dès à présent de mentionner une condition suffisante pour que $\mathbf{E}Z(t) = 1$.

Lemme 4.9. *Si pour une constante* C *finie,*

$$\int_0^t \phi(s)^2 ds \leqslant C \quad p.s.,$$

alors $Z(t)$ *est de carré intégrable, et* $\mathbf{E}Z(t) = 1$.

Dans le cas d'une fonction $\psi \in M^2_{\mathrm{loc}}$ *à valeurs complexes, on a :*

$$\int_0^t |\psi(s)|^2 ds \leqslant C \Longrightarrow \mathbf{E}[|Z_\psi(t)|^2] < \infty, \mathbf{E}Z_\psi(t) = 1\,,$$

en notant $Z_\psi(t)$ *la variable aléatoire définie par la formule (4.3.23) en y remplaçant* ϕ *par* ψ.

Nous en laissons la démonstration pour plus tard, de même que celle du résultat suivant.

Lemme 4.10. *Si* $\mathbf{E}Z(t) = 1$*, alors* Z *est une martingale sur* $[0, t]$.

Démonstration. (du théorème.) Comme ci-dessus, la formule $\mathbf{Q}_t(A) = \mathbf{E}^{\mathbf{P}}[Z(t)\mathbf{1}_A]$, pour $A \in \mathcal{F}_t$, définit une famille de probabilités $\mathbf{Q}_t$ sur $\mathcal{F}_t$, qui est consistante : en effet, pour un tel A et si $T > t$,

$$\begin{aligned}
\mathbf{Q}_T(A) &= \mathbf{E}^{\mathbf{P}}[Z(T)\mathbf{1}_A] \\
&= \mathbf{E}^{\mathbf{P}}\left[\mathbf{E}^{\mathbf{P}}[Z(T)\mathbf{1}_A|\mathcal{F}_t]\right] \\
&= \mathbf{E}^{\mathbf{P}}\left[\mathbf{1}_A\mathbf{E}^{\mathbf{P}}[Z(T)|\mathcal{F}_t]\right] \qquad \text{(car } A \in \mathcal{F}_t\text{)} \\
&= \mathbf{E}^{\mathbf{P}}[Z(t)\mathbf{1}_A] \qquad \text{(hypothèse et lemme 4.10)} \\
&= \mathbf{Q}_t(A)
\end{aligned}$$

D'après le théorème 1.2 de prolongement de Kolmogorov, il existe une unique probabilité $\mathbf{Q}$ sur $\mathcal{F}_\infty$, dont la restriction à $\mathcal{F}_t$ soit $\mathbf{Q}_t$. Il s'agit de montrer $\overline{B}$ est un $\mathbf{Q}$-mouvement brownien, soit, tout vecteur fini-dimensionnel possède la loi gaussienne convenable. Soit $0 < t_1 < \cdots < t_p =: t$, il suffit de montrer que

$$\mathbf{E}^{\mathbf{P}}\left[Z(t)\exp\{i\sum_{j=1}^{p}u_j\overline{B}(t_j)\}\right] = \exp\{-\frac{1}{2}\sum_{j,j'=1}^{p}u_ju_{j'}t_j\wedge t_{j'}\} \qquad (4.3.24)$$

pour tous $u_1, \cdots u_p$.

- Première étape : démonstration de (4.3.24) en supposant d'abord que $\int_0^t \phi^2 ds \leqslant C$ p.s.
  La fonction $\psi(s,\omega) = \phi(s,\omega) + i\sum_{j=1}^{p} u_j \mathbf{1}_{[0,t_j]}(s)$ à valeurs complexes est telle que $\int_0^t |\psi|^2 ds \leqslant C'$ pour une constante finie C'. En utilisant la version complexe du lemme 4.9, on en déduit que $\mathbf{E}Z_\psi(t) = 1$, soit en développant ψ^2,

$$\mathbf{E}^{\mathbf{P}}\left[Z_\phi(t)\exp\{i\sum_{j=1}^{p}u_j\overline{B}(t_j)\}\right] \times \exp\{\frac{1}{2}\sum_{j,j'=1}^{p}u_ju_{j'}t_j\wedge t_{j'}\} = 1\ , \qquad (4.3.25)$$

  ce qui montre (4.3.24) sous notre hypothèse plus forte.

- Deuxième étape : dans le cas général, on localise par les temps d'arrêt habituels $\tau_n = \inf\{t \geqslant 0; \int_0^t \phi(s)^2 ds \geqslant n\}$. Alors, les fonctions $\phi_n(s,\omega) = \phi(s,\omega)\mathbf{1}_{[0,\tau_n]}(s)$ sont telles que :
  (i) $\int_0^t \phi_n(s)^2 ds \leqslant n$ – et par conséquent, $\mathbf{E}Z_{\phi_n}(t) = 1$ d'après le lemme 4.9
  (ii) quand $n \to \infty$, $\int_0^t \phi_n dB(s) \to \int_0^t \phi dB(s)$ p.s. – c'est ainsi qu'on a étendu l'intégrale stochastique à M^2_{loc} –, et bien sûr $\int_0^t \phi_n^2 ds \to \int_0^t \phi^2 ds$.

  Les trois propriétés : $Z_{\phi_n}(t) \geqslant 0$, $Z_{\phi_n}(t) \to Z_\phi(t)$ p.s., et $\mathbf{E}Z_{\phi_n}(t) = 1 = \mathbf{E}Z_\phi(t)$ (cette dernière égalité est l'hypothèse du théorème !), impliquent que

$$Z_{\phi_n}(t) \longrightarrow Z_\phi(t) \text{ dans } L^1$$

  d'après le lemme 4.11 énoncé ci-dessous. Mais (4.3.25) est vraie pour ϕ_n d'après la première étape, soit

$$\mathbf{E}^{\mathbf{P}}\left[Z_{\phi_n}(t)\exp\{i\sum_{j=1}^{p}u_j\big(B(t_j) - \int_0^{t_j}\phi_n(s)ds\big)\}\right] \times \exp\{\frac{1}{2}\sum_{j,j'=1}^{p}u_ju_{j'}t_j\wedge t_{j'}\} = 1\ .$$

De la décomposition

$$
\begin{aligned}
&Z_{\phi_n}(t)\exp\{i\sum_{j=1}^{p}u_j(B(t_j)-\int_0^{t_j}\phi_n(s)ds)\}-Z_\phi(t)\exp\{i\sum_{j=1}^{p}u_j\overline{B}(t_j)\}\\
&\quad=(Z_{\phi_n}(t)-Z_\phi(t))\exp\{i\sum_{j=1}^{p}u_j(B(t_j)-\int_0^{t_j}\phi_n(s)ds)\}\\
&\quad\quad+Z_\phi(t)\left(\exp\{i\sum_{j=1}^{p}u_j(B(t_j)-\int_0^{t_j}\phi_n(s)ds)\}-\exp\{i\sum_{j=1}^{p}u_j\overline{B}(t_j)\}\right),
\end{aligned}
$$

de la convergence L^1 de $Z_{\phi_n}(t)$ vers $Z_\phi(t)$ quand $n \to \infty$, et puisque $\exp\{i\sum_{j=1}^{p}u_j(B(t_j)-\int_0^{t_j}\phi_n(s)ds)\}$ est uniformément bornée et converge p.s., on conclut par le théorème de convergence dominée, que

$$
Z_{\phi_n}(t)\exp\{i\sum_{j=1}^{p}u_j(B(t_j)-\int_0^{t_j}\phi_n(s)ds)\}\longrightarrow Z_\phi(t)\exp\{i\sum_{j=1}^{p}u_j\overline{B}(t_j)\}\ \text{dans } L^1.
$$

On obtient la convergence des espérances, c'est-à-dire l'égalité (4.3.25) cherchée.

□

Dans la démonstration, nous avons utilisé la première partie du lemme suivant :

Lemme 4.11. *Avec $X, X_1, X_2, \cdots$ des variables aléatoires définies sur $(\Omega, \mathcal{A}, \mathbf{P})$, on a les implications suivantes :*

$$
(i)\quad \left.\begin{array}{l} X_n \to X \ p.s.\\ X_n \geqslant 0\\ \mathbf{E}X_n \to \mathbf{E}X < \infty\end{array}\right\}\Longrightarrow X_n \to X \ dans\ L^1
$$

$$
(ii)\quad \left.\begin{array}{l} X_n \to X \ en\ probabilit\acute{e}\\ \sup_n \mathbf{E}(X_n^2) < \infty\end{array}\right\}\Longrightarrow X_n \to X \ dans\ L^1
$$

Démonstration. (du lemme 4.11.). (i) Par positivité de X_n, X est positive et

$$
(X - X_n)^+ \leqslant X^+ = X \in L^1 ,
$$

de sorte que l'on déduit par convergence dominée que

$$
\mathbf{E}[(X - X_n)^+] \to 0 .
$$

Mais, $\mathbf{E}(X - X_n) \to 0$ par hypothèse, et en intégrant l'identité

$$
|X - X_n| = 2(X - X_n)^+ - (X - X_n) ,
$$

on voit que $\mathbf{E}|X - X_n| \to 0$.

(ii) Il est bien connu que la convergence en probabilité entraîne la convergence p.s. pour une suite extraite $X_{n(k)}$. D'après le lemme de Fatou, $\mathbf{E}(X^2) \leqslant \liminf_k \mathbf{E}(X^2_{n(k)})$ qui est fini, et donc

$$\sup_n \mathbf{E}[(X - X_n)^2] < \infty \, .$$

Pour tout $M > 0$,

$$\begin{aligned} \|X_n - X\|_1 &= \mathbf{E}[|X - X_n|\mathbf{1}_{|X_n - X| \leqslant M}] + \mathbf{E}[|X - X_n|\mathbf{1}_{|X_n - X| > M}] \\ &\leqslant \mathbf{E}[|X - X_n| \wedge M] + M^{-1}\mathbf{E}[|X - X_n|^2] \, . \end{aligned}$$

Par la convergence en probabilité, le premier terme du majorant tend, pour tout M, vers 0 quand n tend vers l'infini, et le second peut être rendu arbitrairement petit en choissant M grand. □

Dans la démonstration du lemme 4.9, nous aurons besoin du résultat suivant, bien connu en théorie des équations différentielles.

Lemme 4.12. *Lemme de Gronwall : Soit $x(t)$ une fonction positive localement intégrable définie sur $\mathbb{R}^+$, telle que*

$$x(t) \leqslant a + b \int_0^t x(s)ds \, , \quad t \geqslant 0 \, ,$$

avec a, b des constantes positives. Alors,

$$x(t) \leqslant a \exp\{bt\} \, .$$

Démonstration. (du lemme 4.12.). En multipliant par $\exp\{-bt\}$, l'inégalité de l'hypothèse implique que

$$\frac{d}{dt}\left[\exp\{-bt\} \int_0^t x(s)ds\right] \leqslant a \exp\{-bt\} \, .$$

En intégrant, on obtient

$$\exp\{-bt\} \int_0^t x(s)ds \leqslant (a/b)(1 - \exp\{-bt\}) \, ,$$

que l'on reporte dans l'inégalité donnée en l'hypothèse, pour obtenir la conclusion. □

Démonstration. (du lemme 4.9.)

- Le cas d'un intégrant ϕ à valeurs réelles se traite en deux temps.
  (i) Considérons d'abord le cas où $|\phi(s)| \leqslant k$ pour tout $s \in [0, t]$ (k constante). Alors, on a par la formule d'Itô,

$$Z(t) = 1 + \int_0^t Z(s)\phi(s)dB(s) \, , \qquad (4.3.26)$$

et il s'agit maintenant de montrer que l'intégrant $\phi Z \in M^2[0,t]$, pour conclure ensuite que l'intégrale stochastique est une martingale, et que $\mathbf{E}[Z(t)] = 1$. D'après l'inégalité $(a+b)^2 \leqslant 2(a^2+b^2)$, on a

$$Z(u)^2 \leqslant 2\left(1 + \left[\int_0^u Z(s)\phi(s)dB(s)\right]^2\right), \quad u \leqslant t,$$

d'où, en combinant (3.2.13) avec l'hypothèse,

$$\mathbf{E}[Z(u)^2] \leqslant 2(1 + k^2 \int_0^u \mathbf{E}[Z(s)^2]ds).$$

Le lemme de Gronwall montre que $Z(s)$ est de carré intégrable et borné dans L^2 (pour $s \in [0,t]$), donc que $\phi Z \in M^2[0,t]$ et finalement $\mathbf{E}[Z(t)] = 1$.

(ii) Dans le cas général, on considère la troncature $\phi_n = (\phi \wedge n) \vee (-n)$:

$$\begin{aligned}
\mathbf{E}[Z_{\phi_n}(t)^2] &= \mathbf{E}\left[\exp\{2\int_0^t \phi_n(s)dB(s) - (4-3)\int_0^t \phi_n(s)^2ds\}\right] \\
&\leqslant \left(\mathbf{E}\left[\exp\{4\int_0^t \phi_n(s)dB(s) - 8\int_0^t \phi_n(s)^2ds\}\right]\right. \\
&\qquad \left.\times\, \mathbf{E}\left[\exp\{6\int_0^t \phi_n(s)^2ds\}\right]\right)^{1/2} \\
&\leqslant 1 \times \exp 3C,
\end{aligned}$$

en utilisant l'inégalité de Schwarz, et l'étape (i) ci-dessus. De plus,

$$Z_{\phi_n}(t) \to Z(t) \text{ en probabilité,}$$

car $\int_0^t \phi_n(u)^2du \nearrow \int_0^t \phi(u)^2du$ par convergence monotone, et car $\int_0^t \phi_n(u)dB(u)$ converge dans L^2 vers $\int_0^t \phi(u)dB(u)$. On applique alors le lemme 4.11, (ii), et on obtient que $\mathbf{E}Z(t) = \lim_n \mathbf{E}Z_{\phi_n}(t)$, qui est identiquement égale à 1 d'après l'étape (i).

- Terminons par le cas d'un intégrant $\psi = \phi + i\theta$ à valeurs complexes.

$$\begin{aligned}
\mathbf{E}[|Z_\psi(t)|^2] &= \mathbf{E}\left[|\exp\{\int_0^t (\phi(s)+i\theta(s))dB(s) - \frac{1}{2}\int_0^t (\phi(s)+i\theta(s))^2ds\}|^2\right] \\
&= \mathbf{E}\left[Z_\phi(t)^2 \times \exp\{\frac{1}{2}\int_0^t \theta(s)^2ds\}\right] \\
&\leqslant \mathbf{E}[Z_\phi(t)^2] \times \exp C < \infty,
\end{aligned}$$

d'après la version réelle du lemme, démontré ci-dessus.

De même,

$$\begin{aligned}\int_0^t \mathbf{E}[|Z_\psi(s)|^2|\psi(s)|^2]ds &\leqslant e^C\int_0^t \mathbf{E}[Z_\phi(s)^2|\psi(s)|^2]ds \\ &\leqslant e^C\int_0^t \mathbf{E}[\mathbf{E}[Z_\phi(t)^2|\mathcal{F}_s]|\psi(s)|^2]ds \\ &= e^C\int_0^t \mathbf{E}[Z_\phi(t)^2|\psi(s)|^2]ds \\ &= e^C\mathbf{E}Z_\phi(t)^2\int_0^t |\psi(s)|^2ds \\ &\leqslant Ce^C\mathbf{E}Z_\phi(t)^2 < \infty\end{aligned}$$

Donc l'intégrant de (4.3.26) est dans $M^2[0,t]$, ce qui, au vu de l'égalité (4.3.26) pour ψ à la place de ϕ, entraîne que $\mathbf{E}Z_\psi(t) = 1$.

□

Démonstration. (du lemme 4.10.). En approchant ϕ par des processus bornés comme ci-dessus, on déduit (exercice !) du lemme de Fatou que $\mathbf{E}[Z_\phi(t)|\mathcal{F}_s] \leqslant Z_\phi(s)$ pour tout $\phi \in M^2_{\text{loc}}$. Ainsi, Z est toujours une surmartingale, et il devient clair que l'hypothèse « $\mathbf{E}Z(t) = 1 \ \forall t$ » de Girsanov, équivaut à ce que Z soit une martingale ($t \in [0,\infty)$). □

Voilà quelques compléments pour conclure.

(i) Cas vectoriel. Si B est un mouvement brownien à d dimensions, et $\phi \in M^2_{\text{loc}}$ aussi, alors le théorème de Girsanov s'énonce ainsi :

si $Z(t) = \exp\{\int_0^t \phi(s)\cdot dB(s) - \frac{1}{2}\int_0^t |\phi(s)|^2ds\}$ est d'espérance 1 pour tout t, alors $B(t) - \int_0^t \phi(s)ds$ est un mouvement brownien à d dimensions sous la probabilité $\mathbf{Q}$ définie par ses restrictions $d\mathbf{Q} = Z(t)d\mathbf{P}$ à $\mathcal{F}_t, t \geqslant 0$.

(ii) Voilà deux conditions suffisantes pour pouvoir appliquer le théorème de Girsanov. Nous admettrons la première d'entre elles, *cf.* cor. 5.13, chap. 3 de **[15]** pour une démonstration.

Proposition 4.13. *Critère de Novikov :*

$$\mathbf{E}\exp[\frac{1}{2}\int_0^t \phi(s)^2ds] < \infty \quad\Longrightarrow\quad \mathbf{E}Z(t) = 1$$

Cette condition est l'une des plus générales que l'on connaisse. Mais celle qui suit est intéressante, car elle s'applique commodément au cas gaussien.

Proposition 4.14.

$$\exists a > 0 : \forall s \in [0,t],\ \mathbf{E}\exp[a\phi(s)^2] \leqslant C < \infty \quad\Longrightarrow\quad \mathbf{E}Z(t) = 1$$

Démonstration. Avec $\tau_n = \inf\{s : \int_0^s \phi(u)^2 du \geqslant n\}$, la suite $\phi_n = \phi \times \mathbf{1}_{[0,\tau_n]}$ est telle que

$$\int_0^t \phi_n(u)^2 du \leqslant n \ , \quad \int_0^t \phi_n(u)^2 du \nearrow \int_0^t \phi(u)^2 du$$
$$\int_0^t \phi_n(u) dB(u) \to \int_0^t \phi(u) dB(u) \ p.s.$$

quand $n \to \infty$. Fixons r, s avec $0 \leqslant r \leqslant s \leqslant t$ et $|s - r| \leqslant a/6$, et décomposons

$$\left(\frac{Z_{\phi_n}(s)}{Z_{\phi_n}(r)}\right)^2 = \exp\left\{2\int_r^s \phi_n(u)dB(u) - 4\int_r^s \phi_n(u)^2 du\right\} \exp\left\{3\int_r^s \phi_n(u)^2 du\right\} .$$

Par l'inégalité de Schwarz,

$$\begin{aligned}
\mathbf{E}\left[\left(\frac{Z_{\phi_n}(s)}{Z_{\phi_n}(r)}\right)^2\right] &\leqslant \left(\mathbf{E}\left[\exp\left\{4\int_r^s \phi_n(u)dB(u) - 8\int_r^s \phi_n(u)^2 du\right\}\right]\right)^{1/2} \\
&\qquad \times \left(\mathbf{E}\left[\exp\left\{6\int_r^s \phi_n(u)^2 du\right\}\right]\right)^{1/2} \\
&= \left(\mathbf{E}\left[\exp\left\{6\int_r^s \phi_n(u)^2 du\right\}\right]\right)^{1/2} \\
&\leqslant \left(\int_r^s \mathbf{E}\left[\exp\left\{6(s-r)\phi_n(u)^2\right\}\right](s-r)^{-1} du\right)^{1/2} \\
&\leqslant C^{1/2} .
\end{aligned}$$

On a utilisé le lemme 4.9 avec ϕ_n, ainsi que l'inégalité de Jensen avec la fonction convexe $\exp(\cdot)$ et la probabilité uniforme sur $[r, s]$. Par conséquent le lemme 4.11 (ii) s'applique, il montre que

$$\lim_n \frac{Z_{\phi_n}(s)}{Z_{\phi_n}(r)} = \frac{Z_\phi(s)}{Z_\phi(r)} \quad \text{dans } L^1 ,$$

et donc que

$$\mathbf{E}\left[\frac{Z_\phi(s)}{Z_\phi(r)}\middle|\mathcal{F}_r\right] = \lim_n \mathbf{E}\left[\frac{Z_{\phi_n}(s)}{Z_{\phi_n}(r)}\middle|\mathcal{F}_r\right] = 1 , \tag{4.3.27}$$

par continuité de l'espérance conditionnelle dans L^1. Maintenant, il suffit de décomposer l'intervalle $[0, t]$ en une subdivision $t_k = kt/m$, avec m assez grand pour que $t/m \leqslant a/6$. On écrit alors $Z(t) = Z(t_{m-1}) \times [Z(t_m)/Z(t_{m-1})]$, avec le premier facteur $\mathcal{F}_{t_{m-1}}$-mesurable et le deuxième d'espérance 1, conditionnelle à cette tribu, d'après ce qui précède.

Finalement,

$$\begin{aligned}\mathbf{E}Z(t) &= \mathbf{E}\left(\mathbf{E}\left[Z(t_{m-1})\frac{Z(t_m)}{Z(t_{m-1})}\Big|\mathcal{F}_{t_{m-1}}\right]\right)\\ &= \mathbf{E}\left(Z(t_{m-1})\mathbf{E}\left[\frac{Z(t_m)}{Z(t_{m-1})}\Big|\mathcal{F}_{t_{m-1}}\right]\right)\\ &= \mathbf{E}\left(Z(t_{m-1})\right)\\ &= 1\end{aligned}$$

par récurrence. □

4.3.3. Application : absolue continuité des lois de certaines fonctions aléatoires

Soit $f : [0, T] \to \mathbb{R}$ une fonction déterministe de carré intégrable, et $m(t) = \int_0^t f(s)ds$ ($t \leqslant T$). On considère la loi ν de $B + m$ sur l'intervalle $[0, T]$, c'est-à-dire la probabilité sur l'ensemble $\mathcal{C}_T = \{\mathbf{x} = \mathbf{x}(t)_{t\in[0,T]} ; \mathbf{x} \text{ continue}, \mathbf{x}(0) = 0\}$, définie par

$$\nu(A) = \mathbf{P}(B + m \in A) , \quad A \in \mathcal{B}(\mathcal{C}_T) .$$

On note μ la loi du mouvement brownien B sur $[0, T]$, qui correspond donc au cas où m est identiquement nul. On va voir que ces deux lois sont équivalentes.

Proposition 4.15. *La loi ν de $B + m$ est absolument continue par rapport à la loi μ du mouvement brownien sur $[0, T]$, et la dérivée de Radon-Nikodim est donnée par*

$$\frac{d\nu}{d\mu}(\mathbf{x}) = \exp\{\int_0^T f(t)d\mathbf{x}(t) - \frac{1}{2}\int_0^T f(t)^2dt\} .$$

On peut se demander quelle est la signification du terme $d\mathbf{x}(t)$ figurant dans la première intégrale : cette intégrale est définie μ-p.s. seulement, et alors $\mathbf{x}$ est une trajectoire du mouvement brownien, et donc cette intégrale est l'intégrale stochastique de Itô !

Démonstration. Soit $\mathbf{Q}$ la probabilité définie par $d\mathbf{Q} = Z(T)d\mathbf{P}$, avec

$$Z(T) = \exp\{\int_0^T f(t)dB(t) - \frac{1}{2}\int_0^T f(t)^2dt\} .$$

Sous $\mathbf{Q}$, $B - m$ est un mouvement brownien, ce qui équivaut à dire que la loi image $\mathbf{Q}(B \in \cdot) = \mathbf{P}(B + m \in \cdot)$. Il en résulte la deuxième égalité ci-dessous : pour tout borélien A de $\mathcal{C}$,

$$\begin{aligned}\nu(A) &= \mathbf{P}[B + m \in A]\\ &= \mathbf{Q}[B \in A]\\ &= \mathbf{E}^{\mathbf{P}}[\mathbf{1}_A(B)Z(T)]\\ &= \int_{\mathcal{C}}\left[\mathbf{1}_A(\mathbf{x})\exp\{\int_0^T f(t)d\mathbf{x}(t) - \frac{1}{2}\int_0^T f(t)^2dt\}\right]d\mu(\mathbf{x}) ,\end{aligned}$$

par définition de μ comme mesure image. Cela termine la démonstration. □

4.4 LA LOI DE L'ARCSINUS

Notre dernière application de la formule d'Itô sera la démonstration, suivant Mark Kac, de la célèbre loi de l'arcsinus de Paul Lévy. Soit B un mouvement brownien unidimensionnel partant de 0, et

$$H(t) = \int_0^t \mathbf{1}_{B(s)\geqslant 0} ds$$

le temps passé par B dans les réels positifs, entre les instants 0 et t. On s'intéresse à la loi de la variable aléatoire $H(t)/t$.

Théorème 4.16. *Pour tout $u \in [0,1]$,*

$$\mathbf{P}(H(t) \leqslant tu) = \frac{1}{\pi}\int_0^u \frac{dr}{\sqrt{r(1-r)}} = \frac{2}{\pi}\arcsin(\sqrt{u})$$

> ***Remarque.*** La loi de $H(t)/t$ ne dépend pas de t. (Ceci est conséquence de la propriété de scaling du mouvement brownien.) Sa densité est « maximale » en 0 et en 1, et minimale en 1/2. Ainsi, en terme de fortune du joueur, la proportion de temps pendant lequel le joueur Brownien est en tête, ne se concentre pas vers 1/2, mais au contraire fluctue beaucoup de sorte qu'elle est plutôt proche de 0 ou de 1.

la démonstration n'est pas simple, elle pourra être ignorée en première lecture. Bien sûr, la dernière égalité s'obtient en dérivant la fonction arcsin. Nous avons d'abord besoin d'une représentation probabiliste d'une équation différentielle particulière.

Lemme 4.17. *Soit $k(x) = \alpha + \beta \mathbf{1}_{\mathbb{R}^+}(x)$, avec $\alpha, \beta > 0$. Soit v est une fonction bornée de classe $\mathcal{C}^1$ sur $\mathbb{R}$, de classe $\mathcal{C}^2$ sur $\mathbb{R}_*^+$ et sur $\mathbb{R}_*^-$, qui soit solution de*

$$\frac{1}{2}v''(x) - k(x)v(x) = -1 \quad \text{sur } \mathbb{R}_*^+ \text{ et } \mathbb{R}_*^- .$$

Alors, pour tout $x \in \mathbb{R}$,

$$v(x) = \int_0^\infty e^{-\alpha t}\mathbf{E}_x\left[e^{-\beta H(t)}\right] dt$$

Démonstration du lemme. Les hypothèses sur v permettent d'appliquer la formule d'Itô à cette fonction « régulière », mais pas $\mathcal{C}^2$ à cause de la discontinuité de k en 0. D'après le lemme 3.8,

$$v(B(t)) = v(B(0)) + \int_0^t v'(B(s))dB(s) + \int_0^t [k(B(s))v(B(s)) - 1]ds .$$

Avec $K(t) = \int_0^t k(B(s))ds$, on calcule la différentielle

$$d\left(v(B(t))e^{-K(t)}\right) = e^{-K(t)}v'(B(t))dB(t) - e^{-K(t)}dt ,$$

si bien que $M(t) = v(B(t))e^{-K(t)} + \int_0^t e^{-K(s)}ds$ est une martingale locale. Comme v est bornée et $K(t) \geqslant 0$, $M(t)$ est bornée, c'est une martingale, et on a

$$\mathbf{E}_x M(0) = \mathbf{E}_x M(t) .$$

En plus, puisque $e^{-K(t)} \leqslant e^{-\alpha t} \to 0$ lorsque $t \to \infty$, $M(t)$ converge p.s. vers $M_\infty = \int_0^\infty e^{-K(s)}ds$. Elle converge aussi dans L^1 par convergence dominée. On déduit de l'égalité précédente que

$$v(x) = \mathbf{E}_x M(0) = \mathbf{E}_x M(\infty) = \mathbf{E}_x \int_0^\infty e^{-K(s)}ds .$$

Par définition de K, k et d'après le théorème de Fubini, cette dernière quantité est égale à

$$\mathbf{E}_x \int_0^\infty \exp\{-\int_0^t k(B(s))ds\}\, dt = \int_0^\infty e^{-\alpha t}\mathbf{E}_x \left[e^{-\beta H(t)}\right] dt ,$$

ce qui montre le lemme. □

Démonstration du théorème. Il reste maintenant à deviner une solution v à l'équation différentielle du lemme, pour déduire une formule pour $\mathbf{E}_x\left[e^{-\beta H(t)}\right]$. Il s'agit donc de trouver une fonction de classe $\mathcal{C}^1$ sur $\mathbb{R}$, de classe $\mathcal{C}^2$ sur $\mathbb{R}_*$, telle que

$$\begin{cases} \frac{1}{2}v'' = (\alpha+\beta)v - 1 & \text{pour } x > 0 \\ \frac{1}{2}v'' = \alpha v - 1 & \text{pour } x < 0 \end{cases}$$

On voit facilement (avec un peu d'expérience) qu'un candidat fonction bornée sur $\mathbb{R}$ est de la forme

$$v(x) := \begin{cases} a\exp\{-x\sqrt{2(\alpha+\beta)}\} + (\alpha+\beta)^{-1} & \text{pour } x \geqslant 0 \\ b\exp\{+x\sqrt{2\alpha}\} + \alpha^{-1} & \text{pour } x < 0 \end{cases},$$

avec

$$a = \frac{\sqrt{\alpha+\beta} - \sqrt{\alpha}}{(\alpha+\beta)\sqrt{\alpha}}, \quad b = \frac{-\sqrt{\alpha+\beta} + \sqrt{\alpha}}{\sqrt{\alpha+\beta}\,\alpha}$$

pour avoir un raccord $\mathcal{C}^1$ en 0. On vérifie bien que v ainsi définie convient. On calcule alors $v(0)$, et d'après le lemme 4.17,

$$\int_0^\infty e^{-\alpha t}\mathbf{E}_0 \left[e^{-\beta H(t)}\right] dt = v(0) = \frac{1}{\sqrt{\alpha(\alpha+\beta)}} .$$

Le membre de gauche est la transformée de Laplace (au point β) de la fonction $t \mapsto \mathbf{E}_0\left[e^{-\beta H(t)}\right]$. Si nous trouvons une fonction dont la transformée de Laplace est donnée par le membre de droite, nous pourrons en déduire que $\mathbf{E}_0\left[e^{-\beta H(t)}\right]$ est égal à cette fonction, d'après l'injectivité de la transformation de Laplace. Pour ce faire, on note que, pour $\gamma > 0$,

$$\int_0^\infty \frac{e^{-\gamma t}}{\sqrt{t}}dt = \sqrt{\frac{2}{\gamma}}\int_0^\infty e^{-x^2/2}dx = \sqrt{\frac{\pi}{\gamma}} .$$

Finalement,

$$\begin{aligned}\frac{1}{\sqrt{\alpha(\alpha+\beta)}} &= \frac{1}{\pi}\int_0^\infty \frac{e^{-(\alpha+\beta)s}}{\sqrt{s}}\int_s^\infty \frac{e^{-\alpha(t-s)}}{\sqrt{t-s}}dtds \\ &= \frac{1}{\pi}\int_0^\infty e^{-\alpha t}\int_0^t \frac{e^{-\beta s}}{\sqrt{s(t-s)}}dsdt\end{aligned}$$

Par injectivité de la transformation de Laplace, on tire d'abord que

$$\mathbf{E}_0\left[e^{-\beta H(t)}\right] = \frac{1}{\pi}\int_0^t \frac{e^{-\beta s}}{\sqrt{s(t-s)}}ds\ ,$$

puis que la loi de $H(t)/t$ a la densité annoncée dans le théorème. □

Chapitre 5

Équations différentielles stochastiques et processus de diffusion

Ce chapitre est consacré à un outil central pour la modélisation de phénomènes aléatoires en temps continu. Il n'est pas possible de les décrire en spécifiant les marginales fini-dimensionnelles, à l'exception des processus gaussiens. On adopte alors une description dynamique.

5.1 ÉQUATIONS DIFFÉRENTIELLES STOCHASTIQUES

Nous en avons déjà rencontrées : l'équation de Langevin à la section 4.1,

$$dX(t) = \sigma dB(t) - bX(t)dt \ , \tag{5.1.1}$$

celle du mouvement brownien géométrique à la section 3.2.4.,

$$dX(t) = \sigma X(t)dB(t) + \mu X(t)dt \ . \tag{5.1.2}$$

Toutes les deux peuvent être vues comme des versions aléatoires de l'équation différentielle ordinaire $dx(t) = \alpha x(t)dt$, avec $\alpha = -b$ ou $\alpha = \mu$ suivant le cas. La partie aléatoire de l'équation est conduite par un mouvement brownien B, amplifié par le coefficient constant σ dans le premier cas ou de manière linéaire dans le deuxième (coefficient σX).

5.1.1. Existence et unicité de solutions fortes

Soient $\sigma : \mathbb{R} \to \mathbb{R}_+, b : \mathbb{R} \to \mathbb{R}$, un mouvement brownien B et une variable aléatoire X_0 définis sur le même espace $(\Omega, \mathcal{A}, \mathbf{P})$, avec X_0 et B indépendants. L'équation

$$dX(t) = b(X(t))dt + \sigma(X(t))dB(t) \ , \quad X(0) = X_0 \ , \qquad (5.1.3)$$

est appelée une équation différentielle stochastique. Les coefficients b et σ sont appelés respectivement *dérive* et *coefficient de diffusion.* Il s'agit d'une équation homogène, puisque ces coefficients ne dépendent pas du temps, mais on considérera aussi des équations inhomogènes.

La solution d'une équation différentielle stochastique est appelée processus de diffusion, ou plus simplement **diffusion**.

Notons $\mathcal{F}_t$ la tribu engendrée par $B(s), s \leqslant t$ et par X_0, complétée par les ensembles négligeables pour $\mathbf{P}$.

Définition 5.1. *On appelle* **solution forte** *de l'équation différentielle stochastique (5.1.3), toute fonction aléatoire* $X = (X(t); t \geqslant 0)$ *définie sur* $(\Omega, \mathcal{A}, \mathbf{P})$ *telle que*

1. X *est adapté à la filtration* $\mathcal{F}$ *;*
2. $\int_0^t [b(X(s))^2 + \sigma(X(s))^2]ds < \infty$ *p.s. pour tout t, et on a* $\mathbf{P}$*-p.s.*

$$X(t) = X_0 + \int_0^t b(X(s))ds + \int_0^t \sigma(X(s))dB(s) \ , \quad t \in [0, \infty) \ . \qquad (5.1.4)$$

La condition d'intégrale finie dans le point 2 de la définition est que les intégrants dans (5.1.4) sont dans M^2_{loc}, si bien que X est un processus d'Itô.

Pour l'équation (5.1.1) ci-dessus, V définie par (4.1.3) est une solution, tandis que $X(t) = X(0) \exp\{\sigma B(t) + (\mu^2 - \sigma^2/2)t\}$ est une solution de (5.1.2). Le théorème ci-dessous montre que c'est l'unique solution, dans chaque cas.

Théorème 5.1. *Supposons* $X_0 \in L^2$, *et* b, σ *lipschitziennes, i.e.,*

$$|b(x) - b(y)| + |\sigma(x) - \sigma(y)| \leqslant K|x - y| \ . \qquad (5.1.5)$$

Alors, l'équation (5.1.3) admet une unique solution $X \in M^2$.

Démonstration. **Unicité.** Si $X, Y \in M^2$ sont deux solutions,

$$X(t) - Y(t) = \int_0^t [b(X(s)) - b(Y(s))]ds + \int_0^t [\sigma(X(s)) - \sigma(Y(s))]dB(s) \ ,$$

et en utilisant $(a+b)^2 \leqslant 2(a^2+b^2)$, l'inégalité de Schwarz, la propriété d'isométrie de l'intégrale stochastique et la condition de Lipschitz,

$$\begin{aligned}
\mathbf{E}[X(t)-Y(t)]^2 &\leqslant 2\mathbf{E}\left(\int_0^t [b(X(s))-b(Y(s))]ds\right)^2 + \\
&\quad +2\mathbf{E}\left(\int_0^t [\sigma(X(s))-\sigma(Y(s))]dB(s)\right)^2 \\
&\leqslant 2t\mathbf{E}\int_0^t [b(X(s))-b(Y(s))]^2 ds + \\
&\quad +2\mathbf{E}\int_0^t [\sigma(X(s))-\sigma(Y(s))]^2 dB(s) \\
&\leqslant 2(T+1)K^2\mathbf{E}\int_0^t [X(s)-Y(s)]^2 ds\,, \quad t\leqslant T \qquad (5.1.6)
\end{aligned}$$

Avec $X(0)) = Y(0)$, le lemme de Gronwall 4.12 implique que $\mathbf{E}([X(t)-Y(t)]^2) = 0$ pour tout t. D'où l'unicité dans le théorème.

Existence. On construit une suite de fonctions aléatoires $\{X_n(\cdot)\}_{n\geqslant 0}$ par le procédé d'itération de Picard,

$$X_0(t) = X_0\,, \quad X_{n+1}(t) = X_0 + \int_0^t b(X_n(s))ds + \int_0^t \sigma(X_n(s))dB(s)\,. \quad (5.1.7)$$

Alors, $X_n \in M^2$, on a l'identité

$$X_{n+1}(t) - X_n(t) =$$
$$\int_0^t [b(X_n(s)) - b(X_{n-1}(s))]ds + \int_0^t [\sigma(X_n(s)) - \sigma(X_{n-1}(s))]dB(s)\,,$$

et, en utilisant les mêmes arguments qui nous ont menés à (5.1.6), on obtient

$$\mathbf{E}|X_{n+1}(t) - X_n(t)|^2 \leqslant C_T \int_0^t \mathbf{E}|X_n(s) - X_{n-1}(s)|^2 ds\,, \quad t\leqslant T\,,$$

avec $C_T = 2(T+1)K^2$. On vérifie alors par récurrence que

$$\mathbf{E}|X_{n+1}(t) - X_n(t)|^2 \leqslant aC_T^n \frac{t^{n-1}}{(n-1)!}\,,$$

où la quantité $a := \max_{t\leqslant T} \mathbf{E}|X_1(t) - X_0|^2 \leqslant \text{Cst}\; T^3\mathbf{E}(X_0^2)$ est finie. Finalement,

$$\|X_{n+1} - X_n\|^2_{M^2[0,T]} \leqslant a\frac{(C_T T)^n}{n!},$$

donc

$$\|X_{n+p} - X_n\|_{M^2[0,T]} \leqslant a^{1/2} \sum_{k\geqslant n} \left(\frac{(C_T T)^k}{k!}\right)^{1/2}\,,$$

qui tend vers 0 quand n tend vers l'infini : la suite $\{X_n(\cdot)\}_{n\geqslant 0}$ est de Cauchy, elle converge donc dans l'espace de Hilbert $M^2[0,T]$, pour tout $T > 0$, vers une limite $X = (X(t), t \geqslant 0)$ (d'après l'unicité dans (5.1.4), la limite ne dépend pas de T). Avec l'hypothèse de Lipschitz, on peut passer à la limite dans (5.1.7), et on obtient (5.1.4). Les autres propriétés définissant les solutions fortes sont clairement satisfaites. □

> ***Exemple 5.1.*** L'équation suivante admet une solution unique que l'on peut expliciter :
>
> $$dX(t) = \sqrt{1 + X(t)^2}dB(t) + \left(\sqrt{1 + X(t)^2} + X(t)/2\right) dt\ .$$

Démonstration. D'après le théorème, on a existence et unicité de la solution. En fait, la solution est donnée par

$$X(t) = \sinh[B(t) + t + \sinh^{-1}(X_0)]\ ,$$

comme on le vérifie en appliquant la formule d'Itô. Le lecteur pourra réflechir à comment on peut deviner cette expression pour la solution. □

> ***Exemple 5.2.*** Le modèle de Vasicek décrit l'évolution du taux de placement à court terme, selon l'équation différentielle stochastique
>
> $$dX(t) = (-bX(t) + c)dt + \sigma dB(t)$$

Démonstration. D'après le théorème 5.1, il y a une unique solution pour toute condition initiale. On constate aisément que $V(t) := X(t) - (c/b)$ est solution de l'équation de Langevin (4.1.1), si bien que

$$X(t) = \frac{c}{b} + \left(X_0 - \frac{c}{b}\right) e^{-bt} + \sigma \int_0^t e^{-b(t-s)} dB(s)$$

d'après (4.1.3). On peut critiquer le modèle, en remarquant que la solution peut devenir négative, ce qui n'est pas très adapté pour décrire un taux. □

5.1.2. Solutions fortes : compléments

Le premier résultat est que, sous l'hypothèse que le coefficient de diffusion soit constant (choisi égal à 1 dans l'énoncé ci-dessous), la solution est une fonctionnelle continue du mouvement brownien qui conduit l'équation différentielle stochastique.

Proposition 5.2. *Si $b : \mathbb{R} \to \mathbb{R}$ est lipschitzien, pour tout $T \in (0,\infty)$ et tout $x_0 \in \mathbb{R}$, l'application*

$$\begin{array}{rccl} \Phi : & \mathcal{C}_T & \longrightarrow & \mathcal{C}_T \\ & B & \mapsto & \Phi(B) = X \end{array}$$

qui au mouvement brownien B associe la solution X de l'équation différentielle stochastique

$$X(t) = x_0 + B(t) + \int_0^t b(X(s))ds ,$$

est lipschitzienne pour la norme uniforme sur $[0, T]$.

Démonstration. Pour toute fonction continue $\mathbf{z} : \mathbb{R}^+ \to \mathbb{R}$, la fonction $f_{\mathbf{z}}(t, x) = b(x+\mathbf{z}(t))$ est continue en (t, x), globalement lipschitzienne en x, de sorte que, d'après le théorème de Cauchy-Lipschitz [**3**], l'équation différentielle ordinaire

$$\mathbf{y}(t) = x_0 + \int_0^t f_{\mathbf{z}}(s, \mathbf{y}(s))ds$$

admet une unique solution $\mathbf{y} = (\mathbf{y}(t), t \geqslant 0)$. On définit alors

$$\Psi : \begin{array}{ccc} \mathcal{C}_T & \longrightarrow & \mathcal{C}_T \\ \mathbf{z} & \mapsto & \Psi(\mathbf{z}) = \mathbf{y} + \mathbf{z} \end{array}$$

avec $\mathbf{y}$ dépendant de $\mathbf{z}$ construit ci-dessus. Comme

$$\begin{aligned} \Psi(B)(t) &= x_0 + B(t) + \int_0^t f_B(s, \Psi(B)(s) - B(s))ds \\ &= x_0 + B(t) + \int_0^t b[\Psi(B)(s)]ds , \end{aligned}$$

on constate que

$$\Psi(B) = \Phi(B) = X .$$

Mais, si $\mathbf{z}, \mathbf{z}' \in \mathcal{C}$,

$$\begin{aligned} |\Psi(\mathbf{z}) - \Psi(\mathbf{z}')|(t) &\leqslant |\mathbf{z} - \mathbf{z}'|(t) + \int_0^t |b(\psi(\mathbf{z})(s)) - b(\psi(\mathbf{z}')(s))|ds \\ &\leqslant \|\mathbf{z} - \mathbf{z}'\|_{\infty,[0,T]} + K \int_0^t |\psi(\mathbf{z})(s) - \psi(\mathbf{z})(s)|ds \end{aligned}$$

avec $\|\mathbf{z} - \mathbf{z}'\|_{\infty,[0,T]} := \max\{|\mathbf{z} - \mathbf{z}'|(t), t \in [0, T]\}$, et par le lemme de Gronwall 4.12,

$$\|\Psi(\mathbf{z}) - \Psi(\mathbf{z}')\|_{\infty,[0,T]} \leqslant \|\mathbf{z} - \mathbf{z}'\|_{\infty,[0,T]} \exp\{KT\} ,$$

et Ψ est Lipschitz-continue. □

Cas inhomogène vectoriel : on considère une équation différentielle stochastique à coefficients dépendants du temps, et à valeurs vectorielles,

$$b : \mathbb{R}^+ \times \mathbb{R}^d \to \mathbb{R}^d , \quad \sigma : \mathbb{R}^+ \times \mathbb{R}^d \to \text{Matrices}(d \times k) ,$$

et avec B un mouvement brownien k-dimensionnel,

$$X(t) = X_0 + \int_0^t b(s, X(s))ds + \int_0^t \sigma(s, X(s))dB(s) , \quad t \in [0, \infty) . \quad (5.1.8)$$

On a le théorème suivant, dont on trouvera la démonstration dans [**15**], Th. 5.2.9.

Théorème 5.3. *Supposons les coefficients b, σ globalement lipschitziens et à croissance au plus linéaire dans la variable d'espace,*

$$|b(t,x) - b(t,y)| + |\sigma(t,x) - \sigma(t,y)| \leqslant K|x-y| \,, \tag{5.1.9}$$

$$|b(t,x)|^2 + |\sigma(t,x)|^2 \leqslant K^2(1+|x|^2) \,, \tag{5.1.10}$$

pour $t \geqslant 0, x, y \in \mathbb{R}^d$, avec K une constante finie. Alors, pour $X_0 \in L^2(\mathcal{F}_0)$, l'équation (5.1.3) admet une unique solution $X \in M^2$.

Solutions de durée de vie finie : Pour beaucoup d'équations, il n'existe pas de solutions définies en tout temps. Prenons par exemple, l'équation différentielle ordinaire $dx = x^2 dt, x(0) = x_0 > 0$, à coefficients localement (mais pas globalement) lipschitziens. La solution est unique, $x(t) = x_0/(1-tx_0)$, qui explose en temps fini (au temps $\zeta = 1/x_0$).

Pour les équations différentielles stochastiques, il est nécessaire de définir aussi la notion de solution dans le cas **explosif :** la solution est alors un couple (X, ζ), avec X un processus aléatoire de durée de vie ζ.

On reprend le cadre de la définition 5.1. Une fonction aléatoire $X = (X(t); t \in [0, \zeta[)$, avec $\zeta > 0$ un temps d'arrêt strictement positif, est solution forte de l'équation différentielle stochastique (5.1.3), si

(i) $X\mathbf{1}_{[0,\zeta[}$ est adapté à la filtration $\mathcal{F}$;

(ii) presque sûrement, $\int_0^t [b(X(s))^2 + \sigma(X(s))^2] ds < \infty$ pour tout $t < \zeta$, et on a $\mathbf{P}$-p.s.

$$X(t) = X_0 + \int_0^t b(X(s))ds + \int_0^t \sigma(X(s))dB(s) \,, \quad t \in [0, \zeta[\,, \tag{5.1.11}$$

(iii) et on a explosion au temps ζ,

$$\lim_{t \nearrow \zeta} |X(t)| = \infty \;\; \text{sur} \;\; \{\zeta < \infty\}.$$

Voici un exemple.

Exemple 5.3. Considérons

$$X(t) = \frac{1}{1 - B(t)} \,, \; t < \zeta := \inf\{t > 0; B(t) = 1\}.$$

On est tenté d'utiliser la formule d'Itô avec la fonction $\Phi(x) = 1/(1-x)$ (qui est infinie en $x = 1$, ce qui pose problème !), et d'écrire que

$$d\Phi(B(t)) = 1/(1-B(t))^2 dB(t) + 1/(1-B(t))^3 dt$$

(puisque $\Phi'(x) = 1/(1-x)^2, \Phi''(x) = 2/(1-x)^3$), et donc que

$$dX(t) = X(t)^2 dB(t) + X(t)^3 dt \,. \tag{5.1.12}$$

Nous allons voir qu'effectivement, X est solution de cette équation différentielle stochastique.

Démonstration. Pour rendre rigoureuse la démarche, il faut introduire une suite de fonctions Φ_n de classe $\mathcal{C}^2$ sur $\mathbb{R}$ tout entier, et qui coincide avec Φ sur l'intervalle $]-\infty, 1-1/n]$. Alors, on a bien

$$\Phi_n(B(t)) = 1 + \int_0^t \Phi_n'(B(s))dB(s) + \frac{1}{2}\int_0^t \Phi_n''(B(s))ds$$

pour tout $t \geqslant 0$. Avec ζ_n le temps d'atteinte de $1 - 1/n$ par le mouvement brownien, on voit que, p.s.,

$$X(t) = 1 + \int_0^t X(s)^2 dB(s) + \int_0^t X(s)^3 ds\ ,\ t \leqslant \zeta_n\ .$$

Comme $\zeta_n \nearrow \zeta$ quand $n \to \infty$, cela montre que (X, ζ) est solution de l'équation différentielle stochastique (5.1.12), au sens de la définition ci-dessus. □

Comme pour les équations différentielles ordinaires [**3**], on a existence et unicité d'une solution pour des coefficients localement lipschitziens.

Théorème 5.4. *Supposons* $\sigma : \mathbb{R}^d \to \mathbb{R}^d \times \mathbb{R}^k, b : \mathbb{R}^d \to \mathbb{R}^d$ *localement lipschitziens :* $\forall N > 0, \exists K_N < \infty$

$$|\sigma(x) - \sigma(y)|^2 + |b(x) - b(y)|^2 \leqslant K_N |x-y|^2\ ,\quad |x|, |y| \leqslant N\ ,$$

Alors il existe une unique solution forte (X, ζ) *à l'équation différentielle stochastique* $dX(t) = b(X(t))dt + \sigma(X(t))dB(t), X(0) = X_0$*, pour tout* $X_0 \in L^2(\mathcal{F}_0)$.

Si $\sup_N K_N < \infty$, on a, d'après le théorème 5.1, $\zeta = \infty$, c'est-à-dire que la solution est définie en tout temps.

On trouvera une démonstration du théorème 5.4 dans [**11**], ch. IV, th. 3.1.

Le théorème s'applique à l'exemple 5.3, il montre que X est l'unique solution de l'équation différentielle stochastique (5.1.12).

5.1.3. Solutions faibles

Jusqu'à présent, on s'est donné l'espace de probabilité $(\Omega, \mathcal{A}, \mathbf{P})$, la filtration complétée $(\mathcal{F}_t; t \geqslant 0)$, le mouvement brownien B, la condition initiale X_0, et, par le procédé des itérations de Picard (5.1.7), on a construit la solution à l'aide de ces ingrédients : c'est le concept de solution forte. La solution est alors une fonctionnelle de X_0 et B :

$$X(t) = F(t; X_0, B)\ . \tag{5.1.13}$$

Pour certaines équations, dont nous verrons un exemple ci-dessous, on ne peut pas trouver de solution forte, mais par contre on peut définir la notion de solution dans un sens plus faible.

Définition 5.2. *On appelle solution faible de l'équation différentielle stochastique (5.1.3), tout triplet* $(\Omega, \mathcal{A}, \mathbf{P})$, $(\mathcal{F}_t; t \geqslant 0)$, $(B, X_0, X(\cdot))$, *constitué d'un espace de probabilité, d'une filtration, d'un* $(\mathcal{F}_t; t \geqslant 0)$*-mouvement brownien* B *indépendant de la variable aléatoire* X_0, *et d'un processus aléatoire* $X(\cdot)$ *adapté à la filtration, tels que les points 1) et 2) de la définition (5.1) soient vérifiés.*

Remarques.

1. Les données du problème consistent ici uniquement en les fonctions b et σ, ainsi que la loi de la condition initiale X_0. Au contraire, le mouvement brownien B est partie intégrante de la solution, au même titre que $X, \Omega, \mathcal{F}$.
2. Cette définition laisse la possibilité pour la solution, de « contenir plus de hasard » que la condition initiale et le mouvement brownien qui conduit l'équation. La filtration $\mathcal{F}$ sera en général plus grande que la filtration brownienne augmentée par X_0. Cela est important dans certaines applications, où le processus à modéliser (X en l'occurence) dépend non seulement du mouvement brownien B qui intervient dans l'équation différentielle stochastique, mais aussi d'autres facteurs aléatoires.
3. Bien sûr, une solution forte est aussi une solution faible de la même équation.
4. Puisqu'on s'est donné le choix de l'espace probabilisé Ω, c'est moins le processus X que sa loi qui importe. Ainsi, la notion d'unicité naturellement assortie à celle de solution faible, est l'unicité en loi du processus aléatoire solution.

Exemple 5.4. (de Tanaka). Définissons la fonction signe : $\operatorname{sgn}(x) = +1$ si $x \geqslant 0, \operatorname{sgn}(x) = -1$ si $x < 0$. L'équation différentielle stochastique

$$X(t) = \int_0^t \operatorname{sgn}(X(s))dB(s)\ , \tag{5.1.14}$$

possède une solution faible, unique en loi, mais elle n'admet pas de solution forte.

Démonstration. L'unicité en loi résulte de ce que toute solution est nécessairement un mouvement brownien. En effet, pour toute solution X, on vérifie facilement que $\exp\{uX(t) - u^2t/2\}$ est une martingale, et donc que

$$\mathbf{E}[\exp\{\sum_{i=1}^{n} u_i[X(t_i) - X(t_{i-1}]\}] = \exp\{\sum_{i=1}^{n} u_i^2[t_i - t_{i-1}]/2\}]$$

pour toute suite croissante $(t_i, i \leqslant n)$ positive, et toute suite $(u_i, i \leqslant n)$.

Existence : soit $(\Omega, \mathcal{A}, \mathbf{P})$ un espace sur lequel est défini un mouvement brownien X, et $\mathcal{F} = \mathcal{F}^X$ la filtration propre de X. Par le même raisonnement que ci-dessus, le processus B *défini* par

$$B(t) := \int_0^t \operatorname{sgn}(X(s))dX(s)\ , \tag{5.1.15}$$

est encore un mouvement brownien. Par différentiation, $dB(t) = \text{sgn}(X(t))dX(t)$, et puisque $1/\text{sgn}(x) = \text{sgn}(x)$, on a l'égalité (5.1.14). On vient donc de construire une solution faible. (Remarque : avec les notations précédentes, le triplet $(\Omega, \mathcal{A}, \mathbf{P})$, $(\mathcal{F}_t; t \geqslant 0)$, $(B, X_0 = 0, -X(\cdot))$, est une autre solution faible.)

Une solution faible de (5.1.14) ne peut pas être solution forte : en effet, pour toute solution faible on déduit comme ci-dessus la formule (5.1.15), qui implique, d'après la remarque ci-dessous, que $B(t)$ est mesurable par rapport à $\mathcal{F}_t^{|X|} = \sigma(|X(s)|, s \leqslant t)$. Si X était solution forte, $X(t)$ serait $\mathcal{F}_t^B$-mesurable d'après (5.1.13), et on aurait alors

$$\hat{\mathcal{F}}_t^X \subset \hat{\mathcal{F}}_t^B \subset \hat{\mathcal{F}}_t^{|X|},$$

–$\hat{\mathcal{G}}$ désignant la complétion de la tribu $\mathcal{G}$–, ce qui absurde car le signe du brownien X est une variable aléatoire qui contient beaucoup d'information. □

Proposition 5.5. *On appelle temps local au point 0 du mouvement brownien W, la limite dans L^2*

$$L_t = \lim_{\varepsilon \searrow 0} \frac{1}{2\varepsilon} \text{ mesure}\{s \in [0, t]; |W(s)| \leqslant \varepsilon\}.$$

On a l'égalité suivante, appelée formule de Tanaka :

$$|W(t)| = \int_0^t \text{sgn}(W(s))dW(s) + L_t.$$

Remarque. En particulier,

(i) $\int_0^t \text{sgn}(W(s))dW(s) = |W(t)| - L_t$ est $\mathcal{F}_t^{|W|}$-mesurable, puisque L_t l'est par définition.

(ii) $|W(t)| - L_t$ est un mouvement brownien.

Le temps local L_t représente la densité (par unité de longueur) de temps passé au voisinage de l'origine jusqu'au temps t.

On peut tenter de justifier la formule de Tanaka comme suit. La fonction $\phi(x) = |x|$ vérifie $\phi' = \text{sgn}$, $\phi'' = 2\delta$ la masse de Dirac en 0 (les dérivées sont à prendre au sens des distributions). Une utilisation audacieuse (et injustifiée !) de la formule d'Itô mène donc à

$$|W(t)| = \int_0^t \text{sgn}(W(s))dW(s) + \int_0^t \delta(W(s))ds;$$

en remarquant alors que

$$\delta = \lim_{\varepsilon \searrow 0} \frac{1}{2\varepsilon} \mathbf{1}_{|x| \leqslant \varepsilon} dx$$

(limite pour la convergence étroite des mesures de probabilité), on interprète le dernier terme comme le temps local L_t, et on obtient la formule de Tanaka. Ce raisonnement ne tient pas, car la formule d'Itô ne s'applique pas à ϕ, qui n'est pas continûment dérivable en 0.

Nous donnons à présent une démonstration rigoureuse de la proposition 5.5, mais le lecteur pourra la sauter en première lecture.

Démonstration. Pour $\varepsilon > 0$ on définit la fonction

$$\Phi_\varepsilon(x) = \begin{cases} |x| & \text{pour} \quad |x| \geqslant \varepsilon, \\ \frac{1}{2}(\varepsilon + x^2/\varepsilon) & \text{pour} \quad x \in [-\varepsilon, \varepsilon]. \end{cases}$$

(On pourra s'aider d'un dessin.) Alors, cette fonction Φ_ε est de classe $\mathcal{C}^1$ sur $\mathbb{R}$ et de classe $\mathcal{C}^2$ sur $\mathbb{R} \setminus \{-\varepsilon, \varepsilon\}$, avec

$$\Phi_\varepsilon'(x) = \begin{cases} \operatorname{sgn}(x) & \text{pour} \quad |x| \geqslant \varepsilon, \\ x/\varepsilon & \text{pour} \quad x \in [-\varepsilon, \varepsilon] \end{cases}, \quad \text{et } \Phi_\varepsilon''(x) = \varepsilon^{-1}\mathbf{1}_{]-\varepsilon,\varepsilon[}(x) \, .$$

On peut lui appliquer la formule d'Itô énoncée dans le lemme 3.8, et on obtient que

$$\begin{aligned} \Phi_\varepsilon(W(t)) - \Phi_\varepsilon(W(0)) \quad - \int_0^t \Phi_\varepsilon'(W(s))dW(s) &= \frac{1}{2}\int_0^t \Phi_\varepsilon''(W(s))ds \\ &= \frac{1}{2\varepsilon}\text{mesure}\{s \in [0,t]; |W(s)| \leqslant \varepsilon\} \, . \end{aligned}$$

Lorsque $\varepsilon \searrow 0$, $\Phi_\varepsilon(W(t))$ et $\Phi_\varepsilon(W(0))$ convergent respectivement vers $|W(t)|$ et $|W(0)|$. Il suffit donc de montrer la convergence dans L^2 de l'intégrale stochastique vers $\int_0^t \operatorname{sgn}(W(s))dW(s)$. On calcule

$$\begin{aligned} \| \int_0^t \Phi_\varepsilon'(W(s))dW(s) - \int_0^t \operatorname{sgn}(W(s))dW(s)\|_2^2 &= \\ &= \mathbf{E}\left[\int_0^t (\Phi_\varepsilon'(W(s)) - \operatorname{sgn}(W(s)))dW(s)\right]^2 \\ &= \mathbf{E}\left[\int_0^t \mathbf{1}_{[-\varepsilon,\varepsilon]}(W(s))\left(\Phi_\varepsilon'(W(s)) - \operatorname{sgn}(W(s))\right) dW(s)\right]^2 \\ &= \mathbf{E}\left[\int_0^t \mathbf{1}_{[-\varepsilon,\varepsilon]}(W(s))\left(\Phi_\varepsilon'(W(s)) - \operatorname{sgn}(W(s))\right)^2 d(s)\right] \\ &\leqslant \int_0^t \mathbf{P}\left[W(s) \in [-\varepsilon, \varepsilon]\right] ds \ \to \ 0 \end{aligned}$$

quand $\varepsilon \searrow 0$. On en déduit à la fois l'existence de la limite L_t dans L^2, et la formule de Tanaka. □

Le résultat qui vient montre que la notion de solution faible permet de donner une solution à beaucoup d'équations, même avec des coefficients de dérives très peu réguliers.

Proposition 5.6. *Soit* $b : \mathbb{R} \times \mathbb{R}^d \to \mathbb{R}^d$ *borélienne, avec* $|b(t,x)| \leqslant K(1+|x|)$. *Alors, l'équation différentielle stochastique*

$$dX(t) = b(t, X(t))dt + dB(t)\ , \quad X(0) = x_0\ ,$$

admet une solution faible pour tout x_0 *dans* $\mathbb{R}^d$.

Démonstration. Soit X un mouvement brownien vectoriel issu de x_0, défini sur un espace $(\Omega, \mathcal{A}, \mathbf{P})$, et $\mathcal{F}$ la filtration propre de X. Alors,

$$Z(t) = \exp\{\int_0^t b(s, X(s)) \cdot dX(s) - \frac{1}{2}\int_0^t |b(s, X(s))|^2 ds\}$$

est une martingale, d'après la proposition 4.14 : en effet, pour $r > 0$, on a

$$\exp\{rb(s, X(s))^2\} \leqslant \text{Cst}\ \exp\{2rK^2 X(s)^2\}$$

qui est intégrable pour r petit, puisque $X(s)$ est une variable aléatoire gaussienne. On définit alors la probabilité $\mathbf{Q}$ par $d\mathbf{Q}_{|\mathcal{F}_t} = Z(t)d\mathbf{P}_{|\mathcal{F}_t}$, et

$$\overline{B}(t) = X(t) - \int_0^t b(s, X(s))ds - x_0\ .$$

Par le théorème 4.8 de Girsanov, $\overline{B}$ est un mouvement brownien sous $\mathbf{Q}$, issu de 0, et on a par définition de $\overline{B}$,

$$X(t) = x + \overline{B}(t) + \int_0^t b(s, X(s))ds\ .$$

Ainsi, $(\Omega, \mathcal{A}, \mathbf{Q})$, $(\mathcal{F}_t; t \geqslant 0)$, $(\overline{B}, x_0, X(\cdot))$, est solution faible de l'équation différentielle stochastique considérée. □

5.1.4. Absolue continuité de la loi de diffusions par changement de dérivée

Soient b_0, b_1, σ globalement lipschitziens sur $\mathbb{R}$, et X_0. Alors les deux équations différentielles stochastiques

$$dX(t) = \sigma(X(t))dB(t) + b_1(X(t))dt\ , \tag{5.1.16}$$

$$dY(t) = \sigma(Y(t))dB(t) + b_0(Y(t))dt\ , \tag{5.1.17}$$

partant du même point $X(0) = Y(0) = X_0$, ont une unique solution forte. Dans cette section, que l'on rapprochera de la section 4.3.3., on montre que les lois $\mathbf{P}_X$ et $\mathbf{P}_Y$ de X et Y sur $\mathcal{C}_T = \mathcal{C}[0,T]$, sont équivalentes sous des hypothèses assez faibles. On se restreint au cas où les coefficients de diffusions sont égaux, pour la raison suivante.

> ***Remarque.*** Pour $0 < \tau \neq 1$ et $T \in]0, \infty[$, les lois de B et de τB sur $[0,T]$ sont étrangères.

Démonstration. En effet, d'après le théorème 2.2, la variation quadratique du mouvement brownien

$$\lim_{n\to\infty}\sum_{i=1}^{n}[B(t_i^{(n)})-B(t_{i-1}^{(n)})]^2=T \qquad (t_i^{(n)}=iT/n) \tag{5.1.18}$$

existe dans L^2. Puisque convergence dans L^2 entraîne convergence p.s. pour une sous-suite, fixons une suite extraite $(n_k; k \geqslant 1), n_k \to \infty$ quand $k \to \infty$, telle que la convergence (5.1.18) ait lieu presque sûrement le long de cette sous-suite $(n_k)_k$. Définissant alors le borélien

$$A_\tau=\{\mathbf{x}\in\mathcal{C}([0,T],\mathbb{R});\lim_{k\to\infty}\sum_{i=1}^{n_k}[\mathbf{x}(t_i^{(n_k)})-\mathbf{x}(t_{i-1}^{(n_k)})]^2=\tau^2T\}$$

pour $\tau>0$, il s'en suit que

$$\mathbf{P}(B\in A_1)=1\ ,\quad \mathbf{P}(\tau B\in A_\tau)=1\ ,$$

ce qui montre bien que les lois de B et de τB sur $[0,T]$ sont étrangères puisque A_1 et A_τ sont disjoints. □

Soient $\sigma(\cdot)>0$, et

$$h(y)=\frac{b_1-b_0}{\sigma}(y)\ ,\ Z(t)=\exp\{\int_0^t h(Y(s))dB(s)-\frac{1}{2}\int_0^t h(Y(s))^2ds\}\ .$$

Proposition 5.7. *On suppose que $\sigma(z)\neq 0$ pour tout $z\in\mathbb{R}$, et que $\mathbf{E}Z(T)=1$. Alors, les lois $\mathbf{P}_X$ et $\mathbf{P}_Y$ sont équivalentes sur $\mathcal{C}_T$, et*

$$\frac{d\mathbf{P}_X}{d\mathbf{P}_Y}(\mathbf{y})=\exp\left\{\int_0^T\frac{b_1-b_0}{\sigma^2}(\mathbf{y}(s))d\mathbf{y}(s)-\frac{1}{2}\int_0^T\frac{b_1^2-b_0^2}{\sigma^2}(\mathbf{y}(s))ds\right\}\ .$$

Démonstration. Soit $\mathbf{Q}$ la probabilité définie par $d\mathbf{Q}=Z(T)d\mathbf{P}$. D'après le théorème 4.8 de Girsanov, $\overline{B}(t)=B(t)-\int_0^t h(Y(s))ds$ est un $\mathbf{Q}$-mouvement brownien. Comme

$$dY(t)=\sigma((Y(t))d\overline{B}(t)+b_1(Y(t))dt\ ,$$

et comme la solution de cette équation différentielle stochastique est unique en loi, on en conclut que

la loi de Y sous $\mathbf{Q}$ est égale à la loi de X sous $\mathbf{P}$

On en déduit que, pour $\Psi:\mathcal{C}_T\to\mathbb{R}$ mesurable positive,

$$\begin{aligned}\int_{\mathcal{C}_T}\Psi d\mathbf{P}_X &= \mathbf{E}^{\mathbf{P}}\Psi(X)\\ &= \mathbf{E}^{\mathbf{Q}}\Psi(Y)\\ &= \mathbf{E}^{\mathbf{P}}Z(T)\Psi(Y)\\ &= \mathbf{E}^{\mathbf{P}}\Big[\Psi(Y)\mathbf{E}^{\mathbf{P}}[Z(T)|Y]\Big]\ .\end{aligned}$$

On exprime alors $Z(T)$ à l'aide de Y : puisque $dB(t) = \sigma^{-1}(Y(t))[dY(t) - b_0(Y(t))dt]$,

$$Z(T) = \exp\left\{\int_0^T \frac{b_1 - b_0}{\sigma^2}(Y(s))dY(s) - \frac{1}{2}\int_0^T \frac{b_1^2 - b_0^2}{\sigma^2}(Y(s))ds\right\} =: D(Y) .$$

Ainsi,

$$\int_{\mathcal{C}_T} \Psi d\mathbf{P}_X = \mathbf{E}^{\mathbf{P}}\Psi(Y)D(Y) = \int_{\mathcal{C}_T} D(\mathbf{y})\Psi(\mathbf{y})d\mathbf{P}_Y(\mathbf{y}) ,$$

ce qui montre bien que $D(y)$ est la densité de $\mathbf{P}_X$ par rapport à $\mathbf{P}_Y$. □

Exercice au fil du cours

Dans le cas des processus d'Ornstein-Uhlenbeck et brownien, $\sigma(z) = 1$, $b_0(z) = \beta z$, $b_1(z) = 0$, montrer que les hypothèses de la proposition sont vérifiées, et calculer la densité.

Cette propriété d'absolue continuité et ce calcul de la densité, permettent d'appliquer des **procédures statistiques** basées sur la vraisemblance. Le lecteur pourra consulter l'exercice 11.4 ; dans la question (2), le paramètre β de dérive du processus d'Ornstein-Uhlenbeck est estimé par la méthode de maximum de vraisemblance.

Voici un exemple d'application dans le cadre du traitement du signal.

Détection d'un signal connu dans un bruit blanc. Un radar est utilisé en alerte non supervisée pour détecter le passage éventuel d'un avion. L'avion correspond à un signal $m(t) = \int_0^t f(s)ds$ connu. Le radar est étalonné au préalable, il présente un bruit d'enregistrement que l'on suppose brownien avec coefficient de diffusion σ connu.

Pour le signal enregistré $X = (X(s), s \in [0, T])$ par le radar, deux cas sont possibles,

– cas (H0) : $X(t) = m(t) + \sigma B(t)$

– cas (H1) : $X(t) = \sigma B(t)$

correspondant à la présence et l'absence d'avion. Dans le language statistique, ces cas sont appelés « hypothèses ». On notera P_0, P_1 la loi de $X = (X(s), s \in [0, T])$ sous chacune des hypothèses. Le rapport de vraisemblance est la dérivée de Radon-Nikodym

$$\frac{dP_1}{dP_0} = \exp\{-\frac{1}{\sigma^2}\int_0^T f(s)dX(s) + \frac{1}{2\sigma^2}\int_0^T f(s)^2 ds\}$$

où la formule exponentielle est une extrapolation directe des propositions 4.15, 5.7, et de leur démonstration. Notons que l'exponentielle, vue comme une fonction de T, est une martingale sous (H0), tandis que son inverse l'est sous (H1).

Fixons $\alpha \in (0,1)$. Le **test du rapport de vraisemblance** de Neyman et Pearson, consiste à accepter (H0) ou au contraire accepter (H1) selon que $\frac{dP_1}{dP_0}$ est petit ou non, soit encore :

- décider que (H0) est vraie si $\int_0^T f(s)dX(s) > C_\alpha$
- décider que (H1) est vraie si $\int_0^T f(s)dX(s) \leqslant C_\alpha$

On fixe le seuil C_α de sorte que le test soit de niveau α, i.e. que la probabilité de rejeter (H0) à tort soit égale à α :

$$P_0\Big(\int_0^T f(s)dX(s) \leqslant C_\alpha\Big) = \alpha$$

Mais, sous l'hypothèse (H0), on a $X(t) = m(t) + \sigma B(t)$, et donc

$$\int_0^T f(s)dX(s) = \int_0^T f(s)^2 ds + \sigma \int_0^T f(s)dB(s),$$

et le membre de gauche devient – en notant $v := \int_0^T f(s)^2 ds \in (0,\infty)$, Z une gaussienne standard et en observant qu'une intégrale de Wiener est gaussienne –,

$$\mathbf{P}\Big(\sigma \int_0^T f(s)dB(s) \leqslant C_\alpha - v\Big) = \mathbf{P}\Big(Z \leqslant (\sigma\sqrt{v})^{-1}(C_\alpha - v)\Big)$$

ce qui determine la valeur de C_α. Dorénavant, on fixe $\alpha = 5\,\%$, et on se rappelle que $\mathbf{P}(Z \leqslant -1,64) \simeq 0,05$, si bien que $C_\alpha = v - 1,64 \times \sigma\sqrt{v}$.

Au contraire, sous (H1), $X(t) = \sigma B(t)$, et on calcule la probabilité d'erreur de seconde espèce [1]

$$\mathbf{P}_1\Big(\int_0^T f(s)dX(s) > C_\alpha\Big) = \mathbf{P}\Big(Z > -1,64 + \frac{\sqrt{v}}{\sigma}\Big)$$

Ainsi, lorsque le rapport signal-sur-bruit v/σ^2 grandit, cette probabilité d'erreur tend rapidement vers 0. Par exemple, si $\frac{\sqrt{v}}{\sigma} \simeq 3,6$, cette probabilité est environ $0,005$.

5.2 APPROXIMATION DIFFUSION

Comme le montre le principe d'invariance de Donsker (théorème 2.2), le mouvement brownien est une limite universelle. Ce court paragraphe, qui est à mettre en parallèle avec le paragraphe 2.2, montre que les diffusions le sont aussi.

Pour chaque entier $n \geqslant 1$, on se donne une chaîne de Markov homogène $(Y_i^{(n)}, i \in \mathbb{N})$ dans $\mathbb{R}^d$, de transition $\pi^{(n)}(x,dy)$. En d'autres termes, la loi de $Y_{i+1}^{(n)}$ conditionnelle en $Y_0^{(n)}, \ldots Y_i^{(n)}$ ne dépend que de $Y_i^{(n)}$ et de plus

$$\mathbf{P}(Y_{i+1}^{(n)} \in \cdot \,|Y_i^{(n)}) = \pi^{(n)}(Y_i^{(n)}, \cdot\,)$$

1. ou « probabilité d'accepter à tort ». La puissance du test en est le complément à 1.

presque sûrement. On définit, pour $x \in \mathbb{R}^d$,

$$\begin{aligned} b^{(n)}(x) &= n \int (y-x)\pi^{(n)}(x,dy)\ , & (5.2.19)\\ a^{(n)}(x) &= n \int (y-x)(y-x)^*\pi^{(n)}(x,dy)\ , & (5.2.20)\\ K^{(n)}(x) &= n \int |y-x|^3\pi^{(n)}(x,dy)\ , & (5.2.21)\\ \Delta_\varepsilon^{(n)}(x) &= n\,\pi^{(n)}(x,\mathcal{B}(x,\varepsilon)^c)\ , & (5.2.22) \end{aligned}$$

avec $\mathcal{B}(x,\varepsilon)^c$ le complémentaire de la boule de centre x et rayon $\varepsilon > 0$. On imposera dans la suite que $a^{(n)}$ et $b^{(n)}$ convergent quand $n \to \infty$, ce qui revient à dire que les sauts de $Y^{(n)}$ sont de moyenne et variance d'ordre $1/n$. Comme dans le principe d'invariance, renormalisons de sorte que la chaine $Y^{(n)}$ saute n fois plus souvent, et définissons comme dans (2.2.3), la ligne polygonale $X^{(n)}$ interpolant les points $(t = i/n, x = Y_i^{(n)})$, soit

$$X^{(n)}(t) = Y_{[nt]}^{(n)} + (nt - [nt])(Y_{[nt+1]}^{(n)} - Y_{[nt]}^{(n)})\ .$$

Alors, les coefficients $b^{(n)}, a^{(n)}$ ci-dessus s'interprètent comme la dérive et la variance (ou matrice de covariance) instantanées de $X^{(n)}$.

Théorème 5.8. (Approximation diffusion). *On suppose qu'il existe des fonctions continues a, b telles que, pour tout $R < \infty$,*

$$\begin{aligned} \lim_{n\to\infty} \sup_{|x|\leqslant R} |a^{(n)}(x) - a(x)| &= 0\\ \lim_{n\to\infty} \sup_{|x|\leqslant R} |b^{(n)}(x) - b(x)| &= 0\\ \lim_{n\to\infty} \sup_{|x|\leqslant R} \Delta_\varepsilon^{(n)}(x) &= 0 \quad \forall \varepsilon > 0\\ \sup_{|x|\leqslant R} K^{(n)}(x) &< \infty\ . & (5.2.23) \end{aligned}$$

Avec σ une matrice vérifiant $\sigma(x)\sigma(x)^* = a(x), x \in \mathbb{R}^d$, on suppose aussi que l'équation différentielle stochastique

$$dX(t) = b(X(t))dt + \sigma(X(t))dB(t)\ , \quad X(0) = x\ , \tag{5.2.24}$$

admet une solution faible unique en loi pour tout x ; cela est réalisé en particulier si (5.2.24) admet une unique solution forte.

Alors, pour toute suite de conditions initiales $Y_0^{(n)} \to x$, la suite de processus aléatoires $X^{(n)}$ converge en loi vers la diffusion X donnée par (5.2.24), soit

$$\lim_{n\to\infty} \mathbf{E}F(X^{(n)}) = \mathbf{E}F(X)\ , \quad \forall F : \mathcal{C}(\mathbb{R}_+, \mathbb{R}) \to \mathbb{R} \text{ continue bornée.}$$

Nous admettrons ce résultat, dont une démonstration est donnée dans [**27**], p. 266. Le théorème est souvent énoncé sous une forme plus générale, sans supposer la quatrième hypothèse (5.2.23). Dans ce cas, il est nécessaire de tronquer les intégrales figurant dans la définition de $a^{(n)}, b^{(n)}$, cf. (5.2.19, 5.2.20), rendant moins transparent le résultat : on peut approximer une chaine de Markov qui effectue de petits sauts très fréquents, par la diffusion de mêmes moyenne et variance instantanées. Cette propriété fait des diffusions des outils de modélisation faciles à utiliser.

Exemple 5.5. **Modèle de diffusion gazeuse d'Ehrenfest.** Dans deux enceintes séparées par une paroi poreuse sont réparties $m = 2n$ molécules de gaz. À chaque unité de temps une molécule choisie au hasard change d'enceinte. Soit $Z_i^{(n)}$ le nombre de molécules au temps i dans l'enceinte de gauche. (Alors, il y a $2n - Z_i^{(n)}$ molécules dans l'enceinte de droite.) C'est une chaine de Markov, de transition

$$\hat{\pi}^{(n)}(k, k+1) = \frac{2n-k}{2n}\,, \quad \hat{\pi}^{(n)}(k, k-1) = \frac{k}{2n}\,.$$

Sa probabilité invariante est la binomiale $\mathcal{B}(2n, 1/2)$, on s'attend donc à ce que typiquement, $Z_i^{(n)} = n + n^{1/2}\times$ terme d'ordre 1, d'après le théorème de la limite centrale. On considère donc

$$Y_i^{(n)} = n^{-1/2}(Z_i^{(n)} - n)\,,$$

qui est une chaine de Markov, de transition $\pi^{(n)}(x, x \pm n^{-1/2}) = \frac{n^{1/2} \mp x}{2n^{1/2}}$. On a donc

$$b^{(n)}(x) = n\left(n^{-1/2}\frac{n^{1/2}-x}{2n^{1/2}} - n^{-1/2}\frac{n^{1/2}+x}{2n^{1/2}}\right) = -x =: b(x)\,,$$

$$a^{(n)}(x) = n\left(n^{-1}\frac{n^{1/2}-x}{2n^{1/2}} + n^{-1}\frac{n^{1/2}+x}{2n^{1/2}}\right) = 1 =: a(x)\,.$$

Les hypothèses du théorème sont vérifiées, puisque les sauts de $Y^{(n)}$ sont bornés par $n^{-1/2}$, et que les coefficients a, b sont réguliers : la limite X est le processus d'Ornstein-Uhlenbeck $dX(t) = -X(t)dt + dB(t)$.

Exemple 5.6. **Chaîne de Wright-Fisher.** On considère un code génétique de n lettres, chaque lettre pouvant être a ou A. On change le code génétique à chaque instant entier, en tirant n lettres avec remise dans le code précédent (qu'on voit comme une urne). Soit $Z_i^{(n)}$ le nombre de lettres A à l'instant i. Alors, $Z^{(n)}$ est une chaîne de Markov, de même que $Y_i^{(n)} = n^{-1}Z_i^{(n)}$; la transition $\hat{\pi}^{(n)}(z, \cdot)$ de $Z^{(n)}$ est la loi binomiale $\mathcal{B}(n, z)$. On calcule $b^{(n)}(x) = 0\,,\ a^{(n)}(x) = x(1-x)\,.$

On peut vérifier les hypothèses du théorème (nous admettrons l'unicité en loi) ; la limite de $X^{(n)}$ est la diffusion de Wright-Fisher

$$dX(t) = \sqrt{X(t)(1-X(t))}dB(t)$$

à valeurs dans $[0, 1]$.

5.3 FILTRAGE LINÉAIRE

Le problème du filtrage est le suivant : on voudrait connaître un signal d'intérêt $X = (X(t), t \geqslant 0)$, mais il nous est caché. On ne l'observe pas directement, on dispose par contre d'un signal observé $Y = (Y(t), t \geqslant 0)$ qui est une version bruitée de X.

Le problème du filtrage est de touver la meilleure reconstruction – appelée le *filtre* – $\hat{X}(t)$ de $X(t)$ qui soit fonction des observations disponibles $(Y(s), s \leqslant t)$. De plus, on cherche un filtre qui puisse se mettre sous *forme récursive*, c'est-à-dire tel que l'on puisse écrire, de manière formelle pour un accroissement infinitésimal du temps d'observation, $\hat{X}(t + dt)$ en fonction de $\hat{X}(t)$ et de $dY(t), dt, t$: alors, il n'est pas nécessaire de tout recalculer à l'instant $t + dt$ sur la base de toutes les observations passées $(Y(s), s \leqslant t)$, mais on peut simplement « actualiser » $\hat{X}(t)$ la dernière estimation en date. Un tel filtre peut être implémenté pour tourner en temps réel (et sur un micro-ordinateur on constate que l'algorithme poursuit sa cible en s'adaptant aux données).

Nous nous limiterons dans cette section au cas gaussien, plus simple car le filtre optimal est alors linéaire. Il est utile d'avoir en tête l'exemple « trivial » suivant, en temps discret, et lorsque X est constant.

Exemple 5.7. **Observations bruitées d'une même variable aléatoire.** Soient $X_0, U_1, U_2, \dots$ des variables aléatoires gaussiennes centrées indépendantes avec $\mathbf{E}X_0^2 = \sigma^2, \mathbf{E}U_i^2 = \tau^2$. Le « signal » d'intérêt est le signal constant $X_n = X_0, n \geqslant 1$, et

$$\text{on observe } Z_n = X_0 + U_n, \quad n = 1,\ 2,\ \dots$$

ou de manière équivalente, $Y_n := Z_1 + \ldots + Z_n, \quad n = 1,\ 2,\ \dots$

C'est un exercice aisé que de montrer que la meilleure approximation au sens L^2 de X_0 par une fonction de $(Y_1, \dots Y_n)$, est l'estimateur linéaire

$$\hat{X}_n = \frac{\sigma^2}{n\sigma^2 + \tau^2} Y_n \ . \tag{5.3.25}$$

En effet, $X_{n+1} - \hat{X}_n$ est non-corrélé avec $Z_1, \dots Z_n$, et donc indépendant de ce vecteur car $(X_{n+1} - \hat{X}_n, Z_1, \dots Z_n)$ est gaussien ; la décomposition $X_{n+1} = \hat{X}_n + [X_{n+1} - \hat{X}_n]$ montre alors que la meilleure approximation cherchée est donnée par le premier terme de la somme. Notons enfin que l'estimateur se met sous forme récursive

$$\hat{X}_{n+1} = \frac{n\sigma^2 + \tau^2}{(n+1)\sigma^2 + \tau^2} \hat{X}_n + \frac{\sigma^2}{(n+1)\sigma^2 + \tau^2} (Y_{n+1} - Y_n) \ . \tag{5.3.26}$$

5.3.1. Observation bruitée d'un processus d'Ornstein-Uhlenbeck

On considère un modèle à temps continu qui prolonge l'exemple précédent, avec pour signal caché un processus d'Ornstein-Uhlenbeck, et pour signal observé une diffusion linéaire en X.

Soient V, W deux mouvements browniens réels indépendants, et indépendants d'une variable aléatoire gaussienne $X_0 \sim \mathcal{N}(0, \sigma^2)$. On considère le système differentiel stochastique

$$\begin{cases} dX(t) &= \alpha\, dW(t) + \beta X(t)dt \\ dY(t) &= \gamma\, dV(t) + \delta X(t)dt \end{cases} \tag{5.3.27}$$

avec conditions initiales $(X_0, Y_0) = (X_0, 0)$. Les paramètres $\alpha, \beta, \gamma, \delta$ sont réels ; on supposera $\delta \neq 0$, faute de quoi les observations ne contiendraient aucune information sur X, et $\gamma \neq 0$, car sinon, $X(t) = \delta^{-1}Y'(t)$ est exactement déterminé par Y. Le système (5.3.27) est linéaire homogène, il satisfait donc les hypothèses du théorème 5.3 d'existence et unicité de solutions fortes. Par linéarité des équations (5.3.27), la solution est un processus gaussien[2] à valeurs dans $\mathbb{R}^2$. Dans notre cas précis, une alternative est de remarquer que X est un processus d'Ornstein-Uhlenbeck, donné par (4.1.3)

$$X(t) = X_0 e^{\beta t} + \alpha \int_0^t e^{\beta(t-s)} dW(s) \tag{5.3.28}$$

tandis que par intégration directe,

$$\begin{aligned} Y(t) &= \gamma V(t) + \delta\beta^{-1}\left(X(t) - X(0) - \alpha W(t)\right) \qquad (5.3.29) \\ &= X_0\delta\beta^{-1}\left(e^{\beta t} - 1\right) + \alpha \int_0^t \delta\beta^{-1}(e^{\beta(t-u)} - 1)dW(u) + \gamma V(t)\,. \end{aligned}$$

La première formule n'a de sens que pour $\beta \neq 0$, mais la deuxième en a toujours – et elle est toujours égale à $Y(t)$ – , à condition de remplacer $\beta^{-1}\left(e^{\beta t} - 1\right)$ par sa limite $t = \lim_{\beta \to 0} \beta^{-1}\left(e^{\beta t} - 1\right)$. On constate sur (5.3.28) et (5.3.29), que le couple $(X(t), Y(t))$ est un processus gaussien, à valeurs dans l'espace gaussien engendré par X_0, V, W.

5.3.2. Filtre linéaire de Kalman-Bucy

Notons $(\Omega, \mathcal{A}, \mathbf{P})$ l'espace de probabilité où X_0, V, W sont définis, et

$$\mathcal{Y}_t = \sigma(Y(s), 0 \leqslant s \leqslant t)$$

la tribu des observables jusqu'au temps t.

2. En effet, ce système est en fait une équation de Langevin (4.1.1) bidimensionnelle comme au paragraphe (4.1.2.), la solution est encore donnée par (4.1.3), qui est clairement un processus gaussien si la condition initiale est gaussienne.

Par la définition même de l'espérance conditionnelle comme projection orthogonale de $L^2(\Omega, \mathcal{A}, \mathbf{P})$ sur $L^2(\Omega, \mathcal{Y}_t, \mathbf{P})$, la meilleure estimation, au sens des moindres carrés, de X_t au vu de $(Y_s, 0 \leqslant s \leqslant t)$, est l'espérance conditionnelle

$$\hat{X}(t) = \mathbf{E}(X(t)|\mathcal{Y}_t)$$

Notons

$$H_t^Y \text{ l'espace gaussien engendré par le processus } (Y(s), s \leqslant t),$$

c'est-à-dire l'adhérence pour la norme L^2 de l'ensemble des combinaisons linéaires (finies) des $Y(s), s \leqslant t$. Clairement, $H_t^Y \subset L^2(\Omega, \mathcal{Y}_t, \mathbf{P})$, et il n'y a pas égalité. Cependant, dans notre cadre gaussien,

$$\hat{X}(t) \in H_t^Y \ .$$

En effet, par définition de la projection orthogonale π_t dans $L^2(\Omega, \mathcal{A}, \mathbf{P})$ sur H_t^Y, on a, pour tout $s \leqslant t$, $X(t) - \pi_t[X(t)] \perp Y(s)$, et donc ces deux variables aléatoires sont non corrélées puisque $X(t)$ et $\pi_t[X(t)] \in H_t^Y$ sont centrés ; comme ils constituent un vecteur gaussien, $X(t) - \pi_t[X(t)]$ et $(Y(t_1), \dots Y(t_n))$ sont indépendants (pour $(t_1, \dots, t_n \leqslant t)$, et par un argument de classe monotone, $X(t) - \pi_t[X(t)]$ est indépendant de la tribu engendrée $\mathcal{Y}_t$. Cela montre que $\pi_t[X(t)] = \hat{X}(t)$, et aussi notre affirmation ci-dessus.

Ainsi le filtre optimal (ou « prédicteur ») est parfaitement déterminé, mais nous voulons maintenant donner un algorithme de calcul le rendant utilisable en pratique. Le théorème suivant, du à Kalman et Bucy, propose un algorithme récursif, où il suffit de calculer un coefficient ε_t au préalable.

Théorème 5.9. *Le filtre optimal $\hat{X}$ est solution de l'équation différentielle stochastique suivante, conduite par le processus Y :*

$$d\hat{X}(t) = \delta\gamma^{-2}\varepsilon_t dY(t) + (\beta - \delta^2\gamma^{-2}\varepsilon_t)\hat{X}(t)dt \ , \quad \hat{X}(0) = 0 \ , \tag{5.3.30}$$

où ε_t est la solution de l'équation differentielle de Riccati

$$\frac{d}{dt}\varepsilon_t = 2\beta\varepsilon_t + \alpha^2 - \delta^2\gamma^{-2}\varepsilon_t^2 \quad , \qquad \varepsilon_0 = \sigma^2 \ . \tag{5.3.31}$$

L'équation (5.3.30) est analogue à l'équation récurrente (5.3.26) de l'exemple 5.7. Nous verrons que, dans le cas présent de coefficients $\alpha, \dots \delta$ constants, l'on peut résoudre explicitement l'équation (5.3.31), voir exercice après la démonstration du théorème.

Nous décomposons la démonstration du théorème en plusieurs étapes.

5.3.3. Innovation

La première étape consiste à montrer que l'espace gaussien H_t^Y de projection, est en fait engendré par un mouvement brownien. On appelle *processus d'innovation* le processus $I = (I(t); t \geqslant 0)$ défini par

$$I(t) = \gamma^{-1} Y(t) - \delta\, \gamma^{-1} \int_0^t \hat{X}(s) ds \qquad (5.3.32)$$

Écrit sous cette forme, on constate qu'il est adapté à la filtration $(\mathcal{Y}_t)_t$, mais on peut aussi l'écrire comme $I(t) = V(t) + \delta\gamma^{-1} \int_0^t [X(s) - \hat{X}(s)] ds$. Il s'agit d'un processus gaussien centré, puisque $I(t_1), \dots I(t_n)$ appartiennent à l'espace gaussien H_t^Y pour $t_1, \dots t_n \leqslant t$. On calcule alors sa fonction de covariance. Pour $0 \leqslant s \leqslant t$, on a, par Fubini,

$$\begin{aligned} &\mathbf{E}\left(I(s)\left[I(t) - I(s)\right]\right) \\ &\quad = \mathbf{E}\left(I(s)[V(t) - V(s)]\right) + \delta\gamma^{-1} \int_s^t \mathbf{E}\left(I(s)[X(u) - \hat{X}(u)]\right) du \\ &\quad = 0\,, \end{aligned} \qquad (5.3.33)$$

puisque, pour $s \leqslant u \leqslant t$, l'accroissement brownien $V(t) - V(s)$ est indépendant de $\mathcal{Y}_s$, et que $[X(u) - \hat{X}(u)]$ est indépendant de $\mathcal{Y}_s \subset \mathcal{Y}_u$. Donc $\mathbf{E}I(s)I(t) = \mathbf{E}[I(s)^2]$. D'après la formule d'Itô,

$$d[I(s)^2] = 2I(s)dI(s) + \langle dI(s) \rangle = 2I(s)dI(s) + ds\,,$$

en utilisant (5.3.32) et (5.3.27). Avec I gaussien on vérifie que l'intégrale stochastique obtenue est centrée, si bien que

$$\mathbf{E}[I(s)^2] = 2\mathbf{E} \int_0^s I(u) \left(dV(u) + \delta\gamma^{-1}[X(u) - \hat{X}(u)]\right) du + s = s\,,$$

comme dans (5.3.33). Finalement, $\mathbf{E}I(s)I(t) = s \wedge t$. Les trajectoires du processus gaussien I étant continues, on en déduit la première propriété dans le lemme suivant. La deuxième affirme que l'espace H_t^Y est engendré par le processus d'innovation.

Lemme 5.10.

(i) I est un mouvement brownien.

(ii) On a égalité des espaces gaussiens $H_t^Y = H_t^I$.

L'affirmation (ii) implique que l'on peut écrire $\hat{X}$ comme une intégrale de Wiener, cf. (5.3.35) : dit de manière heuristique, on « décomposera le filtre selon la base orthogonale des accroissements de I ».

On pourra laisser la démonstration de (ii) dans un premier temps. En voici les grandes lignes, on consultera [**23**], Lemma 6.2.5 (iii), pour plus de détails.

Démonstration. Esquisse de la démonstration de (ii).

Étape 1 : $H_t^Y = G_t^Y$ avec $G_t^Y = \{\int_0^t f(s)dY(s); f \in L^2([0,t])\}$

Comme il est clair que $H_t^Y \subset G_t^Y$, on va prouver l'inclusion inverse. On vérifie d'abord (exercice) qu'il existe des constantes $0 < A_1 < A_2 < \infty$ telles que

$$A_1 \int_0^t f(s)^2 ds \leqslant \mathbf{E}\left[\left(\int_0^t f(s)dY(s)\right)^2\right] \leqslant A_2 \int_0^t f(s)^2 ds$$

pour tout $f \in L^2([0,t])$. Alors, G_t^Y est l'adhérence dans $L^2(\Omega)$ du sous-espace constitué par les intégrales $\int_0^t f(s)dY(s)$ avec f en escalier sur $[0,t]$. Mais pour une telle fonction f, $\int_0^t f(s)dY(s)$ est une combinaison linéaire finie des $(Y(s), s \leqslant t)$. Donc, $G_t^Y \subset H_t^Y$.

Étape 2 : Il résulte de l'étape 1 que, pour $r \geqslant 0$, il existe une fonction $g_r \in L^2([0,r])$ telle que $\hat{X}(r) = \int_0^r g_r(s)dY(s)$. Calculons alors, pour $h \in L^2([0,t])$,

$$\begin{aligned}
\int_0^t h(r)dY(r) &= \gamma \int_0^t h(r)dI(r) + \delta \int_0^t h(r)\hat{X}(r)dr \\
&= \gamma \int_0^t h(r)dI(r) + \delta \int_0^t h(r)\left[\int_0^r g_r(s)dY(s)\right] dr \\
&= \gamma \int_0^t h(r)dI(r) + \int_0^t \left[\int_s^t \delta h(r)g_r(s)dr\right] dY(s) ,
\end{aligned}$$

soit

$$\gamma \int_0^t h(r)dI(r) = \int_0^t \left(h(u) - \left[\int_u^t \delta h(r)g_r(u)dr\right]\right) dY(u) . \tag{5.3.34}$$

La théorie des équations intégrales de Volterra montre alors que $\forall f \in L^2([0,t])$, $\exists h \in L^2([0,t])$ telle que

$$h(u) - \left[\int_u^t h(r)\delta g_r(u)dr\right] = f(u) .$$

En prenant $f = \gamma^{-1}\mathbf{1}_{[0,s]}$ pour $s \leqslant t$ fixé, et en utilisant la fonction h correspondante, on voit par (5.3.34) que $\int_0^t h(r)dI(r) = Y(s)$. Ainsi, $H_t^Y \subset H_t^I$. Comme l'inclusion inverse est claire, on obtient (ii). □

5.3.4. Erreur de prédiction et équation du filtre

Soit ε_t le carré de l'erreur de prédiction,

$$\varepsilon_t := \mathbf{E}[X(t) - \hat{X}(t)]^2$$

Avec les propriétés de la projection orthogonale, on a aussi

$$\varepsilon_t = \mathbf{E}[X(t)\{X(t) - \hat{X}(t)\}] = \mathbf{E}[X(t)^2] - \mathbf{E}[\hat{X}(t)^2] .$$

L'intégrale de Wiener $f \in L^2([0,t]) \mapsto \int_0^t f(s)dI(s) \in H_t^I$ est une isométrie, elle est bijective puisqu'elle atteint les générateurs $I(s), s \leqslant t$. En conséquence du (ii), $\hat{X}$ peut s'écrire

$$\hat{X}(t) = \int_0^t f_t(s)dI(s) \tag{5.3.35}$$

pour une fonction f_t déterministe telle que $\int_0^t f_t(s)^2 ds < \infty$. Mais par la propriété d'isométrie, $\mathbf{E}\hat{X}(t)I(s) = \int_0^s f_t(u)du$, de sorte que

$$f_t(s) = \frac{\partial}{\partial s}\mathbf{E}[X(t)I(s)] \quad \text{p.p.} \tag{5.3.36}$$

On va calculer $f_t(s)$, pour $0 \leqslant s \leqslant t$, en écrivant (5.3.28) pour $0 \leqslant u \leqslant t$ comme $X(t) = X(u)e^{\beta(t-u)} + \alpha \int_u^t e^{\beta(t-r)}dW(r)$:

$$\begin{aligned}
\mathbf{E}[X(t)I(s)] &= \mathbf{E}\left[X(t)\big(V(s) + \delta\gamma^{-1}\int_0^s [X(u) - \hat{X}(u)]du\big)\right] \\
&= \delta\gamma^{-1}\mathbf{E}\left[\int_0^s X(t)[X(u) - \hat{X}(u)]du\right] \qquad \text{(indep.)} \\
&= \delta\gamma^{-1}\mathbf{E}\left[\int_0^s [X(u)e^{\beta(t-u)}][X(u) - \hat{X}(u)]du\right] \qquad \text{(indep.)} \\
&= \delta\gamma^{-1}\int_0^s \varepsilon_u e^{\beta(t-u)}du \qquad \text{(Fubini)}
\end{aligned}$$

Avec (5.3.36), on tire $f_t(s) = \delta\gamma^{-1}e^{\beta(t-s)}\varepsilon_s$, et (5.3.35) devient

$$\hat{X}(t) = \delta\gamma^{-1}e^{\beta t}\int_0^t e^{-\beta s}\varepsilon_s dI(s) \tag{5.3.37}$$

l'analogue de (5.3.25) dans le présent contexte. Il s'en suit que $\hat{X}$ est solution de $d\hat{X}(t) = \beta\hat{X}(t)dt + \delta\gamma^{-1}\varepsilon_t dI(t)$, qui, compte-tenu de la définition de I, est l'équation dynamique (5.3.30).

Il nous reste à établir l'équation (5.3.31) pour $\varepsilon_t = \mathbf{E}X(t)^2 - \mathbf{E}\hat{X}(t)^2$. D'après (5.3.28) et la propriété d'isométrie,

$$\mathbf{E}X(t)^2 = \sigma^2 e^{2\beta t} + \int_0^t \alpha^2 e^{2\beta(t-s)}ds\ , \quad \frac{d}{dt}\mathbf{E}X(t)^2 = 2\beta\mathbf{E}X(t)^2 + \alpha^2\ ,$$

et d'après (5.3.37) et encore la propriété d'isométrie,

$$\mathbf{E}\hat{X}(t)^2 = \delta^2\gamma^{-2}e^{2\beta t}\int_0^t e^{-2\beta s}\varepsilon_s^2 ds\ , \quad \frac{d}{dt}\mathbf{E}\hat{X}(t)^2 = 2\beta\mathbf{E}\hat{X}(t)^2 + \delta^2\gamma^{-2}\varepsilon_t^2\ .$$

En sommant les deux dernières équations différentielles, on obtient (5.3.31), ce qui achève la démonstration du théorème 5.9.

Exercice au fil du cours

Dans la cadre précédent, vérifier que (5.3.30) admet pour solution issue de $\varepsilon_0 = \sigma^2$,

$$\varepsilon_t = \frac{a_- - ka_+ \exp\{\delta^2\gamma^{-2}(a_+ - a_-)t\}}{1 - k\exp\{\delta^2\gamma^{-2}(a_+ - a_-)t\}} \ ,$$

avec

$$a_\pm = \delta^{\pm 2}\left(\beta \pm \gamma\sqrt{\beta^2\gamma^2 + \delta^2\alpha^2}\right) \ , \quad k = \frac{\sigma^2 - a_-}{\sigma^2 - a_+}$$

Remarque. La théorie du filtrage et ses algorithmes se sont développés dans des cadres plus sophistiqués, à commencer par le cas d'équations linéaires (5.3.27) vectorielles à coefficients non constants ([**13**], chapitre 6 de [**23**]). Le lecteur intéressé trouvera beaucoup d'exemples traités dans ces deux livres.

5.3.5. Prédiction

Le problème de la prédiction consiste à donner la meilleure approximation, sur la base des observations jusqu'au temps présent t, du signal d'intérêt $X(t+h)$ à un instant futur ($h > 0$).

De façon générale, ce problème admet une solution unique donnée par

$$\mathbf{E}(X(t+h)|\mathcal{Y}_t) \ .$$

Pour le présent modèle (5.3.27), le prédicteur se calcule simplement, en intégrant l'équation pour X entre t et $t+h$:

$$\begin{aligned}
\mathbf{E}(X(t+h)|\mathcal{Y}_t) &= \mathbf{E}\left(X(t)e^{\beta h} + \alpha\int_t^{t+h} e^{\beta(s-t)}dW(s)|\mathcal{Y}_t\right) \\
&= \mathbf{E}\left(X(t)e^{\beta h}|\mathcal{Y}_t\right) \qquad \text{(indépendance)} \\
&= e^{\beta h}\hat{X}(t)
\end{aligned}$$

Chapitre 6

Diffusions et opérateurs aux dérivées partielles

6.1 LES DIFFUSIONS COMME PROCESSUS DE MARKOV

La notion de processus de Markov est centrale en probabilité. Nous développons dans cette section, les propriétés markoviennes des solutions des équations différentielles stochastiques.

6.1.1. Propriété de Markov

Soit $(\Omega, \mathcal{A}, \mathbf{P})$ un espace de probabilité, $\mathcal{F} = (\mathcal{F}_t, t \geqslant 0)$ une filtration sur cet espace, et $X = (X(t); t \geqslant 0)$ un processus adapté à $\mathcal{F}$, que nous supposerons à valeurs dans $\mathbb{R}^d$ $(d \geqslant 1)$ pour simplifier.

Définition 6.1. *La fonction aléatoire X est un processus de Markov (par rapport à $\mathcal{F}$) si pour tout $s, t \geqslant 0$ et tout borélien A de $\mathbb{R}^d$,*

$$\mathbf{P}(X(t+s) \in A | \mathcal{F}_t) = \mathbf{P}(X(t+s) \in A | X(t)) .$$

Cette dernière égalité est appelée *propriété de Markov*. Elle signifie que la loi de la $X(t+s)$ sachant $\mathcal{F}_t$ ne dépend que de $X(t)$: la loi du futur ne dépend du passé que par le présent. Ou encore, le futur et le passé sont indépendants conditionnellement à l'état présent $X(t)$.

Remarque. Un analogue déterministe d'un processus de Markov, est la solution x d'une équation différentielle

$$d\mathbf{x}(t)/dt = b(t, \mathbf{x}(t)) \ ;$$

on peut construire la solution $\mathbf{x}(t + \cdot)$ postérieure au temps t, seulement en connaissant $\mathbf{x}(t)$, la donnée de $\mathbf{x}(u), u < t$ étant inutile à cet effet. Au contraire, la solution de l'équation avec retard : $d\mathbf{x}(t)/dt = b(t, \mathbf{x}(t), \mathbf{x}(t-1))$, n'est pas analogue.

Le processus de Markov X est dit *homogène*, si cette loi conditionnelle $\mathbf{P}(X(t+s) \in \cdot|\mathcal{F}_t)$ ne dépend pas de t, mais seulement de s et de $X(t)$. (Ce cas est analogue au cas d'une équation différentielle homogène $dx(t)/dt = b(x(t))$.) On appelle *probabilité de transition* $Q(s; x, dy)$, toute version régulière de la loi conditionnelle,

$$Q(s; X(t), dy) = \mathbf{P}(X(t + s) \in dy|\mathcal{F}_t) \ , \quad s, t \geqslant 0 \ .$$

Alors, $Q(s; x, dy)$ est la probabilité partant de x, d'arriver dans un dy-voisinage de y au temps s. En particulier, Q satisfait à l'équation de Chapman-Kolmogorov

$$Q(s + t; x, dz) = \int_{y \in \mathbb{R}^d} Q(s, x; dy) Q(t; y, dz) \ ,$$

comme nous le montrerons plus bas.

6.1.2. Exemple : le mouvement brownien

Le mouvement brownien est un processus à accroissements indépendants, c'est notre premier exemple de processus de Markov.

Proposition 6.1. *Un $\mathcal{F}$-mouvement brownien est un $\mathcal{F}$-processus de Markov.*

Démonstration. En effet, notant θ_x la translation de vecteur x dans $\mathbb{R}^d$, on a

$$\begin{aligned} \mathbf{P}(B(t + s) \in A|\mathcal{F}_t) &= \mathbf{P}(B(t + s) - B(t) \in \theta_{-B(t)} A|\mathcal{F}_t) \\ &= \int_{\theta_{-B(t)} A} g_s(y) dy \ , \end{aligned}$$

puisque $B(t + s) - B(t)$ est indépendant de $\mathcal{F}_t$, et de loi $\mathcal{N}(0, s)$. Le membre de droite ne dépend que de $B(t)$, il donc égal à $\mathbf{P}(B(t + s) \in A|B(t))$, et B possède la propriété de Markov. □

Sur ce calcul, on voit de plus que B est un processus de Markov homogène, et que sa probabilité de transition est donnée par le noyau de la chaleur défini à la section 4.2.3. :

$$Q(s; x, dy) = g_s(y - x) dy = p(s; x, y) dy \ .$$

6.1.3. Exemple : les diffusions

Considérons l'équation différentielle stochastique

$$dX(t) = b(X(t))dt + \sigma(X(t))dB(t) \ , \ X(0) \text{ donné}, \qquad (6.1.1)$$

avec b et σ lipschitziens, $b : \mathbb{R}^d \to \mathbb{R}^d$, $\sigma(x)$ une $d \times k$ matrice, et B un mouvement brownien dans $\mathbb{R}^k$. Le thèorème 5.1 d'existence et unicité d'une solution forte s'applique.

Théorème 6.2. *L'unique solution de l'équation différentielle stochastique (6.1.1) est un processus de Markov homogène.*

Démonstration. Soit $t \geqslant 0$ fixé. La fonction aléatoire $\overline{B}(s) = B(t+s) - B(t), s \geqslant 0$, est un mouvement brownien indépendant de $\mathcal{F}_t$. Le thèorème d'existence et unicité d'une solution forte s'applique aussi à l'équation

$$dY(s) = b(Y(s))ds + \sigma(Y(s))d\overline{B}(s) \ , \ Y(0) = X(t), \qquad (6.1.2)$$

(avec condition initiale $X(t)$) ; soit donc Y sa solution. Puisque X est solution de (6.1.1), on a d'après la relation de Chasles,

$$\begin{aligned} X(t+s) &= X(t) + \int_t^{t+s} b(X(u))du + \int_t^{t+s} \sigma(X(u))dB(u) \\ &= X(t) + \int_0^s b(X(t+u))du + \int_0^s \sigma(X(t+u))d\overline{B}(u) \ , \end{aligned}$$

par définition de $\overline{B}$, soit finalement X vérifie (6.1.2). Par unicité de la solution de (6.1.2), on tire

$$Y(\cdot) = X(t + \cdot) \ .$$

Mais Y est solution forte de (6.1.2), c'est donc une fonction de la condition initiale $X(t)$ et du mouvement brownien $\overline{B}$, notons-la $F_s(X(t), \overline{B})$. Comme $\overline{B}$ est indépendant de $\mathcal{F}_t$, on déduit que

$$\mathbf{P}(X(t+s) \in A | \mathcal{F}_t) = \mathbf{P}(F_s(x, \overline{B}) \in A)_{|x=X_t} \ .$$

On constate alors que X est un processus de Markov homogène. □

6.1.4. Semi-groupes : introduction

On peut caractériser la loi d'un processus de Markov, de manière alternative aux probabilités de transition, en le laissant agir sur une classe suffisamment riche de fonctions $\phi : \mathbb{R}^d \to \mathbb{R}$ boréliennes bornées :

$$(P_t\phi)(x) := \mathbf{E}_x\phi(X(t)) \ ,$$

où $\mathbf{E}_x$ désigne l'espérance pour la diffusion partant de x au temps 0. On note que $(P_t\phi)(x) = \int \phi(y)Q(t; x, dy)$. La transformation P_t est linéaire, contractante pour la norme uniforme :

$$\|P_t\phi\|_\infty = \sup_x |\int \phi(y)Q(t; x, dy)| \leqslant \|\phi\|_\infty \ .$$

Lorsque le processus de Markov X est homogène, on calcule, pour $s, t \geqslant 0$,

$$\begin{aligned} P_{s+t}\phi(x) &= \mathbf{E}_x \mathbf{E}_x[\phi(X(s+t))|\mathcal{F}_s] \\ &= \mathbf{E}_x P_t\phi(X(s)) \quad \text{(propriété de Markov)} \\ &= P_s[P_t\phi](x) = P_s \circ P_t\phi(x) \ . \end{aligned}$$

(Notons au passage, que pour $\phi = \mathbf{1}_A$, on obtient l'équation de Chapman-Kolmogorov énoncée précédemment.) Ainsi, la famille $(P_t; t \geqslant 0)$ est un *semi-groupe* d'opérateurs, i.e.,

$$P_{s+t} = P_s \circ P_t \ , \quad s, t \geqslant 0 \ .$$

Un tel semi-groupe est en général déterminé par son *générateur* L, défini comme

$$L\phi := \lim_{t \searrow 0} \frac{1}{t}(P_t\phi - \phi) \ ,$$

qui décrit l'action du semi-groupe sur des intervalles de temps infinitésimaux. Nous allons préciser cela dans la suite. Auparavant, mentionnons le cas trivial suivant : tout semi-groupe de réels $(\pi_t, t \geqslant 0)$ continu, i.e. tel que

$$\pi_{t+s} = \pi_t \pi_s \ (t, s \geqslant 0), \quad t \mapsto \pi_t \text{ continu de } \mathbb{R}_+ \to \mathbb{R} \ , \ \pi_0 = 1,$$

est de la forme $\pi_t = \exp\{t\ell\}$, où $\ell \in \mathbb{R}$ est tel que

$$\ell := \lim_{t \searrow 0} \frac{1}{t}(\pi_t - 1) \ .$$

Notre semi-groupe $(P_t; t \geqslant 0)$ est un objet plus compliqué, mais nous allons voir qu'il se traite essentiellement de la même manière.

6.1.5. Semi-groupe et générateur d'une diffusion

Considérons encore l'équation différentielle stochastique (6.1.1) avec b et σ lipschitziens. L'espace $\mathcal{C}_0 = \mathcal{C}_0(\mathbb{R}^d, \mathbb{R})$ des fonctions continues tendant vers 0 à l'infini, muni de la norme $\|\cdot\|_\infty$, est un espace de Banach séparable. On peut montrer le théorème suivant – où seule la continuité n'est pas évidente.

Théorème 6.3. $(P_t, t \geqslant 0)$ *est un semi-groupe conjointement continu de contractions sur* $\mathcal{C}_0$, *i.e.,*

1. $\|P_t\phi\|_\infty \leqslant \|\phi\|_\infty$, $\forall t, \phi$,
2. $P_{t+s} = P_t \circ P_s$,
3. $P_0 = Id$,
4. $(t, \phi) \mapsto P_t\phi$ *est continu de* $\mathbb{R}_+ \times \mathcal{C}_0 \mapsto \mathcal{C}_0$.

On définit le domaine du générateur comme le sous-espace vectoriel

$$\mathrm{Dom}(L) := \left\{ \phi \in \mathcal{C}_0 \ : \ \lim_{t \searrow 0} \frac{1}{t}(P_t\phi - \phi) \text{ existe} \right\} ,$$

et, pour $\phi \in \mathrm{Dom}(L)$, on définit $L\phi$ par la valeur de cette limite. L'opérateur linéaire L est appelé le **générateur** du semi-groupe, ou encore ici, générateur infinitésimal de la diffusion. Le théorème suivant résulte du théorème de Hille-Yoshida (théorème 2.6 dans [**8**]).

Théorème 6.4.

1. $\mathrm{Dom}(L)$ *est dense dans* $(\mathcal{C}_0, \|\cdot\|_\infty)$,

2. P_t *laisse stable* $\mathrm{Dom}(L)$: $P_t(\mathrm{Dom}(L)) \subset \mathrm{Dom}(L)$,

3. $\forall \phi \in \mathrm{Dom}(L),\ \frac{d}{dt} P_t\phi = P_t L\phi = LP_t\phi$.

Puisque P_t est solution de l'équation différentielle $\frac{d}{dt}P_t\phi = LP_t\phi$, on écrit usuellement

$$P_t = \exp\{tL\} .$$

On a une formule explicite pour le générateur des diffusions.

Théorème 6.5. *Dans le cas de la diffusion solution de l'équation différentielle stochastique (6.1.1), on a*

$$\mathcal{C}_c^2(\mathbb{R}^d) \subset \mathrm{Dom}(L) ,$$

notant $\mathcal{C}_c^2(\mathbb{R}^d)$ *l'ensemble des fonctions de classe* $\mathcal{C}^2$ *à support compact, et pour toute* $\phi \in \mathcal{C}_c^2(\mathbb{R}^d)$,

$$L\phi(x) = \frac{1}{2} \sum_{1 \leqslant i,j \leqslant d} a_{ij}(x) \frac{\partial^2}{\partial x_i \partial x_j}\phi(x) + \sum_{1 \leqslant i \leqslant d} b_i(x) \frac{\partial}{\partial x_i}\phi(x) , \tag{6.1.3}$$

où $a = \sigma\sigma^*$.

Ainsi, le générateur d'une diffusion est un opérateur différentiel linéaire du second ordre. Le terme du premier ordre provient du drift de l'équation, c'est un terme de transport. Celui du second ordre provient du bruit blanc de l'équation, il décrit le phénomène de diffusion.

Démonstration. Notons $\mathcal{L}$ l'opérateur différentiel défini par la formule (6.1.3) de l'énoncé. D'après la formule d'Itô, pour $\phi \in \mathcal{C}_c^2(\mathbb{R}^d)$,

$$\phi(X(t)) - \phi(x) = \int_0^t \mathcal{L}\phi(X(s))ds + \int_0^t \sum_{i=1}^d \sum_{l=1}^k \sigma_{il}(X(s)) \frac{\partial}{\partial x_i}\phi(X(s))dB_l(s) .$$

Comme ϕ est à support compact, l'intégrale stochastique est centrée, et

$$\frac{1}{t}(P_t\phi(x) - \phi(x)) = \mathbf{E}_x \frac{1}{t} \int_0^t \mathcal{L}\phi(X(s))ds .$$

Mais $\mathcal{L}\phi$ est continue sur $\mathbb{R}$ et X l'est sur $\mathbb{R}_+$ p.s., donc $\frac{1}{t}\int_0^t \mathcal{L}\phi(X(s))ds \to \mathcal{L}\phi(x)$. De plus, $\mathcal{L}\phi$ est borné, donc le théorème de convergence dominée implique que

$$\lim_{t\searrow 0} \frac{1}{t}(P_t\phi(x) - \phi(x)) = \mathcal{L}\phi(x) ,$$

ce qui montre à la fois que $\mathcal{C}_c^2(\mathbb{R}^d) \subset \mathrm{Dom}(L)$ et que $L = \mathcal{L}$ sur cet ensemble. □

Exemple 6.1. Supposons $b = 0$, $k = d$ et σ =Id, i.e., X est le mouvement brownien. Alors,

$$L = \frac{1}{2}\Delta .$$

Exemple 6.2. Processus d'Ornstein-Uhlenbeck (4.1.1) : $b(x) = -bx, b \neq 0$ et $\sigma > 0$ constantes, $k = d = 1$.

Alors,

$$L = \frac{1}{2}\sigma^2\phi'' - bx\phi'$$

et le semi-groupe et la probabilité de transition sont eux-mêmes explicites : en effet, l'intégrale stochastique apparaissant dans la formule (4.1.3) – avec $V(0) = x$ constante – est une intégrale de Wiener gaussienne, de variance $(\sigma^2/2b)(1 - e^{-2bt})$ d'après (4.1.5). Finalement, la probabilité de transition est donnée par

$$Q(t; x, \cdot) = \mathcal{N}(xe^{-bt}, (\sigma^2/2b)(1 - e^{-2bt})) .$$

6.2 DIFFUSIONS ET ÉQUATIONS AUX DÉRIVÉES PARTIELLES

Cette section généralise les résultats de la section 4.2, au cas des processus de diffusions.

6.2.1. équations de Kolmogorov

D'après le point 2) du théorème 6.4, on a pour ϕ dans le domaine du générateur, $(d/dt)P_t\phi = LP_t\phi$. Autrement dit, l'espérance $u(t,x) = \mathbf{E}_x[\phi(X(t)]$ pour la diffusion X partant de $x \in \mathbb{R}^d$, est solution de l'équation aux dérivées partielles, linéaire parabolique du second ordre,

$$\begin{cases} \frac{\partial}{\partial t}u &= Lu , \\ u(0,\cdot) &= \phi . \end{cases} \tag{6.2.4}$$

En fait, et de manière analogue à la section 4.2, cette équation reste valable aussi pour des conditions intiales plus générales, ce que l'on détaillera plus loin. En terme de probabilité de transition, cela s'écrit

$$\frac{d}{dt}Q(t; x, \phi) = \frac{d}{dt}P_t\phi(x) = LP_t\phi(x) = LQ(t; x, \phi) ,$$

soit encore

$$\int_{\mathbb{R}^d} \phi(y) \frac{d}{dt} Q(t; x, dy) = \int_{\mathbb{R}^d} \phi(y) L_x Q(t; x, dy) ,$$

en indiquant par la notation L_x que l'opérateur L agit dans la variable x « du passé ». On a donc l'*équation de Kolmogorov rétrograde*

$$\frac{d}{dt} Q(t; x, dy) = L_x Q(t; x, dy) , \quad \lim_{t \searrow 0} Q(t; x, \cdot) = \delta_x ,$$

où les dérivées sont au sens des distributions, c'est-à-dire dans un sens très faible. Le point 2) du théorème 6.4 entraîne par ailleurs que

$$\frac{d}{dt} Q(t; x, \phi) = \frac{d}{dt} P_t \phi(x) = P_t L\phi(x) = Q(t; x, L\phi) ,$$

soit encore

$$\int_{\mathbb{R}^d} \phi(y) \frac{d}{dt} Q(t; x, dy) = \int_{\mathbb{R}^d} (L\phi)(y) Q(t; x, dy) = \int_{\mathbb{R}^d} \phi(y) L_y^* Q(t; x, dy) ,$$

avec L^* l'adjoint formel de L, c'est-à-dire l'opérateur linéaire défini par l'égalité

$$\int_{\mathbb{R}^d} \phi L^* \psi \, dy = \int_{\mathbb{R}^d} \psi L \phi \, dy$$

pour toutes fonctions tests, $\phi, \psi : \mathbb{R}^d \to \mathbb{R}$ de classe $\mathcal{C}^\infty$ à support compact (l'indice y dans la notation L_y^* indique sur quelle variable agit l'opérateur). Nous déterminons maintenant L^*. D'abord, la formule d'intégration par parties entraîne pour de telles fonctions ϕ, ψ, que

$$\int_{\mathbb{R}^d} b_i \psi \frac{\partial}{\partial x_i} \phi \, dx = - \int_{\mathbb{R}^d} \phi \frac{\partial}{\partial x_i} (b_i \psi) \, dx ,$$

et aussi que

$$\int_{\mathbb{R}^d} a_{i,j} \psi \frac{\partial^2}{\partial x_i \partial x_j} \phi \, dx = \int_{\mathbb{R}^d} \phi \frac{\partial^2}{\partial x_i \partial x_j} (a_{i,j} \psi) \, dx .$$

Il en résulte que l'adjoint L^* de l'opérateur L défini par (6.1.3), est donné par la formule

$$L^* \phi(x) = \frac{1}{2} \sum_{1 \leqslant i,j \leqslant d} \frac{\partial^2}{\partial x_i \partial x_j} (a_{ij} \phi)(x) - \sum_{1 \leqslant i \leqslant d} \frac{\partial}{\partial x_i} (b_i \phi)(x) , \qquad (6.2.5)$$

pour ϕ régulière. Il est à présent nécessaire de prolonger l'opérateur L^* pour le faire agir non seulement sur des fonctions régulières ϕ mais aussi sur des probabilités, comme ci-dessous. Pour cela, on définit L^* comme l'adjoint de L sur l'espace des distributions sur $\mathbb{R}^d$, et les dérivées apparaissant dans l'expression de L^* sont au sens des distributions. On a donc l'*équation de Kolmogorov progressive*

$$\frac{d}{dt} Q(t; x, dy) = L_y^* Q(t; x, dy) , \quad \lim_{t \searrow 0} Q(t; x, \cdot) = \delta_x ,$$

où les dérivées sont au sens des distributions. Supposons que le processus démarre au temps 0 suivant la loi μ_0, alors sa loi au temps t est $\mu_t(dy) = \int Q(t; x, dy)\mu_0(dx)$, et si ϕ est une fonction test régulière, l'équation progressive implique

$$\begin{aligned}\frac{d}{dt}\int \phi(y)\mu_t(dy) &= \frac{d}{dt}\int\int \phi(y)Q(t;x,dy)\mu_0(dx)\\ &= \int \mu_0(dx)\int \phi(y)\frac{d}{dt}Q(t;x,dy)\\ &= \int\int \mu_0(dx)\phi(y)L_y^*Q(t;x,dy)\\ &= \int \phi(y)L_y^*\int \mu_0(dx)Q(t;x,dy)\\ &= \int \phi(y)L_y^*\mu_t(dy)\ .\end{aligned}$$

On constate que la loi μ_t évolue au cours du temps selon l'*équation de Fokker-Planck*

$$\frac{d}{dt}\mu_t = L^*\mu_t\ , \quad \lim_{t\searrow 0}\mu_t = \mu_0\ . \tag{6.2.6}$$

Définition 6.2. *Une probabilité μ est dite invariante pour le processus de Markov homogène X, si*

$$X(0) \sim \mu \Longrightarrow X(t) \sim \mu\ ,\ t \geqslant 0\ .$$

D'après l'équation de Fokker-Planck, cela équivaut à

$$L^*\mu = 0\ .$$

Remarque. Si $a = \sigma\sigma^*$ est une matrice définie positive en tout $x \in \mathbb{R}$, la diffusion brownienne agit sur la trajectoire X à chaque instant, et dans toutes les directions : ce cas est dit strictement elliptique. Si, de plus, les coefficients de l'équation différentielle stochastique sont réguliers, on peut montrer que la probabilité de transition $Q(t; x, dy)$ possède une densité $q(t; x, y)$ pour tout temps $t > 0$, et que cette densité est une solution régulière « classique » de l'équation de Fokker-Planck. On montre aussi qu'il y a au plus une probabilité invariante, et qu'elle possède nécessairement une densité.

Exemple 6.3. Cas de la dimension un : $d = k = 1$, $a = \sigma^2 > 0$. On a $L^*p = \frac{1}{2}(ap)'' - (bp)'$. On voit facilement (exercice) qu'il existe une probabilité invariante si et seulement si $r(x) = a(x)^{-1}\exp\{2\int_0^x b(y)/a(y)dy\}$ est intégrable, et dans ce cas, la densité invariante est $r(x)/\int r$.

Ainsi, dans le cas particulier du processus d'Ornstein-Uhlenbeck en dimension 1 (4.1.1), i.e. si a =Cste et $b(x) = -\beta x$ avec $\beta > 0$, on trouve que la fonction r de l'exemple est donnée par $r(x) = \text{Cste}\exp\{-\beta x^2/a\}$, et la densité invariante est gaussienne $\mathcal{N}(0, a/(2\beta))$.

Exercice au fil du cours : modèle de Cox-Ingersol-Ross
Montrer que le modèle de Cox-Ingersol-Ross de paramètres c, θ, σ constants et strictement positifs,

$$dX(t) = c(\theta - X(t))dt + \sigma\sqrt{X(t)}dB(t)$$

a une probabilité invariante, que l'on déterminera (loi gamma).

6.2.2. Le problème de Cauchy et la formule de Feynman-Kac

Nous donnons ici un énoncé précisant et généralisant (6.2.4). Considérons l'équation différentielle stochastique

$$dX(t) = b(t, X(t))dt + \sigma(t, X(t))dB(t) \ , \ X(0) \text{ donné,} \tag{6.2.7}$$

à laquelle on associe l'opérateur L_t dépendant du temps

$$L_t\phi(x) = \frac{1}{2} \sum_{1 \leqslant i,j \leqslant d} a_{ij}(t,x) \frac{\partial^2}{\partial x_i \partial x_j}\phi(x) + \sum_{1 \leqslant i \leqslant d} b_i(t,x)\frac{\partial}{\partial x_i}\phi(x) \ .$$

On considére aussi l'équation aux dérivées partielles avec donnée finale (au temps $T > 0$ fixé)

$$\left\{ \begin{array}{rcl} -\frac{\partial}{\partial t}v(t,x) & = & L_t v(t,x) - k(t,x)v(t,x) + g(t,x) \ , \quad t \in [0,T], x \in \mathbb{R}^d \ , \\ v(T,\cdot) & = & f \ . \end{array} \right. \tag{6.2.8}$$

Nous supposerons les hypothèses (**H**) suivantes :

1. σ, b sont lipschitziens en x uniformément sur $[0,T] \times \mathbb{R}^d$, et k est à valeurs positives.
2. Uniforme ellipticité : $\exists c > 0$ tel que
$$\sum_{ij=1}^{d} a_{ij}(t,x)\xi_i\xi_j \geqslant c\sum_{i=1}^{d}\xi_i^2 \ , \quad \xi \in \mathbb{R}^d, (t,x) \in [0,T] \times \mathbb{R}^d \ .$$
3. k, g sont continues au sens de Hölder, uniformément sur $[0,T] \times \mathbb{R}^d$, f est continue.
4. σ, b, k sont bornés dans $[0,T] \times \mathbb{R}^d$, tandis que f et g sont à croissance polynomiale en x : $|f(x)| + |g(t,x)| \leqslant K(1 + |x|^a)$ pour un a fini.

Nous admettrons l'énoncé suivant **[9]**.

Théorème 6.6. *Sous les hypothèses (**H** 1–4), l'équation (6.2.8) a une unique solution v à croissance polynomiale en x uniformément en temps. La solution admet la représentation probabiliste*

$$v(t,x) = \mathbf{E}_{t,x}\left[f(X(T))e^{-\int_t^T k(u,X(u))du} + \int_t^T g(s,X(s))e^{-\int_t^s k(u,X(u))du} \right] \ , \tag{6.2.9}$$

avec $\mathbf{E}_{t,x}$ *l'espérance pour la solution* X *de (6.2.7) partant du point* x *au temps* t.

Démonstration. On va se contenter de montrer que toute solution $v(t,x)$ de classe $\mathcal{C}_b^{1,2}$ est nécessairement donnée par la formule (6.2.9). Sous cette hypothèse, la formule d'Itô au temps s ($s \geqslant t$ fixé), donne

$$d\left[v(s,X(s))e^{-\int_t^s k(r,X(r))dr}\right]$$
$$= e^{-\int_t^s k(r,X(r))dr}\left[\frac{\partial}{\partial t}v + L_s v - kv\right](s,X(s))ds + dM(s)$$

avec M une martingale centrée si v est bornée ainsi que ses dérivées. En utilisant l'équation vérifiée par v, en intégrant entre les instants $s=t$ et $s=T$, et en prenant l'espérance, on obtient

$$\mathbf{E}_{t,x}\left[v(T,X(T))e^{-\int_t^T k(r,X(r))dr} - v(t,x)\right]$$
$$= -\mathbf{E}_{t,x}\left[\int_t^T g(s,X(s))e^{-\int_t^s k(r,X(r))dr}ds\right],$$

ce qui, compte-tenu de la condition finale $v(T,\cdot)=f$, établit (6.2.9) dans ce cas.
Pour étendre la démonstration au cas où $v(t,x)$ est de classe $\mathcal{C}^{1,2}$ et à croissance polynomiale en x, il est nécessaire de localiser ; voir le théorème 7.6, chapitre 5 de [**15**]. □

Cas homogène en temps. Admettant le théorème précédent, examinons le cas particulier où σ, b, k, g ne dépendent pas de t. Alors, $u(t,x) = v(T-t,x)$ est solution de

$$\begin{cases} \frac{\partial}{\partial t}u(t,x) &= Lu(t,x) - k(x)u(t,x) + g(x)\,, \quad t\in[0,T], x\in\mathbb{R}^d\,, \\ u(0,\cdot) &= f\,, \end{cases} \tag{6.2.10}$$

puisque le retournement du temps $t \mapsto T-t$ a changé le signe de la dérivée temporelle, a changé la condition finale en condition initiale, mais rien d'autre puisque les coefficients ne dépendent pas du temps ! Remplaçant t par $T-t$ dans (6.2.9), on tire

$$u(t,x) = \mathbf{E}_{T-t,x}\left[f(X(T))e^{-\int_{T-t}^T k(X(u))du} + \int_{T-t}^T g(X(s))e^{-\int_{T-t}^s k(X(u))du}ds\right]$$
$$= \mathbf{E}_{0,x}\left[f(X(t))e^{-\int_0^t k(X(u))du} + \int_0^t g(X(s))e^{-\int_0^s k(X(u))du}ds\right] \tag{6.2.11}$$

en translatant le temps et en utilisant de nouveau l'homogénéité. On constate sur cette dernière formule, que la fonction donnée par (6.2.11) est définie en tout temps, et solution de l'équation (6.2.10) sur tout $\mathbb{R}_+ \times \mathbb{R}^d$.

Cas homogène en temps avec $k \geqslant 0$ et interprétation en terme de diffusion tuée. Cette équation (6.2.10) a l'interpretation suivante, lorsque k est positif : la condition initiale f évolue dans le temps en étant soumise à

– un déplacement correspondant à l'operateur L : diffusion brownienne avec coefficient a, et transport selon le champ de vecteurs b ;
– une dissipation au taux $k(x)$ au point x ;
– une source $g(x)$ en chaque point x de l'espace $\mathbb{R}^d$.

(k est appelé coefficient de meurtre.) La solution u s'interprète en termes de particules susceptibles de disparaître. Soit X la solution de l'équation différentielle stochastique de générateur L, et Y une variable aléatoire réelle indépendante de X, de loi exponentielle de paramètre 1. La durée de vie de la particule est la variable aléatoire

$$\rho = \inf\{t \geqslant 0; \int_0^t k(X(s))ds \geqslant Y\} \ ;$$

on fait disparaître la particule à cet instant : pour décrire cela, on ajoute un « point cimetière » noté $\spadesuit$, et on définit la diffusion tuée, comme le processus à valeurs dans $\mathbb{R}^d \bigcup \{\spadesuit\}$,

$$\tilde{X}(t) = \begin{cases} X(t) & , \quad t < \rho \ , \\ \spadesuit & , \quad t \geqslant \rho \ . \end{cases}$$

On prolonge f et g par $f(\spadesuit) = g(\spadesuit) = 0$. Alors, on remarque

$$\begin{aligned} \mathbf{E}_x \left[f(\tilde{X}(t)) \right] &= \mathbf{E}_x \left[f(\tilde{X}(t)) \mathbf{1}_{\{Y > \int_0^t k(X(s))ds\}} \right] \\ &= \mathbf{E}_x \left[f(X(t)) \mathbf{P}(Y > \int_0^t k(X(s))ds | X) \right] \\ &= \mathbf{E}_x \left[f(X(t)) e^{-\int_0^t k(X(u))du} \right] , \end{aligned}$$

et similairement pour l'autre terme de (6.2.11). Par conséquent, au vu de (6.2.11), la solution u de l'équation (6.2.10) s'exprime à l'aide de la diffusion tuée, comme

$$u(t,x) = \mathbf{E}_x \left[f(\tilde{X}(t)) + \int_0^t g(\tilde{X}(s))ds \right] . \qquad (6.2.12)$$

L'intérêt de cette formule est qu'elle représente la solution u en termes simples d'un nouveau processus $\tilde{X}$ – la diffusion tuée au taux k – à valeurs dans un espace un peu plus compliqué, mais qui reste Markovien comme le montre l'exercice suivant.

Exercice au fil du cours

Montrer que le processus $\tilde{X}$ est un processus de Markov.
(indication : utiliser la propriété d'absence de mémoire de la loi exponentielle :
$\mathbf{P}(Y > u + v | Y > u) = \mathbf{P}(Y > v)$.)

6.2.3. Le problème de Dirichlet

Dans cette section, nous généralisons les résultats du théorème 4.5, dans le cas de l'équation différentielle stochastique homogène (6.1.1). Soit D un ouvert borné connexe de $\mathbb{R}^d$, qui soit régulier au sens de la définition (4.2.15). Étant donnés $f : \partial D \to \mathbb{R}$ et $k, g : \overline{D} \to \mathbb{R}$, le problème de Dirichlet (D, L, f, g, k) consiste, cf. (4.2.13), à trouver une fonction $u : \overline{D} \mapsto \mathbb{R}$ continue sur $\overline{D}$ et de classe $\mathcal{C}^2$ sur D, telle que

$$\begin{cases} Lu - ku &= -g \quad \text{sur } D\,, \\ u &= f \quad \text{sur } \partial D\,. \end{cases} \tag{6.2.13}$$

Nous supposerons les hypothèses (**H'**) suivantes :

1. σ, b sont lipschtiziens sur $\overline{D}$, et k est à valeurs positives.
2. Uniforme ellipticité : $\exists c > 0$ tel que
$$\sum_{ij=1}^{d} a_{ij}(x)\xi_i\xi_j \geqslant c\sum_{i=1}^{d} \xi_i^2\,, \quad \xi \in \mathbb{R}^d, x \in \overline{D};.$$
3. k, g sont Hölder-continus sur $\overline{D}$, f est continue sur ∂D.

On peut à présent expliquer l'usage de l'hypothèse 2. Elle implique que le processus X sort du domaine borné D en un temps p.s. fini, qui est même intégrable. Intuitivement, une diffusion uniformément elliptique diffuse au moins comme un « petit mouvement brownien », dans toutes les directions ; en particulier, elle ne peut pas rester confinée dans D très longtemps.

Nous avons le

Théorème 6.7. *Sous les hypothèses (**H'** 1–3), l'équation (6.2.13) a une unique solution u, qui est donnée pour $x \in \overline{D}$ par*

$$u(x) = \mathbf{E}_x\left[f(X(\sigma_D))e^{-\int_0^{\sigma_D} k(X(t))dt} + \int_0^{\sigma_D} g(X(t))e^{-\int_0^t k(X(s))ds}dt\right]\,, \tag{6.2.14}$$

avec $\sigma_D = \inf\{t > 0; X(t) \notin D\}$, cf. (4.2.15).

On peut se livrer à une interprétation semblable à celle de la section précédente, en terme de la diffusion tuée $\tilde{X}$, ce que nous laissons au lecteur. Voici une application importante.

> ***Exemple 6.4.*** Si σ, b sont lipschtiziens et si la diffusion est uniformément elliptique, le temps moyen de sortie
> $$u(x) = \mathbf{E}_x\sigma_D$$
> est fini et est la solution de l'équation
> $$Lu = -1 \text{ dans D}, \quad u = 0 \text{ au bord de D}.$$

Démonstration. Il suffit d'appliquer le théorème à $f = 0, k = 0$ et $g = 1$. □

Exercice au fil du cours

Si σ, b sont lipschtiziens et si la diffusion est uniformément elliptique, montrer que la transformée de Laplace du temps de sortie

$$u(x) = \mathbf{E}_x \exp\{-\lambda\sigma_D\}\ ,\ \lambda \geqslant 0\ ,$$

est la solution de l'équation

$$Lu = \lambda u \text{ dans D,} \quad u = 1 \text{ au bord de D.}$$

Démonstration. Voici un élément de la démonstration du théorème 6.7 : nous allons démontrer l'unicité et la représentation probabiliste du théorème 6.7, sous l'hypothèse supplémentaire que u se prolonge en une fonction de classe $\mathcal{C}^2$ sur $\mathbb{R}^d$ tout entier; cela rend l'argument plus transparent, et si l'on veut se passer de cette hypothèse supplémentaire, on peut procéder comme dans les quelques lignes après (4.2.14), en introduisant D^ε. Pour une démonstration de l'existence d'une solution à (6.2.13), voir par exemple [**9**], p.134.

Comme u se prolonge en une fonction – encore notée u – de classe $\mathcal{C}^2$ sur $\mathbb{R}^d$, on peut appliquer la formule d'Itô à

$$Y(t) = u(X(t))e^{-\int_0^t k(X(s))ds} + \int_0^t g(X(s))e^{-\int_0^s k(X(r))dr}ds\ ,$$

et on constate que $Y(t \wedge \sigma_D)$ est une martingale de carré intégrable. En prenant l'espérance, on obtient

$$\mathbf{E}_x Y(t \wedge \sigma_D) = u(x)\ .$$

Mais $|Y(t \wedge \sigma_D)| \leqslant \|u\mathbf{1}_D\|_\infty + \sigma_D\|g\|_\infty$. Comme la diffusion est uniformément elliptique et que D est borné (donc b aussi), on peut montrer que $\mathbf{E}_x\sigma_D < \infty$. On peut donc appliquer le théorème de convergence dominée, et on tire pour $t \to \infty$,

$$\mathbf{E}_x Y(\sigma_D) = u(x)\ ,$$

ce qui est le résultat voulu. □

6.3 MOUVEMENT D'UNE PARTICULE DANS UN POTENTIEL

Dans ce paragraphe, on s'intéresse à des équations différentielles stochastiques dont la dérive est un gradient.

6.3.1. Diffusion dans un potentiel

Soit une fonction $V : \mathbb{R}^d \to \mathbb{R}$, de classe $\mathcal{C}^2$, telle que $\int e^{-V(x)}dx < \infty$. Quitte à remplacer V par $V - \ln \int e^{-V}dy$, on supposera

$$\int e^{-V(x)}dx = 1$$

sans perte de généralité. On considère l'équation différentielle stochastique dans $\mathbb{R}^d$ conduite par un mouvement brownien B de dimension d

$$dX(t) = -\frac{1}{2}\nabla V(X(t))dt + dB(t)\ , \tag{6.3.15}$$

appelée parfois diffusion de Smoluchowski. Elle représente la position d'une particule dans un potentiel V, et soumise à une agitation thermique – modélisée par le mouvement brownien –. On note ∇ l'opérateur $\nabla = (\frac{\partial}{\partial x_i})_{1 \leqslant i \leqslant d}$, et dans la suite, par « $\cdot$ » le produit scalaire dans $\mathbb{R}^d$.

On calcule aisément le générateur infinitésimal de X,

$$\begin{aligned} L\phi &= \frac{1}{2}\sum_{i=1}^{d} \frac{\partial^2}{\partial x_i^2}\phi - \frac{1}{2}\sum_{i=1}^{d} \frac{\partial}{\partial x_i}V \times \frac{\partial}{\partial x_i}\phi \\ &= \frac{1}{2}e^{+V}\nabla \cdot (e^{-V}\nabla\phi)\ , \end{aligned} \tag{6.3.16}$$

ainsi que son adjoint

$$\begin{aligned} L^*p &= \frac{1}{2}\sum_{i=1}^{d} \frac{\partial^2}{\partial x_i^2}p + \frac{1}{2}\sum_{i=1}^{d} \frac{\partial}{\partial x_i}(p\frac{\partial}{\partial x_i}V) \\ &= \frac{1}{2}\Delta p + \frac{1}{2}\nabla \cdot (p\nabla V) \\ &= \frac{1}{2}\nabla \cdot \left(e^{-V}\nabla e^{+V}p\right)\ . \end{aligned}$$

On voit que cette dernière quantité est nulle si $p = e^{-V}$, soit donc que :

$$\text{la densité } \mu(x) = \exp\{-V(x)\} \text{ est invariante,}$$

et on note aussi $\mu(dx) = \mu(x)dx$ la loi stationnaire. La loi μ est appelée *mesure de Gibbs* de potentiel V.

Exemple 6.5. Le cas $V(x) = c|x|^2$+Cste est celui du processus d'Ornstein-Uhlenbeck. La mesure μ est alors gaussienne centrée de covariance $(1/2c)$Id.

Revenons au cas général de l'équation (6.3.15). On se place dans l'espace de Hilbert $L^2(\mathbb{R}^d, \mu)$, muni du produit scalaire

$$\langle \phi, \psi \rangle_\mu = \int \phi\psi d\mu\ ,$$

et on note $\|\phi\|_\mu = (\int \phi^2 d\mu)^{1/2}$ la norme. Dans cet espace, l'opérateur L est autoadjoint (ou encore, symétrique) :

$$\langle \phi, L\psi \rangle_\mu = \langle L\phi, \psi \rangle_\mu \, .$$

En effet, d'après (6.3.16) et par intégration par parties (pour ϕ, ψ régulières), le membre de droite est égal à

$$\int \phi L\psi d\mu = -\frac{1}{2} \int e^{-V} \nabla\phi \cdot \nabla\psi \, dx \, , \tag{6.3.17}$$

et le membre de gauche aussi puisque ϕ et ψ jouent un rôle symétrique dans la dernière formule. On a montré

Proposition 6.8. *Le générateur infinitésimal L de la diffusion (6.3.15) est autoadjoint dans l'espace $L^2(\mathbb{R}^d, \mu)$ associé à la probabilité invariante μ.*

La question naturelle est alors de savoir comment cette propriété de symétrie de L se traduit sur la diffusion X. Considérons à présent le processus X solution de (6.3.15) de loi initiale μ. Il est stationnaire – i.e., le processus translaté $(X(t+t_0); t \geqslant 0)$ a même loi que $X = (X(t); t \geqslant 0)$ pour tout t_0 –, mais il est également **réversible**.

Corollaire 6.9. *La solution stationnaire X de (6.3.15) est réversible :*

$$\Big(X(t_0 - t); t \in [0, t_0]\Big) \textit{ a même loi que } \Big(X(t); t \in [0, t_0]\Big) \, ,$$

pour tout $t_0 > 0$.

Ainsi, le processus garde la même loi quand on retourne le temps. La symétrie du générateur entraîne celle de la diffusion.

Démonstration. En effet, le semi-groupe $P_t = \exp\{tL\} = \sum_{n \geqslant 0} (tL)^n / n!$ est lui aussi autoadjoint dans $L^2(\mathbb{R}^d, \mu)$. Par conséquent, on a pour $0 \leqslant t_1 \leqslant t_2$,

$$\begin{aligned}
\mathbf{E}\phi_1(X(t_1))\phi_2(X(t_2)) &= \mathbf{E}\big(\phi_1(X(t_1))\mathbf{E}[\phi_2(X(t_2))|\mathcal{F}_{t_1}]\big) \\
&= \int \phi_1(x)[P_{t_2-t_1}\phi_2](x)\mu(dx) \\
&= \langle \phi_1, P_{t_2-t_1}\phi_2 \rangle_\mu \\
&= \langle \phi_2, P_{t_2-t_1}\phi_1 \rangle_\mu \qquad \text{(symétrie)} \\
&= \mathbf{E}\phi_2(X(t_1))\phi_1(X(t_2)) \\
&= \mathbf{E}\phi_1(X(t_2))\phi_2(X(t_1)) \, ,
\end{aligned}$$

et donc $(X(t_1), X(t_2))$ et $(X(t_2), X(t_1))$ ont même loi. De même, on montre par récurrence que, pour $0 \leqslant t_1 \leqslant \ldots \leqslant t_n$, $(X(t_1), \ldots X(t_n))$ et $(X(t_n), \ldots X(t_1))$ ont même loi, pour tout n, ce qui établit la réversibilité. □

On appelle **forme de Dirichlet** associée à la diffusion, la forme quadratique $\mathcal{E}$

$$\mathcal{E}(\phi) := \langle -L\phi, \phi \rangle_\mu = \frac{1}{2} \|\nabla \phi\|_\mu^2 , \tag{6.3.18}$$

qui est clairement positive (la deuxième égalité provient de (6.3.17)). Le domaine de définition de $\mathcal{E}$ est

$$\text{Dom}(\mathcal{E}) = \{\phi \in L^2(\mathbb{R}^d, \mu) : \nabla \phi \in L^2(\mathbb{R}^d, \mu)\}.$$

Puisque l'opérateur $-L$ est autoadjoint, son spectre est réel. Puisque $-L$ est un opérateur positif, son spectre est inclus dans $\mathbb{R}_+$, et comme $-L\mathbf{1} = 0$, 0 est valeur propre associée de vecteur propre la fonction constante $\mathbf{1}$. Son **trou spectral** $\lambda_1 \geqslant 0$ – séparant 0 (le bas du spectre de $-L$) du reste du spectre – est donné par les quotients de Rayleigh sur l'espace orthogonal à l'espace propre associé à la valeur propre minimale 0 :

$$\begin{aligned} \lambda_1 &:= \inf \left\{ \frac{\mathcal{E}(\phi)}{\|\phi\|_\mu^2} \; ; \; \phi \in \text{Dom}(\mathcal{E}) \setminus \{0\}, \; \phi \perp \mathbf{1} \right\} && (6.3.19) \\ &= \inf \left\{ \frac{\mathcal{E}(\phi)}{\text{Var}_\mu \phi} \; ; \; \phi \in \text{Dom}(\mathcal{E}), \; \phi \text{ non constante} \right\} , && (6.3.20) \end{aligned}$$

avec $\text{Var}_\mu \phi := \int \phi^2 d\mu - (\int \phi d\mu)^2$. En effet, il y a plus de fonctions tests dans l'infimum de la deuxième ligne – qui minore donc celui de la première –, et inversement, si $\phi \in \text{Dom}(\mathcal{E})$, $\psi = \phi - \int \phi d\mu \in \text{Dom}(\mathcal{E})$ satisfait à $\psi \perp \mathbf{1}$ et

$$\begin{aligned} \mathcal{E}(\phi) &:= \langle -L\phi, \phi \rangle_\mu \\ &= \langle -L\psi, \phi \rangle_\mu && \text{car } L\mathbf{1} = 0) \\ &= \langle -L\phi, \psi \rangle_\mu && (L \text{ autoadjoint }) \\ &= \langle -L\psi, \psi \rangle_\mu && \text{car } L\mathbf{1} = 0) \\ &= \mathcal{E}(\psi) , \end{aligned}$$

ce qui suffit à montrer la seconde formule variationnelle pour λ_1, puisqu'on a l'égalité $\text{Var}_\mu \phi = \|\psi\|_\mu^2$.

Voici une condition qui assure que le trou spectral est strictement positif. C'est une condition de stricte convexité pour le potentiel V, uniforme en espace. Elle porte sur la matrice des dérivées secondes $D^2 V(x) = (\frac{\partial^2}{\partial x_i \partial x_j} V)_{1 \leqslant i,j \leqslant d}(x)$, qui est une matrice $d \times d$ symétrique.

Proposition 6.10. *On suppose que V est de classe C^2, et qu'il existe $a > 0$ tel que*

$$D^2 V(x) \geqslant a \,\text{Id} \quad \forall x \tag{6.3.21}$$

(au sens des matrices symétriques, i.e. que $D^2 V - a\text{Id}$ est symétrique positive). Alors,

$$\lambda_1 \geqslant a > 0 .$$

Nous faisons la démonstration dans le cas $d = 1$. Pour une démonstration en dimension quelconque, voir corollaire 1.4 de [**16**].

Démonstration. Cas de la dimension $d = 1$: voilà une démonstration élémentaire que, pour ϕ de classe C^1 à support compact sur $\mathbb{R}$,

$$\mathrm{Var}_\mu \phi \leqslant a^{-1} \int (\phi')^2 d\mu \qquad (6.3.22)$$

appelée inégalité de Brascamp-Lieb. En effet, la fonction V, strictement convexe d'après (6.3.21), tend vers $+\infty$ à l'infini puisque e^{-V} est intégrable : elle possède un unique minimum x_0. On définit

$$k(x) = \frac{\phi(x) - \phi(x_0)}{V'(x)} \quad \text{si } x \neq x_0 \ , \ k(x_0) = \frac{\phi'(x_0)}{V''(x_0)}$$

et on vérifie que k est continue à support compact sur $\mathbb{R}$, et de classe C^1 sur $\mathbb{R} - \{x_0\}$. Puisque $\phi = kV' + \phi(x_0)$, on a

$$\begin{aligned}
\int \frac{(\phi')^2}{V''} d\mu &= \int \frac{(k'V')^2}{V''} d\mu + \int k^2 V'' d\mu + 2 \int kk'V'e^{-V} \, dx \\
&= \int \frac{(k'V')^2}{V''} d\mu + \int (kV')^2 d\mu \qquad \text{(intégration par parties)} \\
&\geqslant \int (kV')^2 d\mu \qquad \text{(car } V'' \geqslant 0\text{)} \\
&= \int [\phi(x) - \phi(x_0)]^2 d\mu(x)
\end{aligned}$$

Puisque $V'' \geqslant a$ par (6.3.21), et puisque

$$\mathrm{Var}_\mu \phi = \min \left\{ \int [\phi(x) - c]^2 d\mu(x); c \in \mathbb{R} \right\} \leqslant \int [\phi(x) - \phi(x_0)]^2 d\mu(x) \ ,$$

on en déduit l'inégalité de Brascamp-Lieb ci-dessus. Par densité, on étend cette inégalité à $\phi \in \mathrm{Dom}(\mathcal{E})$, ce qui montre, combiné avec (6.3.20), que

$$\lambda_1 \geqslant a$$

□

On va voir que la densité p_t de $X(t)$ converge exponentiellement vite vers la densité invariante e^{-V} de la mesure invariante μ.

Proposition 6.11. *(Convergence vers l'équilibre à vitesse exponentielle). Supposons la condition de stricte convexité (6.3.21). Supposons aussi que X_0 a une densité p_0 par rapport à la mesure de Lebesgue sur $\mathbb{R}^d$. Alors, avec*

$$u(t) = \left\| \frac{p_t}{\mu} - 1 \right\|_\mu ,$$

on a

$$u(t) \leqslant u(0) \, \exp\{-\lambda_1 t\} \, .$$

On remarque que les deux symboles μ figurant dans la définition de u, désignent des objets différents : respectivement la densité et la loi invariante.

Démonstration. Considérant le carré $v = u^2$, on a

$$v(t) = \|\frac{p_t}{\mu} - 1\|_\mu^2 = \|\frac{p_t}{\mu}\|_\mu^2 - 1 = \mathrm{Var}_\mu(\frac{p_t}{\mu}) ,$$

puisque $(p_t/\mu) - 1 \perp 1$ dans $L^2(\mu)$. D'après la deuxième égalité,

$$\begin{aligned} v'(t) &= 2\int p_t' \,\frac{p_t}{\mu}\, dx && (6.3.23) \\ &= 2\int \frac{p_t}{\mu}\, L^* p_t\, dx && \text{(par (6.2.6))} \\ &= 2\int p_t\, L\frac{p_t}{\mu}\, dx && \text{(définition de l'adjoint)} \\ &= -2\mathcal{E}\left(\frac{p_t}{\mu}\right) \\ &\leqslant -2\lambda_1 \mathrm{Var}_\mu(\frac{p_t}{\mu}) && \text{(par (6.3.20))} \\ &= -2\lambda_1 v(t) . \end{aligned}$$

Avec le lemme 4.12 de Gronwall, on en déduit que $v(t) \leqslant v(0)\exp\{-2\lambda_1 t\}$, c'est-à-dire l'inégalité voulue pour u. □

Exercices au fil du cours

1. Montrer que pour $\phi \in L^2(\mu)$, on a

$$\|\mathbf{E}_x \phi(X(t)) - \int \phi d\mu\|_{L^2(\mu)}^2 \leqslant e^{-2at}\mathrm{Var}_\mu \phi$$

2. Montrer que pour $f \geqslant 0$ borélienne sur $\mathbb{R}^d$,

$$\mathbf{E}_x f(X(t)) = \mathbf{E}_x \left[\exp\left\{-\frac{1}{2}V(B(t)) + \frac{1}{2}V(x) - \int_0^t k(B(s))ds\right\} \times f(B(t))\right] ,$$

avec $k(x) = (1/4)|\nabla V|^2(x) - (1/2)\Delta V(x)$. (On pourra utiliser la formule d'Itô, et la formule de Girsanov en formulant une condition permettant de l'appliquer.)

Remarque. Lorsque $k \geqslant 0$ dans l'exercice précédent, on peut l'interpréter comme un coefficient de meurtre, et introduire le processus $\tilde{X}(t)$ obtenu en tuant le mouvement brownien B au taux k, comme dans la formule de Feynman-Kac (6.2.12) ; alors, le membre de droite de la formule se réduit à $\mathbf{E}_x[\exp \frac{1}{2}\{-V(\tilde{X}(t)) + V(x)\} \times f(\tilde{X}(t))]$.

6.3.2. Particule dans un potentiel

Ce modèle raffine l'équation de Langevin étudiée à la section 4.1, en tenant compte d'une énergie potentielle. On considère le cas unidimensionnel pour simplifier les écritures.

Une particule se déplaçant sur la droite réelle dans le potentiel U est soumise à une force de friction et une force extérieure $F(t)$. Si cette force extérieure est dûe à des chocs, nombreux et petits (par exemple, dans le cas d'une particule lourde dans un gaz constitué de molécules légères), le principe d'invariance de la section 2.2 nous permet de modéliser la force F par un bruit blanc. Pour une particule de masse 1, le couple $(X(t), V(t))$ position-vitesse de la particule est décrit par le système différentiel stochastique

$$\begin{cases} dX(t) &= V(t)dt \\ dV(t) &= -\beta V(t)dt - \frac{1}{2}\, U'(X(t))dt + \sigma dB(t) \end{cases} \tag{6.3.24}$$

avec un coefficient de friction $\beta > 0$ et $\sigma > 0$ un paramètre d'intensité des collisions (σ^2 est proportionnel à la température absolue). Ce système différentiel stochastique est dégéneré dans le sens où le bruit n'agit que sur la deuxième coordonnée. Il ne rentre pas dans le cadre de la section 6.3.1., on ne peut pas le mettre sous forme (6.3.15). Le cas particulier où U est une fonction quadratique est celui de l'oscillateur harmonique étudié dans l'exemple 4.1.

Le générateur infinitésimal de la diffusion (6.3.24) est donné pour $\phi(x,v)$ régulière par

$$L\phi = \frac{\sigma^2}{2}\frac{\partial^2\phi}{\partial v^2} + v\frac{\partial\phi}{\partial x} - \left[\beta v + \frac{1}{2}U'(x)\right]\frac{\partial\phi}{\partial v},$$

dont l'adjoint est

$$L^*\phi = \frac{\sigma^2}{2}\frac{\partial^2\phi}{\partial v^2} - v\frac{\partial\phi}{\partial x} + \beta\phi + \left[\beta v + \frac{1}{2}U'(x)\right]\frac{\partial\phi}{\partial v}.$$

Cherchons les lois invariantes pour la diffusion. Posons

$$\phi = \exp\psi$$

de sorte que $\frac{\partial\phi}{\partial v} = \phi \times \frac{\partial\psi}{\partial v}$, $\frac{\partial\phi}{\partial x} = \phi \times \frac{\partial\psi}{\partial x}$, $\frac{\partial^2\phi}{\partial v^2} = \phi \times [\frac{\partial^2\psi}{\partial v^2} + (\frac{\partial\psi}{\partial v})^2]$. On a donc

$$\frac{L^*\phi}{\phi} = \left[\beta v + \frac{\sigma^2}{2}\frac{\partial\psi}{\partial v}\right]\frac{\partial\psi}{\partial v} + \left[\frac{\sigma^2}{2}\frac{\partial^2\psi}{\partial v^2} + \beta\right] + \left[\frac{1}{2}\, U'(x)\frac{\partial\psi}{\partial v} - v\frac{\partial\psi}{\partial x}\right].$$

Pour annuler chacun des trois termes entre crochet dans le dernier membre, il suffit de prendre

$$\psi(x,v) = -\frac{\beta}{\sigma^2}U(x) - \frac{\beta}{\sigma^2}v^2.$$

On conclut qu'alors, la mesure de densité $\exp\phi$ est invariante. Alors, la diffusion (X, V) a pour loi invariante le produit

$$\nu \otimes \mathcal{N}\Big(0, \sigma^2/(2\beta)\Big)$$

de la mesure de Gibbs $\nu(dx) = \text{Cste}^{-\frac{\beta}{\sigma^2}U}dx$ de potentiel $\frac{\beta}{\sigma^2}U$ et de la gaussienne centrée de variance $\sigma^2/(2\beta)$ (qui sont les lois invariantes de la diffusion de Smoluchowski (6.3.15) avec un potentiel approprié, et de la diffusion de Langevin (4.1.1). Au contraire de (6.3.15), on voit facilement que l'opérateur L n'est pas symétrique dans l'espace L^2 associé à la mesure invariante. En fait, il est la somme $L = L_S + L_A$ d'une partie symétrique

$$L_S\,\phi = \frac{\sigma^2}{2}\frac{\partial^2\phi}{\partial v^2} - \beta v\frac{\partial\phi}{\partial v}\,,$$

(l'opérateur d'Ornstein-Uhlenbeck agissant sur la vitesse) et d'une partie antisymétrique

$$L_A\,\phi = v\frac{\partial\phi}{\partial x} - \frac{1}{2}U'(x)\frac{\partial\phi}{\partial v}\,.$$

La diffusion stationnaire (X, V) n'est pas réversible.

6.3.3. Algorithme de recuit simulé par diffusion

On cherche à minimiser une fonction U à valeurs réelles définie sur un espace E. Lorsque le problème est compliqué et présente de nombreux minimaux locaux, les algorithmes déterministes de minimisation (gradient, descente...) ne sont pas efficaces, à cause de la présence des minimaux locaux qui piègent l'algorithme. Un algorithme stochastique va errer longtemps, mais pourra finalement sortir du bassin d'attraction d'un minimum local « sous l'effet du hasard », et finira, s'il est bien calibré, par trouver le minimum global. « Bien calibré » signifie en premier lieu que l'algorithme est suffisamment aléatoire lorsqu'il explore l'ensemble de l'espace E, mais aussi que le bruit aléatoire tend vers zéro pour que l'algorithme finisse par converger.

Nous allons considérer le cadre très simple où la fonction U est périodique de période 1 et de classe C^2 : cela revient à minimiser la fonction U sur le tore (le cercle) $\mathbb{T} := \mathbb{R}/\mathbb{Z}$ identifié à $[0, 1[$. (Bien évidemment, il s'agit d'un exemple d'école, trop simple pour la réalité, mais permettant de comprendre l'algorithme et son mécanisme.) Le bruit aléatoire sera fourni par un mouvement brownien B, et son intensité sera mesurée par un coefficient de diffusion $\sigma > 0$ constant en espace.

Considérons pour le moment la diffusion de Smoluchowski Y^σ du paragraphe 6.3.1.,

$$dY^\sigma(t) = -\frac{1}{2}U'(Y^\sigma(t))dt + \sigma dB(t) \tag{6.3.25}$$

avec $\sigma > 0$. Puisque U est périodique, Y^σ sera vue comme une diffusion sur le tore $\mathbb{T}$. En fait, la projection de la diffusion réelle Y^σ sur le tore $\mathbb{T}$ est elle-même un processus de Markov, dont le générateur infinitésimal est donné par (6.3.16) – avec ∇ l'opérateur gradient sur le tore –. En répétant les calculs de la section 6.3.1., on vérifie ci-dessous qu'elle possède une probabilité invariante

$$\mu_\sigma(dy) = \mu_\sigma(y)dy\,, \quad \mu_\sigma(y) = \frac{1}{Z_\sigma}\exp\{-\frac{U(y)}{\sigma^2}\}\,, \tag{6.3.26}$$

avec dy la mesure de Lebesgue sur $\mathbb{T}$ (qui est une probabilité), et

$$Z_\sigma = \int_{\mathbb{T}} \exp\{-\frac{U(y)}{\sigma^2}\}\, dy \,.$$

Notons que quand la « température » $\sigma \to 0$, la probabilité μ_σ se concentre sur l'ensemble $\mathcal{M}$ des minimaux absolus de U sur $\mathbb{T}$. L'idée de l'algorithme de recuit simulé, est de faire *décroître la température* au cours de l'algorithme, c'est-à-dire de choisir $\sigma = \sigma(t)$ fonction décroissante du temps. La fonction $\sigma(t)$ doit tendre vers 0 si $t \to \infty$, mais assez lentement pour que l'algorithme ne reste pas piégé au voisinage d'un des minima locaux. Le nom de recuit est emprunté à la métallurgie, où l'on varie lentement la température à laquelle on prépare un métal – ce procédé est appelé recuit – afin de lui donner certaines propriétés spécifiques ; au contraire, le procédé de trempage consiste à refroidir le métal brutalement, et mène à d'autres propriétés.

Nous allons préciser la vitesse de convergence adéquate de $\sigma(t)$. Il faut d'abord obtenir des estimées pour $\sigma > 0$ fixé.

Propriétés de la diffusion avec σ constant. Puisque σ est non nul, $Y^\sigma(t)$ possède une densité $p(t,y)$ pour $t > 0$, qui vérifie l'équation de Fokker-Planck (6.2.6)

$$\frac{\partial}{\partial t} p(t,y) = L_\sigma^* p(t,y)$$

avec l'opérateur

$$L_\sigma^* \phi(y) = \frac{\sigma^2}{2}\, \phi''(y) + \frac{1}{2}\Big[U'(y)\phi(y)\Big]' \,, \tag{6.3.27}$$

si bien que $L_\sigma^* \mu_\sigma = 0$.

Le générateur de la diffusion Y^σ,

$$L_\sigma \phi(y) = \frac{\sigma^2}{2}\phi''(y) - \frac{1}{2}U'(y)\phi'(y) = \frac{\sigma^2}{2}\, \mu_\sigma(y)^{-1}\, \frac{\partial}{\partial y}\Big[\mu_\sigma \phi'\Big](y) \,, \tag{6.3.28}$$

cf. (6.3.16), est autoadjoint négatif dans l'espace $L^2(\mathbb{T}, \mu_\sigma) = L^2(\mu_\sigma)$, avec forme de Dirichlet

$$\mathcal{E}_\sigma(\phi) := \langle -L_\sigma \phi, \phi \rangle_{\mu_\sigma} = \frac{\sigma^2}{2} \int_{\mathbb{T}} \phi'^2 d\mu_\sigma \,.$$

Comme dans (6.3.19), le trou spectral de $-L_\sigma$ est donné par

$$\lambda_1 = \lambda_1(\sigma) = \frac{\sigma^2}{2} \inf \left\{ \frac{\int_{\mathbb{T}} \phi'^2 d\mu_\sigma}{\int_{\mathbb{T}} \phi^2 d\mu_\sigma} \;;\; \phi \in \mathrm{Dom}(\mathcal{E}_\sigma),\ \phi \perp 1 \right\} . \tag{6.3.29}$$

Dans les exemples que nous avons en vue, la fonction U n'est pas convexe, mais possède au contraire beaucoup de minima locaux. On va cependant voir que, à cause de la périodicité, le trou spectral est strictement positif.

Proposition 6.12. *Avec $\|U\|_\infty = \max\{|U(y)|; y \in \mathbb{T}\}$, on a*

$$\lambda_1 \geqslant \sigma^2 \exp\{-\frac{2\|U\|_\infty}{\sigma^2}\}$$

Cette estimation du trou spectral est assez grossière, mais elle a l'avantage de pouvoir être démontrée de manière élémentaire.

Démonstration. Commençons par montrer que, pour toute ϕ de classe C^1 telle que $\phi \perp \mathbf{1}$,

$$\int_{\mathbb{T}} \phi'^2 dy \geqslant 2 \int_{\mathbb{T}} \phi^2 dy \,. \tag{6.3.30}$$

D'après la condition d'orthogonalité, on a $\int_{\mathbb{T}} \phi d\mu_\sigma = 0$, la fonction régulière ϕ s'annule en au moins un point de $\mathbb{T}$, que l'on peut supposer – sans perte de généralité – égal à 0 par invariance par translation du problème. Pour une telle fonction ϕ, on a pour $x \in [0,1]$

$$\phi(y)^2 = \phi(y)^2 - \phi(0)^2 = \left(\int_0^y \phi'(x)dx\right)^2 \leqslant y \int_0^y \phi'(x)^2 dx$$

par l'inégalité de Schwarz. Par intégration,

$$\begin{aligned}
\int_{\mathbb{T}} \phi^2 dy &\leqslant \int_0^1 dy \times y \int_0^y \phi'(x)^2 dx \\
&= \frac{1}{2} \int_0^1 (1-x)^2 \phi'(x)^2 dx \\
&\leqslant \frac{1}{2} \int_0^1 \phi'(x)^2 dx \,,
\end{aligned}$$

ce qui établit (6.3.30). On écrit alors

$$\begin{aligned}
Z_\sigma e^{\|U\|_\infty/\sigma^2} \int_{\mathbb{T}} \phi'^2 d\mu_\sigma &\geqslant \int_{\mathbb{T}} \phi'^2 dy \\
&\geqslant 2 \int_{\mathbb{T}} \phi^2 dy \\
&\geqslant 2 Z_\sigma e^{-\|U\|_\infty/\sigma^2} \int_{\mathbb{T}} \phi^2 d\mu_\sigma \,,
\end{aligned}$$

ce qui montre que

$$\int_{\mathbb{T}} \phi'^2 d\mu_\sigma \geqslant 2 \exp\{-\frac{2\|U\|_\infty}{\sigma^2}\} \int_{\mathbb{T}} \phi^2 d\mu_\sigma$$

pour de telles fonctions ϕ. Mais la même inégalité reste vraie pour $\phi \in \mathrm{Dom}(\mathcal{E}_\sigma)$, $\phi \perp \mathbf{1}$ par densité, et donc $\lambda_1 \geqslant \sigma^2 \exp\{-\frac{2\|U\|_\infty}{\sigma^2}\}$ d'après (6.3.29). □

Algorithme de recuit simulé : $\sigma = \sigma(t)$

Soit $\sigma(t)$ une fonction strictement positive, de classe C^1 et qui tende vers 0 à l'infini. On appelle *algorithme de recuit simulé* avec schéma de températures $\sigma(t)$, la diffusion

$$dX(t) = -\frac{1}{2} U'(X(t))dt + \sigma(t)dB(t) \,. \tag{6.3.31}$$

Elle est inhomogène en temps (elle évolue instantanément comme Y^σ si $\sigma = \sigma(t)$). On notera de manière simplifiée (mais quelque peu abusive),

$$L_t := L_{\sigma(t)} \text{ son générateur,} \quad \lambda_1(t) = \lambda_1(\sigma(t)) \text{ son trou spectral,}$$

et aussi

$$\mu_t = \mu_{\sigma(t)} \ , \quad \|\cdot\|_t = \|\cdot\|_{\sigma(t)} \ , \quad <\cdot,\cdot>_t = <\cdot,\cdot>_{\sigma(t)} \ .$$

Avec $p_t = p(t,\cdot)$ la densité de $X(t)$, on considère

$$\varepsilon(t) := \|\frac{p_t}{\mu_t} - 1\|_t^2 = \int_{\mathbb{T}} |\frac{p_t}{\mu_t}(x) - 1|^2 \mu_t(x) dx \ , \tag{6.3.32}$$

comme à la proposition 6.11.

Théorème 6.13. *Supposons que*

$$\sigma(t)^2 = \frac{a}{\ln t} \ , \quad \text{avec } a > 2\|U\|_\infty \ .$$

Alors,

$$\varepsilon(t) \to 0 \quad \text{quand } t \to \infty \ ,$$

et l'algorithme se concentre sur l'ensemble $\mathcal{M}$ des minima absolus de U :

$$\text{dist}(X(t), \mathcal{M}) \to 0 \quad \text{en probabilité.}$$

Ainsi, une décroissance logarithmique assez lente du schéma de température assure la convergence de l'algorithme vers un minimum absolu de U. La borne $a > 2\|U\|_\infty$ n'est pas optimale, car elle s'appuie sur l'estimée grossière du trou spectral de la proposition 6.12, mais c'est une condition facile à exprimer.

Démonstration. D'après Pythagore,

$$\varepsilon(t) = \|\frac{p_t}{\mu_t}\|_t^2 - 1 \ ,$$

et donc, en notant $\dot{u}$ la dérivée temporelle de u,

$$\dot{\varepsilon}(t) = 2\int_{\mathbb{T}} \frac{p_t \dot{p}_t}{\mu_t} dx - \int_{\mathbb{T}} \frac{p_t^2 \dot{\mu}_t}{\mu_t^2} dx \ .$$

En répétant le calcul de (6.3.23), on obtient encore

$$2\int_{\mathbb{T}} \frac{p_t \dot{p}_t}{\mu_t} dx \leqslant -2\lambda_1(t)\varepsilon(t) \ .$$

Par ailleurs, avec $\sigma(t)^2 = a/\ln t$,

$$\begin{aligned}
-\int_{\mathbb{T}} \frac{p_t^2 \dot{\mu}_t}{\mu_t^2} dx &= -\int_{\mathbb{T}} \frac{p_t^2}{\mu_t} \frac{d}{dt}(\ln \mu_t)\, dx \\
&= \frac{1}{at} \int_{\mathbb{T}} \frac{p_t^2}{\mu_t}(x) \left[U(x) - \int U(y)\mu_t(y)dy \right] dx \\
&\leqslant \frac{2}{at} \|U\|_\infty \int_{\mathbb{T}} \frac{p_t^2}{\mu_t}(x)\, dx \\
&= \frac{2}{at} \|U\|_\infty [\varepsilon(t) + 1] .
\end{aligned}$$

Finalement,

$$\dot{\varepsilon}(t) \leqslant -\beta(t)\varepsilon(t) + \alpha(t) \tag{6.3.33}$$

avec

$$\beta(t) = 2\left[\lambda_1(t) - \frac{2}{at}\|U\|_\infty\right] , \quad \alpha(t) = \frac{2}{at}\|U\|_\infty .$$

Avec $\sigma(t)^2 = \frac{a}{\ln t}$ et $a > 2\|U\|_\infty$, l'estimée de trou spectral de la proposition 6.12 montre que $\beta(t)$ est positif et d'ordre $t^{-1+\delta}/\ln t$ (avec $\delta > 0$) pour t grand.

Lemme 6.14. *Soient $\varepsilon, \alpha, \beta$ positives et continues sur $\mathbb{R}_+$, telles que*

$$\int_0^\infty \beta(t)dt = \infty , \quad \lim_{t\to\infty} \alpha(t)/\beta(t) = 0 ,$$

et telle que l'inégalité (6.3.33) ait lieu. Alors,

$$\lim_{t\to\infty} \varepsilon(t) = 0 .$$

Ce lemme est analogue au lemme de Gronwall 4.12, et sa démonstration est laissée en exercice au lecteur. (Indications : considérer $u(t) = \varepsilon(t)\exp\{\int_0^t \beta(s)ds\}$, montrer que $u'(t) \leqslant (\alpha/\beta)\beta\exp\{\int_0^t \beta(s)ds\}$, et en déduire que

$$\varepsilon(t) \leqslant \left(\int_0^{t_0} \alpha(s)\exp\{\int_0^s \beta(r)dr\}ds\right)\exp\{-\int_0^t \beta(s)ds\} + \sup\{\frac{\alpha(s)}{\beta(s)}; s \geqslant t_0\}$$

pour $0 \leqslant t_0 \leqslant t$; conclure alors.)

Le lemme montre la première partie du théorème. Pour la deuxième, on introduit le δ-voisinage $\mathcal{M}^\delta$ de $\mathcal{M}$ dans $\mathbb{T}$, et on écrit :

$$\begin{aligned}
\varepsilon(t)^{1/2} &= \|\frac{p_t}{\mu_t} - 1\|_t \\
&\geqslant \int_{\mathbb{T}} |\frac{p_t}{\mu_t} - 1|\, d\mu_t \\
&\geqslant \int_{\mathcal{M}^\delta} |\frac{p_t}{\mu_t} - 1|\, d\mu_t \\
&\geqslant |\int_{\mathcal{M}^\delta} (p_t dx - d\mu_t)| \\
&= |P(X(t) \in \mathcal{M}^\delta) - \mu_t(\mathcal{M}^\delta)|
\end{aligned}$$

et il suffit de remarquer que $\mu_t(\mathcal{M}^\delta) \to 1$ pour conclure. □

6.4 GÉNÉRATEUR INFINITÉSIMAL : D'AUTRES APPLICATIONS

6.4.1. Stabilité, fonctions de Lyapunov

On rappelle que pour une équation différentielle ordinaire $d\mathbf{x}(t) = b(\mathbf{x}(t))dt$, on appelle fonction de Lyapunov toute fonction V positive, telle que $t \mapsto V(\mathbf{x}(t))$ soit décroissante, i.e., $b \cdot \nabla V \leqslant 0$. Une fonction de Lyapunov apporte des informations importantes sur le comportement asymptotique de la solution $\mathbf{x}$, notamment sa stabilité, sa stabilité asymptotique, ses points limites et ensembles limites. On considère ici une équation différentielle stochastique

$$dX(t) = \sigma(X(t))dB(t) + b(X(t))dt\,, \quad X(0) = x_0\,,$$

dans $\mathbb{R}^d$, pour laquelle on suppose existence et unicité d'une solution définie en tout temps, et que b et σ sont localement bornés. Une fonction $V : \mathbb{R}^d - \{0\} \to \mathbb{R}^+$ de classe $\mathcal{C}^2$ est une fonction de Lyapunov pour l'équation différentielle stochastique précédente, si

$$LV \leqslant 0 \text{ sur } \mathbb{R}^d - \{0\}\ , \text{ et} \tag{6.4.34}$$

$$v(r) := \min\{V(x); |x| = r\} \quad \text{est strictement croissante,} \quad \text{avec } \lim_{\infty} v = \infty\,.$$

(L'ensemble de définition de V, ici le complémentaire de l'origine, a été choisi de manière arbitraire, pour nous fixer les idées. Dans le cas d'un ensemble de définition plus général, on adapte aisément les idées qui suivent.) Appliquant la formule d'Itô à $V(X(t))$, on voit que le terme en dt est négatif, de sorte que

$$V(X(t)) \text{ est une surmartingale locale,} \tag{6.4.35}$$

puisque b et σ sont localement bornés. Soient $0 < r < R$, et

$$\tau_r = \inf\{t \geqslant 0; |X(t)| \leqslant r\}\ , \ \sigma_R = \inf\{t \geqslant 0; |X(t)| \geqslant R\}\ ,$$

le temps d'entrée dans la boule $\mathcal{B}(0,r)$ et le temps de sortie de la boule $\overline{\mathcal{B}}(0,R)$. Nous supposerons que la diffusion est *localement uniformément elliptique* (ou uniformément elliptique sur les compacts), i.e. : $\forall R > 0, \exists c(R) > 0$ tel que, pour $|x| \leqslant R$, $a(x) = \sigma\sigma^*(x) \geqslant c(R)\mathrm{Id}$ au sens des matrices symétriques. Cette propriété implique que la diffusion ne peut pas rester confinée, i.e.,

$$\mathbf{P}_x(\sigma_R < \infty) = 1 \ ,$$

pour tout R fini.

Proposition 6.15. *S'il existe une fonction de Lyapunov, et si la diffusion est localement uniformément elliptique, alors*

$$\mathbf{P}_x(\tau_r < \infty) = 1 \ , \quad \forall r > 0, x \in \mathbb{R}^d.$$

Démonstration. Par (6.4.35) et le théorème d'arrêt,

$$\mathbf{E}_x V(X(t \wedge \sigma_R \wedge \tau_r)) \leqslant V(x) \ .$$

Puisque la diffusion est localement uniformément elliptique, $\sigma_R < \infty$ p.s. En faisant tendre t vers $+\infty$, on obtient par convergence dominée,

$$V(x) \geqslant \mathbf{E}_x V(X(\sigma_R \wedge \tau_r)) \geqslant v(R)\mathbf{P}_x(\sigma_R < \tau_r) \ .$$

Puisque la solution X est définie en tout temps, $\sigma_R \to \infty$ quand $R \to \infty$. Il s'ensuit que

$$\mathbf{P}_x(\tau_r = \infty) = \lim_{R\to\infty} \mathbf{P}_x(\sigma_R < \tau_r) = \lim_{R\to\infty} V(x)/v(R) = 0 \ ,$$

ce qui finit la démonstration. □

Le résultat obtenu montre que la diffusion atteint en temps fini, n'importe quel voisinage arbitrairement petit de 0. On dit que le point 0 est récurrent. Par la propriété de Markov, cela entraîne aussi que diffusion atteint en temps fini, n'importe quel voisinage arbitrairement petit de $y \in \mathbb{R}^d$. La diffusion est qualifée de diffusion **recurrente**. L'énoncé suivant donne un résultat plus fort, puisque le « taux de récurrence » y est positif strictement. C'est le cas d'une diffusion ergodique. On pourra comparer avec l'exemple 6.4.

Proposition 6.16. *Si, en plus de hypothèses de la proposition 6.15, on a*

$$LV \leqslant -1 \ , \ \textit{sur}\ \mathbb{R}^d - \{0\},$$

alors

$$\mathbf{E}_x(\tau_r) < \infty \ , \quad \forall t > 0 \ , \ x \in \mathbb{R}^d.$$

Démonstration. Appliquant la formule d'Itô à $V(X(t))$, on voit que

$$\mathbf{E}_x V(X(t \wedge \sigma_R \wedge \tau_r)) \leqslant V(x) - \mathbf{E}_x(t \wedge \sigma_R \wedge \tau_r) \ .$$

En faisant tendre t vers $+\infty$, on obtient par convergence dominée et par convergence monotone,

$$\mathbf{E}_x(\sigma_R \wedge \tau_r) = \lim_{t\to\infty} \mathbf{E}_x(t \wedge \sigma_R \wedge \tau_r) \leqslant V(x) - \mathbf{E}_x V(X(\sigma_R \wedge \tau_r)) \leqslant V(x) \,,$$

et encore par convergence monotone quand $R \to \infty$,

$$\mathbf{E}_x(\tau_r) \leqslant V(x) \,.$$

ce qui finit la démonstration. □

En général, il n'est pas facile de trouver des fonctions de Lyapunov. Voilà deux exemples où cela est possible.

Exemple 6.6.
(i) Si

$$x \cdot b(x) + \frac{1}{2}\sum_{i=1}^{d} a_{ii}(x) \leqslant 0 \,,$$

alors $V(x) = |x|^2$ est fonction de Lyapunov.

(ii) Si

$$x \cdot b(x) + \frac{1}{2}\sum_{i=1}^{d} a_{ii}(x) \leqslant \frac{x \cdot a(x)x}{2|x|^2} \,,$$

alors $V(x) = |x|$ est fonction de Lyapunov.

Remarque. La condition du (i) s'interprète ainsi : le drift ramène le processus au voisinage de l'origine, et cela fortement en comparaison à la diffusion. Cette condition est incompatible avec l'uniforme ellipticité, au contraire de la condition du (ii).

Démonstration. (de (ii)). Pour $V(x) = |x|$, on par un calcul direct on trouve $\nabla V(x) = x/|x|$, $\frac{\partial^2}{\partial x_i \partial x_j} V = (1/|x|)\delta_{ij} - (x_i x_j/|x|^3)$, si bien que l'hypothèse s'écrit $|x| LV \leqslant 0$. la démonstration de (i) est un calcul direct, laissé en exercice. □

6.4.2. Modèle logistique

L'équation différentielle ordinaire

$$dx(t) = rx(t)\big(K - x(t)\big)dt \,, \quad x(0) = x_0 > 0 \,, \tag{6.4.36}$$

avec des paramètres $r, K > 0$, décrit l'évolution d'une population de taille $x(t)$ soumise aux deux effets suivants :

- un taux de croissance $r > 0$ en l'absence de tout effet limitatif,
- un milieu ambiant de capacité limitée à la valeur $K > 0$.

Autrement dit, la population a tendance à croître, mais en s'autolimitant pour ne pas saturer ses ressources vitales, qui ne sont pas infinies. Ce modèle est couramment utilisé en biologie et écologie quantitatives, il est connu sous le nom de modèle logistique. On voit facilement que

$$x(t) \to K \quad \text{quand } t \to \infty \ .$$

Il ne décrit qu'approximativement la réalité, on va l'enrichir d'une composante aléatoire afin de préciser ce caractère approximatif. En écrivant l'équation sous forme $dx(t) = x(t)\big(rKdt - rx(t)dt\big)$, il est naturel de remplacer le taux de croissance effectif $\big(rKdt - rx(t)dt\big)$ par $\big(rKdt - rx(t)dt + \sigma dB(t)\big)$, avec B un mouvement brownien et $\sigma > 0$. On obtient ainsi l'équation différentielle stochastique

$$dX(t) = rX(t)\big(K - X(t)\big)dt + \sigma X(t)dB(t) \ , \quad X(0) = x_0 > 0 \ , \qquad (6.4.37)$$

le modèle logistique stochastique. Ses coefficients sont localement lipschitziens, il existe donc une solution unique X, définie jusqu'à un temps d'explosion $\zeta \in]0, \infty]$ (cf. théorème 5.4). Puisque les coefficients s'annulent en 0, il est clair que la fonction nulle est la solution de (6.4.37) partant de 0 : par unicité, on en déduit que $X(t) \geqslant 0$ pour tout t, ce qui est souhaitable pour modéliser la taille d'une population. Mais, au contraire de (6.4.36), la constante K n'est plus solution, et $X(t)$ peut dépasser le niveau K. Par ailleurs, notons que la dérive devient négative lorsque $X > K$, elle ramène la diffusion vers des « petites » valeurs, et cela d'autant plus fortement que X est grand. Nous montrons d'abord que $\zeta = \infty$, i.e., la diffusion n'explose pas. En effet, par la formule d'Itô, on constate que,

$$X(t) := \frac{e^{\gamma t + \sigma B(t)}}{x_0^{-1} + r\int_0^t e^{\gamma s + \sigma B(s)} ds} \qquad (6.4.38)$$

avec

$$\gamma = rK - \sigma^2/2$$

est solution de (6.4.37), c'est *la* solution issue de x_0 par unicité. On constate alors qu'elle est définie en tout temps.

> ***Remarque.*** L'existence de la formule explicite (6.4.38) n'est pas fortuite, notre équation différentielle stochastique fait partie des équations dites résolubles, cf. chapitre 4 de [**10**] ou [**14**] : par changement de variables, on réduit (6.4.37) à une équation linéaire. En effet, si on définit
>
> $$Z(t) = \exp\{r \int_0^t X(s)ds\} \ , \quad Y(t) = Z'(t)$$
>
> avec X solution de (6.4.37), la différentielle stochastique de $Y = rXZ$ est donnée par
>
> $$dY(t) = rKY(t)dt + \sigma Y(t)dB(t) \ .$$
>
> Ainsi, Y est le mouvement brownien géométrique,
>
> $$Y(t) = rx_0 \exp\{\sigma B(t) + \gamma t\} \ .$$

Il suffit alors d'écrire

$$X(t) = r^{-1}\frac{d}{dt}\ln Z(t) = r^{-1}\frac{Z'(t)}{Z(t)} = r^{-1}\frac{Y(t)}{1 + \int_0^t Y(s)ds}$$

pour trouver la formule (6.4.38).

Pour le comportement asymptotique de X, on distingue deux régimes suivant la valeur du paramètre γ.

(i) Cas où $\gamma < 0$ **:** d'après la loi des grands nombres pour le mouvement brownien (proposition 2.11), on a $\gamma t + \sigma B(t) \to -\infty$ quand $t \to \infty$. La majoration

$$X(t) \leqslant x_0 e^{\gamma t + \sigma B(t)} \to 0 \quad p.s.$$

montre que la population s'éteint avec probabilité un, à vitesse exponentielle. Ce comportement n'existe pas dans l'équation déterministe, où 0 est toujours un équilibre instable. Dans le cas stochastique, si $\gamma < 0$, i.e. si le bruit est assez fort comparé au taux de croissance effectif en 0, le bruit va finir par conduire la diffusion vers 0.

(ii) Cas où $\gamma > 0$ **:** au contraire, si le bruit est petit, l'équation doit être une perturbation de l'équation différentielle ordinaire, elle doit posséder un attracteur strictement positif. Commençons par montrer que la diffusion admet une probabilité invariante, qui est une loi gamma. En effet, l'adjoint du générateur L^* est

$$L^*p(x) = \frac{1}{2}\sigma^2(x^2p)'' - r\Big(x(K-x)p\Big)' = 0\,.$$

Pour que $L^*p = 0$, il faut et il suffit que $\sigma^2(x^2p)' - 2rx(K-x)p = C$, avec C constante. Commençons par considérer le cas $C = 0$. Intégrant cette équation sur $\mathbb{R}_+^*$ – par exemple sous la forme $\sigma^2(x^2p)' - (2r/x)(K-x) \times (x^2p) = 0$ –, on obtient $p(x) = \text{Cste}\; x^{2Kr\sigma^{-2}-2} \exp -\frac{2r}{\sigma^2}x$, $x > 0$. Cette fonction est intégrable en 0^+ si et seulement si $2Kr\sigma^{-2} > 1$, soit $\gamma > 0$. Dans ce cas, la densité gamma

$$p(x) = \frac{(2r\sigma^{-2})^{2\frac{Kr}{\sigma^2}-1}}{\Gamma(2\frac{Kr}{\sigma^2}-1)}\; x^{2\frac{Kr}{\sigma^2}-2}\exp\{-\frac{2r}{\sigma^2}x\}\,, \quad x > 0 \qquad (6.4.39)$$

est invariante pour la diffusion. C'est la seule probabilité invariante sur $]0,+\infty[$, cf. remarque 6.2.1. appliquée à la diffusion $\ln X(t)$. On voit d'ailleurs que l'équation $L^*q = 0$ n'a pas d'autre solution d'intégrale 1. En effet, cette équation s'écrit encore $\sigma^2[(x^2q)/(x^2p)]' - C/(x^2p) = 0$ pour une constante arbitraire C, dont la solution est $q(x) = p(x)[C' + \int_1^x C/(\sigma^2z^2p(z))dz]$ avec C, C' constantes. Comme p est d'ordre x^α en 0^+ ($\alpha = 2Kr/(\sigma^2) - 2 > -1$), l'intégrale est d'ordre $x^{-\alpha-1}$ et donc q n'est intégrable en 0^+ que si $C = 0$.

Revenons à la formule (6.4.38). En notant que par retournement du temps $W^t(s) := B(t-s) - B(t), s \in [0,t]$, est un mouvement brownien (prop. 2.1, point 4), on voit que, pour $t > 0$ fixé,

$$\begin{aligned} X(t) &= \left(x_0^{-1} e^{-\gamma t - \sigma B(t)} + r \int_0^t e^{-\gamma(t-s) - \sigma(B(t)-B(s))} ds \right)^{-1} \\ &= \left(x_0^{-1} e^{-\gamma t + \sigma W^t(t)} + r \int_0^t e^{-\gamma u + \sigma W^t(u)} du \right)^{-1} \\ &\overset{\text{loi}}{=} \left(x_0^{-1} e^{-\gamma t - \sigma B(t)} + r \int_0^t e^{-\gamma u - \sigma B(u)} du \right)^{-1} =: Y(t) \end{aligned}$$

Quand $t \to \infty$, on a cette fois $-\gamma - \sigma B(t)/t \to -\gamma < 0$ d'après la loi des grands nombres, et

$$Y(t) \xrightarrow{\text{p.s.}} \left(r \int_0^\infty e^{-\gamma u - \sigma B(u)} du \right)^{-1} =: Y(\infty)$$

où $Y(\infty)$ est p.s. positive strictement et finie. Finalement,

$$X(t) \xrightarrow{\text{loi}} Y(\infty)\,, \quad t \to \infty$$

Cette convergence entraîne que la *loi* de $Y(\infty)$ est invariante pour X. Mais la loi gamma ci-dessus est la seule probabilité invariante pour X, donc

$$Y(\infty) \sim p\,,$$

ce qui n'est pas évident, car $Y(\infty)$ n'est pas une fonctionnelle simple du mouvement brownien.

Exercice au fil du cours

Montrer que l'équation différentielle stochastique

$$\begin{aligned} dX(t) &= rX(t)\big(K - X(t)\big)dt + \sigma X(t)\big(K - X(t)\big)dB(t) \\ X(0) &= x_0 \in]0, K[\,, \end{aligned} \tag{6.4.40}$$

admet une unique solution définie en tout temps, et qui vérifie $X(t) \in [0, K]$ pour tout $t \geqslant 0$. (On pourra modifier les coefficients en dehors de $[0, K]$, afin de se ramener à des coefficients globalement lipschitziens, et remarquer que la diffusion reste dans $[0, K]$ en tout temps – puisque les coefficients s'annulent aux extrémités de l'intervalle –.)

Chapitre 7

Simulation de diffusions

Dans ce court chapitre, nous donnons quelques notions, élémentaires mais centrales, de simulation de diffusions.
La simulation est une méthode moderne d'expérimentation fictive. Pour étudier une expérience aléatoire, on peut bien sûr la réaliser expérimentalement, mais il peut être plus avantageux de la simuler en produisant directement les variables aléatoires ou les processus qui y apparaissent. Ce procédé porte le nom de **méthode de Monte-Carlo**, car dans le passé on a eu l'idée de relever les résultats des jeux de hasard dans les casinos pour obtenir de grandes listes de nombres au hasard. à présent on utilise la génération des v.a. par ordinateurs. Plus exactement, les ordinateurs génèrent des nombres pseudo-aléatoires, uniformément répartis sur $]0,1[$.

7.1 INTRODUCTION ET LE CAS DU MOUVEMENT BROWNIEN

Donnons d'abord quelques exemples motivant la simulation de diffusions, autres que la curiosité (saine) de « voir à quoi elles ressemblent ».

Exemple 7.1. étant donnée une équation de diffusion, on peut se demander si la solution est explosive ou au contraire définie en tout temps ; dans ce dernier cas, on se demande si elle va tendre vers l'infini ou au contraire si elle admet une probabilité invariante, et dans ce cas, comment est son comportement transitoire « hors d'équilibre ». Les exemples suivants sont plus quantitatifs.

Exemple 7.2. On observe réellement une trajectoire de la diffusion, et on désire estimer un paramètre. Si l'on dispose de plusieurs estimateurs, il arrive souvent que l'on ne sache pas lequel prendre ; par exemple, les performances relatives des différents estimateurs sont très sensibles à la valeur réelle du paramètre. On peut alors comparer numériquement les différents estimateurs, sur des simulations de la diffusion, avec plusieurs valeurs du paramètre, que l'on choisit aux voisinage des valeurs estimées.

Exemple 7.3. On veut calculer (approximativement et non pas analytiquement, dans la plupart des situations concrètes), une espérance de la diffusion X,

$$\mathbf{E}f(X(T)) \,, \quad \text{ou } \mathbf{E}F(X(t), t \in [0,T]) \,,$$

ou encore une espérance pour la mesure invariante. Bien sûr, dans le premier cas, la valeur peut être calculée en résolvant numériquement le problème de Cauchy de la section 6.2. Mais les méthodes de résolutions numériques seront lentes si la dimension de l'espace n'est pas petite, et ne seront pas très bonnes si le coefficient de diffusion dégénère. Une estimation par méthode de Monte-Carlo pourra être bien meilleure.

Le mouvement brownien se simule très bien et très aisément. Rappelons que les gaussiennes se simulent plus facilement par paires : si U_1, U_2 sont indépendantes de loi uniforme sur $]0,1[$, alors l'algorithme de Box-Muller

$$X = \begin{pmatrix} X_1 \\ X_2 \end{pmatrix} = \begin{pmatrix} \sqrt{-2\ln U_1}\cos 2\pi U_2 \\ \sqrt{-2\ln U_1}\sin 2\pi U_2 \end{pmatrix} \tag{7.1.1}$$

définit deux variables aléatoires indépendantes identiquement distribuées de loi gaussienne centrée réduite.

La simulation d'un processus à temps continu, se fait, presque toujours, sous forme d'une discrétisation en temps. Ainsi, pour simuler le mouvement brownien sur l'intervalle de temps déterministe $[0,T]$, on discrétisera l'intervalle en n instants intermédaires $t_k = kT/n$ $(1 \geqslant k \geqslant n)$, et on appelle $h = T/n$ le pas de discrétisation de l'algorithme. à l'aide d'une suite $(U_k, k \geqslant 1)$ de variables aléatoires indépendantes identiquement distribuées uniformes (en pratique, une suite fournie par le générateur de nombres pseudo-aléatoires de votre ordinateur), on définit une suite $(X_k, k \geqslant 1)$ de variables aléatoires indépendantes gaussiennes standard en utilisant (7.1.1) de manière répétée, qui nous donneront les accroissements du mouvement brownien. Définissant récursivement

$$\overline{B}(t_1) = \sqrt{h}X_1 \,, \quad \overline{B}(t_2) = \overline{B}(t_1) + \sqrt{h}X_2 \,, \ldots \quad \overline{B}(t_n) = \overline{B}(t_{n-1}) + \sqrt{h}X_n \,, \tag{7.1.2}$$

le vecteur ainsi produit coïncide avec celui obtenu en échantillonnant un certain mouvement brownien B aux temps $(t_k)_{k\leqslant n}$ de la subdivision,

$$(\overline{B}(t_k))_{k\leqslant n} = (B(t_k))_{k\leqslant n} \,. \tag{7.1.3}$$

(Pour construire un tel B, il faut compléter $\overline{B}$ par des ponts browniens indépendants dans chaque intervalle de la subdivision.) On interpole linéairement entre ces différents temps pour obtenir un processus $\overline{B}$, qui est représenté dans les simulations à la section 2.1. Pour simuler le mouvement brownien multidimensionnel, on génère indépendamment et de cette manière, chaque composante discrétisée. La figure 7.1 montre une portion d'une trajectoire du mouvement brownien plan. La figure 7.2 en montre un zoom.

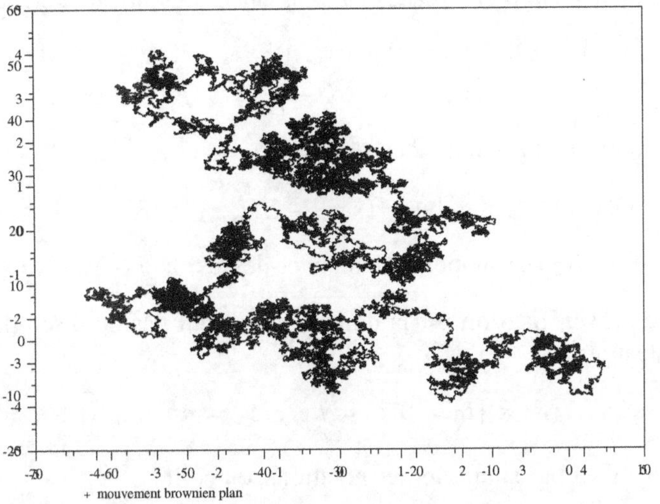

Figure 7.1 **Une trajectoire du mouvement brownien plan.**

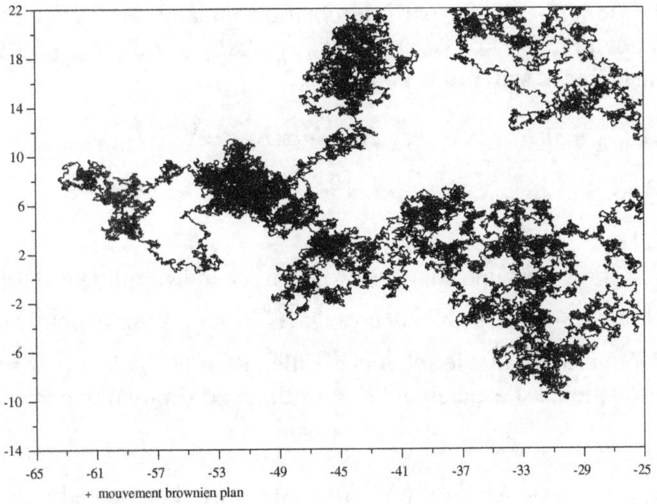

Figure 7.2 **Un zoom de la précédente.**

7.2 SCHÉMA D'EULER

On se tourne à présent vers la simulation d'une diffusion unidimensionnelle X, sur un intervalle de temps fini $[0, T]$,

$$X(t) = X_0 + \int_0^t b(s, X(s))ds + \int_0^t \sigma(s, X(s))dB(s) \;, \quad t \leqslant T \tag{7.2.4}$$

à coefficients lipschitziens en espace et à croissance sous-linéaire, cf. section 5.1.1.,

$$\begin{aligned} |b(t,x) - b(t,y)| + |\sigma(t,x) - \sigma(t,y)| &\leqslant K(|t-s| + |x-y|) \;, \\ |b(t,x)| + |\sigma(t,x)| &\leqslant K(1 + |x|) \;, \end{aligned} \tag{7.2.5}$$

et Hölder-continus d'exposant $1/2$ en temps,

$$|b(s,x) - b(t,x)| + |\sigma(s,x) - \sigma(t,x)| \leqslant K|t-s|^{1/2} \,. \tag{7.2.6}$$

La constante $K = K_T$ est supposée finie, et ci-dessus, $x, y \in \mathbb{R}$, $s, t \leqslant T$.

Un **schéma de discrétisation** est la donnée, pour tout pas de discrétisation $h > 0$, d'une suite aléatoire

$$\overline{X}^h : \Omega \times \{t_0 = 0, t_1 = h, \dots t_n = nh \dots\} \mapsto \mathbb{R}^d$$

avec $\overline{X}^h(0) = X_0$. Pour simplifier les notations, on écrira

$$\overline{X}^h_n := \overline{X}^h(t_n) \,.$$

Souvent, mais pas toujours, on prendra $\overline{X}^h$ adapté à la filtration $\mathcal{F}$, et on définira $\overline{X}^h$ sur l'intervalle de temps $[0, T]$ par interpolation linéaire. Avec B un $\mathcal{F}$-mouvement brownien, on notera $\Delta B_n = B(t_n) - B(t_{n-1})$, $\Delta t_n = t_n - t_{n-1}$, et il est naturel et intuitif de considérer le **schéma d'Euler** :

$$\begin{aligned} \overline{X}^h_n &= \overline{X}^h_{n-1} + b(t_{n-1}, \overline{X}^h_{n-1})\,\Delta t_n + \sigma(t_{n-1}, \overline{X}^h_{n-1})\,\Delta B_n \;, \quad n = 1, 2, \dots \\ \overline{X}^h_0 &= X_0 \,. \end{aligned} \tag{7.2.7}$$

Notons que la suite $\overline{X}^h$ est une chaîne de Markov, ce qui simplifie l'algorithme puisque seul $\overline{X}^h_{n-1}$ (et non les valeurs précédentes de $\overline{X}^h$) est nécessaire pour calculer le terme suivant $\overline{X}^h_n$. Notons aussi que le schéma d'Euler, dans le cas $b = 0, \sigma = 1$ où X est le mouvement brownien, est exactement l'algorithme de simulation construit à la section précédente.

La famille de chaînes de Markov $(\overline{X}^h, h > 0)$ entre dans le cadre du théorème 5.8 d'approximation-diffusion, et converge en loi vers la diffusion X quand $h \searrow 0$. La section suivante permet de quantifier la vitesse de convergence.

7.3 APPROXIMATION FORTE

Une manière de calculer l'erreur commise par un schéma de discrétisation est de calculer la norme $\mathcal{E}(T)^{1/2} = \|X(T) - \overline{X}^h(T)\|_2$ dans L^2. L'adjectif « fort » dans le titre du paragraphe fait référence à la norme, qui engendre une topologie forte. On utilise bien sûr le même mouvement brownien dans la définition (7.2.4) de X et dans celle (7.2.7) de $\overline{X}^h$.

On appelle $\mathcal{E}(T)$ l'erreur globale, car elle mesure la divergence entre le processus et son approximation, à l'instant final T. On la distingue de « l'erreur en un pas », qui est la norme de $X(t_n)-\overline{X}^h(t_n)$ conditionnellement à $\overline{X}^h(t_{n-1}) = X(t_{n-1})$, c'est-à-dire la divergence due à un seul pas de temps.

Définition 7.1. *On dit que le schéma de discrétisation* $(\overline{X}^h, h > 0)$ *est fortement convergent d'ordre* $\gamma > 0$ *si pour tout* $T > 0$ *il existe* $C = C_T < \infty$ *tel que*

$$\mathcal{E}(T) := \|X(T) - \overline{X}^h(T)\|_2 \leqslant Ch^\gamma \qquad \forall h \in (0,1] .$$

En simplifiant, disons que plus l'ordre γ est grand, meilleur est l'algorithme de simulation.

Dans le résultat suivant, $\overline{X}^h$ est définie par « interpolation linéaire » entre les instants $(t_k, k \geqslant 0)$,

$$\overline{X}^h(t) = \overline{X}^h(t_k)+b(t_k,\overline{X}^h_{t_k})(t-t_k)+\sigma(t_k,\overline{X}^h_{t_k})[B(t)-B(t_k)] \quad \text{pour } t \in [t_k, t_{k+1}]$$

Théorème 7.1. *Le schéma d'Euler est fortement convergent d'ordre* $\gamma = 1/2$*. Plus précisément, sous les hypothèses (7.2.5), il existe une constante* $C < \infty$ *telle que*

$$\sup_{[0,T]} \mathbf{E}|X(t) - \overline{X}^h(t)|^2 \leqslant Ch .$$

Si on discrétise une diffusion par le schéma d'Euler, le théorème affirme que l'erreur globale est au plus de l'ordre de $\sqrt{h}$, et cela pour des coefficients b et σ généraux. En général, l'erreur globale est exactement de cet ordre de grandeur. Cependant, il existe des diffusions particulières pour lesquelles l'erreur globale est $o(\sqrt{h})$. Comme souligné plus haut, c'est le cas lorsque $X = B$, puisque dans ce cas, $\mathcal{E}(T) = 0$.

Démonstration. Considérons pour le moment un intervalle $[t_{n-1}, t_n]$ uniquement. Posons

$$\mathcal{E}_n = \mathbf{E}[X(t_n) - \overline{X}^h_n]^2 \ , \ \mathcal{E}(t) = \mathbf{E}[X(t) - \overline{X}^h(t)]^2 \ , \ Z(t) = X(t) - \overline{X}^h(t) .$$

Par définition de X et puisque $\overline{X}^h$ est linéaire sur cet intervalle,

$$dZ(t) = \alpha dt + \beta dB(t) \ , \quad t \in [t_{n-1}, t_n]$$

avec

$$\alpha(t,\omega) = b(t,X(t)) - b(t_{n-1},\overline{X}^h_{n-1}) , \quad \beta(t,\omega) = \sigma(t,X(t)) - \sigma(t_{n-1},\overline{X}^h_{n-1}) .$$

Par la formule d'Itô, pour un tel t,

$$d[Z(t)^2] = 2Z(t)(\alpha dt + \beta dB(t)) + \beta^2 dt ,$$

si bien que, en passant à l'espérance dans $Z(t)^2 - Z(t_{n-1})^2 = \int_{t_{n-1}}^t d[Z(s)^2]$, on obtient

$$\begin{aligned}
\mathcal{E}(t) - \mathcal{E}_{n-1} &= \int_{t_{n-1}}^t \mathbf{E}[2Z(s)\alpha(s) + \beta(s)^2]ds \\
&\leqslant \int_{t_{n-1}}^t \mathbf{E}[X(s) - \overline{X}^h(s)]^2 ds \\
&\quad + \int_{t_{n-1}}^t \mathbf{E}[b(s,X(s)) - b(t_{n-1},\overline{X}^h_{n-1})]^2 ds \\
&\quad + \int_{t_{n-1}}^t \mathbf{E}[\sigma(s,X(s)) - \sigma(t_{n-1},\overline{X}^h_{n-1})]^2 ds , \qquad (7.3.8)
\end{aligned}$$

en utilisant que $2uv \leqslant u^2 + v^2$. On écrit

$$\begin{aligned}
b(s,X(s)) - b(t_{n-1},\overline{X}^h_{n-1}) &= [b(s,X(s)) - b(s,X(t_{n-1}))] \\
&\quad + [b(s,X(t_{n-1})) - b(t_{n-1},X(t_{n-1}))] \\
&\quad + [b(t_{n-1},X(t_{n-1})) - b(t_{n-1},\overline{X}^h_{n-1})] \\
&= T1 + T2 + T3 .
\end{aligned}$$

On utilise cette fois que $(u+v+w)^2 \leqslant 3(u^2+v^2+w^2)$ ainsi que les conditions de Lipschitz en espace et de Hölder en temps sur b, et on obtient

$$\begin{aligned}
&\left[b(s,X(s)) - b(t_{n-1},\overline{X}^h_{n-1})\right]^2 \\
&\qquad \leqslant 3K^2\Big[|X(s) - X(t_{n-1})|^2 + (s - t_{n-1}) + |X(t_{n-1}) - \overline{X}^h_{n-1}|^2\Big] .
\end{aligned}$$

Puisque σ satisfait aux mêmes hypothèses que b, la même majoration est valable pour le dernier intégrant dans (7.3.8).

Lemme 7.2. *Sous les hypothèses (7.2.5),*

$$\mathbf{E}[X(t) - X(0)]^2 \leqslant K'(1 + \mathbf{E}X(0)^2) \times t ,$$

où $K' < \infty$ ne dépend que de K, T $(T < \infty)$.

Nous terminons la démonstration du théorème, laissant celle du lemme pour après.

D'après le lemme 7.2,

$$\mathbf{E}[X(s) - X(t_{n-1})]^2 \leqslant K_1(s - t_{n-1}) ,$$

avec K_1 ne dépendant que de K, T et $\mathbf{E}X(t_{n-1})^2$, et donc seulement de K, T et $\mathbf{E}X_0^2$. Les deux inégalités précédentes, utilisées dans (7.3.8), impliquent que

$$\begin{aligned} \mathcal{E}(t) &\leqslant \mathcal{E}_{n-1} + \int_{t_{n-1}}^{t} \left(\mathbf{E}[X(s) - \overline{X}^h(s)]^2 + 2K_2(s - t_{n-1}) + K_3\mathcal{E}_{n-1}\right) ds \\ &= (1 + K_3h)\mathcal{E}_{n-1} + K_2h^2 + \int_{t_{n-1}}^{t} \mathcal{E}(s)ds . \end{aligned}$$

On applique alors le lemme 4.12 de Gronwall sur $[t_{n-1}, t_n]$:

$$\mathcal{E}(t) \leqslant [(1 + K_3h)\mathcal{E}_{n-1} + K_2h^2] \exp(t - t_{n-1}) , \tag{7.3.9}$$

en particulier

$$\mathcal{E}_n \leqslant (1 + K_3h)e^h\mathcal{E}_{n-1} + K_2e^hh^2 .$$

Par récurrence, on tire

$$\mathcal{E}_n \leqslant K_2e^hh^2\frac{[(1 + K_3h)e^h]^{T/h} - 1}{(1 + K_3h)e^h - 1} \tag{7.3.10}$$

$$\sim K_2h^2\frac{e^{(K_3+1)T} - 1}{(1 + K_3)h} = \mathcal{O}(h) \tag{7.3.11}$$

Avec (7.3.9), cela montre que $\sup\{\mathcal{E}(t); t \leqslant T\} = \mathcal{O}(h)$. □

Démonstration. (du lemme 7.2).

$$\begin{aligned} \mathbf{E}[X(t) - X(0)]^2 &= \mathbf{E}\left[\int_0^t b(s, X(s))ds + \int_0^t \sigma(s, X(s))dB(s)\right]^2 \\ &\leqslant 2\left[\mathbf{E}\left(\int_0^t b(s, X(s))ds\right)^2 + \mathbf{E}\left(\int_0^t \sigma(s, X(s))dB(s)\right)^2\right] \\ &\leqslant 2K^2(t+1)\int_0^t \left[\mathbf{E}X(s)^2 + 1\right] ds \\ &\leqslant 2K^2(T+1)\sup_{[0,T]} \left[\mathbf{E}X(s)^2 + 1\right] \times t . \end{aligned}$$

Il suffit donc de montrer que le supremum est borné par Cst(T, K)($1 + \mathbf{E}X_0^2$). Mais l'avant-dernière inégalité implique que

$$\mathbf{E}X(t)^2 \leqslant 2K^2(T+1)\int_0^t \mathbf{E}X(s)^2ds + [2K^2T(T+1) + \mathbf{E}X_0^2] ,$$

et le lemme 4.12 de Gronwall entraîne le résultat désiré. □

7.4 APPROXIMATION FAIBLE

Souvent en pratique, on veut évaluer l'espérance d'une fonctionnelle de la diffusion, e.g. $\mathbf{E}f(X(T))$, si bien que seule la loi du processus simulé $\overline{X}^h$ importe. Ce type de problème concerne l'approximation faible de X, ce qui justifie le titre du paragraphe. On peut utiliser alors un mouvement brownien différent de celui intervenant dans la définition (7.2.4) de X.

Définition 7.2. *On dit que le schéma de discrétisation $(\overline{X}^h, h > 0)$ est faiblement convergent d'ordre $\beta > 0$ si pour tout $T > 0$ et $f \in \mathcal{C}_b^\infty$, il existe $C = C_{f,T} < \infty$ tel que*

$$|\mathbf{E}f(\overline{X}^h(T)) - \mathbf{E}f(X(T))| \leqslant Ch^\beta \qquad \forall h \in (0, 1] .$$

La convergence forte d'ordre $\gamma > 0$ entraîne la convergence faible avec le même ordre γ. En effet, puisque les fonctions f considérées sont lipschitziennes,

$$\begin{aligned}\left|\mathbf{E}f(\overline{X}^h(T)) - \mathbf{E}f(X(T))\right| &= \left|\mathbf{E}[f(\overline{X}^h(T)) - f(X(T))]\right| \\ &\leqslant C\mathbf{E}|\overline{X}^h(T) - X(T)| \\ &\leqslant C\mathcal{E}(T) ,\end{aligned}$$

d'après Cauchy-Schwarz. Dans l'autre sens, moyennant un peu de régularité sur les coefficients de diffusion, le schéma d'Euler a de bien meilleures perfomances en convergence faible qu'en convergence forte. Le résultat suivant est à comparer avec le théorème 7.1.

Théorème 7.3. *Supposons que les coefficients b et σ soient de classe $\mathcal{C}_b^\infty$, et vérifient les hypothèses* (**H**) *du théorème 6.6. Alors, Le schéma d'Euler est faiblement convergent d'ordre $\beta = 1$.*

Démonstration. Soit $f \in \mathcal{C}_b^\infty$. D'après le théorème 6.6, la fonction

$$u(t, x) = \mathbf{E}[f(X(T))|X(t) = x]$$

est solution de l'équation (6.2.8) de Kolmogorov rétrograde

$$\begin{aligned}\frac{\partial}{\partial t} + L_t u &= 0 , \\ u(T, x) &= f(x) ,\end{aligned} \tag{7.4.12}$$

et elle est de classe $\mathcal{C}^\infty$. (L_s est le générateur infinitésimal de la diffusion.) D'après la formule d'Itô,

$$u(t, X(t)) = u(t, X(t)) - \int_0^t [(\partial u/\partial t) + L_s u](s, X(s))ds$$

est une martingale, de sorte que

$$\mathbf{E}\left[u(t_{n+1}, X^{t_n,x}(t_{n+1})) - u(t_n, x)\middle|\mathcal{F}_{t_n}\right] = 0 , \tag{7.4.13}$$

avec $X^{t,x}(\cdot)$ la solution de l'équation différentielle stochastique partant du point x au temps t. Pour simplifier, on supposera que T/h est entier – et on notera $n_T = (T/h) - 1$ –, mais le cas général en découle facilement. On a

$$\begin{aligned} \rho(h) &:= |\mathbf{E}f(\overline{X}^h(T)) - \mathbf{E}f(X(T))| \\ &= \left|\mathbf{E}\left[u(T, \overline{X}^h(T)) - u(0, \overline{X}^h(0))\right]\right| \qquad \text{(definition de } u) \qquad (7.4.14) \\ &= \left|\mathbf{E}\sum_{n=0}^{n_T}\left[u(t_{n+1}, \overline{X}^h_{n+1}) - u(t_n, \overline{X}^h{}_n)\right]\right| \\ &= \left|\mathbf{E}\sum_{n=0}^{n_T}\left[u(t_{n+1}, \overline{X}^h_{n+1}) - u(t_{n+1}, X^{t_n, \overline{X}^h_n}(t_{n+1}))\right]\right| \end{aligned}$$

par (7.4.13)), et donc

$$\begin{aligned} \rho(h) &= \left|\mathbf{E}\sum_{n=0}^{n_T}\left[\{u(t_{n+1}, \overline{X}^h_{n+1}) - u(t_{n+1}, \overline{X}^h_n)\}\right.\right. \\ &\qquad \left.\left. -\{u(t_{n+1}, X^{t_n,\overline{X}^h_n}(t_{n+1})) - u(t_{n+1}, \overline{X}^h_n)\}\right]\right| \\ &= \left|\mathbf{E}\sum_{n=0}^{n_T}\left[\frac{\partial u}{\partial x}(t_{n+1}, \overline{X}^h_n)\left\{(\overline{X}^h_{n+1} - \overline{X}^h_n) - (X^{t_n,\overline{X}^h_n}(t_{n+1}) - \overline{X}^h_n)\right\}\right.\right. \\ &\qquad + \frac{1}{2}\frac{\partial^2 u}{\partial x^2}(t_{n+1}, \overline{X}^h_n)\left\{(\overline{X}^h_{n+1} - \overline{X}^h_n)^2 - (X^{t_n,\overline{X}^h_n}(t_{n+1}) - \overline{X}^h_n)^2\right\} \\ &\qquad + \frac{1}{3!}\frac{\partial^3 u}{\partial x^3}(t_{n+1}, \overline{X}^h_n)\left\{(\overline{X}^h_{n+1} - \overline{X}^h_n)^3 - (X^{t_n,\overline{X}^h_n}(t_{n+1}) - \overline{X}^h_n)^3\right\} \\ &\qquad \left.\left. + \left\{R_n(\overline{X}^h_{n+1}) - R_n(X^{t_n,\overline{X}^h_n}(t_{n+1}))\right\}\ \right]\right|, \qquad (7.4.15) \end{aligned}$$

en appliquant la formule de Taylor pour obtenir la dernière égalité. Les termes de restes R_n sont de la forme

$$R_n(z) = \frac{1}{4!}\frac{\partial^4 u}{\partial x^4}(t_{n+1}, x^*)(z - \overline{X}^h_n)^4 ,$$

pour un réel x^* bien choisi, de sorte que

$$\mathbf{E}|R_n| = \mathcal{O}(h^2)$$

pour chacun des des termes R_n figurant dans $\rho(h)$. On calcule les espérances figurant dans le membre de droite de (7.4.15) en conditionnant par $\mathcal{F}_{t_n}$: pour la première, on remarque que

$$\begin{aligned} &\mathbf{E}\left[\frac{\partial u}{\partial x}(t_{n+1}, \overline{X}^h_n)\left\{(\overline{X}^h_{n+1} - \overline{X}^h_n) - (X^{t_n,\overline{X}^h_n}(t_{n+1}) - \overline{X}^h_n)\right\}|\mathcal{F}_{t_n}\right] \\ &\quad = \frac{\partial u}{\partial x}(t_{n+1}, \overline{X}^h_n)\mathbf{E}\left[\int_{t_n}^{t_{n+1}} (b(t_n, \overline{X}^h_n) - b(t, X^{t_n,\overline{X}^h_n}(t)))dt|\mathcal{F}_{t_n}\right] = \mathcal{O}(h^2) , \end{aligned}$$

en développant la fonction b.

Pour la deuxième ligne du membre de droite de (7.4.15), on utilisera que

$$\mathbf{E}\Big[\Big\{(\overline{X}^h_{n+1}-\overline{X}^h_n)^2-(X^{t_n,\overline{X}^h_n}(t_{n+1})-\overline{X}^h_n)^2\Big\}\,|\mathcal{F}_{t_n}\Big]$$

$$=\mathbf{E}\Big[\sigma(t_n,\overline{X}^h_n)^2(\Delta B_{n+1})^2-\Big(\int_{t_n}^{t_{n+1}}\sigma(t,X^{t_n,\overline{X}^h_n}(t))dB(t)\Big)^2|\mathcal{F}_{t_n}\Big]+\mathcal{O}(h^2)$$

$$=\mathbf{E}\Big[\int_{t_n}^{t_{n+1}}(\sigma(t_n,\overline{X}^h_n)^2-\sigma(t,X^{t_n,\overline{X}^h_n}(t))^2)dt|\mathcal{F}_{t_n}\Big]+\mathcal{O}(h^2)=\mathcal{O}(h^2)$$

en développant σ cette fois. Pour la troisième ligne du membre de droite de (7.4.15), on voit que chacun des cubes est en fait $\mathcal{O}(h^2)$ séparément. Finalement,

$$\rho(T)\leqslant n_T\times\mathcal{O}(h^2)=\mathcal{O}(h)\ ,$$

ce qui est le resultat voulu. □

Cas vectoriel : l'extension du schéma d'Euler au cas d'une équation différentielle stochastique multidimensionnelle est immédiate, en remplaçant les scalaires par des vecteurs ou des matrices dans (7.2.7). Les résultats précédents se généralisent tels quels.

7.5 SCHÉMA DE MILSTEIN

En analyse numérique on a développé des méhodes de discrétisation améliorant la convergence. Ainsi, le schéma d'Euler déterministe

$$\overline{x}_{n+1}=\overline{x}_n+b(\overline{x}_n)\Delta t_n$$

pour l'équation (homogène en temps, pour simplifer)

$$dx(t)=b(x(t))dt\ ,$$

peut être amélioré en actualisant la position courante dans la vitesse,

$$\overline{x}_{n+1}=\overline{x}_n+\frac{1}{2}\Big[b(\overline{x}_n)+b\big(\overline{x}_n+b(\overline{x}_n)\Delta t_n\big)\Big]\Delta t_n\ .$$

C'est la plus simple des méthodes de Runge-Kutta, elle est convergente, d'ordre 2 tandis que le schéma d'Euler n'est que d'ordre 1 dans ce cadre déterministe. Si on cherche à l'adapter au cas stochastique, disons pour simplifer, pour l'équation différentielle stochastique suivante :

$$dX(t)=\sigma(X(t))dB(t)$$

on pense d'abord à

$$\overline{X}^h_{n+1}=\overline{X}^h_n+\frac{1}{2}\Big[\sigma(\overline{X}^h_n)+\sigma\big(\overline{X}^h_n+\sigma(\overline{X}^h_n)\Delta B_n\big)\Big]\Delta B_n\ .$$

Mais ce schéma n'est même plus consistant ! Par exemple, si $\sigma(x) = x$, il se réduit à

$$\overline{X}^h_{n+1} = \overline{X}^h_n + \overline{X}^h_n \Delta B_n + \frac{1}{2}\overline{X}^h_n (\Delta B_n)^2 ,$$

et, puisque la variation quadratique du mouvement brownien est t, il se comporte pour h petit, comme le schéma d'Euler $\overline{Y}$ de la diffusion $dY = YdB + \frac{1}{2}Ydt$,

$$\overline{Y}_{n+1} = \overline{Y}_n + \overline{Y}_n \Delta B_n + \frac{1}{2}\overline{Y}_n \Delta t_n ,$$

et sera donc inadapté pour simuler X. L'actualisation par la position courante a introduit un biais dans l'algorithme, qu'il est nécessaire de corriger.

Revenons au cas général de l'équation différentielle stochastique (7.2.4), *en dimension 1* d'espace. Le **schéma de Milstein** est donné par

$$\begin{aligned} \overline{X}^h_n &= \overline{X}^h_{n-1} + \left[b(t_{n-1}, \overline{X}^h_{n-1}) - \frac{1}{2}\sigma\frac{\partial \sigma}{\partial x}(t_{n-1}, \overline{X}^h_{n-1}) \right] \Delta t_n \\ &\quad + \sigma(t_{n-1}, \overline{X}^h_{n-1})\, \Delta B_n + \frac{1}{2}\sigma\frac{\partial \sigma}{\partial x}(t_{n-1}, \overline{X}^h_{n-1})\, (\Delta B_n)^2 , \\ \overline{X}^h_0 &= X_0 \end{aligned} \tag{7.5.16}$$

Le schéma de Milstein est significativement plus performant que celui d'Euler.

Théorème 7.4. *Si, en plus de (7.2.5), on suppose que σ est de classe $\mathcal{C}^{0,1}$, alors le schéma de Milstein est fortement convergent d'ordre $\gamma = 1$. Il existe une constante $C < \infty$ telle que*

$$\sup_{[0,T]} \mathbf{E}|X(t) - \overline{X}^h(t)|^2 \leqslant Ch^2 .$$

Pour ne pas tomber dans la technique, nous ne donnons pas la démonstration ici. Le lecteur intéressé pourra consulter [**14**].

> ***Remarque.*** On peut étendre la définition du schéma de Milstein (7.5.16) au cas vectoriel. Mais cela n'améliore la vitesse de convergence de l'algorithme, que sous une condition géométrique de commutation (voir [**14**]). En particulier, le cas vectoriel est bien plus compliqué.

Exemple 7.4. En dimension $d = 1$, considérons l'équation différentielle stochastique

$$dX(t) = X(t)dB(t) , \quad X(0) = X_0 .$$

Cette équation est explicitement résoluble, de solution le mouvement brownien géométrique, $X(t) = X_0 \exp\{B(t) - t/2\}$ mais nous allons tout de même lui appliquer les méthodes de discrétisation pour étudier la vitesse de convergence, et ainsi vérifier l'ordre de convergence des schémas.

Démonstration. Le schéma d'Euler s'intègre explicitement,

$$\overline{X}_n^h = \overline{X}_{n-1}^h + \overline{X}_{n-1}^h \Delta B_n = X_0 \prod_{i=1}^n [1 + \Delta B_i] ,$$

tandis que le schéma de Milstein, noté ici $\tilde{X}_n^h$, conduit à

$$\begin{aligned} \tilde{X}_n^h &= \tilde{X}_{n-1}^h - \frac{1}{2}\tilde{X}_n^h \Delta t_n + \tilde{X}_n^h \Delta B_n + \frac{1}{2}\tilde{X}_n^h (\Delta B_n)^2 \\ &= X_0 \prod_{i=1}^n \left[1 + \Delta B_i + \frac{1}{2}((\Delta B_i)^2 - \Delta t_i)\right] . \end{aligned}$$

On va comparer ces expressions à la vraie solution, que l'on met sous la forme

$$X_n = X(t_n) = X_0 \exp\{B(t_n) - t_n/2\} = X_0 \prod_{i=1}^n \exp\{\Delta B_i - \Delta t_i/2\} .$$

Pour le schéma de Milstein, on vérifie que

$$\varepsilon_i = \left[1 + \Delta B_i + \frac{1}{2}((\Delta B_i)^2 - \Delta t_i)\right] - \exp\{\Delta B_i - \Delta t_i/2\}$$

est tel que

$$\mathbf{E}\left[\varepsilon_i | \mathcal{F}_{t_{i-1}}\right] = 0 ,$$

et que

$$\begin{aligned} \mathbf{E}\left[\varepsilon_i^2 | \mathcal{F}_{t_{i-1}}\right] &= \mathbf{E}\left[\mathcal{O}(h|\Delta B_i|)^2 + \mathcal{O}(|\Delta B_i|)^6 + \mathcal{O}(h^3) | \mathcal{F}_{t_{i-1}}\right] \\ &= \mathcal{O}(h^3) . \end{aligned}$$

Il en résulte que l'erreur globale

$$\begin{aligned} \mathcal{E}(T) &= \mathbf{E}\left(\tilde{X}^h(T) - X(T)\right)^2 \\ &= \mathbf{E}\left(X_0 \prod_{i=1}^{n_T} \left[1 + \Delta B_i + \frac{1}{2}((\Delta B_i)^2 - \Delta t_i)\right] - X_0 \prod_{i=1}^{n_T} \exp\{\Delta B_i - \Delta t_i/2\}\right)^2 \\ &= \mathbf{E}\Bigg(X_0 \sum_{n=1}^{n_T} \prod_{i<n} \left[1 + \Delta B_i + \frac{1}{2}((\Delta B_i)^2 - \Delta t_i)\right] \\ &\qquad\qquad \times \varepsilon_i \times \prod_{i>n} \exp\{\Delta B_i - \Delta t_i/2\}\Bigg)^2 \\ &= \mathcal{O}(h^{-1}h^3 + h^{-2}h^4) = \mathcal{O}(h^2) , \end{aligned}$$

d'après les deux estimées précédentes sur ε_i : l'erreur globale est d'ordre h^2 pour la méthode de Milstein. En procédant comme ci-dessus, mais avec des calculs plus simples, on vérifie que l'erreur globale est d'ordre h pour la méthode d'Euler. □

Remarque. Dans le cadre de l'exemple précédent, on constate que les deux algorithmes peuvent conduire à des changements de signe de la solution discrétisée ($\overline{X}^h$ ou $\tilde{X}^h$). Au contraire, la vraie solution X est de signe constant. La première correction à apporter aux algorithmes est de leur donner la valeur 0 si l'itération donne un résultat négatif.

Le lecteur pourra consulter la section 3.3.2 de [**31**] replaçant les algorithmes de simulation de diffusions dans un cadre plus général, ainsi que le chapitre 6 de ce livre pour l'implémentation en Scilab.

PARTIE 2

EXERCICES ET PROBLÈMES CORRIGÉS

Chapitre **8**

Exercices d'introduction : vecteurs gaussiens

8.1 RAPPELS DE COURS

Dans ce paragraphe, à titre de rappels, nous énumérons simplement des définitions et résultats essentiels concernant la notion de vecteur gaussien.

- On dit que la variable aléatoire réelle X suit la loi gaussienne centrée réduite et l'on note $X \sim \mathcal{N}(0,1)$ si X admet la densité suivante (voir la figure 8.1) :

$$g(x) = \frac{1}{\sqrt{2\pi}} \exp(-\frac{x^2}{2})$$

Il est facile de vérifier que cette variable aléatoire est bien centrée réduite, c'est-à-dire telle que :

$$E[X] = 0 \quad \text{et} \quad \mathrm{Var} X = 1$$

Plus généralement, la loi $\mathcal{N}(0,1)$ admet des moments de tous les ordres et l'on a pour tout $p \in \mathbb{N}^*$:

$$E[X^{2p}] = \frac{(2p)\,!}{2^p\,p\,!} \;\; ; \;\; E[X^{2p-1}] = 0.$$

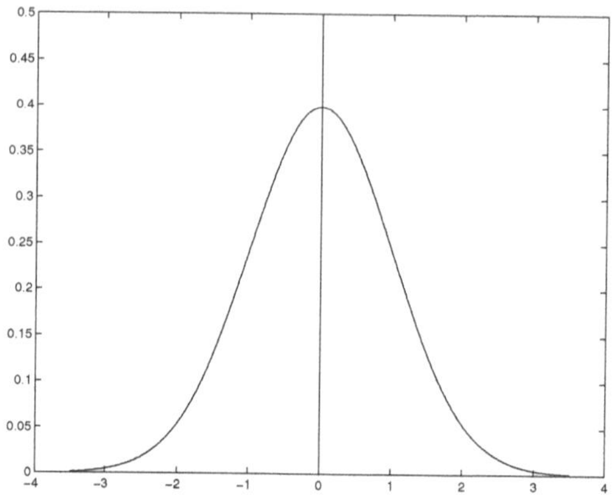

Figure 8.1 Graphe de la densité gaussienne centrée réduite.

- Nous définissons alors la loi gaussienne de paramètres $(m, \sigma^2) \in \mathbb{R} \times \mathbb{R}_+$ comme étant celle de la variable $Y = m + \sigma X$.
Si $\sigma \neq 0$, il est équivalent de dire qu'il s'agit de la loi de densité

$$g_{m,\sigma^2}(y) = \frac{1}{\sqrt{2\pi\sigma^2}} \exp(-\frac{(y-m)^2}{2\sigma^2})$$

mais notez bien que l'on autorise le cas $\sigma = 0$: une variable constante est considérée comme gaussienne (dite dégénérée).
Nous avons bien sûr $E[Y] = m$, $\mathrm{Var}Y = \sigma^2$.

- La fonction caractéristique de la loi $\mathcal{N}(m, \sigma^2)$ vaut

$$\varphi_Y(t) = \exp(itm - \frac{t^2\sigma^2}{2}), \quad t \in \mathbb{R} \tag{8.1.1}$$

Nous pouvons en déduire que si $Y_1 \sim \mathcal{N}(m_1, \sigma_1^2)$ et $Y_2 \sim \mathcal{N}(m_2, \sigma_2^2)$ sont des variables indépendantes, alors

$$\forall(\lambda_1, \lambda_2) \in \mathbb{R}^2, \quad \lambda_1 Y_1 + \lambda_2 Y_2 \sim \mathcal{N}(\lambda_1 m_1 + \lambda_2 m_2, \lambda_1^2\sigma_1^2 + \lambda_2^2\sigma_2^2)$$

Une généralisation de (8.1.1) est l'égalité suivante, valable pour tout $z \in \mathbb{C}$:

$$E[\exp(zY)] = \exp(zm + \frac{z^2\sigma^2}{2}). \tag{8.1.2}$$

- Un vecteur aléatoire $(X_1, \cdots, X_n)$ est dit gaussien si toute combinaison linéaire $\sum a_i X_i$ est une variable aléatoire réelle gaussienne.
En particulier, les composantes X_i sont gaussiennes mais la réciproque est fausse : voir les exercices 8.2.1. et 8.2.2.
Néanmoins, il y a une réciproque partielle : si toutes les composantes X_i sont gaussiennes et mutuellement indépendantes, alors le vecteur aléatoire $(X_1, \cdots, X_n)$ est gaussien.

- Si X est un vecteur gaussien de dimension d et A une matrice de taille $d' \times d$ alors $Y = AX$ est un vecteur gaussien de dimension d'.

- Nous rappelons ici quelques définitions et propriétés valables pour un vecteur aléatoire quelconque, que nous appliquerons ensuite au cas particulier des vecteurs gaussiens. L'espérance du vecteur aléatoire $X = (X_1, \dots, X_d)$ est définie comme le vecteur unicolonne suivant :

$$E[X] = \big(E[X_1], ..., E[X_d]\big)^*$$

et sa matrice de covariances comme la matrice $d \times d$ suivante :

$$K_X = E\Big[\big(X - E[X]\big)\big(X - E[X]\big)^*\Big] = \Big[Cov(X_i, X_j)\Big]_{1 \leqslant i,j \leqslant d}$$

Si $Y = AX + B$, avec A matrice de taille $d' \times d$ et $B \in \mathbb{R}^{d'}$, alors le vecteur aléatoire Y admet pour matrice de covariances :

$$K_Y = AK_XA^*$$

Si K_X n'est pas inversible, alors X prend presque sûrement ses valeurs dans un sous-espace affine de dimension le rang de K_X.

- Nous revenons maintenant au cas particulier des vecteurs gaussiens. Avec les définitions précédentes, la fonction caractéristique d'un vecteur aléatoire gaussien de dimension d vaut :

$$\forall u \in \mathbb{R}^d, \quad \varphi_X(u) = \exp\big(iu^*E[X] - \frac{1}{2}u^*K_Xu\big).$$

En particulier, une loi gaussienne vectorielle est déterminée par sa moyenne m et sa matrice de covariances K.
Réciproquement, pour tout $m \in \mathbb{R}^n$ et pour toute matrice K de taille $d \times d$ symétrique positive, il existe un vecteur gaussien de moyenne m et de matrice de covariances K. Le lecteur intéressé par la démonstration peut se reporter à l'exercice 8.2.7.
Nous pouvons donc parler de *la* loi $\mathcal{N}_d(m, K)$.

- Si K est inversible (donc de déterminant $|K|$ non nul), alors la loi $\mathcal{N}_d(m, K)$ a pour densité :

$$f(x) = (2\pi)^{-d/2}|K|^{-1/2}\exp\big(-(x-m)^*K^{-1}(x-m)/2\big). \qquad (8.1.3)$$

Sinon, la loi est portée par $m + \mathrm{Im}K$, sous-espace affine propre de $\mathbb{R}^n$ et ne saurait donc avoir de densité : on parle alors de loi gaussienne dégénérée.

- Si $(X_1, \cdots, X_m, Y_1, \cdots, Y_n)$ est un vecteur gaussien, alors il y a équivalence entre les trois propriétés suivantes :
  1. Les vecteurs $X = (X_1, \cdots, X_m)$ et $Y = (Y_1, \cdots, Y_n)$ sont indépendants
  2. Pour tous $1 \leqslant i \leqslant m, 1 \leqslant j \leqslant n$, on a : $\quad Cov(X_i, Y_j) = 0$

3. La matrice de covariances de (X, Y) est diagonale par blocs :

$$K_{(X,Y)} = \left(\begin{array}{c|c} K_X & 0 \\ \hline 0 & K_Y \end{array} \right).$$

Notez bien l'hypothèse menant à cette équivalence : c'est le « grand vecteur »(X, Y) qui doit être gaussien et non pas seulement chacun des sous-vecteurs X et Y : voir les exercices 8.2.1 et 8.2.2 pour des contre-exemples.
Si nous introduisons les matrices :

$$\Sigma_{XY} = E\Big[\big(X - E[X]\big)\big(Y - E[Y]\big)^*\Big] = \Big[Cov(X_i, Y_j)\Big]_{1 \leqslant i \leqslant m,\, 1 \leqslant j \leqslant n}$$

et $\Sigma_{YX} = \Sigma_{XY}^*$, de sorte que l'on a :

$$K_{(X,Y)} = \left(\begin{array}{c|c} K_X & \Sigma_{XY} \\ \hline \Sigma_{YX} & K_Y \end{array} \right),$$

alors il y a encore équivalence avec la propriété :

4. $\Sigma_{XY} = 0$.

Tout ce qui vient d'être dit se généralise à k blocs.

8.2 EXERCICES CORRIGÉS

Exercice 8.2.1. Un contre-exemple utile

Soit X une variable aléatoire réelle gaussienne centrée réduite et Y une variable indépendante de X, de loi définie par :

$$P(Y = 1) = p \quad \text{et} \quad P(Y = -1) = 1 - p \quad (0 \leqslant p \leqslant 1)$$

Nous posons $Z = XY$.

1. Quelle est la loi de Z ? Le couple (X, Z) est-il gaussien ?
2. Montrer que pour tout $p \in [0, 1]$, X et Z ne sont pas indépendantes (de façon directe ou bien en utilisant la question précédente).
   Montrer cependant que pour p bien choisi, les variables X et Z sont décorrélées, c'est-à-dire telles que : $\mathrm{Cov}(X, Z) = 0$.

Corrigé succinct

1. Nous montrons que $Z \sim \mathcal{N}(0, 1)$ soit en calculant sa fonction caractéristique, soit en utilisant l'égalité suivante pour toute fonction f borélienne positive :

$$E[f(Z)] = E[f(X)\mathbf{1}_{\{Y=1\}} + f(-X)\mathbf{1}_{\{Y=-1\}}]$$

   Nous déduisons de $P(X + Z = 0) = 1 - p$ l'équivalence suivante :

$$(X, Z) \text{ est gaussien } \Leftrightarrow p = 0 \text{ ou } p = 1$$

2. Méthode directe : Il ne peut y avoir indépendance car la loi du couple (X, Z) est portée par l'union de 2 droites dans $\mathbb{R}^2$, ou encore car :

$$P\Big(|Z|> 1 \mid |X|\leqslant 1\Big) = 0 \neq P(|Z|> 1).$$

En utilisant la question précédente : Dans le cas $p \in]0,1[$, s'il y avait indépendance, alors (X, Z) serait gaussien, d'où une contradiction. Dans l'autre cas, il n'y a toujours pas indépendance puisque nous avons :

$$X = Z \quad \text{p.s.} \quad \text{ou} \quad X = -Z \quad \text{p.s.}$$

Néanmoins, pour $p = \frac{1}{2}$, les variables X et Z sont décorrélées, puisque nous avons les égalités suivantes :

$$\text{Cov}(X, Z) = E[X^2]\ E[Y] = 2p - 1$$

Exercice 8.2.2. Indépendance gaussienne : un exemple très simple

Soit (X, Y) un vecteur gaussien de matrice de covariance :

$$K = \begin{pmatrix} 1 & \rho \\ \rho & 1 \end{pmatrix}, \quad \rho \in [0, 1].$$

Montrer que $X + Y$ et $X - Y$ sont deux variables aléatoires réelles gaussiennes indépendantes.

Corrigé succinct

Le couple $(X + Y, X - Y)$ est gaussien en tant qu'image du couple gaussien (X, Y) par une transformation linéaire. L'indépendance cherchée résulte alors des égalités :

$$\text{Cov}(X + Y, X - Y) = \text{Var}X - \text{Var}Y = 0$$

Exercice 8.2.3. Théorème de Student

Nous considérons des variables aléatoires $X_1, \cdots, X_n$ indépendantes et de même loi gaussienne centrée réduite.

> ***Remarque.*** Il est équivalent de dire que $(X_1, \cdots, X_n)$ un vecteur aléatoire de loi $\mathcal{N}(0, I_n)$.

Nous définissons alors les variables aléatoires réelles :

$$\overline{X}_n = \frac{1}{n}\sum_{i=1}^{n} X_i, \quad R_n = \sum_{i=1}^{n}(X_i - \overline{X}_n)^2$$

Montrer que ces deux variables aléatoires sont indépendantes et telles que :

$$\overline{X}_n \sim \mathcal{N}(0, \frac{1}{n}) \quad , \quad R_n \sim \chi^2(n-1)$$

Indication : La transformée de Laplace de la loi $\chi^2(n)$ est donnée par :

$$\forall t > -\frac{1}{2}, \quad \mathcal{L}(t) = \Big(\frac{1}{1+2t}\Big)^{n/2}$$

Corrigé

D'après l'hypothèse, la variable $\overline{X}_n$ est gaussienne, centrée et nous calculons facilement sa variance grâce à l'indépendance des X_i :

$$\mathrm{Var}\overline{X}_n = \frac{1}{n^2}\mathrm{Var}(\sum_{i=1}^n X_i) = \frac{1}{n^2}\sum_{i=1}^n \mathrm{Var}X_i = \frac{1}{n}$$

Le vecteur aléatoire $(\overline{X}_n, X_1 - \overline{X}_n, \cdots, X_n - \overline{X}_n)$ est gaussien en tant qu'image d'un vecteur gaussien par une application linéaire. En outre, pour tout $1 \leqslant k \leqslant n$, nous avons les égalités :

$$\mathrm{Cov}(\overline{X}_n, X_k - \overline{X}_n) = \mathrm{Cov}(\overline{X}_n, X_k) - \mathrm{Var}\overline{X}_n = \frac{1}{n} - \frac{1}{n} = 0,$$

qui entraînent l'indépendance entre $\overline{X}_n$ et $(X_1 - \overline{X}_n, \cdots, X_n - \overline{X}_n)$ et donc l'indépendance demandée.

Notons maintenant que nous avons l'égalité :

$$R_n + n\overline{X}_n^2 = \sum_{i=1}^n X_i^2,$$

d'où nous déduisons la relation suivante entre transformées de Laplace :

$$\forall t > -\frac{1}{2}, \quad \mathcal{L}_{R_n}(t) \times \mathcal{L}_{n\overline{X}_n^2}(t) = \mathcal{L}_{\sum_{i=1}^n X_i^2}(t)$$

Cela nous permet de calculer la transformée de Laplace de la variable R_n :

$$\forall t > -\frac{1}{2}, \quad \mathcal{L}_{R_n}(t) = \frac{\big(\frac{1}{1+2t}\big)^{\frac{n}{2}}}{\big(\frac{1}{1+2t}\big)^{\frac{1}{2}}} = \Big(\frac{1}{1+2t}\Big)^{\frac{n-1}{2}},$$

ce qui prouve que $R_n \sim \chi^2(n-1)$.

Remarque. La loi de Student $T(k)$, avec $k \in \mathbb{N}^*$, est définie comme celle de la variable aléatoire :

$$\frac{X}{\sqrt{\frac{Y}{k}}}, \text{ avec } X \sim \mathcal{N}(0,1) \text{ et } Y \sim \chi^2(k) \text{ indépendantes}$$

Nous appelons variance empirique de l'échantillon $(X_1, \cdots, X_n)$ la variable :

$$S_n^2 = \frac{1}{n-1}\sum_{i=1}^n (X_i - \overline{X}_n)^2 = \frac{1}{n-1}R_n$$

D'après ce qui précède, nous avons :

$$\sqrt{n}\,\frac{\overline{X}_n}{S_n} \sim T(n-1)$$

Si nous remplaçons notre n-échantillon de loi $\mathcal{N}(0,1)$ par un n-échantillon de loi $\mathcal{N}(m,\sigma^2)$, nous constatons facilement que cela se généralise sous la forme :

$$\sqrt{n}\,\frac{\overline{X}_n - m}{S_n} \sim T(n-1)$$

En statistique, la connaissance de cette loi permet en particulier de construire un intervalle de confiance pour m lorsque σ est inconnue.

Exercice 8.2.4. Condition nécessaire et suffisante d'indépendance pour les transformées linéaires d'un vecteur gaussien

Nous considérons un vecteur aléatoire gaussien X à valeurs dans $\mathbb{R}^n$, de matrice de covariances K.

1. Soient T_1, T_2 des matrices de dimensions respectives $n_1 \times n$, $n_2 \times n$. Nous définissons les vecteurs aléatoires $Y_1 = T_1X$ et $Y_2 = T_2X$. Prouver l'équivalence :
$$Y_1, Y_2 \text{ indépendants} \Longleftrightarrow T_1KT_2^* = 0$$
Généraliser à k vecteurs $Y_i = T_iX$ $(1 \leqslant i \leqslant k)$.
2. Nous supposons désormais que $X \sim \mathcal{N}_n(0, I_n)$.
Soit E un sous-espace vectoriel de $\mathbb{R}^n$; nous notons $E^\perp$ son supplémentaire orthogonal, A et B les matrices représentant les projections orthogonales respectivement sur E et $E^\perp$.
Montrer que les vecteurs aléatoires AX et BX sont indépendants.
3. Déduire de la question précédente l'indépendance des variables aléatoires :
$$\overline{X}_n = \frac{1}{n}\sum_{i=1}^{n} X_i \quad \text{et} \quad (X_1 - \overline{X}_n, \cdots, X_n - \overline{X}_n)$$

   Remarque. Nous retrouvons ainsi l'indépendance démontrée dans l'exercice 8.2.4. Notons que le résultat ci-dessus entraîne également l'indépendance entre les variables aléatoires $\overline{X}_n$ et $S = \max_{1\leqslant i\leqslant n} X_i - \min_{1\leqslant i\leqslant n} X_i$ puisque $S = \max(X_1 - \overline{X}_n, \cdots, X_n - \overline{X}_n) - \min(X_1 - \overline{X}_n, \cdots, X_n - \overline{X}_n)$

Corrigé

1. Si nous posons :
$$Y = \left[\frac{Y_1}{Y_2}\right] = \left[\frac{T_1}{T_2}\right] X,$$
alors le vecteur Y est gaussien en tant qu'image du vecteur gaussien X par une transformation linéaire.

Par conséquent, l'indépendance de Y_1 et Y_2 équivaut à : $\Sigma_{Y_1Y_2} = 0$.
Notons maintenant que nous pouvons supposer X centré sans perte de généralité, quitte à le remplacer par $\widetilde{X} = X - E[X]$. Nous avons donc :

$$\Sigma_{Y_1Y_2} = E[Y_1Y_2^*] = E[T_1X(T_2X)^*] = T_1E[XX^*]T_2^* = T_1K_XT_2^*,$$

d'où l'équivalence cherchée.
Nous pouvons généraliser sans peine à k vecteurs :
$T_1X, \ldots, T_kX$ indépendantes $\iff \forall\ 1 \leqslant i < j \leqslant k,\ T_iK_XT_j = 0$.

2. Nous avons ici $K = I_n$ donc la question précédente nous donne l'équivalence :

$$AX, BX \text{ indépendants} \iff AB^* = 0$$

Or les matrices A et B sont symétriques ; de plus, les espaces sur lesquels nous projetons sont orthogonaux, donc $AB = 0$, d'où le résultat.

3. En particulier, si E est la droite engendrée par le vecteur $(1, \ldots, 1)^*$, il est facile de montrer que A est une matrice $n \times n$ dont tous les coefficients sont égaux à $\frac{1}{n}$; en outre, nous avons bien sûr $B = I_n - A$, si bien que :

$$AX = (\overline{X}_n, \ldots, \overline{X}_n)^* \text{ et } BX = (X_1 - \overline{X}_n, \cdots, X_n - \overline{X}_n),$$

d'où la conclusion recherchée.

Exercice 8.2.5. Espérance conditionnelle dans le cas gaussien

Soient X et Y des vecteurs aléatoires à valeurs dans $\mathbb{R}^n$ (respectivement $\mathbb{R}^p$) tels que le vecteur (X, Y) soit gaussien. En particulier, X est gaussien et nous le supposons non dégénéré.

Démontrer l'égalité : $E[Y|X] = E[Y] + \Sigma_{YX}K_X^{-1}(X - E[X])$

et l'indépendance des vecteurs $Y - E[Y|X]$ et X.

Corrigé

Nous pouvons supposer (X, Y) centré sans perte de généralité, quitte à remplacer X par $\widetilde{X} = X - E[X]$ et Y par $\widetilde{Y} = Y - E[Y]$. Nous posons alors :

$$U = Y - \Sigma_{YX}K_X^{-1}X$$

et nous cherchons d'abord à démontrer l'indépendance de U et X.

Le vecteur (U, X) est gaussien puisque :

$$\left[\frac{U}{X}\right] = \left[\begin{array}{c|c} -\Sigma_{YX}K_X^{-1} & I_p \\ \hline I_n & 0 \end{array}\right] \left[\frac{X}{Y}\right].$$

Pour montrer l'indépendance de U et X, il suffit donc de vérifier que $\Sigma_{UX} = 0$, c'est-à-dire que $E[UX^*] = 0$. Or, nous avons :

$$E[UX^*] = E[YX^*] - \Sigma_{YX}K_X^{-1}E[XX^*] = \Sigma_{YX} - \Sigma_{YX}K_X^{-1}K_X = 0$$

Cette indépendance étant acquise, nous pouvons écrire que $E[U|X] = E[U] = 0$, ce qui nous donne :

$$E[Y|X] = \Sigma_{YX} K_X^{-1} X$$

C'était le premier résultat cherché ; nous constatons alors que le second n'est autre que l'indépendance entre U et X.

Exercice 8.2.6. Forme canonique d'un vecteur gaussien

1. *Préliminaire algèbrique.* Pour tout $n \in \mathbb{N}^*$, considérons la famille $(J_{k,n})_{1 \leqslant k \leqslant n}$ de matrices $n \times n$ définies par $J_{n,n} = I_n$ et pour $1 \leqslant k \leqslant n-1$,

$$J_{k,n} = \left[\begin{array}{c|c} I_k & 0 \\ \hline 0 & 0 \end{array}\right]$$

Montrer que si K est une matrice $n \times n$ symétrique, positive et de rang r , alors il existe une matrice carrée A inversible de taille n telle que $K = AJ_{r,n} A^*$.

2. Soit Y un vecteur aléatoire à valeurs dans $\mathbb{R}^n$ et $m \in \mathbb{R}^n$.
Montrer que $Y \sim \mathcal{N}_n(m, K)$ si et seulement si Y peut se mettre sous la forme $Y = m + AJ_{r,n} X$, avec $X \sim \mathcal{N}_n(0, I_n)$ et A définie comme précédemment.

Corrigé

1. La matrice K étant symétrique, nous pouvons la diagonaliser dans une base orthonormale ; autrement dit, il existe une matrice orthogonale P telle que $D = P^*KP$ soit diagonale.
De plus, K étant positive de rang r, nous pouvons, quitte à réordonner les vecteurs de la base orthonormale, écrire D sous la forme :

$$D = \mathrm{diag}(d_1, \cdots, d_r, 0, \cdots, 0) = \begin{bmatrix} d_1 & 0 & \cdots & \cdots & \cdots & 0 \\ 0 & \ddots & & & & \vdots \\ \vdots & & d_r & & & \vdots \\ \vdots & & & 0 & & \vdots \\ \vdots & & & & \ddots & \vdots \\ 0 & \cdots & \cdots & \cdots & \cdots & 0 \end{bmatrix},$$

où $d_1, \cdots, d_r$ sont les valeurs propres strictement positives de la matrice K.
Nous définissons alors les matrices $\Delta = \mathrm{diag}(d_1, \cdots, d_r, 1, \cdots, 1)$ et $\Delta' = \mathrm{diag}(\sqrt{d_1}, \cdots, \sqrt{d_r}, 1, \cdots, 1)$ puis nous constatons que $\Delta' J_{r,n} \Delta' = D$. Enfin, nous posons $A = P\Delta'$ pour obtenir le résultat voulu.

2. Prenons un vecteur gaussien $X \sim \mathcal{N}_n(0, I_n)$ et posons $Y = m + AJ_{r,n}X$.
Alors Y est un vecteur gaussien de moyenne m et de matrice de covariances :

$$K_Y = AJ_{r,n} K_X (AJ_{r,n})^* = AJ_{r,n} A^* = K$$

Réciproquement, si $Y \sim \mathcal{N}_n(m, K)$, nous posons $U = A^{-1}(Y - m)$ en gardant les notations de la question précédente. Alors U est un vecteur gaussien centré de matrice de covariances :

$$K_U = A^{-1}K(A^{-1})^* = A^{-1}AJ_{r,n}\,A^*(A^{-1})^* = J_{r,n}$$

Nous lisons sur cette matrice de covariances que les variables aléatoires $U_{r+1}, \ldots, U_n$ sont de variance nulle donc constantes presque sûrement et même nulles presque sûrement puisqu'elles sont centrées. De plus, nous avons $(U_1, \ldots, U_r) \sim \mathcal{N}_r(0, I_r)$.
Quitte à agrandir l'espace $(\Omega, \mathcal{A}, P)$ sous-jacent, il est toujours possible de construire des variables aléatoires réelles $X_{r+1}, \ldots, X_n$ indépendantes identiquement distribuées, de loi commune $\mathcal{N}(0, 1)$ et indépendantes du vecteur U.
Si nous posons $X = (U_1, \ldots, U_r, X_{r+1}, \ldots, X_n)$, alors $X \sim \mathcal{N}_n(0, I_n)$ et, puisque $U = J_{r,n}\,X$, nous avons bien $Y = m + AJ_{r,n}\,X$.

Exercice 8.2.7. Limite en loi d'une suite gaussienne

1. Montrer que toute limite en loi d'une suite de variables aléatoires gaussiennes est une variable aléatoire gaussienne de moyenne (resp. variance) la limite des moyennes (resp. variances).
2. En déduire que si (X_n) est un processus gaussien indexé par $\mathbb{N}^*$ et tel que $X_n \overset{(P)}{\to} X$, alors nous avons : $X_n \overset{(L^2)}{\to} X$.

Corrigé

1. Considérons une suite $(X_n)_{n \in \mathbb{N}^*}$ qui converge en loi vers une variable aléatoire réelle X et supposons que pour tout $n \in \mathbb{N}^*$, $X_n \sim \mathcal{N}(m_n, \sigma_n^2)$.
Nous avons alors, pour tout $t \in \mathbb{R}$:

$$\varphi_{X_n}(t) = \exp(itm_n - \frac{t^2\sigma_n^2}{2}) \longrightarrow \varphi_X(t). \tag{8.2.4}$$

En passant au module dans cette convergence, nous obtenons :

$$|\,\varphi_X(t)| = \lim \exp(-\frac{t^2\sigma_n^2}{2})$$

Or φ_X est continue et telle que $\varphi_X(0) = 1$, ce qui nous permet de choisir $t_0 \neq 0$ tel que $\varphi_X(t_0) \neq 0$. Passant au logarithme dans l'égalité précédente prise en $t = t_0$, nous obtenons :

$$\lim \sigma_n^2 = -\frac{2}{t_0^2} \log |\,\varphi_X(t_0)|$$

Ainsi, la suite (σ_n^2) est convergente et nous noterons σ^2 sa limite.
D'après ce que nous venons de montrer, pour tout $t \in \mathbb{R}$, nous avons convergence de la suite :

$$\exp(\frac{t^2\sigma_n^2}{2})\,\varphi_{X_n}(t) = \exp(itm_n)$$

Nous allons en déduire que la suite (m_n) est convergente.

Pour cela, posons $\underline{m} = \underline{\lim}\, m_n$ et $\overline{m} = \overline{\lim}\, m_n$. Dans un premier temps, nous allons montrer par l'absurde que $\overline{m} < +\infty$.

Si ce n'était pas le cas, nous pourrions extraire une sous-suite (m_{n_k}) qui diverge vers $+\infty$. En tout point $a \in \mathbb{R}$ tel que $P(X = a) = 0$, nous aurions alors :

$$P(X_{n_k} \leqslant a) \longrightarrow P(X \leqslant a).$$

Le membre de gauche étant égal à $P(m_{n_k} + \sigma_{n_k} Y \leqslant a)$, avec $Y \sim \mathcal{N}(0, 1)$, nous en déduisons que $P(X \leqslant a) = 0$.

Comme a peut être choisi arbitrairement grand, cela contredit le fait que la fonction de répartition de X a pour limite 1 en $+\infty$.

Nous avons donc prouvé par l'absurde que $\overline{m} < +\infty$; par un raisonnement similaire, nous obtenons : $\underline{m} > -\infty$.

La convergence de la suite $(\exp(itm_n))$ implique alors l'égalité :

$$\forall t \in \mathbb{R}, \quad \exp(it\underline{m}) = \exp(it\overline{m})$$

Nous en déduisons que, pour tout $t \in \mathbb{R}$,

$$t(\overline{m} - \underline{m}) \equiv 0 \pmod{2\pi},$$

ce qui n'est bien sûr possible que si $\overline{m} = \underline{m}$.

Ainsi, la suite (m_n) est convergente et nous noterons sa limite m.

La convergence (8.2.4) nous donne alors immédiatement :

$$\forall t \in \mathbb{R}, \quad \varphi_X(t) = \exp(itm - \frac{t^2\sigma^2}{2}),$$

ce qui prouve que $X \sim \mathcal{N}(m, \sigma^2)$.

2. Nous avons les implications :

$$X_n \xrightarrow[n\to\infty]{(\text{P})} X \Longrightarrow X_n - X \xrightarrow[n\to\infty]{(\text{P})} 0 \Longrightarrow X_n - X \xrightarrow[n\to\infty]{(\text{loi})} 0$$

Pour $n \in \mathbb{N}^*$ fixé, la variable aléatoire $X_n - X$ est limite en probabilité, et donc en loi, de la suite $(X_n - X_k)_{k\in\mathbb{N}^*}$. Or cette suite est gaussienne puisque (X_n) est un processus gaussien indexé par $\mathbb{N}^*$. D'après la question précédente, nous en déduisons que la variable aléatoire $X_n - X$ est gaussienne.

Cela étant vrai pour tout $n \in \mathbb{N}^*$, la suite $(X_n - X)_{n\in\mathbb{N}^*}$, qui converge en loi vers 0, est une suite de gaussiennes. Le résultat établi dans la question précédente nous donne alors les convergences :

$$E[X_n - X] \longrightarrow 0 \text{ et } \mathrm{Var}(X_n - X) \longrightarrow 0$$

Il suffit maintenant d'écrire l'égalité suivante pour en déduire que $X_n \xrightarrow{L^2} X$:

$$E[(X_n - X)^2] = \big(E[X_n - X]\big)^2 + \mathrm{Var}(X_n - X)$$

Chapitre 9

Mouvement brownien et martingales, exercices

9.1 RAPPELS SUR L'ESPÉRANCE CONDITIONNELLE

Soient $(\Omega, \mathcal{A}, P)$ un espace de probabilité et $\mathcal{F}$ une sous-tribu de $\mathcal{A}$.

Nous noterons $L^2(\mathcal{F})$ l'ensemble des variables aléatoires de carré intégrable sur $(\Omega, \mathcal{A}, P)$ qui admettent un représentant $\mathcal{F}$-mesurable modulo l'égalité presque sûre. Autrement dit, $X \in L^2(\mathcal{F})$ signifie que la variable aléatoire X vérifie $E[X^2] < +\infty$ et qu'il existe une variable aléatoire X' mesurable par rapport à la sous-tribu $\mathcal{F}$ et telle que P-presque sûrement, $X = X'$.

Nous savons que $L^2(\Omega, \mathcal{A}, P)$ est un espace de Hilbert et, en nous souvenant qu'une suite de variables aléatoires convergente dans L^2 admet une sous-suite presque sûrement convergente, nous vérifions facilement que $L^2(\mathcal{F})$ est un sous-espace vectoriel fermé de $L^2(\Omega, \mathcal{A}, P)$. Par conséquent, nous pouvons définir la projection orthogonale π de $L^2(\Omega, \mathcal{A}, P)$ sur $L^2(\mathcal{F})$.

Soit $X \in L^2(\Omega, \mathcal{A}, P)$ et Y une variable aléatoire. Alors $Y = \pi X$ si et seulement si Y vérifie les deux conditions suivantes :

1. $Y \in L^2(\mathcal{F})$
2. $\forall Z \in L^2(\mathcal{F}), \quad X - Y \perp Z$

En fait, Y est la variable aléatoire de $L^2(\mathcal{F})$ la plus proche possible de X.

En utilisant la définition du produit scalaire dans $L^2(\Omega, \mathcal{A}, P)$, nous pouvons également écrire que $Y = \pi X$ si et seulement si Y vérifie les deux conditions suivantes :

1. $Y \in L^2(\mathcal{F})$
2. $\forall Z \in L^2(\mathcal{F}), \quad E[YZ] = E[XZ]$

Nous ne pouvons pas généraliser le raisonnement précédent à $L^1(\Omega, \mathcal{A}, P)$ puisqu'il ne possède pas une structure d'espace de Hilbert. En revanche, la théorie des espérances conditionnelles nous apprend que l'équivalence ci-dessus se généralise sous la forme de la proposition suivante.

Proposition 9.1. *Soit $X \in L^1(\Omega, \mathcal{A}, P)$. Alors il existe une unique variable aléatoire Y qui vérifie les deux conditions suivantes :*

$$Y \in L^1(\mathcal{F}) \tag{9.1.1}$$

$$\forall Z \ \mathcal{F}\text{-mesurable bornée}, \quad E[YZ] = E[XZ] \tag{9.1.2}$$

La variable aléatoire Y est appelée espérance conditionnelle de X sachant la sous-tribu $\mathcal{F}$ et est notée comme suit :

$$Y = E[X|\mathcal{F}]$$

> ***Remarque.*** Dans la condition (9.1.2), l'hypothèse Z bornée est là pour assurer que les espérances considérées sont bien définies. Nous pouvons supprimer cette hypothèse en disant que l'égalité a lieu pour toute variable Z $\mathcal{F}$-mesurable dès lors que les deux espérances ont un sens.

Intuitivement, nous gardons l'idée que $Y = E[X|\mathcal{F}]$ est la variable aléatoire de $L^1(\mathcal{F})$ la plus proche possible de X, même si nous n'avons plus rigoureusement une distance mathématique sous-jacente comme dans L^2. Ainsi, si nous pouvons uniquement observer des variables $\mathcal{F}$-mesurables et si nous souhaitons prédire la valeur de X, alors $Y = E[X|\mathcal{F}]$ est la meilleure prédiction que nous puissions faire.

Si nous ne considérons que les variables Z de la forme $Z = \mathbf{1}_A$ avec $A \in \mathcal{F}$, alors la condition (9.1.2) devient :

$$\forall A \in \mathcal{F}, \quad \int_A Y dP = \int_A X dP \tag{9.1.3}$$

En fait, il est facile de prouver que les conditions (9.1.3) et (9.1.2) sont équivalentes. La condition (9.1.3) est appelée *propriété caractéristique* de l'espérance conditionnelle tandis que la condition (9.1.2) est appelée *propriété caractéristique étendue*.

De nombreuses propriétés de l'espérance se généralisent à l'espérance conditionnelle $E[\cdot|\mathcal{F}]$: linéarité, théorème de convergence monotone, lemme de Fatou, théorème de convergence dominée, inégalité de Jensen, etc.

Nous terminons ces rappels par deux propriétés de l'espérance conditionnelle qui sont souvent utiles dans les calculs pratiques.

Proposition 9.2. *Si U est une variable aléatoire $\mathcal{F}$-mesurable, alors pour toute variable aléatoire X, nous avons l'égalité presque sûre :*

$$E[UX|\mathcal{F}] = UE[X|\mathcal{F}],$$

dès lors que les deux espérances conditionnelles sont bien définies.

Proposition 9.3. *Si $\mathcal{F}_1$ et $\mathcal{F}_2$ sont deux sous-tribus de $\mathcal{A}$ telles que $\mathcal{F}_2 \subset \mathcal{F}_1$, alors pour toute variable aléatoire $X \in L^1(\Omega, \mathcal{A}, P)$, nous avons l'égalité presque sûre :*

$$E[X|\mathcal{F}_2] = E\Big[E[X|\mathcal{F}_1]\,|\mathcal{F}_2\Big]$$

Le lecteur qui souhaite des précisions sur ces rappels pourra se reporter à la partie III.4 de l'ouvrage [**25**].

9.2 COMPLÉMENT DE COURS EN VUE DES EXERCICES : VARIATION D'UN PROCESSUS

Nous rappelons ici une notion générale sur les fonctions qui nous sera utile pour mettre en évidence que le mouvement brownien, bien que continu, « oscille beaucoup », comme nous le verrons dans l'exercice 9.3.1.

Soit $f : \mathbb{R}_+ \to \mathbb{R}$ une application borélienne et σ une subdivision de l'intervalle $[0, t]$ donnée par : $0 = t_0 < t_1 < \cdots < t_n = t$. On introduit alors la somme :

$$V_t^\sigma(f) = \sum_i |f(t_{i+1}) - f(t_i)|$$

et l'on définit la variation de l'application f sur l'intervalle $[0, t]$ par :

$$V_t(f) = \sup\{V_t^\sigma(f),\ \ \sigma \text{ subdivision de l'intervalle } [0, t]\}.$$

L'application $V(f) : \mathbb{R}_+ \to \mathbb{R}_+ \cup \{+\infty\}$ ainsi définie est appelée variation totale de f. On dit que l'application f est à variation finie si $V_t(f) < +\infty$ pour tout $t \in \mathbb{R}_+$.

C'est évidemment le cas si f est monotone. Si u est une application localement intégrable sur $\mathbb{R}_+$ (i.e. intégrable sur tout intervalle compact de $\mathbb{R}_+$), on vérifie facilement que l'application f définie par :

$$\forall t \in \mathbb{R}_+,\ \ f(t) = \int_0^t u(s)\ ds$$

est à variation finie.

On dit que l'application f est à variation bornée s'il existe une constante $K \geqslant 0$ telle que $V_t(f) \leqslant K$ pour tout $t \in \mathbb{R}_+$.

Passons maintenant aux définitions concernant un processus aléatoire $X = (X_t)_{t \geqslant 0}$.

Le processus X est dit à variation finie si $P(d\omega)$-p.s. l'application $t \to X_t(\omega)$, que nous noterons encore $X_.(\omega)$, est à variation finie. Le processus X est dit à variation bornée s'il existe une constante $K \geqslant 0$ telle que $P(d\omega)$-p.s. , pour tout $t \in \mathbb{R}_+$, $V_t(X_.(\omega)) \leqslant K$.

9.3 PROPRIÉTÉS DU MOUVEMENT BROWNIEN

Exercice 9.3.1. Variations du mouvement brownien réel

Soit $(B_t,\ t \geqslant 0)$ un mouvement brownien réel issu de 0.

1. Montrer que presque sûrement la trajectoire du mouvement brownien B n'est monotone sur aucun intervalle.

2. Pour tout $n \in \mathbb{N}^*$, on considère une subdivision π_n de l'intervalle [0,t] donnée par $t_0^n = 0 < t_1^n < \cdots < t_{m_n}^n = t$; on appelle pas de la subdivision et l'on note $\|\pi_n\|$ la quantité $\max_{1 \leqslant i \leqslant m_n} \mid t_i^n - t_{i-1}^n \mid$.

   Nous définissons alors la variation quadratique $Q_t^{\pi_n}(B) = \sum_{i=1}^{m_n}(B_{t_i^n} - B_{t_{i-1}^n})^2$ et nous rappelons l'égalité suivante, établie à la suite de la définition 2.2 :

$$E[(Q_t^{\pi_n}(B) - t)^2] = 2 \sum_{1 \leqslant i \leqslant m_n} (t_i^n - t_{i-1}^n)^2,$$

   ainsi que son corollaire : dès que $\|\pi_n\| \to 0$, la suite des variations quadratiques $(Q_t^{\pi_n}(B))$ converge dans L^2 vers t.

   Montrer que sous l'hypothèse $\sum \|\pi_n\| < \infty$, la suite $(Q_t^{\pi_n}(B))$ converge presque sûrement vers t, puis retrouver le résultat de la question précédente.

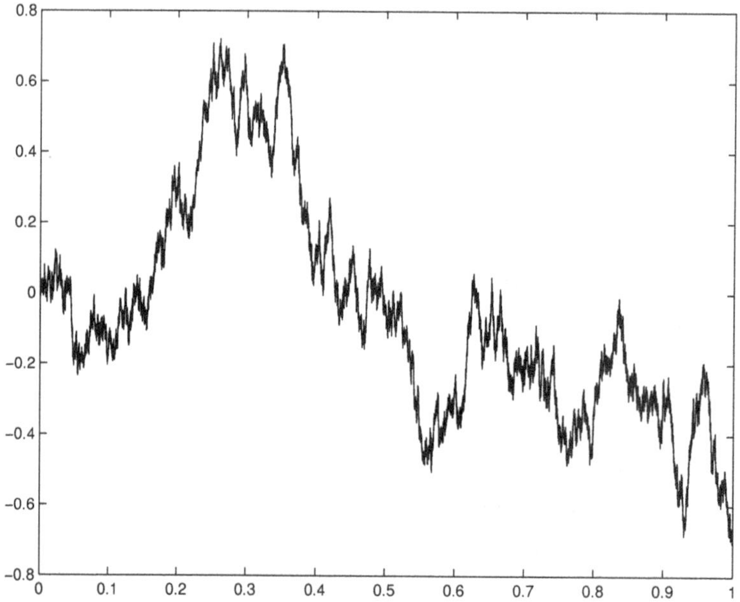

Figure 9.1 Mouvement brownien réel.

Corrigé

1. Il suffit de montrer que pour tous rationnels $0 \leqslant s < t$, l'événement suivant est de probabilité nulle :

$$E = \{\omega \in \Omega,\ B_.(\omega) \text{ est croissante sur [s,t] }\}$$

Pour tout $n \in \mathbb{N}^*$, on définit l'événement :

$$E_n = \bigcap_{1 \leqslant k \leqslant 2^n} \{\omega \in \Omega,\ B_{s+k\frac{t-s}{2^n}} - B_{s+(k-1)\frac{t-s}{2^n}} \geqslant 0\}$$

En utilisant l'indépendance des accroissements du mouvement brownien B, on a alors $P(E) = \lim P(E_n) = \lim 2^{-2^n} = 0$, ce qu'on voulait.

2. En utilisant l'inégalité de Bienaymé-Tchebychev, on a pour tout $\epsilon > 0$:

$$\sum_n P[\ |\mathcal{Q}_t^{\pi_n}(B) - t| \geqslant \epsilon\ ] \leqslant \frac{2t}{\epsilon^2} \sum_n \|\pi_n\| < +\infty$$

On conclut par le lemme de Borel-Cantelli.

Pour tous réels $0 \leqslant s < t$, nous allons montrer que presque sûrement le processus B est à variation infinie sur l'intervalle $[s,t]$, donc en particulier n'y est pas monotone.

Pour alléger les notations, nous allons raisonner sur un intervalle $[0,t]$ mais tout se généralise immédiatement au cas d'un intervalle quelconque $[s,t]$.

Considérons une suite (π_n) de subdivisions de l'intervalle $[0,t]$ vérifiant l'hypothèse $\sum \|\pi_n\| < \infty$ de sorte qu'il y a convergence p.s. de la suite $\mathcal{Q}_t^{\pi_n}(B))$ vers $t > 0$; nous allons en déduire que P-p.s., $V_t(B) = +\infty$.

En effet, nous avons l'implication suivante :

$$V_t(B(\omega)) < +\infty \Longrightarrow \lim \mathcal{Q}_t^{\pi_n}(B(\omega))) = 0,$$

qui résulte de l'uniforme continuité de l'application $B_.(\omega)$ sur l'intervalle compact $[0,t]$ ainsi que de l'inégalité :

$$\sum_{i=1}^{m_n} (B_{t_i^n}(\omega) - B_{t_{i-1}^n}(\omega))^2 \leqslant V_t(B)\, M_n,$$

où $M_n = \sup\{|B_u(\omega) - B_v(\omega)|\,;\,(u,v) \in [0,t]^2, |u-v| \leqslant \|\pi_n\|\}$ tend vers 0, ce qui nous permet de conclure.

Le lecteur pourra se reporter à l'exercice 9.5.3 qui traite plus généralement des variations des martingales continues.

> ***Remarque.*** Quand nous passons du calcul différentiel classique au calcul stochastique, nous voyons apparaître dans la formule d'Itô (cf. proposition 3.6) un terme supplémentaire qui est dû à la non nullité de la variation quadratique du mouvement brownien.

Exercice 9.3.2. Invariance par isométrie du mouvement brownien vectoriel

On appelle mouvement brownien de dimension n un processus à valeurs dans $\mathbb{R}^n$ de la forme $\big(B_t = (B_t^1, \cdots, B_t^n), t \geqslant 0\big)$, où les B^i, $1 \leqslant i \leqslant n$, sont des mouvements browniens réels indépendants.

Soient $(B_t, t \geqslant 0)$ un mouvement brownien de dimension n et U une matrice $n \times n$ orthogonale (i.e. telle que $U^*U = Id$).

Montrer que le processus $\{W_t = UB_t, t \geqslant 0\}$ est encore un mouvement brownien de dimension n.

Corrigé

Pour tout k−uplet $(t_1, \cdots, t_k) \in \mathbb{R}_+^k$, le vecteur aléatoire suivant :

$$(W_{t_1}^1, \cdots, W_{t_1}^n, W_{t_2}^1, \cdots, W_{t_2}^n, \cdots, W_{t_k}^1, \cdots, W_{t_k}^n)$$

est gaussien centré en tant qu'image d'un vecteur gaussien centré par une transformation linéaire.

On en déduit que les processus W^i, $1 \leqslant i \leqslant n$ sont gaussiens centrés. Leur continuité étant évidente, il reste deux propriétés à prouver :

- Pour tout $i = 1, \cdots, n$, le processus W^i a la « bonne » fonction de covariances, i.e.
$$\forall (s,t) \in \mathbb{R}_+^2, \quad \mathrm{Cov}(W_s^i, W_t^i) = s \wedge t$$
- Les processus $W^i, 1 \leqslant i \leqslant n$ sont indépendants. Par un argument de classe monotone, il suffit de montrer que les vecteurs aléatoires suivants sont indépendants :
$$(W_{t_1}^1, \cdots, W_{t_k}^1), (W_{t_1}^2, \cdots, W_{t_k}^2), \cdots, (W_{t_1}^n, \cdots, W_{t_k}^n)$$
Or, d'après ce qui précède, le « grand vecteur » correspondant est gaussien, il suffit donc de vérifier que toutes les « covariances croisées » sont nulles, c'est-à-dire que :
$$i \neq j \Rightarrow \mathrm{Cov}(W_{t_l}^i, W_{t_m}^j) = 0, \quad \forall (l,m) \in \{1, \cdots, k\}^2.$$

Si nous résumons ces deux propriétés, ce qui nous reste à prouver est donc équivalent à l'égalité suivante :

$$\forall (i,j) \in \{1, \cdots, n\}^2, \ \forall (s,t) \in \mathbb{R}_+^2, \ \mathrm{Cov}(W_s^i, W_t^j) = (s \wedge t)\, \delta_{ij},$$

où le symbole de Kronecker δ_{ij} vaut 1 si $i = j$ et 0 sinon.

Nous prouvons cette dernière égalité en effectuant le calcul matriciel suivant pour tout $(s,t) \in \mathbb{R}_+^2$:

$$E[W_s W_t^*] = E[UB_s B_t^* U^*] = UE[B_s B_t^*]U^*$$

d'où, puisque B est un mouvement brownien n-dimensionnel,

$$E[W_s W_t^*] = U(s \wedge t) I_n U^* = (s \wedge t) UU^* = (s \wedge t) I_n,$$

ce qui achève notre démonstration.

Remarque. Par exemple, un mouvement brownien plan transformé par une rotation quelconque garde la loi d'un mouvement brownien plan. La figure 9.2 représente une simulation d'une trajectoire brownienne plane $t \to (B_t^1(\omega), B_t^2(\omega))$, avec ω fixé et $t \in [0, 1]$.

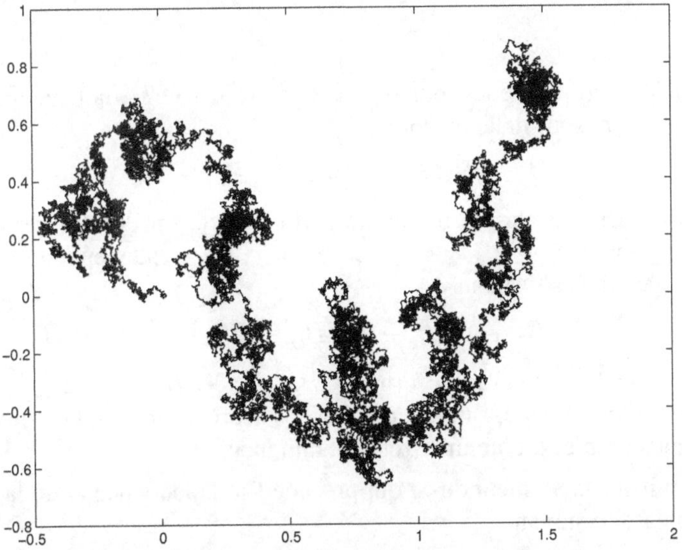

Figure 9.2 Trajectoire d'un mouvement brownien plan.

Exercice 9.3.3. Loi du tout ou rien de Blumenthal

Sur un espace de probabilité $(\Omega, \mathcal{A}, P)$, on considère un mouvement brownien réel $(B_t, t \geqslant 0)$ et $(\mathcal{F}_t, t \geqslant 0)$ la filtration naturelle associée.

L'objet de l'exercice est d'étudier la tribu suivante :

$$\mathcal{F}_{0+} = \bigcap_{\epsilon>0} \mathcal{F}_\epsilon$$

1. Pour tout $\epsilon \in]0, 1[$, on pose $\mathcal{F}^\epsilon = \sigma(B_t - B_\epsilon,\ \epsilon \leqslant t \leqslant 1)$.
   Montrer que la tribu $\mathcal{F}^\epsilon$ est indépendante de $\mathcal{F}_{0+}$.
2. Prouver que la classe suivante de parties de Ω est une algèbre :

   $$\bigcup_{0<\epsilon<1} \mathcal{F}^\epsilon$$

   Nous noterons comme suit la tribu qu'elle engendre :

   $$\bigvee_{0<\epsilon<1} \mathcal{F}^\epsilon$$

   Montrer que cette tribu est indépendante de $\mathcal{F}_{0+}$.

3. Prouver la *loi du tout ou rien* de Blumenthal :
Tout événement de la tribu $\mathcal{F}_{0+}$ est de probabilité 0 ou 1.
4. Application : Montrer que presque sûrement, le mouvement brownien change de signe une infinité de fois sur tout intervalle $[0, t]$, $t > 0$.

Corrigé

1. Montrons d'abord que pour tous $0 < \epsilon \leqslant t_1 < \cdots < t_n$, la tribu $\mathcal{F}_\epsilon$ et le vecteur aléatoire suivant sont indépendants :

$$(B_{t_1} - B_\epsilon, B_{t_2} - B_{t_1}, \cdots, B_{t_n} - B_{t_{n-1}})$$

Par un argument de classes monotones, il est suffisant de montrer que pour tout $k \in \mathbb{N}^*$ et tous $0 \leqslant s_1 < s_2 < \cdots < s_k \leqslant \epsilon$, il y a indépendance entre les deux vecteurs aléatoires suivants :

$$(B_{s_1}, \cdots, B_{s_k}) \text{ et } (B_{t_1} - B_\epsilon, B_{t_2} - B_{t_1}, \cdots, B_{t_n} - B_{t_{n-1}})$$

Le premier vecteur étant de la forme $f(B_{s_1}, B_{s_2} - B_{s_1}, \cdots, B_{s_k} - B_{s_{k-1}})$, avec f application borélienne, l'indépendance des accroissements du mouvement brownien B nous permet d'obtenir le résultat annoncé.

Nous déduisons facilement de ce qui précède l'indépendance entre la tribu $\mathcal{F}_\epsilon$ et le vecteur aléatoire suivant :

$$(B_{t_1} - B_\epsilon, B_{t_2} - B_\epsilon, \cdots, B_{t_n} - B_\epsilon)$$

Un nouvel argument de classes monotones montre que cela suffit à assurer l'indépendance des tribus $\mathcal{F}_\epsilon$ et $\mathcal{F}^\epsilon$.

En particulier, $\mathcal{F}^\epsilon$ est indépendante de $\mathcal{F}_{0+} \subset \mathcal{F}_\epsilon$.

2. Nous remarquons d'abord que la famille de tribus $(\mathcal{F}^\epsilon)_{0<\epsilon<1}$ est décroissante pour l'inclusion. En effet, prenons $0 < \epsilon_1 < \epsilon_2 \leqslant t \leqslant 1$; nous constatons que la variable aléatoire suivante est $\mathcal{F}^{\epsilon_1}$-mesurable :

$$B_t - B_{\epsilon_2} = (B_t - B_{\epsilon_1}) - (B_{\epsilon_2} - B_{\epsilon_1})$$

Nous déduisons facilement de ce qui précède que $\bigcup_{0<\epsilon<1} \mathcal{F}^\epsilon$ est une algèbre (donc en particulier un π-système).

D'après la question précédente, la tribu $\mathcal{F}_{0+}$ est indépendante de $\bigcup_{0<\epsilon<1} \mathcal{F}^\epsilon$; le théorème des classes monotones nous donne alors l'indépendance recherchée.

3. En fait, la tribu $\vee_{0<\epsilon<1}\mathcal{F}^\epsilon$ n'est autre que $\mathcal{F}_1$. En effet, l'inclusion $\vee_{0<\epsilon<1}\mathcal{F}^\epsilon \subset \mathcal{F}_1$ est évidente ; on obtient l'inclusion inverse en prenant une suite (ϵ_n) qui tend vers zéro et en écrivant que pour tout $0 \leqslant t \leqslant 1$, $B_t = \lim(B_t - B_{\epsilon_n})$ est $\vee_{0<\epsilon<1}\mathcal{F}^\epsilon$-mesurable.

Finalement, la tribu $\mathcal{F}_{0+}$ est indépendante de $\mathcal{F}_1$, donc *a fortiori* indépendante d'elle-même puisque $\mathcal{F}_{0+} \subset \mathcal{F}_1$. Or un événement ne peut être indépendant de lui-même que s'il est de probabilité 0 ou 1 : nous avons démontré la *loi du tout ou rien*.

4. La famille d'événements $\left(\{\sup_{0\leqslant s\leqslant\epsilon} B_s > 0\}\right)_{\epsilon>0}$ étant croissante pour l'inclusion, l'événement :
$$A = \bigcap_{\epsilon>0}\{\sup_{0\leqslant s\leqslant\epsilon} B_s > 0\}$$
appartient clairement à la tribu $\mathcal{F}_{0+}$ et est donc, d'après la loi du tout ou rien de Blumenthal, de probabilité 0 ou 1.
Or l'inclusion évidente $\{\sup_{0\leqslant s\leqslant\epsilon} B_s > 0\} \subset \{B_\epsilon > 0\}$ nous donne l'inégalité :
$$P(A) = \lim_{\epsilon\downarrow 0} P(\sup_{0\leqslant s\leqslant\epsilon} B_s > 0) \geqslant \frac{1}{2},$$
ce qui implique $P(A) = 1$.
En appliquant ce résultat au mouvement brownien $-B$, on obtient aussi :
$$P(\bigcap_{\epsilon>0}\{\inf_{0\leqslant s\leqslant\epsilon} B_s < 0\}) = 1$$
Nous avons donc démontré que presque sûrement :
$$\forall\epsilon > 0, \quad \inf_{0\leqslant s\leqslant\epsilon} B_s < 0 < \sup_{0\leqslant s\leqslant\epsilon} B_s$$
Nous en déduisons que $P(d\omega)$-presque sûrement, nous pouvons construire une suite $(s_n(\omega))_{n\in\mathbb{N}^*}$ strictement décroissante de limite 0 telle que :
$$\forall k \in \mathbb{N}^*, \ B_{s_{2k-1}(\omega)}(\omega) > 0 \ , \ B_{s_{2k}(\omega)}(\omega) < 0,$$
d'où le résultat cherché.

9.4 PONT BROWNIEN

Exercice 9.4.1. Définition et premières propriétés

Soit $(B_t)_{t\geqslant 0}$ un mouvement brownien réel.

Nous définissons un nouveau processus $(Z_t)_{0\leqslant t\leqslant 1}$ par la formule : $Z_t = B_t - tB_1$. Le processus Z s'appelle un pont brownien : le lecteur en trouvera une simulation sur la figure 9.3.

1. Montrer que $(Z_t)_{0\leqslant t\leqslant 1}$ est un processus gaussien indépendant de B_1.
2. Calculer sa fonction moyenne $m_t = E(Z_t), t \geqslant 0$ et sa fonction de covariances
$$K(s,t) = E[(Z_s - m_s)(Z_t - m_t)], (s,t) \in \mathbb{R}_+^2$$
3. Montrer que le processus $Z'_t = Z_{1-t}$, $0 \leqslant t \leqslant 1$, a même loi que Z.
4. Soit $Y_t = (1-t)\,B_{\frac{t}{1-t}}, 0 \leqslant t < 1$.
Montrer que $Y_t \to 0$ p.s. , lorsque $t \to 1$; on pose $Y_1 = 0$.
Montrer que Y_t , $0 \leqslant t \leqslant 1$ a même loi que Z.

5. Soit $G : C^0([0,1],\mathbb{R}) \to \mathbb{R}$ une fonctionnelle continue bornée.
   Montrer qu'on a la convergence suivante lorsque $\epsilon \to 0$:
$$E[G(B) \mid |B_1| < \epsilon] \longrightarrow E[G(Z)]$$

Corrigé

1. Pour tous $0 \leqslant t_1 < \cdots < t_n$, le vecteur aléatoire suivant est gaussien centré en tant qu'image d'un vecteur gaussien centré par une transformation linéaire :
$$(Z_{t_1}, \cdots, Z_{t_n}, B_1)$$
   Nous en déduisons que $(Z_t)_{0\leqslant t\leqslant 1}$ est un processus gaussien mais aussi que $(Z_{t_1}, \cdots, Z_{t_n})$ et B_1 sont indépendants car nous calculons facilement :
$$\mathrm{Cov}(Z_{t_i}, B_1) = 0, \quad 1 \leqslant i \leqslant n$$
   Un argument de classes monotones nous donne alors l'indépendance recherchée.

2. Nous a déja vu que $m_t = 0$ et pour $0 \leqslant s \leqslant t \leqslant 1$, nous calculons facilement :
$$K(s,t) = s - st$$
   En « resymétrisant » en s et t cette expression, nous obtenons :
$$K(s,t) = s \wedge t - st, \quad \forall (s,t) \in [0,1]^2.$$

3. Le processus Z' est gaussien centré et sa matrice de covariances est donnée, pour tout $(s,t) \in [0,1]^2$, par :
$$K'(s,t) = K(1-s, 1-t) = s \wedge t - st = K(s,t),$$
   ce qui suffit pour conclure.

   Une autre méthode consiste à utiliser l'invariance du mouvement brownien par retournement du temps, énoncée dans le point (4) de la proposition 2.1

   En effet, nous constatons que Z' est le pont brownien associé au mouvement brownien $B'_t = B_{1-t} - B_1$, $0 \leqslant t \leqslant 1$.

4. En faisant le changement de variable $t = \frac{u}{1-u}$ dans la loi des grands nombres pour le mouvement brownien réel (cf. proposition 2.11), nous obtenons facilement le résultat voulu et nous posons alors $Y_1 = 0$.

   Dans ces conditions, le processus $(Y_t)_{0\leqslant t\leqslant 1}$ est gaussien centré et sa matrice de covariances est donnée, pour $0 \leqslant s \leqslant t \leqslant 1$, par :
$$\mathrm{Cov}(Y_s, Y_t) = (1-s)(1-t)(\frac{s}{1-s} \wedge \frac{t}{1-t}) = s(1-t),$$
   d'où l'égalité en loi des processus Y et Z.

5. Nous définissons l'application $F : C^0([0,1],\mathbb{R}) \times \mathbb{R} \to C^0([0,1],\mathbb{R})$ par :

$$\forall g \in C^0([0,1],\mathbb{R}),\ \ \forall \alpha \in \mathbb{R},\ \ \forall t \in [0,1],\ \ F(g,\alpha)(t) = g(t) + \alpha t$$

En munissant l'espace $C^0([0,1],\mathbb{R})$ de la norme $\|g\|_\infty = \max_{[0,1]} |g|$, nous vérifions facilement que l'application F est continue et que $B = F(Z, B_1)$, si bien que, pour tout $\epsilon > 0$, nous avons :

$$\begin{aligned} E[G(B) \mid |B_1| < \epsilon] &= E[G \circ F(Z, B_1) \mid |B_1| < \epsilon] \\ &= \frac{E[G \circ F(Z, B_1) \mathbf{1}_{|B_1|<\epsilon}]}{P(|B_1| < \epsilon)} \end{aligned}$$

D'après l'indépendance de Z et B_1 démontrée dans la première question, cela se réécrit :

$$E[G(B) \mid |B_1| < \epsilon] = \frac{\int_{-\epsilon}^{\epsilon} \frac{1}{\sqrt{2\pi}} \exp(-\frac{x^2}{2}) E[G \circ F(Z, x)]\, dx}{\int_{-\epsilon}^{\epsilon} \frac{1}{\sqrt{2\pi}} \exp(-\frac{x^2}{2})\, dx}$$

En utilisant le théorème de convergence dominée, nous obtenons immédiatement la convergence suivante, lorsque $x \to 0$:

$$E[G \circ F(Z, x)] \longrightarrow E[G \circ F(Z, 0)] = E[G(Z)]$$

Revenant à l'égalité précédente, nous en déduisons le résultat voulu.

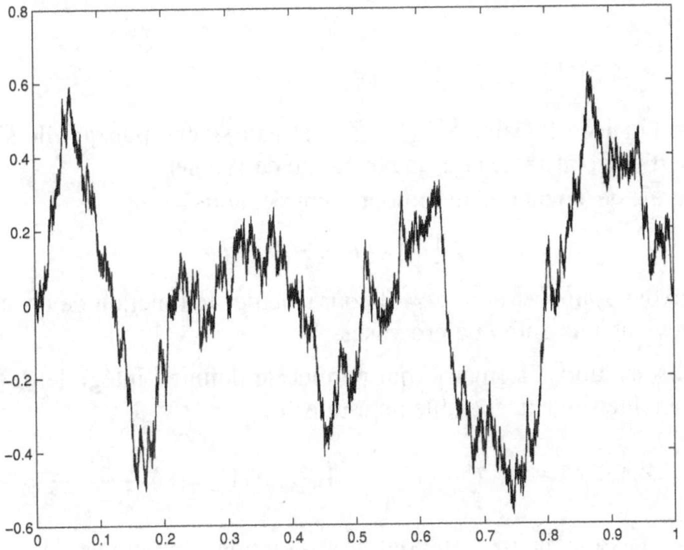

Figure 9.3 Pont brownien.

Exercice 9.4.2. Équation différentielle stochastique vérifiée par un pont brownien

Soit $(B_t)_{t\geqslant 0}$ un mouvement brownien réel. Pour a et b réels fixés, nous définissons le processus suivant :

$$Z_t = a(1-t) + bt + (1-t)\int_0^t \frac{dB_s}{1-s}, \quad 0 \leqslant t < 1$$

1. Montrer que Z est un processus gaussien et calculer sa fonction moyenne et sa fonction de covariances.
   Dans le cas $a = b = 0$, quelle loi de processus reconnaissez-vous ?
2. Montrer que lorsque $t \to 1$, nous avons la convergence suivante : $Z_t \xrightarrow{L^2} b$.
   Nous admettrons pour l'instant que cette convergence a également lieu presque sûrement : ceci sera démontré dans l'exercice 10.2.6.
   Nous poserons donc $Z_1 = b$.
3. En utilisant la méthode de la variation de la constante, résoudre l'équation différentielle ordinaire :
   $$z'(t) = \frac{b - z(t)}{1-t} + f(t), \quad 0 \leqslant t < 1 \quad ; \quad z(0) = a \tag{9.4.4}$$
   où f est une application continue de $[0,1[$ dans $\mathbb{R}$.
   Grâce à une intégration par parties, en déduire que le processus Z est solution de l'équation différentielle stochastique suivante :
   $$dZ_t = \frac{b - Z_t}{1-t}\,dt + dB_t, \quad 0 \leqslant t < 1 \quad ; \quad Z_0 = a$$

Corrigé

1. Toute combinaison linéaire $\sum_{i=1}^n a_i Z_{t_i}$ est gaussienne puisqu'elle s'écrit comme la somme d'une constante et d'une intégrale de Wiener.
   Une intégrale de Wiener étant toujours centrée, nous avons :
   $$E[Z_t] = a(1-t) + bt$$
   Nous pouvons supposer $a = b = 0$ pour calculer la fonction de covariances de Z car cela revient à recentrer ce processus.
   Nous utilisons alors l'isométrie qui permet de définir l'intégrale de Wiener pour obtenir l'égalité suivante, valable pour tous $0 \leqslant s \leqslant t < 1$:
   $$\mathrm{Cov}(Z_s, Z_t) = (1-s)(1-t)\int_0^{+\infty} \mathbf{1}_{[0,s]}(u)\mathbf{1}_{[0,t]}(u)\frac{du}{(1-u)^2} = s(1-t)$$
   Nous reconnaissons la loi d'un pont brownien dont l'ensemble de définition serait réduit à $[0,1[$.

2. Nous nous ramenons facilement au cas $a = b = 0$. En utilisant la fonction de covariances de Z, nous calculons immédiatement :

$$E[\,Z_t^2\,] = t(1-t)$$

Cette quantité tend vers 0 lorsque $t \to 1$, ce qui nous donne la convergence voulue.

3. Une résolution de l'équation différentielle ordinaire homogène associée à (9.4.4), c'est-à-dire :

$$z'(t) = \frac{-z(t)}{1-t},\ \ 0 \leqslant t < 1,$$

nous donne une solution de la forme $Z(t) = C(1-t)$, où C est une constante.

Nous décidons alors de chercher les solutions de (9.4.4) sous la forme $z(t) = C(t)(1-t)$, ce qui est toujours possible.

Nous obtenons :

$$C(t) = a + \frac{bt}{1-t} + \int_0^t \frac{f(s)}{1-s}\,ds, \text{ puis}$$

$$z(t) = a(1-t) + bt + (1-t)\int_0^t \frac{f(s)}{1-s}\,ds.$$

Bien que la forme de cette solution rappelle celle du processus Z, nous ne pouvons en tirer de conclusion directe sur ce processus car il n'est pas possible de poser $f(s) =$ "" $\frac{dB}{ds}$ " !

Nous faisons donc d'abord une intégration par parties dans l'intégrale de Wiener pour exprimer le processus Z sous la forme :

$$Z_t = a(1-t) + bt + B_t - (1-t)\int_0^t \frac{B_s}{(1-s)^2}\,ds$$

D'après ce qui précède, le processus $Y = Z - B$ est solution de l'équation différentielle :

$$dY_t = \frac{b - Y_t}{1-t}\,dt - \frac{B_t}{1-t}\,dt,\ \ 0 \leqslant t < 1$$

Nous en déduisons facilement le résultat voulu.

Exercice 9.4.3. Introduction au test de Kolmogorov-Smirnov

Considérons une suite $(U_i)_{i\in\mathbb{N}^*}$ indépendante identiquement distribuée de loi uniforme sur $[0,1]$ et posons, pour tout $t \in [0,1]$ et tout $n \geqslant 1$:

$$G_n(t) = \frac{1}{n}\sum_{i=1}^{n} \mathbf{1}_{[0,t]}(U_i) \quad \text{et} \quad \nu_n(t) = \sqrt{n}\,(G_n(t) - t)$$

Montrer que pour tout $(t_1, \cdots, t_k) \in [0,1]^k$, nous avons la convergence en loi suivante lorsque $n \to \infty$:

$$(\nu_n(t_1), \cdots, \nu_n(t_k)) \xrightarrow[n\to\infty]{\text{(loi)}} (Z_{t_1}, \cdots, Z_{t_k}),$$

où $(Z_t)_{0\leqslant t\leqslant 1}$ est un pont brownien.

Corrigé succinct

Une simple application du théorème central limite vectoriel nous donne la convergence suivante lorsque $n \to +\infty$:

$$(\nu_n(t_1), \cdots, \nu_n(t_k)) \xrightarrow[n\to\infty]{\text{(loi)}} \mathcal{N}(0, K),$$

où K est la matrice de covariances du vecteur aléatoire suivant :

$$(\mathbf{1}_{[0,t_1]}(U_1), \cdots, \mathbf{1}_{[0,t_k]}(U_1))$$

Nous calculons facilement, pour tous $1 \leqslant i \leqslant k$ et $1 \leqslant j \leqslant k$:

$$K_{i,j} = t_i \wedge t_j - t_i t_j$$

Nous constatons alors que $\mathcal{N}(0, K)$ n'est autre que la loi du vecteur aléatoire $(Z_{t_1}, \cdots, Z_{t_k})$, ce qui nous donne le résultat voulu.

> ***Remarque.*** Ce résultat est un ingrédient de la construction d'un important test statistique, appelé *test de Kolmogorov-Smirnov*. Celui-ci permet, à partir d'une réalisation d'un n-échantillon $(X_1, \cdots, X_n)$ de loi μ inconnue sur $\mathbb{R}$, d'accepter ou rejeter l'hypothèse $H_0 : \mu = \mu_0$, où μ_0 est une loi fixée.
>
> L'idée est de comparer la fonction de répartition empirique associée à ce n-échantillon (voir sa définition dans le paragraphe 14.3.1.) et la fonction de répartition de la loi μ_0.
>
> La convergence en loi que nous venons de prouver est un élément de la démonstration du théorème 14.3, qui est le fondement théorique du test statistique associé. Le lecteur pourra trouver des précisions dans le chapitre 8 de [**29**].

Exercice 9.4.4. F.r. du maximum d'un pont brownien

Soit $B = (B_t)_{t\geqslant 0}$ un mouvement brownien réel et Z le pont brownien associé, défini par :

$$Z_t = B_t - tB_1 \ , \ 0 \leqslant t \leqslant 1$$

Le but de cet exercice est de calculer la fonction de répartition de la variable aléatoire suivante :

$$U = \max_{t\in[0,1]} Z_t$$

1. Nous définissons l'application $F : \mathbb{R} \to \mathbb{R}$ par :

$$\forall a \in \mathbb{R}, \quad F(a) = P(U < a)$$

Que vaut $F(a)$ pour $a \leqslant 0$?

2. Nous supposons désormais $a > 0$. Montrer l'égalité :

$$F(a) = 1 - P(\exists s \in]0,1[\,,\ Z_s = a)$$

En utilisant le résultat de la quatrième question de l'exercice 9.4.1, en déduire l'égalité :

$$F(a) = 1 - P(\exists t \in]0,+\infty[\,,\ B_t - ta = a) \qquad (9.4.5)$$

3. Pour tout $a > 0$, nous définissons la variable aléatoire :

$$T_a = \inf\{t \geqslant 0,\ B_t - ta = a\}$$

Montrer que T_a est un temps d'arrêt puis prouver l'égalité :

$$\forall t > 0, \quad E\Big\{\exp\big[2a(B_{t\wedge T_a} - (t \wedge T_a)\,a)\big]\Big\} = 1$$

4. Remarquer que presque sûrement, pour tout $t > 0$, nous avons la majoration suivante :

$$B_{t\wedge T_a} - (t \wedge T_a)\,a \leqslant a \qquad (9.4.6)$$

En déduire l'égalité :

$$E\Big\{\exp\big[2a(B_{T_a} - aT_a)\big]\,\mathbf{1}_{(T_a<+\infty)}\Big\} = 1 \qquad (9.4.7)$$

5. Déduire de la question précédente la valeur de $P(T_a < +\infty)$ puis calculer $F(a)$. Conclure en déterminant la fonction de répartition de U.

Remarque. Si nous définissons maintenant $V = \max_{t\in[0,1]} |Z_t|$, nous obtenons une variable aléatoire dont la loi joue un rôle important dans le célèbre *test de Kolmogorov-Smirnov*.

La fonction de répartition G de V est plus difficile à calculer que celle de U mais on démontre, à l'aide d'un argument dit de *réflexion du mouvement brownien*, qu'elle s'écrit sous la forme de la série suivante :

$$\forall a > 0, \quad G(a) = 1 - 2\sum_{n\geqslant 1}(-1)^{n-1}\exp(-2n^2a^2)$$

Le lecteur intéressé pourra en trouver la démonstration dans [**5**] pp. 360-365, ainsi qu'un calcul de la fonction de répartition de U par une méthode différente de celle que nous avons proposée dans cet exercice.

Corrigé

1. Puisque $Z_0 = Z_1 = 0$, nous avons bien sûr :

$$U \geqslant 0 \ \text{ presque sûrement,}$$

ce qui implique $F(a) = 0$ pour tout $a \leqslant 0$.

2. Le processus Z étant continu et nul en 0, nous pouvons écrire grâce au théorème des valeurs intermédiaires :

$$1 - F(a) = P(U \geqslant a) = P(\exists s \in [0,1],\ \ Z_s = a)$$

ou encore, puisque $Z_0 = Z_1 = 0$ et $a > 0$,

$$1 - F(a) = P(\exists s \in]0,1[,\ \ Z_s = a)$$

En utilisant l'égalité en loi du processus Z et du processus Y introduit dans l'exercice 9.4.1 puis en faisant le changement de variable suivant :

$$u = \frac{s}{1-s} \Leftrightarrow s = \frac{u}{1+u}, \quad s \in]0,1[, \quad u \in \mathbb{R}_+^*,$$

nous obtenons :

$$\begin{aligned} 1 - F(a) &= P\Big(\exists s \in]0,1[\,,\ (1-s)\, B_{\frac{s}{1-s}} = a\Big) \\ &= P(\exists u \in \mathbb{R}_+^*,\ \frac{1}{1+u}\, B_u = a) \\ &= P(\exists u \in \mathbb{R}_+^*,\ B_u - au = a), \end{aligned}$$

d'où le résultat voulu.

3. La variable aléatoire T_a est le temps d'entrée dans le fermé $\{a\}$ du processus continu adapté $(B_t - ta)_{t \in \mathbb{R}_+}$ donc est bien un temps d'arrêt. Par ailleurs, le processus M défini par :

$$\forall t \in \mathbb{R}_+, \quad M_t = \exp\big(2a(B_t - ta)\big)$$

est une martingale exponentielle (cf. exemple 2.4 (ii) avec $\lambda = 2a$).

En appliquant le théorème d'arrêt avec le temps d'arrêt borné $T_a \wedge t$, nous obtenons l'égalité désirée.

4. Le processus $\big(B_t - ta, t \geqslant 0\big)$ étant issu de 0, la majoration (9.4.6) résulte de la définition même de T_a.

Démontrons maintenant que la convergence suivante a lieu lorsque $t \to +\infty$:

$$\exp\big[2a(B_{t \wedge T_a} - (t \wedge T_a)\, a)\big] \xrightarrow{\text{p.s.}} \exp\big[2a(B_{T_a} - aT_a)\big]\, 1_{T_a < +\infty} \qquad (9.4.8)$$

Sur l'événement $\{T_a < +\infty\}$, elle résulte simplement de la convergence :

$$B_{t \wedge T_a} - (t \wedge T_a)\, a \longrightarrow B_{T_a} - T_a\, a$$

Sur l'événement $\{T_a = +\infty\}$, privé éventuellement d'un ensemble négligeable, la proposition 2.11 (loi des grands nombres pour le mouvement brownien) implique la convergence suivante :

$$B_{t \wedge T_a} - (t \wedge T_a)\, a = B_t - ta = t\,(\frac{B_t}{t} - a) \longrightarrow -\infty$$

En regroupant ces deux cas, nous obtenons la convergence presque sûre (9.4.8). Grâce à la majoration (9.4.6), nous pouvons appliquer le théorème de convergence dominée pour passer à l'espérance dans la convergence (9.4.8).

Avec le résultat de la question précédente, nous en déduisons l'égalité (9.4.7).

5. Par définition même de T_a, sur l'événement $\{T_a < +\infty\}$, nous avons :

$$B_{T_a} - aT_a = a$$

Nous déduisons donc de (9.4.7) l'égalité suivante :

$$P(T_a < +\infty) = e^{-2a^2}$$

Toujours par définition de T_a, nous remarquons que la formule (9.4.5) s'écrit :

$$F(a) = 1 - P(T_a < +\infty)$$

d'où :

$$F(a) = 1 - e^{-2a^2}$$

Finalement, la fonction de répartition de U vaut, par continuité de F :

$$\forall a > 0, \quad P(U \leqslant a) = F(a+) = F(a) = 1 - e^{-2a^2}$$

Remarque. Sur la figure 9.4 nous avons représenté la fonction de répartition empirique correspondant à la simulation d'un n- échantillon (avec $n = 200$) de la loi de U et nous l'avons comparée à la fonction de répartition théorique F que nous venons d'exprimer.

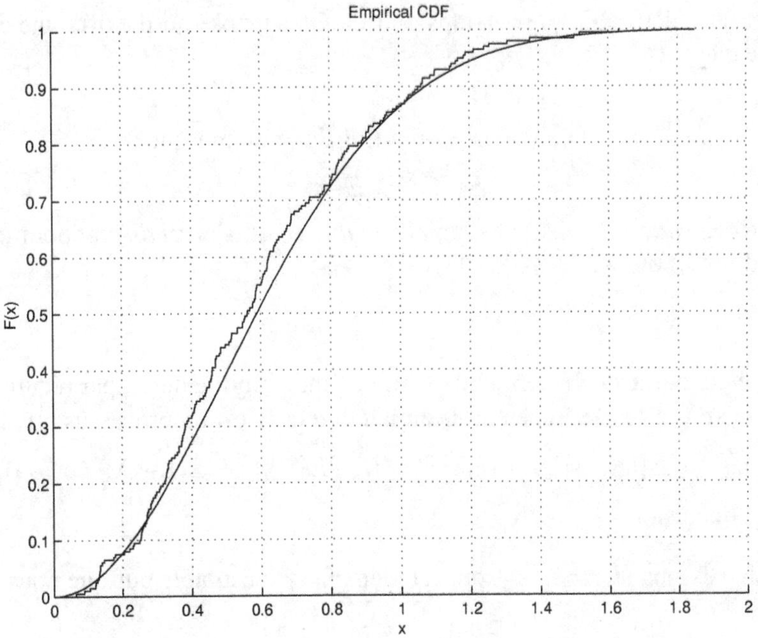

Figure 9.4 F.r. théorique et empirique du maximum d'un pont brownien.

9.5 MARTINGALES

Exercice 9.5.1. Sous-martingales discrètes

Soit $(\Omega, \mathcal{F}, (\mathcal{F}_n)_{n\in\mathbb{N}}, P)$ un espace de probabilité filtré et $(X_n)_{n\in\mathbb{N}}$ une $(\mathcal{F}_n)-$sous-martingale .

1. Soit $H = (H_n)_{n\in\mathbb{N}}$, un processus positif, borné et prévisible, c'est-à-dire tel que :

$$\forall n \geqslant 1, \quad H_n \text{ est } \mathcal{F}_{n-1} - \text{mesurable}$$

Soit Y le processus défini par les relations de récurrence :

$$\begin{aligned} Y_0 &= X_0 \\ Y_n &= Y_{n-1} + H_n(X_n - X_{n-1}), \quad \forall n \geqslant 1 \end{aligned}$$

Montrer que Y est une sous-martingale.

Remarque. On note parfois $H \cdot X$ le processus Y ; c'est la version discrète de l'intégrale stochastique.

2. Soit τ un temps d'arrêt pour la filtration $(\mathcal{F}_n)_{n\in\mathbb{N}}$. On note X^τ le processus arrêté à l'instant τ, défini par :

$$X_n^\tau(\omega) = X_{n\wedge\tau(\omega)}(\omega), \quad \forall n \in \mathbb{N}, \forall \omega \in \Omega$$

En appliquant la question précédente à un processus H bien choisi, montrer que X^τ est une sous-martingale.

3. Soient σ et τ deux $(\mathcal{F}_n)_{n\in\mathbb{N}}-$temps d'arrêt. On suppose qu'il existe une constante M telle que :

$$\forall \omega \in \Omega, \quad \sigma(\omega) \leqslant \tau(\omega) \leqslant M$$

Si $(X_n)_{n\in\mathbb{N}}$ est une $(\mathcal{F}_n)_{n\in\mathbb{N}}-$sous-martingale , montrer que :

$$E(X_\sigma) \leqslant E(X_\tau)$$

Remarque. Ce résultat s'appelle le *théorème d'arrêt discret* pour les temps d'arrêt bornés.

Corrigé

1. Le caractère borné de H permet de vérifier l'intégrabilité de Y_n par récurrence. Nous pouvons alors écrire, en utilisant le fait que H est un processus prévisible :

$$P\text{-p.s.}, \quad E[Y_n - Y_{n-1}|\ \mathcal{F}_{n-1}] = H_n\left(E[X_n|\ \mathcal{F}_{n-1}] - X_{n-1}\right) \geqslant 0\,,$$

d'où la conclusion.

2. Nous choisissons $H_n = \mathbf{1}_{\tau\geqslant n}$, qui est bien $\mathcal{F}_{n-1}$-mesurable puisque nous avons :

$$\{\tau \geqslant n\} = \{\tau \leqslant n-1\}^c\,,$$

et nous constatons alors que $H \cdot X = X^\tau$.

3. Nous choisissons cette fois-ci :

$$H_n = \mathbf{1}_{\tau \geqslant n} - \mathbf{1}_{\sigma \geqslant n}, \quad \forall n \in \mathbb{N}$$

Il est immédiat de vérifier que ce processus H satisfait bien aux hypothèses de la première question. Nous avons alors :

$$(H \cdot X)_n = X_{\tau \wedge n} - X_{\sigma \wedge n} + X_0$$

Comme $H \cdot X$ est une sous-martingale, nous avons :

$$E[(H \cdot X)_n] \geqslant E[(H \cdot X)_0], \quad \text{d'où} \quad E[X_{\tau \wedge n}] \geqslant E[X_{\sigma \wedge n}]$$

Il nous suffit de prendre $n = M$ pour conclure.

Exercice 9.5.2. Variations des martingales continues

Soit $(M_t)_{t \geqslant 0}$ une martingale continue que l'on suppose à variation finie. Montrer qu'on a alors :

$$P\text{-p.s.}, \quad \forall t \in \mathbb{R}_+, \quad M_t = M_0$$

Corrigé

Nous pouvons supposer sans perte de généralité que $M_0 = 0$ presque sûrement.

Dans un premier temps, nous faisons l'hypothèse supplémentaire que M est à variation bornée :

$$\exists K \geqslant 0, \quad P(d\omega)\text{-p.s.}, \quad \forall t \in \mathbb{R}_+, \quad V_t(M_.(\omega)) \leqslant K$$

Pour $t \in \mathbb{R}_+^*$ fixé, nous considérons une subdivision σ de l'intervalle $[0, t]$ donnée par : $0 = t_0 < t_1 < \cdots < t_n = t$.

Nous définissons le pas de cette subdivision par :

$$\|\sigma\| = \max_{0 \leqslant i \leqslant n-1} \mid t_{i+1} - t_i \mid$$

Remarquons maintenant que la propriété de martingale de M nous donne l'égalité suivante, pour tout $i = 0, 1, \cdots, n-1$:

$$E[(M_{t_{i+1}} - M_{t_i})^2] = E[M_{t_{i+1}}^2 - M_{t_i}^2]$$

En effet, si nous notons $(\mathcal{F}_t)_{t \geqslant 0}$ la filtration canonique de la martingale M, nous avons :

$$\begin{aligned} E[(M_{t_{i+1}} - M_{t_i})^2 \mid \mathcal{F}_{t_i}] &= E[M_{t_{i+1}}^2 \mid \mathcal{F}_{t_i}] - 2M_{t_i} E[M_{t_{i+1}} \mid \mathcal{F}_{t_i}] + M_{t_i}^2 \\ &= E[M_{t_{i+1}}^2 \mid \mathcal{F}_{t_i}] - M_{t_i}^2, \end{aligned}$$

d'où l'égalité précédente en passant à l'espérance.

Nous en déduisons immédiatement :

$$E[M_t^2] = E[\sum_{i=0}^{n-1} (M_{t_{i+1}} - M_{t_i})^2],$$

d'où avec notre hypothèse :

$$E[M_t^2] \leqslant E\left[V_t(M) \max_{0\leqslant i\leqslant n-1} |M_{t_{i+1}} - M_{t_i}|\right] \leqslant KE\left[\max_{0\leqslant i\leqslant n-1} |M_{t_{i+1}} - M_{t_i}|\right]$$

Si nous prenons maintenant une suite (σ_k) de subdivisions de l'intervalle $[0,t]$ telle que $\lim_k \|\sigma_k\| = 0$, nous obtenons, en utilisant la continuité du processus M et un argument de convergence dominée :

$$E[M_t^2] = 0, \text{ d'où } M_t = 0 \text{ p.s.}$$

L'instant t ayant été arbitrairement fixé, nous en déduisons :

$$P\text{-p.s.} \quad , \forall t \in \mathbb{Q}_+, \quad M_t = 0$$

Nous en concluons que P-presque sûrement, la martingale M est identiquement nulle en utilisant encore sa continuité.

Pour revenir au cas général où M est simplement à variation finie, nous introduisons la suite $(\tau_k)_{k\in\mathbb{N}^*}$ de $(\mathcal{F}_t)$-temps d'arrêt définie par :

$$\tau_k = \inf\{s \geqslant 0,\ V_s(M) \geqslant k\}$$

La martingale arrêtée $M^{\tau_k} = (M_{t\wedge\tau_k})_{t\geqslant 0}$ étant à variation bornée, on déduit de ce qui précède qu'elle est identiquement nulle. Par conséquent, nous avons :

$$P\text{-p.s.} \quad , \forall k \in \mathbb{N}^*, \forall t \in \mathbb{R}_+, \quad M_t^{\tau_k} = 0$$

Il suffit alors de passer à la limite lorsque k tend vers l'infini pour obtenir le résultat cherché.

Exercice 9.5.3. Loi de la borne supérieure d'une martingale positive

Soit M une martingale positive continue issue de $a > 0$ et telle que :

$$\lim_{t\to\infty} M(t) = 0 \quad \text{p.s.}$$

En introduisant le temps d'arrêt $T_x = \inf\{t \geqslant 0 : M(t) \geqslant x\}$, montrer que $S = \sup\{M(t); t \geqslant 0\}$ suit la même loi que a/U avec U une variable aléatoire uniforme sur $]0,1[$.

Corrigé

Soit $u \in\,]0,1[$ et $x = a/u$. On a :

$$\mathbf{P}(a/S \leqslant u) = \mathbf{P}(S \geqslant a/u) = \mathbf{P}(T_x < \infty).$$

D'après le théorème d'arrêt, on a pour tout $t \in \mathbb{R}_+$,

$$\begin{aligned} a = \mathbf{E}M(0) &= \mathbf{E}M(T_x \wedge t) \\ &= \mathbf{E}[M(T_x \wedge t)\mathbf{1}_{T_x\leqslant t}] + \mathbf{E}[M(T_x \wedge t)\mathbf{1}_{T_x>t}] \\ &= x\mathbf{P}(T_x \leqslant t) + \mathbf{E}[M(t)\mathbf{1}_{T_x>t}], \end{aligned}$$

car $M(T_x \wedge t) = M(T_x) = x$ sur l'événement $\{T_x \leqslant t\}$.
Quand $t \nearrow \infty$, $\mathbf{P}(T_x \leqslant t) \nearrow \mathbf{P}(T_x < \infty)$, et $M(t) \to 0$ p.s. par hypothèse.
Puisque $M(t)\mathbf{1}_{T_x>t} < x$ intégrable, le théorème de Lebesgue entraine que $\mathbf{E}[M(t)\mathbf{1}_{T_x>t}] \to 0$. Finalement, l'égalité ci-dessus devient à la limite $t \to \infty$,

$$a = x\mathbf{P}(T_x < \infty),$$

et donc $\mathbf{P}(a/S \leqslant u) = \mathbf{P}(T_x < \infty) = a/x = u$, ce qui montre que a/S est de loi uniforme sur $]0, 1[$.

Exercice 9.5.4. Transformée de Laplace d'un temps d'atteinte pour le mouvement brownien avec dérive

Soit $(\Omega, \mathcal{F}, (\mathcal{F}_t)_{t\geqslant 0}, P)$ un espace de probabilité filtré et $(B_t)_{t\geqslant 0}$ un $(\mathcal{F}_t)$-mouvement brownien réel issu de 0. Pour tout $a > 0$, on définit :

$$\sigma_a = \inf\{t \geqslant 0, \quad B_t \leqslant t - a\}$$

1. Montrer que pour tout $a > 0$, la variable σ_a est un $(\mathcal{F}_t)$-temps d'arrêt et $P(\sigma_a < \infty) = 1$.
2. Pour tout $\lambda > 0$, on définit le processus M^λ par :
$$\forall t \in \mathbb{R}_+, \quad M_t^\lambda = \exp\left\{-(\sqrt{1+2\lambda} - 1)(B_t - t) - \lambda t\right\}$$
Montrer que M^λ est une martingale pour tout $\lambda > 0$.
3. Prouver que pour tout entier n, on a :
$$E[M^\lambda_{\sigma_a \wedge n}] = 1$$
4. En déduire que :
$$\forall \lambda > 0, \quad E[e^{-\lambda\sigma_a}] = \exp\left[-a(\sqrt{1+2\lambda} - 1)\right]$$
5. Pour tous $a > 0$, $b > 0$, on définit maintenant :
$$\sigma_{a,b} = \inf\{t \geqslant 0, \quad B_t \leqslant bt - a\}$$
Montrer que les variables aléatoires $\sigma_{a,b}$ et σ_{ab}/b^2 ont même loi.
En déduire la valeur de $E[e^{-\lambda\sigma_{a,b}}]$ pour tout $\lambda > 0$.

Corrigé

1. La variable σ_a est le temps d'entrée du processus continu et $(\mathcal{F}_t)$-adapté $(B_t - t)_{t\in\mathbb{R}_+}$ dans le fermé $]-\infty, -a]$; c'est donc un $(\mathcal{F}_t)$- temps d'arrêt.
Par propriété de récurrence du mouvement brownien réel, démontrée dans l'exercice 9.5, le temps d'arrêt suivant est fini P-presque sûrement :
$$\tau_a = \inf\{t \geqslant 0, \quad B_t \leqslant -a\}$$

Or, le mouvement brownien B étant issu de 0, on a :

$$P\text{-p.s.}, \quad \sigma_a \leqslant \tau_a < +\infty \quad ,$$

d'où la conclusion.

2. Le processus M^λ étant à valeurs dans $\mathbb{R}_+^*$, on peut calculer, pour tous $t \geqslant s \geqslant 0$:

$$E\left[\frac{M_t^\lambda}{M_s^\lambda}\middle|\mathcal{F}_s\right] = E\left[\exp\left\{-(\sqrt{1+2\lambda}-1)(B_t - B_s)\right\}\middle|\mathcal{F}_s\right] \times$$
$$\times \exp\left\{(\sqrt{1+2\lambda}-1)(t-s) - \lambda(t-s)\right\}$$

Puisque B est un $(\mathcal{F}_t)$-mouvement brownien, l'accroissement $B_t - B_s$ est indépendant de la sous-tribu $\mathcal{F}_s$ et l'on a :

$$E\left[\exp\left\{-(\sqrt{1+2\lambda}-1)(B_t - B_s)\right\}\middle|\mathcal{F}_s\right] = E\left[\exp\left\{-(\sqrt{1+2\lambda}-1)(B_t - B_s)\right\}\right]$$

De plus, puisque $B_t - B_s \sim \mathcal{N}(0, t-s)$, la formule (8.1.2) nous donne :

$$E\left[\exp\{-(\sqrt{1+2\lambda}-1)(B_t - B_s)\}\right] = \exp\left\{\frac{(\sqrt{1+2\lambda}-1)^2(t-s)}{2}\right\}$$
$$= \exp\{(1+\lambda-\sqrt{1+2\lambda})(t-s)\}$$

Finalement, on obtient :

$$E\left[\frac{M_t^\lambda}{M_s^\lambda}\middle|\mathcal{F}_s\right] = 1,$$

ce qui nous permet de conclure : le processus M^λ est une $(\mathcal{F}_t)$-martingale.

3. Pour tout $n \in \mathbb{N}$, la variable $\sigma_a \wedge n$ est un temps d'arrêt borné. Par application du théorème d'arrêt, nous obtenons donc :

$$E[M_{\sigma_a \wedge n}^\lambda] = E[M_0^\lambda] = 1$$

4. D'après la question précédente, on a, pour tout $n \in \mathbb{N}$:

$$E\left[\exp\left\{-(\sqrt{1+2\lambda}-1)(B_{\sigma_a \wedge n} - (\sigma_a \wedge n)) - \lambda\,(\sigma_a \wedge n)\right\}\right] = 1$$

Notons que, par définition de σ_a, on a P-presque sûrement :

$$\forall n \in \mathbb{N}, \quad B_{\sigma_a \wedge n} - (\sigma_a \wedge n) \geqslant -a$$

De plus, puisque le temps d'arrêt σ_a est fini P-presque sûrement, la convergence suivante a lieu lorsque n tend vers l'infini :

$$B_{\sigma_a \wedge n} - (\sigma_a \wedge n) \xrightarrow{\text{p.s.}} B_{\sigma_a} - \sigma_a = -a,$$

cette dernière égalité résultant de la définition de σ_a et de la continuité de la trajectoire brownienne qui est issue de 0.

Le théorème de convergence dominée (avec la constante $\exp\left((\sqrt{1+2\lambda}-1)a\right)$ pour majorant intégrable) nous permet alors de passer a la limite dans l'égalité précédente pour obtenir :

$$E\left[\exp\left\{(\sqrt{1+2\lambda}-1)\,a-\lambda\,\sigma_a\right\}\right]=1,$$

d'où le résultat demandé.

5. Par propriété de changement d'échelle (énoncée dans la proposition 2.1), le processus W défini par :

$$\forall t\in\mathbb{R}_+,\quad W_t=b\,B_{\frac{t}{b^2}}$$

est un mouvement brownien.

Or, nous avons les égalités suivantes :

$$\begin{aligned}\sigma_{a,b} &= \inf\{t\geqslant 0,\quad \frac{1}{b}W_{b^2t}\leqslant bt-a\}\\ &= \inf\{t\geqslant 0,\quad W_{b^2t}\leqslant b^2t-ab\}\end{aligned}$$

Si nous définissons la variable aléatoire :

$$\sigma'_{ab}=\inf\{t\geqslant 0,\quad W_t\leqslant t-ab\}\,,$$

l'égalité précédente se réécrit :

$$\sigma_{a,b}=\frac{1}{b^2}\,\sigma'_{ab}$$

Or, W et B étant tous les deux des mouvements browniens, les variables σ'_{ab} et σ_{ab} ont même loi, ce qui nous donne le premier résultat demandé.
De plus, on en déduit, pour tout $\lambda>0$:

$$E[\exp(-\lambda\,\sigma_{a,b})]=E\left[\exp\left(-\frac{\lambda}{b^2}\,\sigma'_{ab}\right)\right]=E\left[\exp\left(-\frac{\lambda}{b^2}\,\sigma_{ab}\right)\right],$$

d'où finalement :

$$E[\exp(-\lambda\,\sigma_{a,b})]=\exp\left\{-ab\,(\sqrt{1+\frac{2\lambda}{b^2}}-1)\right\}=\exp\left\{-a(\sqrt{b^2+2\lambda}-b)\right\}$$

Exercice 9.5.5. Transformée de Laplace d'un temps d'atteinte pour le mouvement brownien

Soit $(B_t)_{t\geqslant 0}$ un mouvement brownien réel sur l'espace de probabilité $(\Omega,\mathcal{A},P)$ et $(\mathcal{F}_t)_{t\geqslant 0}$ sa filtration canonique. Pour $a>0$, nous définissons les variables aléatoires :

$$T_a=\inf\{t>0,B_t\geqslant a\},\qquad \overline{T}_a=\inf\{t>0,|B_t|\geqslant a\}$$

1. Montrer que T_a et $\overline{T}_a$ sont des $(\mathcal{F}_t)-$temps d'arrêt.

2. Montrer que pour tout $\lambda \in \mathbb{R}$ et tout $n \in \mathbb{N}$, nous avons l'égalité :

$$E\left[\exp\left(\lambda B_{T_a\wedge n} - \frac{\lambda^2}{2}\ (T_a \wedge n)\right)\right] = 1$$

3. À l'aide de la question précédente, montrer que le transformée de Laplace de T_a vaut :

$$E[\exp(-\mu T_a)] = \exp(-a\sqrt{2\mu}) \ , \quad \forall \mu > 0 \tag{9.5.9}$$

et prouver que :

$$P[T_a < \infty] = 1 \tag{9.5.10}$$

4. À l'aide de (9.5.10), démontrer les égalités suivantes :

$$\text{p.s.}\ , \ \limsup_{t\to\infty} B_t = +\infty \ \text{ et } \ \liminf_{t\to\infty} B_t = -\infty \tag{9.5.11}$$

En déduire que pour tout $x \in \mathbb{R}$, l'ensemble ci-dessous est non borné :

$$\{t > 0, \quad B_t = x\}$$

Remarque. Autrement dit, la trajectoire brownienne « balaie » toute la droite réelle en repassant indéfiniment par chacun de ses points. Cela constitue la propriété de *récurrence* du mouvement brownien réel.
Nous étudierons le cas du mouvement brownien en dimension $d \geqslant 2$ dans l'exercice 13.2.3.

5. Montrer que la transformée de Laplace de $\overline{T}_a$ vaut :

$$\forall \mu > 0, \quad E[\exp(-\mu \overline{T}_a)] = \frac{1}{\cosh(a\sqrt{2\mu})}$$

Corrigé

1. Par définition, T_a est le temps d'entrée du processus continu $(\mathcal{F}_t)-$adapté B dans le sous-ensemble fermé $[a, +\infty[$. Il en résulte que T_a est un $(\mathcal{F}_t)-$temps d'arrêt. Nous pouvons procéder de façon similaire pour $\overline{T}_a$.

2. Nous savons que le processus M^λ défini par

$$\forall t \in \mathbb{R}_+, \quad M_t^\lambda = \exp(\lambda B_t - \frac{\lambda^2}{2} t)$$

est une $(\mathcal{F}_t)-$martingale continue. En outre, la variable $T_a \wedge n$ est un temps d'arrêt borné donc le théorème d'arrêt nous donne :

$$P\text{-p.s.}\ , \quad E[M^\lambda_{T_a\wedge n} | \mathcal{F}_0] = M_0^\lambda = 1$$

Nous en déduisons l'égalité cherchée en passant à l'espérance.

3. Sur l'événement $\{T_a < +\infty\}$, la convergence suivante a lieu lorsque $n \to \infty$:

$$\exp\left(\lambda B_{T_a\wedge n} - \frac{\lambda^2}{2}(T_a \wedge n)\right) \longrightarrow \exp(\lambda B_{T_a} - \frac{\lambda^2}{2} T_a) = e^{\lambda a} \exp(-\frac{\lambda^2}{2} T_a)$$

D'autre part, sur l'événement $\{T_a = +\infty\}$, nous avons par définition de T_a :

$$B_t \leqslant a, \quad \forall t \in \mathbb{R}_+$$

Nous en déduisons que, si $\lambda > 0$, la convergence suivante a lieu sur l'événement $\{T_a = +\infty\}$ lorsque $n \to \infty$:

$$\exp\left(\lambda B_{T_a \wedge n} - \frac{\lambda^2}{2}(T_a \wedge n)\right) = \exp(\lambda B_n - \frac{\lambda^2}{2} n) \longrightarrow 0$$

En regroupant les deux cas précédents, nous avons donc, pour tout $\lambda > 0$, la convergence presque sûre suivante lorsque $n \to \infty$:

$$\exp\left(\lambda B_{T_a \wedge n} - \frac{\lambda^2}{2}(T_a \wedge n)\right) \xrightarrow{\text{p.s.}} e^{\lambda a} \exp(-\frac{\lambda^2}{2} T_a)\, \mathbf{1}_{\{T_a < +\infty\}} \qquad (9.5.12)$$

Nous pouvons maintenant passer à l'espérance dans (9.5.12) en appliquant le théorème de convergence dominée car nous avons l'encadrement suivant :

$$\forall n \in \mathbb{N}^*, \quad 0 \leqslant \exp\left(\lambda B_{T_a \wedge n} - \frac{\lambda^2}{2}(T_a \wedge n)\right) \leqslant e^{\lambda a}$$

Nous obtenons ainsi la convergence suivante :

$$1 = E[M^{\lambda}_{T_a \wedge n}] \longrightarrow e^{\lambda a} E\left[\exp\left(-\frac{\lambda^2}{2} T_a\right) \mathbf{1}_{\{T_a < +\infty\}}\right]$$

Nous en déduisons immédiatement l'égalité :

$$\forall \lambda > 0, \quad e^{\lambda a} E\left[\exp\left(-\frac{\lambda^2}{2} T_a\right) \mathbf{1}_{\{T_a < +\infty\}}\right] = 1 \qquad (9.5.13)$$

En prenant une suite (λ_n) qui tend en décroissant vers 0 et en appliquant le théorème de convergence monotone, nous en déduisons :

$$P(T_a < +\infty) = 1$$

L'égalité (9.5.13) se réécrit donc :

$$\forall \lambda > 0, \quad e^{\lambda a} E\left[\exp\left(-\frac{\lambda^2}{2} T_a\right)\right] = 1,$$

ce qui nous donne le résultat cherché en posant $\lambda = \sqrt{2\mu}$.

4. Nous pouvons établir facilement l'égalité :

$$\{\limsup_{t \to \infty} B_t = +\infty\} = \bigcap_{n \in \mathbb{N}^*} \{T_n < \infty\}$$

La suite ensembliste du membre de droite étant décroissante pour l'inclusion, nous en déduisons :

$$P(\limsup_{t \to \infty} B_t = +\infty) = \lim P(T_n < +\infty) = 1$$

Le processus $-B$ étant encore un mouvement brownien, nous avons aussi

$$P(\liminf_{t\to\infty} B_t = -\infty) = 1,$$

d'où le résultat annoncé.

En utilisant le théorème des valeurs intermédiaires, nous déduisons facilement de ce qui précède que l'ensemble des temps de passage du mouvement brownien B par le point x est presque sûrement non borné.

5. Nous pouvons procéder de façon similaire aux questions 2. et 3. en introduisant la martingale

$$N_t^\lambda = \frac{M_t^\lambda + M_t^{-\lambda}}{2} = \cosh(\lambda B_t)\exp\left(-\frac{\lambda^2}{2}t\right)$$

Nous serons amenés en particulier à utiliser l'encadrement $0 \leqslant N_{\overline{T}_a\wedge n} \leqslant \cosh(\lambda a)$ et à constater que $\overline{T}_a \leqslant T_a < +\infty$ presque sûrement.

Exercice 9.5.6. Densité du temps d'atteinte d'un mouvement brownien

Le but de cet exercice est de montrer que la loi du temps d'atteinte T_a, défini dans l'exercice précédent, admet pour densité (voir la figure 9.5) :

$$g_a(x) = a\,\frac{\exp(-\frac{a^2}{2x})}{\sqrt{2\pi x^3}}\mathbf{1}_{\mathbb{R}_+^*}(x)$$

Nous retrouverons ce résultat par une autre méthode dans l'exercice 13.2.2.

1. Pour $\mu > 0$, montrer que l'application $F_\mu : \mathbb{R}^* \to \mathbb{R}$ définie par :

$$\forall a \in \mathbb{R}^*, \quad F_\mu(a) = \int_0^{+\infty} \exp(-\mu x)\exp(-\frac{a^2}{2x})\frac{dx}{\sqrt{2\pi x}}$$

est dérivable et calculer sa dérivée.

2. En utilisant l'injectivité de la transformée de Fourier, montrer que pour tout $a \in \mathbb{R}^*$, on a l'égalité :

$$\mu\, F_\mu(a) = \sqrt{\frac{\mu}{2}}\exp(-|\,a|\sqrt{2\mu})$$

3. Conclure en utilisant l'expression (9.5.9) de la transformée de Laplace de T_a établie dans l'exercice précédent.

Corrigé

1. L'application F_μ étant paire, il suffit de montrer sa dérivabilité sur $\mathbb{R}_+^*$. Nous calculons la dérivée de l'intégrande par rapport à a :

$$\frac{d}{da}\left[\exp(-\mu x)\exp(-\frac{a^2}{2x})\frac{1}{\sqrt{2\pi x}}\right] = -\exp(-\mu x)\,a\,\exp(-\frac{a^2}{2x})\,\frac{1}{\sqrt{2\pi x^3}}$$

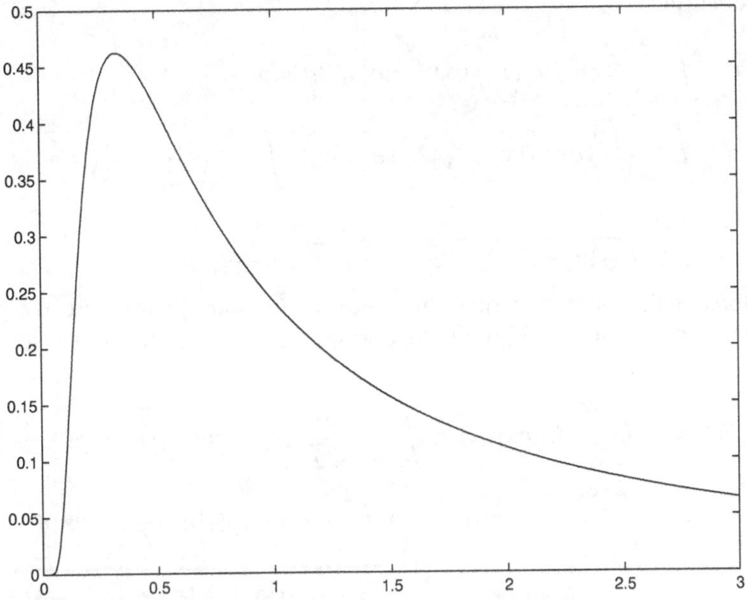

Figure 9.5 Densité du temps d'atteinte du niveau 1 pour le mouvement brownien.

Fixons $0 < \epsilon < M < +\infty$.
Nous avons la majoration suivante, uniformément en $a \in [\epsilon, M]$:

$$\exp(-\mu x)\, a\, \exp(-\frac{a^2}{2x})\frac{1}{\sqrt{2\pi x^3}} \leqslant \exp(-\mu x)\, M\, \exp(-\frac{\epsilon^2}{2x})\,\frac{1}{\sqrt{2\pi x^3}}$$

et le membre de droite est dx-intégrable sur $\mathbb{R}_+^*$.
Le théorème de convergence dominée nous permet d'en déduire que l'application F_μ admet pour dérivée sur $\mathbb{R}_+^*$:

$$\forall a > 0, \quad F_\mu'(a) = -\int_0^{+\infty} \exp(-\mu x)\, a\, \exp(-\frac{a^2}{2x})\,\frac{dx}{\sqrt{2\pi x^3}}$$

L'application F_μ étant paire, sa dérivée est impaire et nous en déduisons que l'égalité précédente reste valable pour $a < 0$.

2. Le membre de droite n'est autre que la densité d'une loi dite *double exponentielle* ou encore *loi de Laplace* de paramètre $\sqrt{2\mu}$. Nous calculons facilement sa fonction

caractéristique :

$$\begin{aligned}\phi_\mu(t) &= \int_{-\infty}^{+\infty} \exp(ita)\sqrt{\frac{\mu}{2}}\exp(-|a|\sqrt{2\mu})\,da \\ &= \int_{-\infty}^{0} \sqrt{\frac{\mu}{2}}\exp\Big[(it+\sqrt{2\mu})\,a\Big]\,da + \int_{0}^{+\infty} \sqrt{\frac{\mu}{2}}\exp\Big[(it-\sqrt{2\mu})\,a\Big]\,da \\ &= \sqrt{\frac{\mu}{2}}\left(\frac{1}{\sqrt{2\mu}+it}+\frac{1}{\sqrt{2\mu}-it}\right) = \frac{2\mu}{2\mu+t^2}\end{aligned}$$

Calculons maintenant une quantité équivalente pour le membre de gauche de l'énoncé ; nous allons appliquer le théorème de Fubini, ce que nous justifierons tout de suite après :

$$\begin{aligned}\psi_\mu(t) &= \int_{-\infty}^{+\infty} da\,\exp(ita)\int_0^{+\infty}\frac{dx}{\sqrt{2\pi x}}\,\mu\,\exp(-\mu x)\exp(-\frac{a^2}{2x}) \\ &= \int_0^{+\infty} dx\,\mu\,\exp(-\mu x)\underbrace{\int_{-\infty}^{+\infty} da\,\exp(ita)\frac{1}{\sqrt{2\pi x}}\exp(-\frac{a^2}{2x})}_{\text{valeur en } t \text{ de la f.c. de la loi } \mathcal{N}(0,x)} \\ &= \int_0^{+\infty} dx\,\mu\,\exp(-\mu x)\exp(-\frac{t^2 x}{2}) = \frac{2\mu}{2\mu+t^2}\end{aligned}$$

L'application du théorème de Fubini est justifiée pour $t = 0$ par le fait que l'intégrande est alors positif ; nous obtenons ainsi :

$$\psi_\mu(0) = 1 < +\infty,$$

ce qui démontre l'intégrabilité de l'application complexe en jeu dans le cas t quelconque et nous autorise à appliquer encore le théorème de Fubini.
Notons que cette même égalité $\psi_\mu(0) = 1$ prouve aussi que μF_μ est la densité d'une loi de probabilité.

Cette loi ayant même fonction caractéristique que la loi de Laplace de paramètre $\sqrt{2\mu}$, nous en déduisons qu'elles sont égales.

Cela implique que l'égalité proposée par l'énoncé est vraie $d\lambda(a)$-presque partout sur $\mathbb{R}^*$.

Finalement, les deux membres de cette égalité étant des applications continues en la variable a, elles sont égales partout sur $\mathbb{R}^*$.

3. D'après la question précédente, nous avons pour tout $a > 0$:

$$F_\mu(a) = \frac{1}{\sqrt{2\mu}}\exp(-a\sqrt{2\mu})$$

En dérivant le membre de droite et en comparant le résultat avec l'expression de $F'_\mu(a)$ obtenue dans la première question, nous aboutissons à l'égalité :

$$\forall a > 0,\quad \exp(-a\sqrt{2\mu}) = \int_0^{+\infty}\exp(-\mu x)\,a\,\exp(-\frac{a^2}{2x})\,\frac{dx}{\sqrt{2\pi x^3}}$$

D'après (9.5.9), le membre de gauche n'est autre que la transformée de Laplace de la loi de T_a ; or nous reconnaissons dans le membre de droite la transformée de Laplace de l'application g_a introduite dans l'énoncé.

L'égalité précédente étant vraie pour tout $\mu > 0$, nous en déduisons que la loi de T_a admet g_a pour densité.

Exercice 9.5.7. Temps d'atteinte d'une barrière mobile

Soit B un mouvement brownien partant de $B(0) = x \in \mathbb{R}$. On se donne une courbe déterministe $f(t)$, avec $f : \mathbb{R}^+ \to \mathbb{R}$ continue, et on considère le premier temps de franchissement par B de cette barrière mobile :

$$\tau = \inf\{t \geqslant 0 : B(t) \geqslant f(t)\},$$

avec $\inf \emptyset = +\infty$. On cherche dans cette partie à déterminer la transformée de Laplace

$$u_\lambda(x) = \mathbf{E}_x[\exp\{-\lambda\tau\}]\ , \qquad \lambda > 0,$$

de τ. Dans un premier temps, on suppose qu'il existe une solution continue $v_\lambda : \mathbb{R}^+ \times \mathbb{R} \to [0,1]$ de classe $\mathcal{C}^{1,2}$ sur $\{(t,x) : x < f(t)\}$ à dérivées uniformément bornées de l'équation aux dérivées partielles

$$\begin{cases} \dfrac{\partial}{\partial t} v_\lambda + \dfrac{1}{2}\dfrac{\partial^2}{\partial x^2} v_\lambda - \lambda v_\lambda = 0 & \text{si } x < f(t), \\ v_\lambda(t,x) = 1 & \text{si } x \geqslant f(t). \end{cases} \tag{9.5.14}$$

1. Soit $M(t) = e^{-\lambda t} v_\lambda(t, B(t))$. Montrer que $M(t \wedge \tau)$ est une martingale locale, puis que c'est une martingale. En déduire que $u_\lambda(x) = v_\lambda(0,x)$.
2. Lorsque f est une parabole $f(t) = \alpha + \beta t + \gamma t^2$ avec $\alpha > 0$, démontrer que $\mathbf{P}_0(\tau < \infty) = 1$ si et seulement si $\gamma < 0$, ou $\gamma = 0$ et $\beta \leqslant 0$.

Dans toute la suite, on considère le cas de la droite $f(t) = \alpha + \beta t$, avec $\alpha > 0, \beta \in \mathbb{R}$.

3. Quelle équation aux dérivées partielles est vérifiée par $w_\lambda : \mathbb{R}^+ \times \mathbb{R} \to [0,1]$ définie par $w_\lambda(t,x) = v_\lambda(t, x + \beta t)$?
4. Trouver une solution w_λ de cette dernière équation aux dérivées partielles, qui soit indépendante du temps.
5. En déduire que l'hypothèse (9.5.14) est satisfaite, et calculer $u_\lambda(x)$. En déduire la valeur de $\mathbf{P}_0(\tau < \infty)$.

Corrigé

1. La variable τ est un temps d'arrêt, puisque que c'est le temps d'entrée du processus continu adapté $(t, B(t))$ dans le fermé $\{(t,x) : x \geqslant f(t)\}$.
D'après le théorème 3.9 (formule d'Itô), la différentielle stochastique de M vaut :

$$e^{-\lambda t}\left[-\lambda v_\lambda + \frac{\partial}{\partial t} v_\lambda + \frac{1}{2}\frac{\partial^2}{\partial x^2} v_\lambda\right](t, B(t))dt + e^{-\lambda t}\frac{\partial}{\partial x} v_\lambda(t, B(t))dB(t)$$

Par conséquent, p.s. , si $t < \tau$,

$$dM(t) = e^{-\lambda t}\frac{\partial}{\partial x}v_\lambda(t, B(t))dB(t)$$

puisque v_λ est solution de (9.5.14). Ainsi,

$$M(t \wedge \tau) = M(0) + \int_0^t \mathbf{1}_{s \leqslant \tau} e^{-\lambda s}\frac{\partial}{\partial x}v_\lambda(s, B(s))dB(s)$$

est une martingale locale, et même une martingale de carré intégrable car la dérivée partielle est bornée.
Comme $\mathbf{E}_x M(0) = v_\lambda(0, x)$, nous en déduisons $v_\lambda(0, x) = \mathbf{E}_x M(t \wedge \tau)$.
Or, si $\tau < +\infty$, nous avons $B(\tau) = f(\tau)$ par continuité d'où $v_\lambda(\tau, B(\tau)) = 1$ d'après (9.5.14). Ainsi, nous obtenons l'égalité :

$$v_\lambda(0, x) = \mathbf{E}_x\left[e^{-\lambda\tau}\mathbf{1}_{\tau \leqslant t}\right] + \mathbf{E}_x\left[e^{-\lambda t}v_\lambda(t, B(t))\mathbf{1}_{\tau > t}\right]$$

Par convergence monotone, le premier terme croît vers $u_\lambda(x)$ quand t croît vers l'infini, le deuxième est majoré par $e^{-\lambda t}\|v\|_\infty = e^{-\lambda t}$ et tend vers 0. Il en résulte que $v_\lambda(0, x) = u_\lambda(x)$.

2. Supposons d'abord $\gamma < 0$ ou ($\gamma = 0$ et $\beta < 0$).
Par la loi des grands nombres pour le mouvement brownien (Proposition 2.11), presque sûrement , pour t suffisamment grand, nous avons :

$$\frac{B(t)}{t} \geqslant \frac{\alpha}{t} + \beta + \gamma t$$

Nous en déduisons $\mathbf{P}_0(\tau < \infty) = 1$.
Supposons maintenant $\gamma = \beta = 0$. Nous obtenons aussi $\mathbf{P}_0(\tau < \infty) = 1$ puisque $\limsup_{t \to \infty} B(t) = +\infty > \alpha$.

Pour le reste, il suffit de montrer que, si $\gamma = 0$ et $\beta > 0$, on a $\mathbf{P}_0(\tau < \infty) < 1$: en effet, la conclusion pour le cas $\gamma > 0$ s'ensuit directement.
Nous raisonnons par l'absurde en supposant que $\mathbf{P}_0(\tau < \infty) = 1$. D'après la propriété de Markov forte appliquée au temps d'arrêt τ (cf. Remarque page 28), avec probabilité 1, il existe $t \geqslant 0$ tel que $B(\tau + t) - B(\tau) \geqslant \alpha + \beta t$, d'où :

$$B(\tau + t) \geqslant B(\tau) + \alpha + \beta t \geqslant \alpha + \beta\tau + \alpha + \beta t = 2\alpha + \beta(\tau + t)$$

Nous constatons donc que la propriété $\mathbf{P}_0(\tau < \infty) = 1$ reste vraie en remplaçant α par 2α dans la définition de $f(t)$. Une récurrence simple permet d'en déduire que la propriété est conservée en remplaçant α par $2^k\alpha$ pour un entier quelconque k.
Il est alors facile de montrer que :

$$\forall x \in \mathbb{R} \quad \mathbf{P}_x(\tau < \infty) = 1 \qquad (9.5.15)$$

Partant de 0, le temps d'atteinte par B de la droite d'équation $x = \alpha t + \beta$ est $\tau_1 = \tau$, fini p.s. Considérons le premier temps τ_2 après $\tau_1 + 1$ où $B(\tau_2) \geqslant f(\tau_2)$: on a $\tau_2 < \infty$ p.s. d'après (9.5.15) et la propriété de Markov forte appliquée au

temps d'arrêt $\tau_1 + 1$.
Par récurrence, on définit une suite de temps d'arrêts $(\tau_k)_{k\geqslant 1}$ p.s. finis, en posant :

$$\tau_{k+1} = \inf\{t \geqslant \tau_k + 1, B(t) \geqslant \alpha + \beta t\}$$

Par construction, la suite $(\tau_k)_{k\geqslant 1}$ tend p.s. vers l'infini et $B(\tau_k)/\tau_k \geqslant \beta > 0$ pour tout $k \geqslant 1$. Ceci contredit la loi des grands nombres rappelée plus haut.

3. Nous calculons les dérivées partielles :

$$\frac{\partial}{\partial x}w_\lambda(t,x) = \frac{\partial}{\partial x}v_\lambda(t,x+\beta t), \quad \frac{\partial^2}{\partial x^2}w_\lambda(t,x) = \frac{\partial^2}{\partial x^2}v_\lambda(t,x+\beta t),$$
$$\frac{\partial}{\partial t}w_\lambda(t,x) = \frac{\partial}{\partial t}v_\lambda(t,x+\beta t) + \beta\frac{\partial}{\partial x}v_\lambda(t,x+\beta t),$$

Nous en déduisons que v_λ est solution de l'équation (9.5.14) si et seulement si w_λ est solution de l'équation aux dérivées partielles :

$$\begin{cases} \frac{\partial}{\partial t}w_\lambda + \frac{1}{2}\frac{\partial^2}{\partial x^2}w_\lambda - \beta\frac{\partial}{\partial x}w_\lambda - \lambda w_\lambda = 0 & \text{si } x < \alpha, \\ w_\lambda(t,x) = 1 & \text{si } x \geqslant \alpha. \end{cases} \tag{9.5.16}$$

Notons que nous pouvons retrouver v_λ à partir de l'application w_λ par la simple formule $v_\lambda(t,x) = w_\lambda(t,x-\beta t)$.

4. Une telle solution $w_\lambda = w_\lambda(x)$ satisfait l'équation différentielle ordinaire :

$$\frac{1}{2}\frac{d^2}{dx^2}w_\lambda - \beta\frac{d}{dx}w_\lambda - \lambda w_\lambda = 0 \text{ si } x < \alpha, \qquad w_\lambda(t,x) = 1 \text{ si } x \geqslant \alpha$$

C'est une équation linéaire d'équation caractéristique

$$r^2 - 2\beta r - 2\lambda = 0,$$

de racines $r_\pm = \beta \pm \sqrt{\beta^2 + 2\lambda}$ de signes opposés, et dont la solution générale est de la forme $ae^{r_+x} + be^{r_-x}$. Pour obtenir une solution à valeurs dans $[0,1]$ pour tout $x \in]-\infty, \alpha]$, il faut que $b = 0$. Finalement, avec la condition « au bord » $w_\lambda(\alpha) = 1$, nous obtenons :

$$w_\lambda(x) = e^{r_+(x-\alpha)}, \quad x \leqslant \alpha; \qquad w_\lambda(x) = 1 \text{ si } x \geqslant \alpha$$

5. D'après ce qui précède, l'application v_λ donnée par :

$$v_\lambda(t,x) = e^{r_+(x-\beta t-\alpha)}, \quad x \leqslant \alpha + \beta t\,; \qquad v_\lambda(t,x) = 1 \text{ sinon}$$

est solution de (9.5.14). En outre, Cette solution est bien régulière avec des dérivées bornées : l'hypothèse de l'énoncé est vérifiée. Nous en déduisons :

$$u_\lambda(x) = v_\lambda(0,x) = e^{r_+(x-\alpha)}, \quad x \leqslant \alpha\,; \qquad u_\lambda(x) = 1 \text{ sinon}$$

Par le théorème de convergence monotone, nous avons :

$$\mathbf{P}_0(\tau < \infty) = \lim_{\lambda \searrow 0} E_x\left[e^{-\lambda\tau}\right] = \lim_{\lambda \searrow 0} e^{-r_+\alpha} = \exp\{-\alpha \lim_{\lambda \searrow 0} r_+\}$$

Or $\lim_{\lambda \searrow 0} r_+ = \beta + |\beta|$, d'où finalement :

$$\mathbf{P}_0(\tau < \infty) = \begin{cases} \exp\{-2\alpha\beta\} & \text{si } \beta \geqslant 0, \\ 1 & \text{si } \beta \leqslant 0. \end{cases}$$

Exercice 9.5.8. Introduction au processus de Poisson

> ***Remarque.*** Cet exercice est consacré à la construction du processus de Poisson et à l'étude de ses propriétés élémentaires. Dans l'exercice 9.5.9, nous mettrons en évidence des propriétés de martingales relatives à ce processus.

1. Soient $(X_n)_{n \in \mathbb{N}^*}$ une suite de variables aléatoires réelles indépendantes de même loi exponentielle de paramètre a. Nous définissons une nouvelle suite de variables aléatoires réelles par la formule :

$$\forall n \in \mathbb{N}^*, \quad S_n = \sum_{i=1}^{n} X_i$$

Montrer que, pour tout $n \in \mathbb{N}^*$, le vecteur aléatoire $(S_1, \cdots, S_n)$ admet la densité g définie par :

$$\forall (s_1, \cdots, s_n) \in \mathbb{R}^n, \quad g(s_1, \cdots, s_n) = a^n e^{-as_n} \mathbf{1}_{0 < s_1 < \cdots < s_n}$$

2. Nous appellerons processus de Poisson le processus de comptage $(N_t)_{t \geqslant 0}$ défini par la formule suivante (voir la figure 9.6) :

$$\forall t \geqslant 0, \quad N_t = \sum_{n=1}^{\infty} \mathbf{1}_{S_n \leqslant t}$$

Déduire de la question précédente que, pour tout $t > 0$, la variable aléatoire N_t suit la loi $\mathcal{P}(at)$.

3. Montrer que, pour tout $n \in \mathbb{N}^*$ et tout $t > 0$, la loi conditionnelle de $(S_1, \cdots, S_n)$ sachant $\{N_t = n\}$ est la loi de densité h définie par :

$$\forall (s_1, \cdots, s_n) \in \mathbb{R}^n, \quad h(s_1, \cdots, s_n) = \frac{n!}{t^n} \mathbf{1}_{0 < s_1 < \cdots < s_n \leqslant t},$$

c'est-à-dire la loi d'un n-échantillon réordonné $(U_{(1)}, \cdots, U_{(n)})$ de la loi uniforme sur $[0, t]$.

> ***Remarque.*** Le lecteur qui n'est pas familier avec la notion d'échantillon réordonné pourra se reporter à l'exercice intitulé « Statistiques d'ordre » dans le chapitre 2 de [**4**]

4. Montrer que le processus de Poisson N possède la propriété suivante :
Pour tout $k \in \mathbb{N}^*$ et tout $(t_1, \cdots, t_k) \in \mathbb{R}^k$ tel que $0 < t_1 < \cdots < t_k$, les variables aléatoires suivantes :

$$N_{t_1}, N_{t_2} - N_{t_1}, \cdots, N_{t_k} - N_{t_{k-1}}$$

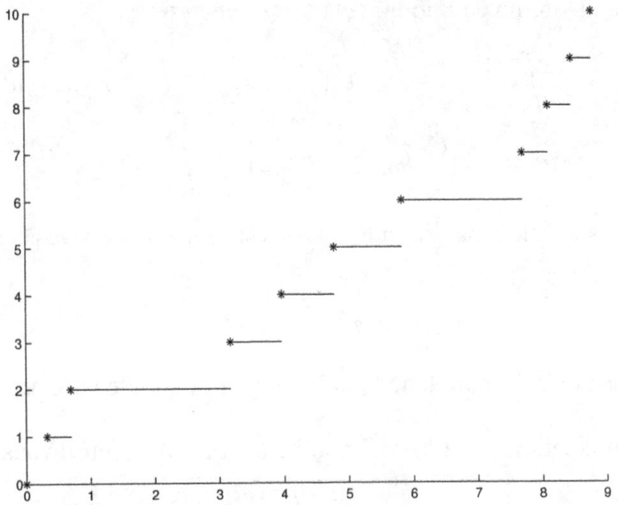

Figure 9.6 Processus de Poisson (de paramètre 1).

sont indépendantes et de lois respectives :

$$\mathcal{P}(at_1), \mathcal{P}\big(a(t_2 - t_1)\big), \cdots, \mathcal{P}\big(a(t_k - t_{k-1})\big)$$

Corrigé

1. Soit f une fonction borélienne positive définie sur $\mathbb{R}^n$. Puisque les variables $X_1, \cdots, X_n$ sont indépendantes, nous avons :

$$E[f(S_1, \cdots, S_n)] = \int_{(\mathbb{R}_+^*)^n} h(x_1, \cdots, x_1 + x_2 + \cdots + x_n)\, a^n e^{-a\sum_1^n x_i}\, dx_1 \cdots dx_n$$

En effectuant le changement de variables suivant :

$$s_i = x_1 + \cdots + x_i, \quad 1 \leqslant i \leqslant n,$$

nous obtenons :

$$E[f(S_1, \cdots, S_n)] = \int_{\mathbb{R}^n} f(s_1, \cdots, s_n)\, a^n e^{-as_n}\, \mathbf{1}_{0<s_1<\cdots<s_n} ds_1 \cdots ds_n,$$

d'où le résultat cherché.

2. Pour tout $n \in \mathbb{N}$, nous avons :

$$\begin{aligned} P(N_t = n) &= P(T_n \leqslant t < T_{n+1}) \\ &= \int_{\mathbb{R}^{n+1}} \mathbf{1}_{0<s_1<\cdots<s_n\leqslant t<s_{n+1}}\; a^{n+1} e^{-as_{n+1}}\; ds_1 \cdots ds_n \end{aligned}$$

En utilisant le théorème de Fubini, cela s'écrit encore :

$$\begin{aligned} P(N_t = n) &= \int_{\mathbb{R}^n} ds_1 \cdots ds_n \ \mathbf{1}_{0<s_1<\cdots<s_n\leqslant t} \int_t^{+\infty} ds_{n+1} \ a^{n+1} e^{-as_{n+1}} \\ &= a^n e^{-at} \int_0^t ds_n \int_0^{s_n} ds_{n-1} \cdots \int_0^{s_1} ds_1 \end{aligned}$$

Nous terminons le calcul par des intégrations simples successives et nous obtenons, pour tout $n \in \mathbb{N}$:

$$P(N_t = n) = a^n e^{-at} \ \frac{t^n}{n!}$$

La variable aléatoire N_t suit donc bien la loi de Poisson de paramètre at.

3. Pour toute application $f : \mathbb{R}^n \to \mathbb{R}$ borélienne positive, nous avons :

$$\begin{aligned} E[f(S_1, \cdots, S_n) | N_t = n] &= \frac{E[f(S_1, \cdots, S_n) \, \mathbf{1}_{N_t=n}]}{P(N_t = n)} \\ &= \frac{E[f(S_1, \cdots, S_n) \, \mathbf{1}_{S_n \leqslant t < S_{n+1}}]}{P(N_t = n)} \end{aligned}$$

Or, d'après la première question, nous avons :

$$\begin{aligned} & E[f(S_1, \cdots, S_n) \, \mathbf{1}_{S_n \leqslant t < S_{n+1}}] \\ = & \int_{\mathbb{R}^n} ds_1 \cdots ds_n \ f(s_1, \cdots, s_n) \, a^n \, \mathbf{1}_{0<s_1<\cdots<s_n\leqslant t} \int_t^{+\infty} ds_{n+1} \, \lambda e^{-as_{n+1}} \\ = & \ e^{-at} \int_{\mathbb{R}^n} f(s_1, \cdots, s_n) \, a^n \, \mathbf{1}_{0<s_1<\cdots<s_n\leqslant t} \ ds_1 \cdots ds_n \end{aligned}$$

Finalement, nous obtenons :

$$E[f(S_1, \cdots, S_n) | N_t = n] = \int_{\mathbb{R}^n} f(s_1, \cdots, s_n) \, \frac{n!}{t^n} \, \mathbf{1}_{0<s_1<\cdots<s_n\leqslant t} \, ds_1 \cdots ds_n,$$

ce qui nous donne bien la densité conditionnelle attendue.

4. D'après la question précédente, sachant $\{N_{t_k} = n\}$, la loi conditionnelle du vecteur aléatoire :

$$(N_{t_1}, N_{t_2} - N_{t_1}, \cdots, N_{t_k} - N_{t_{k-1}}) = (\sum_{i=1}^n \mathbf{1}_{]0,t_1]}(S_i), \cdots, \sum_{i=1}^n \mathbf{1}_{]t_{k-1},t_k]}(S_i))$$

est égale à la loi du vecteur suivant, avec $(U_1, \cdots, U_n)$ n-échantillon de la loi uniforme sur $[0, t_k]$:

$$\left(\sum_{i=1}^n \mathbf{1}_{]0,t_1]}(U_{(i)}), \cdots, \sum_{i=1}^n \mathbf{1}_{]t_{k-1},t_k]}(U_{(i)}) \right)$$

Bien sûr, ce vecteur s'écrit encore :

$$\left(\sum_{i=1}^{n} \mathbf{1}_{]0,t_1]}(U_i), \cdots, \sum_{i=1}^{n} \mathbf{1}_{]t_{k-1},t_k]}(U_i)\right)$$

et il est maintenant facile de constater qu'il suit la loi multinomiale suivante :

$$\mathcal{M}\left(n; \frac{t_1}{t_k}, \cdots, \frac{t_k - t_{k-1}}{t_k}\right)$$

Pour tout $(n_1, \cdots, n_k) \in \mathbb{N}^k$, en posant $t_0 = 0$ et $n = \sum_{i=1}^k n_i$, nous avons :

$$\begin{aligned}
& P\left(\bigcap_{i=1}^{n} \{N_{t_i} - N_{t_{i-1}} = n_i\}\right) \\
= \; & P\left(\bigcap_{i=1}^{n} \{N_{t_i} - N_{t_{i-1}} = n_i\} \cap \{N_{t_k} = n\}\right) \\
= \; & P(N_{t_k} = n) P\left(\bigcap_{i=1}^{n} \{N_{t_i} - N_{t_{i-1}} = n_i\} \middle| N_{t_k} = n\right) \\
= \; & \frac{(at_k)^n}{n!} e^{-at_k} \frac{n!}{n_1! \cdots n_k!} \prod_{i=1}^{k} \left(\frac{t_i - t_{i-1}}{t_k}\right)^{n_i} \\
= \; & \prod_{i=1}^{k} \frac{\left(a(t_i - t_{i-1})\right)^{n_i}}{n_i!} e^{-a(t_i - t_{i-1})}
\end{aligned}$$

Nous avons ainsi démontré que :

$$\left(N_{t_1}, \cdots, N_{t_k} - N_{t_{k-1}}\right) \sim \mathcal{P}(at_1) \otimes \cdots \otimes \mathcal{P}(a(t_k - t_{k-1})),$$

ce qui équivaut à la propriété cherchée.

Exercice 9.5.9. Processus de Poisson et martingales

Soit $(N_t)_{t \geqslant 0}$ un processus de Poisson (cf. exercice précédent) et $(\mathcal{F}_t)_{t \geqslant 0}$ la filtration canonique associée.

1. Montrer que la propriété établie dans la quatrième question de l'exercice 9.5.7 est équivalente à la propriété suivante :
Pour tous $0 \leqslant s < t$, la variable aléatoire réelle $N_t - N_s$ est indépendante de la tribu $\mathcal{F}_s$ et suit une loi de Poisson de paramètre $a(t - s)$.

2. En déduire que les processus X et Y^α définis ci-dessous (avec α paramètre réel) sont des $(\mathcal{F}_t)$-martingales :

$$\begin{aligned}
\forall t \in \mathbb{R}_+, \quad X_t &= N_t - at \\
Y_t^\alpha &= \exp\left\{\alpha N_t - at(e^\alpha - 1)\right\}
\end{aligned}$$

Corrigé

1. Démontrons d'abord l'implication dans le sens direct. Grâce au théorème des classes monotones, il nous suffit de prouver la propriété suivante :

$$\forall p \in \mathbb{N}^*, \forall 0 < s_1 < \cdots < s_p \leqslant s,\ N_t - N_s \text{ est indépendant de } (N_{s_1}, \cdots, N_{s_p})$$

Or, par hypothèse, $N_t - N_s$ est indépendant du vecteur aléatoire suivant :

$$(N_{s_1}, N_{s_2} - N_{s_1}, \cdots, N_{s_p} - N_{s_{p-1}}, N_s - N_{s_p})$$

Comme il existe bien sûr une fonction borélienne f telle que :

$$(N_{s_1}, \cdots, N_{s_p}) = f\left((N_{s_1}, N_{s_2} - N_{s_1}, \cdots, N_{s_p} - N_{s_{p-1}}, N_s - N_{s_p})\right),$$

nous pouvons conclure.

Démontrons maintenant l'implication dans le sens réciproque.

La propriété suivante :

$$\forall 2 \leqslant i \leqslant k,\ N_{t_i} - N_{t_{i-1}} \text{ est indépendante de } (N_{t_{i-1}} - N_{t_{i-2}}, \cdots, N_{t_1})$$

résulte de la $\mathcal{F}_{t_{i-1}}$-mesurabilité de ce dernier vecteur aléatoire.

Cette propriété suffit à entraîner l'indépendance des variables aléatoires :

$$N_{t_1}, N_{t_2} - N_{t_1}, \cdots, N_{t_k} - N_{t_{k-1}},$$

d'où la conclusion.

2. Rappelons que l'espérance de la loi $\mathcal{P}(\lambda)$ vaut λ. Ainsi, en utilisant l'indépendance établie dans la question précédente, nous obtenons, pour tous $0 < s \leqslant t$:

$$\begin{aligned} E[X_t - X_s|\mathcal{F}_s] &= E[N_t - N_s|\mathcal{F}_s] - a(t-s) \\ &= E[N_t - N_s] - a(t-s) \\ &= 0 \end{aligned}$$

Nous avons ainsi prouvé que le processus X est une $(\mathcal{F}_t)$-martingale.

Le processus Y^α ne s'annulant jamais, nous sommes en droit d'écrire, pour tous $0 < s \leqslant t$:

$$\begin{aligned} E\left[\frac{Y_t^\alpha}{Y_s^\alpha}\middle|\mathcal{F}_s\right] &= E\left\{\exp\left[\alpha(N_t - N_s) - a(t-s)(e^\alpha - 1)\right]\middle|\mathcal{F}_s\right\} \\ &= E\left\{\exp\left[\alpha(N_t - N_s) - a(t-s)(e^\alpha - 1)\right]\right\}, \end{aligned}$$

cette dernière égalité résultant encore de l'indépendance établie dans la question précédente. Nous calculons alors :

$$\begin{aligned} E\left[\exp\{\alpha(N_t - N_s)\}\right] &= \exp(-a(t-s)) \sum_{n=0}^{+\infty} \exp(\alpha n) \frac{(a(t-s))^n}{n!} \\ &= \exp\Big(a(t-s)(e^\alpha - 1)\Big) \end{aligned}$$

Finalement, nous obtenons l'égalité suivante, pour tous $0 < s \leqslant t$:

$$E\left[\frac{Y_t^\alpha}{Y_s^\alpha}\middle|\mathcal{F}_s\right] = 1,$$

donc Y^α est bien une $(\mathcal{F}_t)$-martingale.

Chapitre **10**

Intégrale et différentielle stochastique, exercices

10.1 COMPLÉMENT DE COURS : INTÉGRALE DE WIENER

Il s'agit d'une première construction d'intégrale stochastique dans un cas simple. Nous souhaitons définir l'intégrale $\int_0^t f_s\, dB_s$, où B est un mouvement brownien réel, pour une classe large d'applications f *déterministes*, c'est-à-dire dépendant du temps s mais pas du hasard ω.

Comme nous l'avons vu dans l'exercice 9.3.1., la trajectoire brownienne est presque sûrement à variation infinie sur tout intervalle de temps non trivial. Il est donc impossible de définir l'intégrale précédente à ω fixé comme une intégrale de Stieltjes. Nous allons travailler dans une direction différente, en tenant compte tout de suite de l'aspect aléatoire.

Notons $\mathcal{E}$ l'ensemble des fonctions en escalier de la forme suivante :

$$f = \sum_{i=1}^{n} a_i\, \mathbf{1}_{]t_{i-1},t_i]}, \text{ où } 0 = t_0 < t_1 < \cdots < t_n\,.$$

Pour $f \in \mathcal{E}$, il est naturel de poser la définition suivante :

$$\int_0^{+\infty} f_s\, dB_s = \sum_{i=1}^{n} a_i(B_{t_i} - B_{t_{i-1}}) \tag{10.1.1}$$

Nous constatons que cette variable est centrée et, en utilisant l'indépendance des accroissements du mouvement brownien, nous calculons facilement son moment d'ordre deux :

$$E\left[\left(\int_0^{+\infty} f_s\, dB_s\right)^2\right] = \sum_{i=1}^n a_i^2\, (t_i - t_{i-1}) = \int_0^{+\infty} f_s^2\, ds \qquad (10.1.2)$$

Nous avons donc obtenu une isométrie de $\mathcal{E} \subset L^2(\mathbb{R}_+)$ dans $L^2(\Omega, \mathcal{A}, P)$.

Par densité de $\mathcal{E}$ dans $L^2(\mathbb{R}_+)$, nous la prolongeons en une isométrie de $L^2(\mathbb{R}_+)$ dans $L^2(\Omega, \mathcal{A}, P)$, qui définit l'intégrale de Wiener. Les deux membres extrêmes de (10.1.2) restent donc égaux pour n'importe quelle application $f \in L^2(\mathbb{R}_+)$. De façon équivalente, nous pouvons écrire que cette isométrie conserve le produit scalaire : Pour toutes applications f et g dans $L^2(\mathbb{R}_+)$, nous avons l'égalité

$$E\left[\left(\int_0^{+\infty} f_s\, dB_s\right)\left(\int_0^{+\infty} g_s\, dB_s\right)\right] = \int_0^{+\infty} f_s\, g_s\, ds \qquad (10.1.3)$$

Il est important de remarquer qu'avec la définition précédente, la variable aléatoire $\int_0^{+\infty} f_s\, dB_s$ apparaît comme une limite dans $L^2(\Omega, \mathcal{A}, P)$ d'intégrales de fonctions en escalier. Or, en utilisant l'indépendance des accroissements browniens, nous constatons immédiatement que ces dernières sont toutes des variables gaussiennes centrées. Il en est donc de même de leur limite (cf. exercice 8.2.8).

Finalement, nous avons pour toute application $f \in L^2(\mathbb{R}_+)$:

$$\int_0^{+\infty} f_s\, dB_s \sim \mathcal{N}\left(0, \int_0^{+\infty} f_s^2\, ds\right).$$

Enfin, pour $f \in L^2_{\text{loc}}(\mathbb{R}_+)$ et $t \geqslant 0$, nous posons par définition :

$$\int_0^t f_s\, dB_s = \int_0^{+\infty} (f\mathbf{1}_{[0,t]})_s\, dB_s.$$

10.2 EXERCICES SUR L'INTÉGRALE DE WIENER

Exercice 10.2.1. Un exemple simple

Soit $(B_t, t \geqslant 0)$ un mouvement brownien réel. Quelle est la loi du processus X défini ci-dessous ?

$$\forall t \in \mathbb{R}_+, \quad X_t = \int_0^{\sqrt{t}} \sqrt{2u}\ dB_u$$

Corrigé succinct

Toute combinaison linéaire $\sum_{1 \leqslant i \leqslant n} a_i X_{t_i}$ s'écrivant comme une intégrale de Wiener, le processus X est gaussien centré.

En appliquant la formule (10.1.3), nous obtenons la fonction de covariances de X :

$$\text{Cov}(X_s, X_t) = \int_0^{\sqrt{s \wedge t}} 2u\ du = s \wedge t$$

Puisque le processus X est continu, la proposition 2.1 nous apprend que sa loi est celle du mouvement brownien.

Exercice 10.2.2. Processus d'Ornstein-Uhlenbeck stationnaire

Soit $B = (B_t, t \geqslant 0)$ un mouvement brownien réel et V_0 une variable aléatoire réelle indépendante de B et de loi $\mathcal{N}(0, \frac{1}{2})$. Nous définissons le processus d'Ornstein-Uhlenbeck stationnaire par l'égalité suivante :

$$V_t = e^{-t}V_0 + \int_0^t e^{-(t-s)}dB_s$$

1. Vérifier que V est bien un processus stationnaire.
2. Quelle est la loi du processus $(W_t = \sqrt{2t}\ V_{\frac{1}{2}\log t}\,, t \geqslant 1)$?

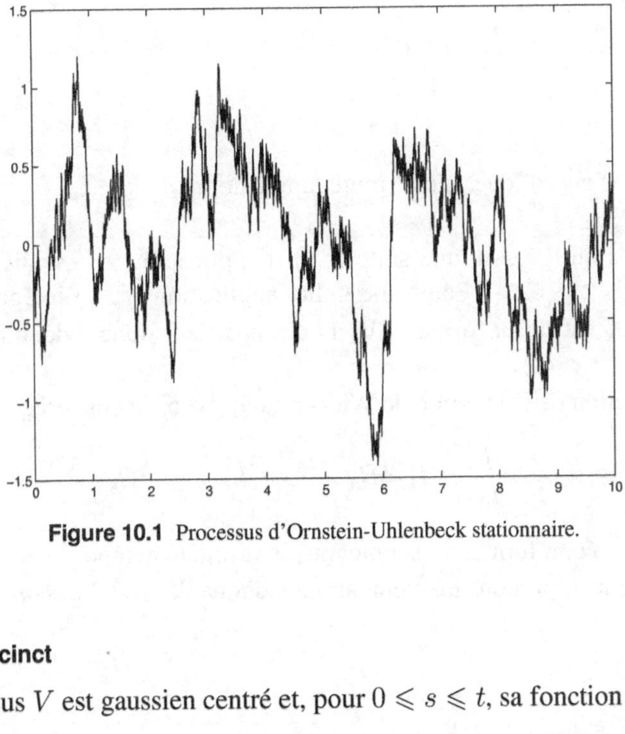

Figure 10.1 Processus d'Ornstein-Uhlenbeck stationnaire.

Corrigé succinct

1. Le processus V est gaussien centré et, pour $0 \leqslant s \leqslant t$, sa fonction de covariances vaut :

$$\text{Cov}(V_s, V_t) = \frac{1}{2}\exp(-(t-s))$$

donc est de la forme $f(t-s)$. Nous en déduisons facilement la stationnarité du processus.

2. En utilisant la fonction de covariances de V, nous obtenons, pour $0 \leqslant s \leqslant t$:

$$\text{Cov}(W_s, W_t) = 2\sqrt{st}\ \frac{1}{2}\ \exp(-\frac{1}{2}\ (\log t - \log s)) = s$$

donc la loi de W est celle d'un mouvement brownien sur l'intervalle $[1, +\infty[$.

Exercice 10.2.3. Espace gaussien associé à un mouvement brownien

Soit B un mouvement brownien réel défini sur un espace de probabilité $(\Omega, \mathcal{A}, P)$. Nous rappelons (cf. définition 1.4) que l'espace gaussien associé à ce mouvement brownien est défini par :

$$H^B = \overline{\mathrm{Vect}(B_t,\, t \in \mathbb{R}_+)}^{L^2(\Omega,\mathcal{A},P)}$$

1. Montrer que cet espace gaussien peut être explicité sous la forme suivante :

$$H^B = \left\{ \int_0^{+\infty} f_s\, dB_s \ , \ f \in L^2(\mathbb{R}_+) \right\}$$

2. Montrer que si $X \in H^B$ et $f \in L^2(\mathbb{R}_+)$, nous avons l'équivalence suivante :

$$P\text{-p.s.}\,,\ X = \int_0^{+\infty} f_s\, dB_s \iff \forall t \in \mathbb{R}_+,\ E[XB_t] = \int_0^t f_s\, ds$$

Corrigé

1. Montrons d'abord que, pour toute application $f \in L^2(\mathbb{R}_+)$, nous avons : $\int_0^{+\infty} f_s\, dB_s \in H^B$.
Nous savons qu'il existe une suite (f^n) d'applications en escaliers qui converge vers f dans $L^2(\mathbb{R}_+)$. Pour une telle application f^n, l'intégrale de Wiener $\int_0^{+\infty} f_s^n\, dB_s$ est de la forme (10.1.1) et appartient donc évidemment à l'espace gaussien H^B.
Par construction de l'intégrale de Wiener, nous avons la convergence suivante :

$$\int_0^{+\infty} f_s^n\, dB_s \xrightarrow{L^2} \int_0^{+\infty} f_s\, dB_s$$

L'espace H^B étant fermé, nous obtenons le résultat cherché.
Réciproquement, prenons un élément quelconque $X \in H^B$ et montrons que :

$$\exists f \in L^2(\mathbb{R}_+), \quad X = \int_0^{+\infty} f_s\, dB_s$$

D'après la définition de H^B, nous avons :

$$\exists (X^n) \in \big(\mathrm{Vect}(B_t,\, t \in \mathbb{R}_+)\big)^{\mathbb{N}} \text{ telle que } X_n \xrightarrow{L^2} X$$

Or, il est facile de vérifier qu'un élément X^n de $\mathrm{Vect}(B_t,\, t \in \mathbb{R}_+)$ peut toujours s'écrire sous la forme $X^n = \int_0^{+\infty} f_s^n\, dB_s$, où f_n est une fonction en escalier.
La suite (X_n) étant convergente, elle est de Cauchy dans $L^2(\Omega, \mathcal{A}, P)$. Par isométrie de Wiener, nous en déduisons que la suite (f_n) est de Cauchy dans $L^2(\mathbb{R}_+)$.

Par conséquent, la suite (f_n) est convergente et, si nous notons f sa limite, nous avons par construction de l'intégrale de Wiener :

$$X = \int_0^{+\infty} f_s \, dB_s,$$

ce qui nous permet de conclure.

2. L'implication dans le sens direct résulte de la formule (10.1.3) puisque :

$$E[XB_t] = E\left[\left(\int_0^{+\infty} f_s \, dB_s\right)\left(\int_0^{+\infty} \mathbf{1}_{[0,t]}(s) \, dB_s\right)\right] = \int_0^{+\infty} f_s \, \mathbf{1}_{[0,t]}(s) \, ds$$

Pour démontrer l'implication réciproque, nous posons $Y = X - \int_0^{+\infty} f_s \, dB_s$, de sorte que notre hypothèse s'écrit :

$$\forall t \in \mathbb{R}_+, \quad E[YB_t] = 0.$$

Par linéarité, nous en déduisons :

$$\forall Z \in \text{Vect}(B_t, t \in \mathbb{R}_+), \quad E[YZ] = 0$$

Puisque $Y \in H^B$, il existe une suite (Z_n) d'éléments de $\text{Vect}(B_t, t \in \mathbb{R}_+)$ qui converge vers Y dans $L^2(\Omega, \mathcal{A}, P)$. Par passage à la limite dans l'égalité $E[YZ_n] = 0$, nous obtenons $E[Y^2] = 0$.

Nous en déduisons que P-presque sûrement, $Y = 0$, ce qui était la conclusion voulue.

Exercice 10.2.4. Intégration par parties

1. Soit $(B_t, t \geqslant 0)$ un mouvement brownien réel et $f \in C^1(\mathbb{R}_+, \mathbb{R})$. En utilisant la deuxième question de l'exercice 10.2.3., établir la formule d'intégration par parties suivante :

$$\forall T \in \mathbb{R}_+, \quad P\text{-p.s.} \quad \int_0^T f_t \, dB_t = f_T B_T - \int_0^T f'_t \, B_t \, dt. \qquad (10.2.4)$$

2. Nous ajoutons maintenant les hypothèses suivantes :

$$\lim_{t \to +\infty} f_t = 0 \quad \text{et} \quad \int_0^{+\infty} | f'_t | \sqrt{t} \; dt < \infty$$

Montrer qu'on a alors la formule d'intégration par parties sur $\mathbb{R}_+$:

$$P\text{-p.s.} \quad \int_0^{+\infty} f_t \, dB_t = - \int_0^{+\infty} f'_t \, B_t \, dt.$$

Corrigé

1. Le membre de droite de la formule (10.2.4) appartient à l'espace gaussien H^B, comme nous pouvons le constater en approchant l'application $f'B$ par une suite convenable de fonctions en escalier sur $[0, T]$.
D'après l'équivalence établie dans l'exercice 10.2.3., démontrer la formule revient donc à prouver que :

$$\forall S \in \mathbb{R}_+, \quad E\left[\left(f_T B_T - \int_0^T f'_t\, B_t\, dt\right) B_S\right] = \int_0^{S\wedge T} f_s\, ds,$$

ou encore, de façon équivalente :

$$\forall S \in \mathbb{R}_+, \quad E\left[\left(\int_0^T f'_t\, B_t\, dt\right) B_S\right] = f_T(S \wedge T) - \int_0^{S\wedge T} f_s\, ds.$$

Nous voudrions établir cette dernière égalité en appliquant le théorème de Fubini, ce qui nous amène à écrire la propriété d'intégrabilité suivante :

$$\begin{aligned} E\left[\left(\int_0^T |f'_t\, B_t\, dt|\right) B_S\right] &= \int_0^T |f'_t|\, E[\,|B_t B_S|\,]\, dt \\ &\leqslant \sqrt{S} \int_0^T |f'_t|\sqrt{t}\, dt < +\infty, \end{aligned}$$

où nous avons utilisé l'inégalité de Cauchy-Schwarz sous la forme :

$$E[\,|B_t B_S|\,] \leqslant \left(E[B_t^2]\, E[B_S^2]\right)^{\frac{1}{2}} = \sqrt{t}\,\sqrt{S}.$$

La propriété d'intégrabilité que nous venons d'établir nous permet d'appliquer le théorème de Fubini :

$$E\left[\left(\int_0^T f'_t\, B_t\, dt\right) B_S\right] = \int_0^T f'_t\, E[B_t B_S]\, dt = \int_0^T f'_t\,(t \wedge S)\, dt.$$

Nous évaluons cette dernière intégrale en la coupant en deux termes. Le premier s'exprime comme suit, avec une intégration par parties :

$$\int_0^{S\wedge T} f'_t\, t\, dt = f_{S\wedge T}\,(S \wedge T) - \int_0^{S\wedge T} f_s\, ds.$$

Le second terme, qui n'apparaît réellement que si $S < T$, s'écrit :

$$\int_{S\wedge T}^T f'_t\, S\, dt = S(f_T - f_{S\wedge T}) = (S \wedge T)(f_T - f_{S\wedge T}).$$

En additionnant les deux termes précédents, nous obtenons le résultat cherché.

2. Nous allons montrer les trois convergences suivantes, lorsque $T \to +\infty$:

$$\int_0^T f_t\,dB_t \xrightarrow{L^2} \int_0^{+\infty} f_t\,dB_t \tag{10.2.5}$$

$$f_T B_T \xrightarrow{L^1} 0 \tag{10.2.6}$$

$$\int_0^T f_t'\,B_t\,dt \xrightarrow{\text{p.s.}} \int_0^{+\infty} f_t'\,B_t\,dt \tag{10.2.7}$$

Cela suffira pour conclure puisque ces trois types de convergence impliquent tous la convergence en probabilité.

Pour donner un sens au membre de droite de la formule (10.2.5), il faut montrer que $f \in L^2(\mathbb{R}_+)$. En fait, cela suffira à démontrer la convergence dans L^2 car l'isométrie de Wiener nous donne :

$$\begin{aligned} \| \int_0^{+\infty} f_t\,dB_t - \int_0^T f_t\,dB_t \|_{L^2(\Omega)} &= \| \int_0^{+\infty} f_t \mathbf{1}_{]T,+\infty[}(t)\,dB_t \|_{L^2(\Omega)} \\ &= \Big(\int_0^{+\infty} f_t^2\,\mathbf{1}_{]T,+\infty[}(t)\,dt\Big)^{\frac{1}{2}}, \end{aligned}$$

et le théorème de convergence dominée montre que cette dernière quantité tend vers 0 quand $T \to +\infty$, d'où la conclusion.

Montrons donc que $f \in L^2(\mathbb{R}_+)$, en utilisant les hypothèses faites sur cette application pour écrire :

$$\forall t \in \mathbb{R}_+, \quad f_t = -\int_t^{+\infty} f_u'\,du \ , \tag{10.2.8}$$

si bien que nous avons l'égalité :

$$\int_0^{+\infty} f_t^2\,dt = \int_0^{+\infty} dt \int_0^{+\infty} du\,\mathbf{1}_{\{u\geqslant t\}}\,f_u' \int_0^{+\infty} dv\,\mathbf{1}_{\{v\geqslant t\}}\,f_v'$$

À l'aide du théorème de Fubini-Tonelli et de l'inégalité triviale sur des réels positifs : $u \wedge v \leqslant \sqrt{uv}$, nous obtenons les inégalités successives :

$$\begin{aligned} \int_0^{+\infty} f_t^2\ dt &\leqslant \int_0^{+\infty} dt \int_0^{+\infty} du\ \mathbf{1}_{\{u\geqslant t\}}\ |f_u'| \int_0^{+\infty} dv\ \mathbf{1}_{\{v\geqslant t\}}\ |f_v'| \\ &\leqslant \int_0^{+\infty} du\,|f_u'| \int_0^{+\infty} dv\,|f_v'| \int_0^{u\wedge v} dt \\ &\leqslant \int_0^{+\infty} du\,|f_u'| \int_0^{+\infty} dv\,|f_v'|\sqrt{uv} \\ &\leqslant \left(\int_0^{+\infty} du\,|f_u'|\,\sqrt{u}\right)^2 < +\infty, \end{aligned}$$

d'après les hypothèses de l'énoncé, d'où la conclusion.

Démontrons maintenant la convergence (10.2.6). Puisque B_T a même loi que $\sqrt{T}B_1$, nous avons :

$$E[\,|f_T B_T|\,] = c\sqrt{T}\,|f_T|, \tag{10.2.9}$$

avec $c = E[\,|B_1|\,]$ (d'ailleurs $c = 2/\sqrt{2\pi}$ mais c'est inutile dans la suite).

Or l'égalité (10.2.8) nous permet d'écrire :

$$\sqrt{T}\,|f_T| \leqslant \int_T^{+\infty} \sqrt{t}\,|f_t'|\ dt$$

et cette dernière quantité tend vers 0 quand $T \to +\infty$ puisque l'intégrale $\int_0^{+\infty} \sqrt{t}\,|f_t'|\ dt$ a été supposée convergente.

Nous avons ainsi démontré la convergence dans L^1 recherchée.

La formule (10.2.7) revient à dire que $P(d\omega)-$presque sûrement, l'intégrale impropre $\int_0^{+\infty} f_t'\, B_t(\omega)\ dt$ est convergente. Il suffit donc de montrer que :

$$P-\text{p.s.}\,,\ \int_0^{+\infty} |f_t'||B_t|\ dt < +\infty$$

Or , comme dans l'égalité (10.2.9), nous avons :

$$E[\int_0^{+\infty} |f_t'||B_t|\,dt\,] = \int_0^{+\infty} E[\,|f_t'||B_t|\,]\ dt = c\int_0^{+\infty} \sqrt{t}\,|f_t'|\,dt < +\infty,$$

par hypothèse de l'énoncé.

Une variable aléatoire intégrable étant finie presque sûrement, nous aboutissons à la conclusion.

Exercice 10.2.5. Processus défini par une intégrale de Wiener

Considérons un mouvement brownien réel B défini sur un espace de probabilité $(\Omega, \mathcal{A}, P)$. Soit $f \in L^2_{\text{loc}}(\mathbb{R}_+)$ et $(M_t)_{t\geqslant 0}$ le processus aléatoire défini par :

$$\forall t \in \mathbb{R}_+, \quad M_t = \int_0^t f_s \, dB_s$$

1. Montrer que M est un processus gaussien.
2. *Préliminaire.* Soit $\mathcal{B}$ une sous-tribu de $\mathcal{A}$ et (X_n) une suite de variables aléatoires $\mathcal{B}$-mesurables telle que $X_n \xrightarrow{L^2} X$. Rappeler pourquoi X est $\mathcal{B}$-mesurable.

   Pour tout $s \geqslant 0$, nous considérons les tribus suivantes :

   $$\mathcal{F}_s = \sigma(B_u, 0 \leqslant u \leqslant s) \quad ; \quad \mathcal{F}^s = \sigma(B_u - B_s, u \geqslant s)$$

   Montrer que pour tous $0 \leqslant s \leqslant t$, M_s est $\mathcal{F}_s$-mesurable et $M_t - M_s$ est $\mathcal{F}^s$-mesurable.
3. En déduire que M est un processus à accroissements indépendants.

   Remarque. Les résultats précédents entraînent immédiatement que M est une martingale gaussienne par rapport à la filtration canonique du mouvement brownien B.

Corrigé

1. Notons H^B l'espace gaussien engendré par le mouvement brownien B. Comme nous l'avons prouvé dans l'exercice 10.2.3, nous avons :

   $$\forall t \in \mathbb{R}_+, \quad M_t \in H^B$$

   Cela implique immédiatement que toute combinaison linéaire $\sum a_i M_{t_i}$ appartient à l'espace H^B, donc est gaussienne , ce qui nous permet de conclure.

2. *Préliminaire.* Puisque la suite (X_n) converge dans L^2 vers X, en particulier elle converge vers X en probabilité, ce qui implique l'existence d'une sous-suite (X_{n_k}) telle que $X_{n_k} \xrightarrow{\text{p.s.}} X$.

   La conclusion résulte de ce que nous pouvons alors écrire :

   $$X = \limsup_k X_{n_k}$$

   Nous savons en effet que le passage à la limite supérieure conserve les propriétés de mesurabilité.

   Remarque. nous aurions tout aussi bien pu utiliser une limite inférieure.

   Par définition de l'intégrale de Wiener, M_s est une limite dans L^2 de combinaisons linéaires de la forme suivante :

   $$\sum_{i=1}^n a_i \left(B_{s_i} - B_{s_{i-1}}\right) \quad \text{avec} \quad 0 = s_0 < s_1 < \cdots < s_n \leqslant s$$

Ces combinaisons linéaires étant manifestement $\mathcal{F}_s$-mesurables, la question préliminaire nous donne le résultat.

Nous pouvons faire un raisonnement similaire avec $M_t - M_s$ qui est limite dans L^2 d'une suite de variables aléatoires de la forme suivante :

$$\sum_{i=1}^{n} a_i \left(B_{s_i} - B_{s_{i-1}}\right) \quad \text{avec} \quad s = s_0 < s_1 < \cdots < s_n \leqslant t$$

Remarquons que ces combinaisons linéaires sont $\mathcal{F}^s$-mesurables puisque nous pouvons écrire :

$$B_{s_i} - B_{s_{i-1}} = (B_{s_i} - B_s) - (B_{s_{i-1}} - B_s)$$

Avec cette remarque, nous pouvons conclure comme précédemment.

3. Soient $0 \leqslant s \leqslant t$ arbitraires. Par indépendance des accroissements de B, la tribu $\mathcal{F}^s$ est indépendante de $\mathcal{F}_s$. La variable aléatoire $M_t - M_s$ étant $\mathcal{F}^s$-mesurable, elle est donc indépendante de $\mathcal{F}_s$.

   Introduisons maintenant la sous-tribu :

$$\mathcal{M}_s = \sigma(M_u, 0 \leqslant u \leqslant s) \subset \mathcal{F}_s,$$

   cette inclusion résultant de la question précédente. Par conséquent, la variable aléatoire $M_t - M_s$ est indépendante de $\mathcal{M}_s$, ce qui va nous permettre de conclure. En effet, prenons $0 = t_0 < t_1 < \cdots < t_k$; nous avons alors :

$$\forall 2 \leqslant i \leqslant k, \quad M_{t_i} - M_{t_{i-1}} \text{ est indépendante de } (M_{t_{i-1}} - M_{t_{i-2}}, \cdots, M_{t_1}),$$

   puisque ce dernier vecteur aléatoire est $\mathcal{M}_{t_{i-1}}$-mesurable.

   Cela suffit pour prouver l'indépendance des accroissements $(M_{t_i} - M_{t_{i-1}}, 1 \leqslant i \leqslant k)$.

Exercice 10.2.6. EDS vérifiée par un pont brownien (complément)

Nous traitons ici une question laissée en suspens dans l'exercice 9.4.2.

Soit $(B_t)_{t \geqslant 0}$ un mouvement brownien réel et Z le processus défini comme suit :

$$Z_t = (1-t) \int_0^t \frac{dB_s}{1-s}, \quad 0 \leqslant t < 1$$

1. En utilisant l'inégalité de Doob (cf. théorème 2.9), montrer que pour tout $\epsilon > 0$, nous avons la majoration :

$$P\left[\sup_{t \in I_n} |Z_t| > \epsilon\right] \leqslant \frac{1}{2^{n-1}\,\epsilon^2}$$

   où I_n désigne l'intervalle $[1 - 2^{-n}, 1 - 2^{-n-1}]$.

2. En déduire que la convergence suivante a lieu lorsque $t \to 1$: $Z_t \xrightarrow{\text{p.s.}} 0$.

Corrigé

1. Définissons le processus Y comme suit :

$$\forall 0 \leqslant t < 1, \quad Y_t = \int_0^t \frac{dB_s}{1-s}$$

Puisque $Z_t = (1-t)Y_t$, $0 \leqslant t < 1$, nous avons la majoration suivante :

$$\sup_{t\in I_n} |Z_t| \leqslant 2^{-n} \sup_{t\in I_n} |Y_t|$$

En appliquant l'égalité (10.1.2) qui exprime l'isométrie de Wiener, nous obtenons pour tout $0 \leqslant t < 1$:

$$E[Y_t^2] = \int_0^t \frac{ds}{(1-s)^2} = \frac{1}{1-t} - 1$$

D'après l'exercice 10.2.5., le processus Y est une martingale. Comme cette martingale est de carré intégrable, nous pouvons lui appliquer le théorème 2.9, si bien que nous avons, pour tout $n \in \mathbb{N}$:

$$\begin{aligned} P\left[\sup_{t\in I_n} |Z_t| > \epsilon\right] &\leqslant P\left[\sup_{t\in I_n} |Y_t| > 2^n\epsilon\right] \\ &\leqslant 2^{-2n}\epsilon^{-2} E[Y_{1-2^{-n-1}}^2] \\ &\leqslant 2^{-2n}\epsilon^{-2}(2^{n+1}-1), \end{aligned}$$

ce qui entraîne immédiatement l'inégalité recherchée.

2. Pour tout $n \in \mathbb{N}$, nous définissons l'événement suivant :

$$A_n = \{\sup_{t\in I_n} |Z_t| > 2^{-n/4}\}$$

D'après la question précédente, nous avons alors :

$$\forall n \in \mathbb{N}, \quad P(A_n) \leqslant 2.2^{-n/2},$$

d'où la convergence de la série $\sum_n P(A_n)$, qui implique, selon le lemme de Borel-Cantelli :

$$P(\limsup_n A_n) = 0$$

Nous pouvons dire de façon équivalente que l'événement $\liminf A_n^c$ est presque sûr, c'est-à-dire qu'il existe un sous-ensemble négligeable $\mathcal{N}$ de Ω tel que :

$$\forall \omega \notin \mathcal{N}, \quad \exists n_0(\omega) \in \mathbb{N}, \quad \forall n \geqslant n_0(\omega), \quad \sup_{t\in I_n} |Z_t(\omega)| \leqslant 2^{-n/4}$$

Cette propriété entraîne la convergence presque sûre désirée.

Remarque. En modifiant légérement ce corrigé, nous pourrions même obtenir des précisions sur la vitesse à laquelle la convergence a lieu. Le lecteur intéressé pourra montrer que, pour tout $0 < \alpha < 1/2$, nous avons presque sûrement :

$$\limsup_{t \to 1} \frac{|Z_t|}{(1-t)^\alpha} = 0$$

10.3 PROCESSUS D'ITÔ

Exercice 10.3.1. Exemples de processus d'Itô

Soit $(B_t)_{t \geqslant 0}$ un mouvement brownien réel. Montrer que les processus U et V définis ci-dessous sont des processus d'Itô :

1.
$$\forall t \in \mathbb{R}_+, \quad U_t = 2 + t^2 + \sin B_t$$

2.
$$\forall t \in \mathbb{R}_+, \quad V_t = \begin{pmatrix} t \\ U_t^2 \end{pmatrix}$$

Corrigé succinct

1. Après application de la formule d'Itô (3.6) avec $\phi(x) = \sin x$, nous obtenons :
$$U_t = U_0 + \int_0^t \cos B_s \, dB_s + \int_0^t (2s - \frac{1}{2} \sin B_s) \, ds.$$

2. Après application de la formule d'Itô (3.2.11) avec $\Phi(x) = x^2$ et $X = U$, nous constatons que le processus V peut s'écrire sous la forme :
$$\forall t \in \mathbb{R}_+, \quad V_t = V_0 + \int_0^t \phi_s \, dB_s + \int_0^t \psi_s \, ds,$$
où les processus ϕ et ψ sont définis par :
$$\forall s \in \mathbb{R}_+, \quad \phi_s = \begin{pmatrix} 0 \\ 2U_s \cos B_s \end{pmatrix} \text{ et } \psi_s = \begin{pmatrix} 1 \\ U_s(4s - \sin B_s) + \cos^2 B_s \end{pmatrix}$$

Exercice 10.3.2. Unicité de la décomposition

Nous considérons un espace de probabilité filtré $(\Omega, \mathcal{F}, (\mathcal{F}_t)_{t \in \mathbb{R}_+}, P)$ sur lequel est défini un $(\mathcal{F}_t)$-mouvement brownien réel B. Nous notons M^1, resp. M^1_{loc} l'ensemble des processus progressivement mesurables ψ tels que, pour tout $t \in \mathbb{R}_+$:

$$E[\int_0^t |\psi_s| \, ds] < +\infty \text{ , resp. } \int_0^t |\psi_s| \, ds < +\infty \quad P\text{-p.s.}$$

Nous considérons un processus d'Itô réel X qui peut s'écrire sous la forme :

$$\forall t \in \mathbb{R}_+, \quad X_t = X_0 + \int_0^t \psi_s \, ds + \int_0^t \varphi_s \, dB_s \, ; \quad (\psi, \varphi) \in M^1 \times M^2$$

1. Démontrer l'unicité du couple $(\psi, \varphi) \in M^1 \times M^2$.
2. Montrer que cette propriété d'unicité subsiste sous l'hypothèse plus faible $(\psi, \varphi) \in M^1_{\text{loc}} \times M^2_{\text{loc}}$.

Corrigé

1. En écrivant que X admet deux décompositions, nous pouvons ramener le problème au cas où $X \equiv 0$.

Considérons le processus M défini par :

$$\forall t \in \mathbb{R}_+, \quad M_t = \int_0^t \varphi_s \, dB_s = -\int_0^t \psi_s \, ds$$

Nous constatons que M est une martingale continue à variation finie donc, d'après l'exercice 9.5.3., nous avons :

$$P\text{-p.s.}\,, \quad \forall t \in \mathbb{R}_+, \quad M_t = 0 \tag{10.3.10}$$

Nous en déduisons, en appliquant le théorème 3.2 (isométrie d'Itô) :

$$\forall t \in \mathbb{R}_+, \quad E[M_t^2] = E[\int_0^t \varphi_s^2 \, ds] = 0$$

Le théorème de Beppo Levi nous donne alors :

$$E[\int_0^{+\infty} \varphi_s^2 \, ds] = 0,$$

ce qui implique :

$$d\lambda(s) \otimes dP(\omega)\text{-presque partout}\,, \quad \varphi_s(\omega) = 0$$

D'autre part, la formule (10.3.10) nous donne aussi :

$$P\text{-p.s.}\,, \quad \forall t \in \mathbb{R}_+, \quad \int_0^t \psi_s \, ds = 0,$$

ce qui s'écrit encore :

$$dP(\omega)\text{-p.s.}\,, \forall t \in \mathbb{R}_+, \quad \int_0^t \psi_s^+(\omega) \, ds = \int_0^t \psi_s^-(\omega) \, ds.$$

Nous en déduisons que $dP(\omega)$-p.s., les mesures positives de densités $\psi_\cdot^+(\omega)$ et $\psi_\cdot^-(\omega)$ sont égales, ce qui entraîne : $d\lambda(s)$-presque partout , $\psi_s^+(\omega) = \psi_s^-(\omega)$.

Finalement, nous obtenons :

$$d\lambda(s) \otimes dP(\omega)\text{-presque partout}\,, \quad \psi_s(\omega) = 0,$$

ce qui achève la démonstration de l'unicité cherchée.

2. Nous nous ramenons encore au cas $X \equiv 0$. Nous pouvons alors choisir une suite de temps d'arrêts $(\tau_n)_{n\in\mathbb{N}^*}$ tendant presque sûrement vers $+\infty$ et telle que :

$$\forall n \in \mathbb{N}^*, \quad P\text{-p.s.}\,, \quad \int_0^{\tau_n} |\psi_s|\, ds \leqslant n \quad \text{et} \quad \int_0^{\tau_n} \varphi_s^2\, ds \leqslant n$$

Nous pouvons alors appliquer la question précédente pour en déduire que, pour tout $n \in \mathbb{N}^*$:

$$d\lambda(s) \times dP(\omega)\text{-p.p.}\,, \quad \varphi_s(\omega)\, \mathbf{1}_{[0,\tau_n]}(s) = 0 \quad \text{et} \quad \psi_s(\omega)\, \mathbf{1}_{[0,\tau_n]}(s) = 0$$

Nous en déduisons le résultat voulu par passage à la limite lorsque $n \to +\infty$.

Exercice 10.3.3. Processus d'Itô et martingale

Nous conservons les notations de l'exercice 10.3.2.

1. Nous supposons que le processus X défini par :

$$\forall t \in \mathbb{R}_+, \quad X_t = X_0 + \int_0^t \psi_s\ ds + \int_0^t \varphi_s\ dB_s\,, \quad (\psi, \varphi) \in M^1 \times M^2,$$

est une $(\mathcal{F}_t)$-martingale. Montrer que :

$$d\lambda(s) \otimes dP(\omega)\text{-presque partout}, \quad \psi_s(\omega) \equiv 0$$

2. Montrer que nous aboutissons à la même conclusion avec les hypothèses plus faibles suivantes : $\psi \in M^1_{loc}$, $\varphi \in M^2_{loc}$ et X est une $(\mathcal{F}_t)$-martingale locale.

Corrigé

1. Considérons le processus M défini par :

$$\forall t \in \mathbb{R}_+, \quad M_t = X_0 + \int_0^t \psi_s\ ds = \int_0^t \varphi_s\ dB_s - X_t$$

Nous constatons que le processus M est une $(\mathcal{F}_t)$-martingale continue à variation finie donc, d'après l'exercice 9.5.3.,

$$P\text{-p.s.}\,, \quad \forall t \in \mathbb{R}_+, \quad \int_0^t \psi_s\ ds = 0$$

Nous en déduisons le résultat voulu en raisonnant comme dans la première question de l'exercice 10.3.2.

2. Par hypothèse, il existe une suite de temps d'arrêts $(\sigma_n)_{n\in\mathbb{N}^*}$ tendant presque sûrement vers $+\infty$ et telle que, pour tout $n \in \mathbb{N}^*$, le processus $(X_{t\wedge\sigma_n})_{t\geqslant 0}$ est une $(\mathcal{F}_t)$-martingale.

D'autre part, nous pouvons choisir une suite de temps d'arrêts $(\tau_n)_{n\in\mathbb{N}^*}$ tendant presque sûrement vers $+\infty$ et telle que :

$$\forall n \in \mathbb{N}^*, \quad P\text{-p.s.}\,, \quad \int_0^{\tau_n} |\psi_s|\, ds \leqslant n \quad \text{et} \int_0^{\tau_n} \varphi_s^2\, ds \leqslant n$$

En tant que martingale arrêtée, le processus $(X_{t\wedge\sigma_n\wedge\tau_n})_{t\geqslant 0}$ est alors une $(\mathcal{F}_t)$-martingale et nous pouvons appliquer le résultat de la première question pour obtenir :

$$d\lambda(s)\otimes dP(\omega)\text{-presque partout},\quad \forall n\in\mathbb{N}^*,\quad \psi_s(\omega)\,\mathbf{1}_{[0,\sigma_n\wedge\tau_n]}(s)=0$$

Nous en déduisons le résultat voulu par passage à la limite lorsque $n\to+\infty$.

10.4 FORMULE D'ITÔ AVEC UN MOUVEMENT BROWNIEN RÉEL

Exercice 10.4.1. Vérifications de solutions d'équations différentielles stochastiques

Soit $(B_t)_{t\geqslant 0}$ un mouvement brownien réel. Montrer que chacun des processus ci-dessous vérifie l'équation différentielle stochastique correspondante.

1.

$$\forall t\in\mathbb{R}_+,\quad Z_t=\exp(ct+\alpha B_t)$$

$$dZ_t=(c+\frac{\alpha^2}{2})Z_t\,dt+\alpha Z_t\,dB_t\quad ;\quad Z_0=1$$

Il y a au moins trois façons différentes de procéder.

2.

$$\forall t\in\mathbb{R}_+,\quad U_t=\exp(-\int_0^t\Lambda_s\,dB_s+\frac{1}{2}\int_0^t\Lambda_s^2\,ds),\ \text{ où }\Lambda\in M^2$$

$$dU_t=U_t\,\Lambda_t^2\,dt-U_t\,\Lambda_t\,dB_t\quad ;\quad U_0=1$$

3.

$$\forall t\in\mathbb{R}_+,\quad (X_t^1,X_t^2)=(\cosh B_t\,,\sinh B_t)$$

$$d\begin{pmatrix}X^1\\X^2\end{pmatrix}=\frac{1}{2}\begin{pmatrix}X^1\\X^2\end{pmatrix}dt+\begin{pmatrix}X^2\\X^1\end{pmatrix}dB_t\quad ;\quad (X_0^1,X_0^2)=(1,0)$$

Corrigé succinct

1. Nous pouvons employer les trois méthodes suivantes :
   - Nous appliquons la formule d'Itô (3.2.11) avec $\Phi(x)=\exp x$ et $X_t=ct+\alpha B_t$.
   - Notons que le théorème 3.9 nous donne, dans le cas particulier d'un processus d'Itô réel X construit à partir d'un mouvement brownien réel B, la formule suivante :

$$\Phi(t,X_t)\;=\;\phi(0,X_0)+\int_0^t\frac{\partial\Phi}{\partial t}(s,X_s)\,ds+\int_0^t\frac{\partial\Phi}{\partial x}(s,X_s)\,dX_s+ \\ +\;\frac{1}{2}\int_0^t\frac{\partial^2\Phi}{\partial x^2}(s,X_s)\,d\langle X\rangle_s \qquad (10.4.11)$$

   Nous appliquons cette formule avec $\Phi(t,x)=\exp(ct+\alpha x)$ et $X=B$.

– Nous appliquons la formule d'intégration par parties stochastique (3.2.15) avec $X_t = \exp(ct)$ et $Y_t = \exp(\alpha B_t)$.

2. Il suffit d'écrire la formule d'Itô (3.2.11) en prenant :

$$\Phi(x) = \exp x \quad \text{et} \quad X_t = -\int_0^t \Lambda_s \, dB_s + \frac{1}{2}\int_0^t \Lambda_s^2 \, ds$$

3. Nous procédons coordonnée par coordonnée en écrivant la formule d'Itô (3.6) successivement avec $\Phi(x) = \cosh x$ puis $\Phi(x) = \sinh x$.

Exercice 10.4.2. Formule d'intégration par parties stochastique et équation différentielle stochastique

Soient $a : \mathbb{R}_+ \to \mathbb{R}$ et $b : \mathbb{R}_+ \to \mathbb{R}$ deux applications continues. En utilisant la formule d'intégration par parties stochastique, montrer que l'équation différentielle stochastique :

$$dZ_t = a_t Z_t \, dt + b_t \, dB_t \quad ; \quad Z_0 = z_0$$

admet pour solution le processus $Z = XY$, avec :

$$\forall t \in \mathbb{R}_+, \quad X_t = \exp\Big(\int_0^t a_s \, ds\Big) \quad \text{et} \quad Y_t = z_0 + \int_0^t b_s \exp\Big(-\int_0^s a_u \, du\Big) \, dB_s$$

Corrigé succinct

Nous appliquons la formule d'intégration par parties stochastique (3.2.15) ; nous constatons que le crochet $\langle X, Y\rangle$ est nul puisque le processus X est à variation bornée et nous concluons en utilisant les égalités :

$$dX_t = a_t \, X_t \, dt \quad \text{et} \quad dY_t = \frac{b_t}{X_t} \, dB_t$$

Exercice 10.4.3. Comportement asymptotique d'un processus d'Itô

Soit B un mouvement brownien, $a > 0$ une constante et

$$M(t) = \frac{1}{\sqrt{1-t}} \exp\left\{ -\frac{aB(t)^2}{2(1-t)} \right\} , \quad t \in [0, 1[.$$

1. Pour quelle valeur a_0 de a le processus M est-il une martingale locale ? Dans ce cas, est-ce une martingale ?
2. Trouver $\phi \in M^2_{\text{loc}}$ telle que l'on ait, pour $a = a_0$,

$$M(t) = \exp\left\{ \int_0^t \phi(s) dB(s) - (1/2) \int_0^t \phi^2(s) ds \right\}$$

3. Dans le cas général $a > 0$, montrer que $\lim M(t) = 0$ p.s. quand $t \to 1^-$. Avec $r > 0$, vérifier que $M(t)^r$ converge vers 0 dans L^1 si et seulement si $r \in (0, 1)$.

Corrigé

1. Posons $X(t) = B(t)^2/(1-t)$ et appliquons la formule d'Itô :

$$dX(t) = \frac{2B(t)}{1-t}dB(t) + \frac{1}{1-t}dt + \frac{B(t)^2}{(1-t)^2}dt$$

Nous en déduisons :

$$\begin{aligned} dM(t) &= d\left(\frac{1}{\sqrt{1-t}}\exp\left\{-\frac{a}{2}X(t)\right\}\right) \\ &= M(t)\left[-\frac{a}{2}dX(t) + \frac{a^2}{8}d\langle X\rangle(t) + \frac{1}{2(1-t)}dt\right] \\ &= M(t)\left[-\frac{aB(t)}{1-t}dB(t) + \frac{1-a}{2(1-t)}dt + \frac{a(a-1)}{2(1-t)^2}B(t)^2dt\right], \end{aligned}$$

dont le terme à variation bornée s'annule pour $a = 1$.
Ainsi, M est une martingale locale si et seulement si $a = a_0 = 1$ et, dans ce cas :

$$M(t) = M(0) - \int_0^t \frac{M(s)B(s)}{1-s}dB(s) \tag{10.4.12}$$

Comme $M(t) \leqslant (1-t)^{-1/2}$, c'est même une martingale de carré intégrable, car

$$\psi(s) = -\frac{M(s)B(s)}{1-s}$$

vérifie

$$\mathbf{E}\left[\int_0^t \psi(s)^2 ds\right] \leqslant \int_0^t \frac{s}{(1-s)^3}\,ds < \infty\ ,$$

ce qui entraine que $\psi \in M^2([0,t])$ pour tout $t < 1$.

2. Puisque $M(t) > 0$ pour tout $t \in [0,1[$, nous pouvons calculer par la formule d'Itô :

$$d(\log M(t)) = \frac{dM(t)}{M(t)} - \frac{d\langle M\rangle(t)}{2M(t)^2}$$

En utilisant (10.4.12), nous constatons alors que $\phi(s) = -B(s)/(1-s)$ convient.

3. Notons que $B(1) \neq 0$ presque sûrement. Ainsi, p.s., $X(t) = \frac{B(t)^2}{1-t} \to +\infty$ quand $t \nearrow 1$, et $\log M(t) \sim \dfrac{-aB(1)^2}{2(1-t)} - \dfrac{1}{2}\ln(1-t) \to -\infty$, soit finalement $M(t) \to 0$.
Par ailleurs, en notant $\xi \sim \mathcal{N}(0,1)$ une variable gaussienne, nous avons :

$$\mathbf{E}M(t)^r = (1-t)^{-r/2}\mathbf{E}\exp\left\{-\frac{art}{2(1-t)}\xi^2\right\}$$

Un calcul élémentaire nous donne alors :

$$\begin{aligned}\mathbf{E}M(t)^r &= (1-t)^{-r/2}\frac{1}{\sqrt{1+\frac{art}{1-t}}}\\ &= (1-t)^{-(r-1)/2}\frac{1}{\sqrt{1+(ar-1)t}}.\end{aligned}$$

Lorsque $t \nearrow 1$, $\|M(t)^r\|_1 \to 0$ si et seulement si $r < 1$.

Exercice 10.4.4. Temps local du mouvement brownien

Soit $(B_t)_{t\geqslant 0}$ un mouvement brownien réel défini sur un espace de probabilité $(\Omega, \mathcal{F}, P)$. Pour tout $\epsilon > 0$, nous considérons l'application ϕ_ϵ définie par :

$$\phi_\epsilon(x) = \begin{cases} |x| & \text{si } |x| \geqslant \epsilon,\\ \frac{1}{2}\left(\epsilon + \frac{x^2}{\epsilon}\right) & \text{si } |x| < \epsilon.\end{cases}$$

1. En utilisant le lemme 3.8 , montrer que pour tout $\epsilon > 0$, P-presque sûrement, pour tout $t \in \mathbb{R}_+$, nous avons l'égalité :

$$\phi_\epsilon(B_t) = \phi_\epsilon(B_0) + \int_0^t \phi'_\epsilon(B_s)\,dB_s + \frac{1}{2\epsilon}\lambda\Big(\{s \in [0,t],\ |B_s| < \epsilon\}\Big),$$

où λ désigne la mesure de Lebesgue sur $\mathbb{R}$.

2. Montrer que la convergence suivante a lieu lorsque $\epsilon \to 0$:

$$\int_0^t \phi'_\epsilon(B_s)\,\mathbf{1}_{\{|B_s|<\epsilon\}}\,dB_s \xrightarrow{L^2} 0$$

3. Déduire de ce qui précède la *formule de Tanaka* :

$$P\text{-p.s.},\quad \forall t \in \mathbb{R}_+,\quad |B_t| = |B_0| + \int_0^t \operatorname{sgn}(B_s)\,dB_s + L_t, \tag{10.4.13}$$

où le *temps local* $(L_t)_{t\geqslant 0}$ du mouvement brownien est un processus tel que, pour tout $t \in \mathbb{R}_+$, la convergence suivante ait lieu lorsque $\epsilon \to 0$:

$$\frac{1}{2\epsilon}\lambda\Big(\{s \in [0,t],\ |B_s| < \epsilon\}\Big) \xrightarrow{L^2} L_t, \tag{10.4.14}$$

et où l'application $\operatorname{sgn} : \mathbb{R} \to \{-1, 1\}$ est définie par :

$$\forall x \in \mathbb{R}_+^*,\ \operatorname{sgn}(x) = 1 \quad \text{et} \quad \forall x \in \mathbb{R}_-,\ \operatorname{sgn}(x) = -1$$

Remarque. La formule (10.4.13) implique immédiatement que le processus L est presque sûrement continu ; la formule (10.4.14) implique qu'il est presque sûrement croissant.

Corrigé

1. Notons tout d'abord que, pour tout $\epsilon > 0$, l'application ϕ_ϵ satisfait les hypothèses du lemme 3.8 avec $n = 2$, $x_1 = -\epsilon$, $x_2 = \epsilon$ et la borne $M = 1/\epsilon$.
Nous en déduisons immédiatement l'égalité cherchée puisque :
$$\forall x \in]-\epsilon, \epsilon[\,, \quad \phi''_\epsilon(x) = 1/\epsilon \quad \text{et} \quad \forall x \notin [-\epsilon, \epsilon]\,, \quad \phi''_\epsilon(x) = 0$$

2. Puisque $\forall x \in]-\epsilon, \epsilon[\,,\ \phi'(x) = x/\epsilon$, il s'agit de démontrer que nous avons la convergence suivante lorsque $\epsilon \to 0$:
$$\int_0^t \frac{B_s}{\epsilon} \mathbf{1}_{\{|B_s|<\epsilon\}} \, dB_s \xrightarrow{L^2} 0$$
Or, en appliquant le théorème 3.2 (isométrie d'Itô), nous obtenons :
$$\left\| \int_0^t \frac{B_s}{\epsilon} \mathbf{1}_{\{|B_s|<\epsilon\}} \, dB_s \right\|^2_{L^2(\Omega)} = E\left[\int_0^t \frac{B_s^2}{\epsilon^2} \mathbf{1}_{\{|B_s|<\epsilon\}} \, ds \right]$$
Une simple application du théorème de convergence dominée montre que le membre de droite converge vers 0 lorsque $\epsilon \to 0$, d'où la conclusion.

3. En fait, il s'agit de démontrer que pour tout $t \in \mathbb{R}_+$ fixé, nous avons la convergence suivante lorsque $\epsilon \to 0$:
$$\frac{1}{2\epsilon} \lambda\Big(\{ s \in [0, t],\ |B_s| < \epsilon \} \Big) \xrightarrow{L^2} |B_t| - |B_0| - \int_0^t \operatorname{sgn}(B_s) \, dB_s$$
En notant $\phi : \mathbb{R} \to \mathbb{R}$ l'application définie par : $\phi(x) = |x|$ et en utilisant l'égalité établie dans la première question, nous voyons que cela s'écrit encore :
$$\phi_\epsilon(B_t) - \phi_\epsilon(B_0) - \int_0^t \phi'_\epsilon(B_s) \, dB_s \xrightarrow{L^2} \phi(B_t) - \phi(B_0) - \int_0^t \operatorname{sgn}(B_s) \, dB_s$$
Or, il est facile de vérifier que la famille d'applications $(\phi_\epsilon)_{\epsilon>0}$ converge uniformément vers ϕ sur $\mathbb{R}$ lorsque $\epsilon \to 0$, ce qui implique immédiatement les convergences suivantes :
$$\phi_\epsilon(B_t) \xrightarrow{L^2} \phi(B_t) \ \text{ et } \ \phi_\epsilon(B_0) \xrightarrow{L^2} \phi(B_0)$$
En utilisant le résultat de la deuxième question, nous voyons donc qu'il nous reste à prouver la convergence suivante lorsque $\epsilon \to 0$:
$$\int_0^t \phi'_\epsilon(B_s) \, \mathbf{1}_{\{|B_s|\geqslant\epsilon\}} \, dB_s \xrightarrow{L^2} \int_0^t \operatorname{sgn}(B_s) \, dB_s$$
En notant que les applications ϕ'_ϵ et sgn coïncident sur le sous-ensemble $\{x \in \mathbb{R},\ |x| \geqslant \epsilon\}$, nous voyons que cela équivaut encore à la convergence suivante lorsque $\epsilon \to 0$:
$$\left\| \int_0^t \operatorname{sgn}(B_s) \, \mathbf{1}_{\{|B_s|<\epsilon\}} \, dB_s \right\|_{L^2(\Omega)} \longrightarrow 0$$

Or le théorème 3.2 (isométrie d'Itô) nous donne :

$$\left\| \int_0^t \operatorname{sgn}(B_s)\, \mathbf{1}_{|B_s|<\epsilon}\, dB_s \right\|_{L^2(\Omega)}^2 = E\left[\int_0^t \mathbf{1}_{\{|B_s|<\epsilon\}}\, ds \right],$$

ce qui nous permet de conclure par un argument de convergence dominée.

Remarque. Le processus L que nous venons de définir est en fait le temps local *en 0* du mouvement brownien B. Pour tout $a \in \mathbb{R}$, nous pouvons définir de façon similaire le temps local en a de B.

Si nous le notons L^a, les formules (10.4.13) et (10.4.14) deviennent alors :

$$|B_t - a| = |B_0 - a| + \int_0^t \operatorname{sgn}(B_s - a)\, dB_s + L_t^a \tag{10.4.15}$$

$$\frac{1}{2\epsilon}\lambda\Big(\{s \in [0,t],\, |B_s - a| < \epsilon\}\Big) \xrightarrow{L^2} L_t^a \tag{10.4.16}$$

Exercice 10.4.5. Une intégrale stochastique multiple

Nous définissons une suite d'applications $(H_n)_{n\in\mathbb{N}}$ sur $\mathbb{R}^2$ par la formule :

$$H_n(x,y) = \frac{\partial^n}{\partial\alpha^n} \exp(\alpha x - \frac{1}{2}\alpha^2 y)\, |_{\alpha=0},$$

en faisant la convention $\frac{\partial^0}{\partial\alpha^0} f = f$.

1. Montrer que les $(H_n)_{n\in\mathbb{N}}$ sont des applications polynômiales.
2. Montrer que les deux égalités suivantes sont vérifiées pour tout $(x,y) \in \mathbb{R}^2$ et tout $n \in \mathbb{N}^*$:

$$\frac{\partial}{\partial x} H_n(x,y) = nH_{n-1}(x,y) \tag{10.4.17}$$

$$\frac{\partial}{\partial y} H_n(x,y) + \frac{1}{2}\frac{\partial^2}{\partial x^2} H_n(x,y) = 0 \tag{10.4.18}$$

3. Soit $(B_t, t \geqslant 0)$ un mouvement brownien réel. Établir l'égalité suivante :

$$P\text{-p.s.}, \quad \forall t \in \mathbb{R}_+, \quad \int_0^t dB_{t_1} \int_0^{t_1} dB_{t_2} \cdots \int_0^{t_{n-1}} dB_{t_n} = \frac{1}{n!} H_n(B_t, t)$$

Corrigé

1. Nous allons démontrer par récurrence que pour tout entier n, il existe une fonction polynômiale P_n telle que :

$$\frac{\partial^n}{\partial\alpha^n} \exp(\alpha x - \frac{1}{2}\alpha^2 y) = P_n(x,y,\alpha) \exp(\alpha x - \frac{1}{2}\alpha^2 y)$$

Notons dès maintenant que cela nous donnera le résultat voulu en prenant $\alpha = 0$. Il est très facile de vérifier que :

$$H_0(x,y) = 1 \quad \text{et} \quad H_1(x,y) = x$$

Nous supposons donc maintenant notre hypothèse vérifiée au rang n et nous calculons :

$$\begin{aligned}\frac{\partial^{n+1}}{\partial\alpha^{n+1}}\, e^{\alpha x-\frac{1}{2}\alpha^2 y} &= \frac{\partial}{\partial\alpha}[P_n(x,y,\alpha)\, e^{\alpha x-\frac{1}{2}\alpha^2 y}] \\ &= [\frac{\partial P_n}{\partial\alpha}(x,y,\alpha) + P_n(x,y,\alpha)(x-\alpha y)]\, e^{\alpha x-\frac{1}{2}\alpha^2 y}\end{aligned}$$

Nous constatons que l'hypothèse est vérifiée au rang $n+1$, ce qui nous permet de conclure.

Remarque. Il existe une relation simple entre ces applications $(H_n)_{n\in\mathbb{N}}$ et les (classiques) polynômes d'Hermite.

2. L'application $(x,y,\alpha) \to \exp(\alpha x - \frac{1}{2}\,\alpha^2 y)$ étant infiniment différentiable sur $\mathbb{R}^3$, le théorème de Schwarz nous autorise à permuter l'ordre des dérivations partielles comme suit :

$$\frac{\partial}{\partial x}\frac{\partial^n}{\partial\alpha^n}\, e^{\alpha x-\frac{1}{2}\alpha^2 y} = \frac{\partial^n}{\partial\alpha^n}\frac{\partial}{\partial x}\, e^{\alpha x-\frac{1}{2}\alpha^2 y} = \frac{\partial^n}{\partial\alpha^n}[\alpha\, e^{\alpha x-\frac{1}{2}\alpha^2 y}]$$

En appliquant la formule de Leibniz, nous en déduisons :

$$\frac{\partial}{\partial x}\frac{\partial^n}{\partial\alpha^n}\, e^{\alpha x-\frac{1}{2}\alpha^2 y} = \alpha\,\frac{\partial^n}{\partial\alpha^n}\, e^{\alpha x-\frac{1}{2}\alpha^2 y} + n\frac{\partial^{n-1}}{\partial\alpha^{n-1}}\, e^{\alpha x-\frac{1}{2}\alpha^2 y}$$

Il suffit alors de prendre $\alpha = 0$ pour obtenir (10.4.17). En appliquant successivement aux entiers n et $n-1$ cette égalité (10.4.17), nous obtenons, pour tout $(x,y) \in \mathbb{R}^2$ et tout $n \geqslant 2$:

$$\frac{\partial^2}{\partial x^2} H_n(x,y) = n(n-1)\, H_{n-2}(x,y) \qquad (10.4.19)$$

D'autre part, une nouvelle application du théorème de Schwarz nous donne :

$$\frac{\partial}{\partial y}\frac{\partial^n}{\partial\alpha^n}\, e^{\alpha x-\frac{1}{2}\alpha^2 y} = \frac{\partial^n}{\partial\alpha^n}\frac{\partial}{\partial y}\, e^{\alpha x-\frac{1}{2}\alpha^2 y} = \frac{\partial^n}{\partial\alpha^n}[-\frac{\alpha^2}{2}\, e^{\alpha x-\frac{1}{2}\alpha^2 y}]$$

En appliquant la formule de Leibniz, nous en déduisons :

$$\begin{aligned}-\frac{\partial}{\partial y}\frac{\partial^n}{\partial\alpha^n}\, e^{\alpha x-\frac{1}{2}\alpha^2 y} &= \frac{\alpha^2}{2}\frac{\partial^n}{\partial\alpha^n}\, e^{\alpha x-\frac{1}{2}\alpha^2 y} + \\ &+ n\alpha\frac{\partial^{n-1}}{\partial\alpha^{n-1}}\, e^{\alpha x-\frac{1}{2}\alpha^2 y} + \frac{n(n-1)}{2}\frac{\partial^{n-2}}{\partial\alpha^{n-2}}\, e^{\alpha x-\frac{1}{2}\alpha^2 y}\end{aligned}$$

Nous prenons alors $\alpha = 0$, ce qui nous donne l'égalité suivante pour tout $(x,y) \in \mathbb{R}^2$ et tout $n \geqslant 2$:

$$\frac{\partial}{\partial y} H_n(x,y) = -\frac{n(n-1)}{2} H_{n-2}(x,y)$$

En faisant la comparaison avec l'égalité (10.4.19), nous obtenons (10.4.18) pour tout entier $n \geqslant 2$. Il est très facile de vérifier que cette égalité est aussi valable pour $n = 0$ et $n = 1$.

3. En appliquant la formule d'Itô (10.4.11) avec $\Phi(t,x) = H_n(x,t)$ et $X = B$, nous obtenons l'égalité suivante P-presque sûrement, pour tout $t \in \mathbb{R}_+$:

$$\begin{aligned} H_n(B_t,t) &= H_n(0,0) + \int_0^t \frac{\partial H_n}{\partial t}(B_s,s)\,ds + \\ &+ \int_0^t \frac{\partial H_n}{\partial x}(B_s,s)\,dB_s + \frac{1}{2}\int_0^t \frac{\partial^2 H_n}{\partial x^2}(B_s,s)\,ds \quad (10.4.20) \end{aligned}$$

Il est facile de démontrer par récurrence que :

$$\forall n \in \mathbb{N}^*, \quad H_n(0,0) = 0$$

D'autre part, la formule (10.4.18) nous donne :

$$\forall n \in \mathbb{N}^*, \quad \frac{\partial H_n}{\partial t} + \frac{1}{2}\frac{\partial^2 H_n}{\partial x^2} \equiv 0$$

Finalement, en utilisant (10.4.17), nous constatons que l'égalité (10.4.20) s'écrit plus simplement :

$$P\text{-p.s.}, \quad \forall t \in \mathbb{R}_+, \quad H_n(B_t,t) = \int_0^t n H_{n-1}(B_s,s)\,dB_s$$

Il suffit d'itérer cette égalité pour faire apparaître l'intégrale stochastique multiple annoncée.

10.5 FORMULE D'ITÔ AVEC UN MOUVEMENT BROWNIEN MULTIDIMENSIONNEL

Exercice 10.5.1. Propriétés relatives à la filtration canonique d'un mouvement brownien plan

1. *Préliminaire.* Soit $(\Omega, \mathcal{A}, P)$ un espace de probabilité et $\mathcal{A}_1, \mathcal{A}_2, \mathcal{A}_3$ trois sous-tribus de $\mathcal{A}$. Pour $1 \leqslant i \leqslant 3$ et $1 \leqslant j \leqslant 3$, nous introduisons la notation :

$$\mathcal{A}_i \vee \mathcal{A}_j = \sigma(\mathcal{A}_i \cup \mathcal{A}_j)$$

Nous supposons $\mathcal{A}_2$ indépendante de $\mathcal{A}_3$, et $\mathcal{A}_1$ indépendante de $\mathcal{A}_2 \vee \mathcal{A}_3$.
Montrer que la sous-tribu $\mathcal{A}_1 \vee \mathcal{A}_2$ est indépendante de $\mathcal{A}_3$.

2. Soit $B = (B_t^1, B_t^2)_{t \geqslant 0}$ un mouvement brownien plan. Nous notons $(\mathcal{F}_t)_{t \geqslant 0}$ la filtration canonique de B, en rappelant qu'elle est définie comme suit :

$$\forall t \in \mathbb{R}_+, \quad \mathcal{F}_t = \sigma(B_s^1\,,\, B_s^2\,;\, s \leqslant t)$$

Montrer que $(B_t^1)_{t \geqslant 0}$, resp. $(B_t^2)_{t \geqslant 0}$, est un $(\mathcal{F}_t)$-mouvement brownien réel.

> ***Remarque.*** Ceci nous donne un exemple de $(\mathcal{F}_t)$-mouvement brownien réel B^1 où $\mathcal{F}_t \supsetneq \sigma(B_s^1, s \leqslant t)$.

3. Soit $(\Omega, \mathcal{A}, (\mathcal{F}_t)_{t \geqslant 0}, P)$ un espace de probabilité filtré ; nous supposons que les processus $(M_t)_{t \geqslant 0}$ et $(N_t)_{t \geqslant 0}$ sont des $(\mathcal{F}_t)$-martingales locales.
Montrer que $(M_t + N_t)_{t \geqslant 0}$ est une $(\mathcal{F}_t)$-martingale locale.

4. Soit $\varphi = (\varphi_t^1, \varphi_t^2)_{t \geqslant 0} \in M^2_{\text{loc}}$ et $B = (B_t^1, B_t^2)_{t \geqslant 0}$ un mouvement brownien plan de filtration canonique $(\mathcal{F}_t)_{t \geqslant 0}$. Déduire des questions précédentes que le processus X défini par l'égalité :

$$\forall t \in \mathbb{R}_+, \quad X_t = \int_0^t \varphi_s \, dB_s$$

est une $(\mathcal{F}_t)$-martingale locale.
Que se passe-t-il si nous supposons maintenant $\varphi \in M^2$?

Remarque. Les propriétés démontrées dans cet exercice se généralisent facilement au cas d'un mouvement brownien B de dimension d.

Corrigé

1. La sous-tribu $\mathcal{A}_1 \vee \mathcal{A}_2$ est engendrée par le π-système :

$$\{A_1 \cap A_2 \ \ A_1 \in \mathcal{A}_1, \, A_2 \in \mathcal{A}_2\}$$

donc, grâce au théorème des classes monotones, nous constatons que l'indépendance entre $\mathcal{A}_1 \vee \mathcal{A}_2$ et $\mathcal{A}_3$ équivaut à la propriété suivante :

$$\forall A_1 \in \mathcal{A}_1, \ \ \forall A_2 \in \mathcal{A}_2, \ \ \forall A_3 \in \mathcal{A}_3, \ \ P(A_1 \cap A_2 \cap A_3) = P(A_1 \cap A_2)\, P(A_3)$$

Or, nous avons :

$$P(\underbrace{A_1}_{\in \mathcal{A}_1} \cap \underbrace{A_2 \cap A_3}_{\in \mathcal{A}_2 \vee \mathcal{A}_3}) = P(A_1)\, P(\underbrace{A_2}_{\in \mathcal{A}_2} \cap \underbrace{A_3}_{\in \mathcal{A}_3}) = P(A_1)\, P(A_2)\, P(A_3)$$

ce qui prouve l'indépendance mutuelle des sous-tribus $\mathcal{A}_1, \mathcal{A}_2$ et $\mathcal{A}_3$.

Nous pouvons alors conclure directement en appliquant le théorème dit d'*indépendance par paquets* ou bien faire le raisonnement suivant.

La sous-tribu $\mathcal{A}_1$ est supposée indépendante de $\mathcal{A}_2 \vee \mathcal{A}_3 \supset \mathcal{A}_2$, ce qui implique l'indépendance de $\mathcal{A}_1$ et $\mathcal{A}_2$; nous avons donc :

$$P(A_1)\, P(A_2) = P(A_1 \cap A_2)\,,$$

ce qui permet d'achever la démonstration.

2. Nous allons montrer que $B^2 = (B_t^2)_{t \geqslant 0}$ est un $(\mathcal{F}_t)$-mouvement brownien ; un raisonnement similaire donne la même propriété pour B^1.

Fixons $t \geqslant s \geqslant 0$ arbitraires ; il s'agit de prouver l'indépendance entre la variable aléatoire $B_t^2 - B_s^2$ et la sous-tribu $\mathcal{F}_s$.

Pour cela, nous définissons les sous-tribus :

$$\mathcal{A}_1 = \sigma(B_u^1, \, u \leqslant s), \ \ \mathcal{A}_2 = \sigma(B_u^2, \, u \leqslant s), \ \ \mathcal{A}_3 = \sigma(B_t^2 - B_s^2).$$

Nous constatons alors que, les hypothèses de la 1ère question sont vérifiées car :

– L'indépendance de $\mathcal{A}_2$ et $\mathcal{A}_3$ résulte de celle des accroissements du mouvement brownien B^2.

– L'indépendance des processus B^1 et B^2 entraîne celle de $\mathcal{A}_1$ et $\mathcal{A}_2 \vee \mathcal{A}_3$ en raison des inclusions suivantes :

$$\mathcal{A}_1 \subset \sigma(B^1_u,\, u \in \mathbb{R}_+) \ \text{ et } \ \mathcal{A}_2 \vee \mathcal{A}_3 \subset \sigma(B^2_u,\, u \in \mathbb{R}_+)$$

Nous en déduisons que $\mathcal{A}_3$ est indépendante de la sous-tribu :

$$\mathcal{A}_1 \vee \mathcal{A}_2 = \sigma\big((B^1_u, B^2_u),\, u \leqslant s\big) = \mathcal{F}_s\,,$$

ce qui était le résultat cherché.

3. Par définition, il existe deux suites de temps d'arrêts $(\sigma_n)_{n\in\mathbb{N}}$ et $(\tau_n)_{n\in\mathbb{N}}$ croissantes, tendant presque sûrement vers $+\infty$ et telles que, pour tout $n \in \mathbb{N}$, les processus suivants sont des $(\mathcal{F}_t)$-martingales :

$$M^{\sigma_n} = (M_{t\wedge\sigma_n})_{t\in\mathbb{R}_+} \quad \text{et} \quad N^{\tau_n} = (N_{t\wedge\tau_n})_{t\in\mathbb{R}_+}$$

En tant que $(\mathcal{F}_t)$-martingales arrêtées, les deux processus suivants sont des $(\mathcal{F}_t)$-martingales :

$$(M^{\sigma_n})^{\tau_n} = M^{\sigma_n\wedge\tau_n} \quad \text{et} \quad (N^{\tau_n})^{\sigma_n} = N^{\sigma_n\wedge\tau_n}$$

Il en résulte que $M^{\sigma_n\wedge\tau_n} + N^{\sigma_n\wedge\tau_n}$ est encore une $(\mathcal{F}_t)$-martingale.

Comme $(\sigma_n \wedge \tau_n)_{n\in\mathbb{N}}$ est manifestement une suite de temps d'arrêts croissante et tendant presque sûrement vers $+\infty$, nous avons bien démontré que $M + N$ est une $(\mathcal{F}_t)$-martingale locale.

4. Par définition, nous avons :

$$\forall t \in \mathbb{R}_+, \quad X_t = \int_0^t \varphi^1_s\, dB^1_s + \int_0^t \varphi^2_s\, dB^2_s$$

Puisque B^1 et B^2 sont des $(\mathcal{F}_t)$-mouvements browniens réels, nous savons que les processus suivants sont des $(\mathcal{F}_t)$-martingales locales :

$$\Big(\int_0^t \varphi^1_s\, dB^1_s\Big)_{t\in\mathbb{R}_+} \quad \text{et} \quad \Big(\int_0^t \varphi^2_s\, dB^2_s\Big)_{t\in\mathbb{R}_+}$$

Nous concluons alors grâce à la question précédente.

Si nous supposons $\varphi \in M^2$, le même raisonnement s'applique mais les deux processus ci-dessus sont cette fois des $(\mathcal{F}_t)$-martingales. Il en est donc de même de leur somme : le processus X est une $(\mathcal{F}_t)$-martingale.

Exercice 10.5.2. Écriture canonique d'un processus d'Itô

Nous rappelons que l'écriture canonique d'un processus d'Itô X à valeurs dans $\mathbb{R}^k$ et construit à partir d'un mouvement brownien B de dimension d est de la forme suivante :

$$P\text{-p.s.}\,, \quad \forall t \in \mathbb{R}_+, \quad X_t = X_0 + \int_0^t \varphi_s\, dB_s + \int_0^t \psi_s\, ds,$$

où φ est un processus aléatoire à valeurs dans l'ensemble $\mathcal{M}_{k,d}(\mathbb{R})$ des matrices à coefficients réels de taille $k \times d$ et ψ est un processus aléatoire à valeurs dans $\mathbb{R}^k$.

Montrer que les processus suivants sont des processus d'Itô en les écrivant sous forme canonique.

1. Le processus Y, défini par :

$$\forall t \in \mathbb{R}_+, \quad Y_t = \left(B_t^1 + B_t^2 + B_t^3, (B_t^2)^2 - B_t^1 B_t^3 \right)$$

où $B = (B^1, B^2, B^3)$ est un mouvement brownien en dimension 3.

2. Le carré de processus de Bessel d-dimensionnel, défini par :

$$Z_t = (B_t^1)^2 + (B_t^2)^2 + \cdots + (B_t^d)^2,$$

où $B = (B^1, \cdots, B^d)$ est un mouvement brownien à valeurs dans $\mathbb{R}^d$.

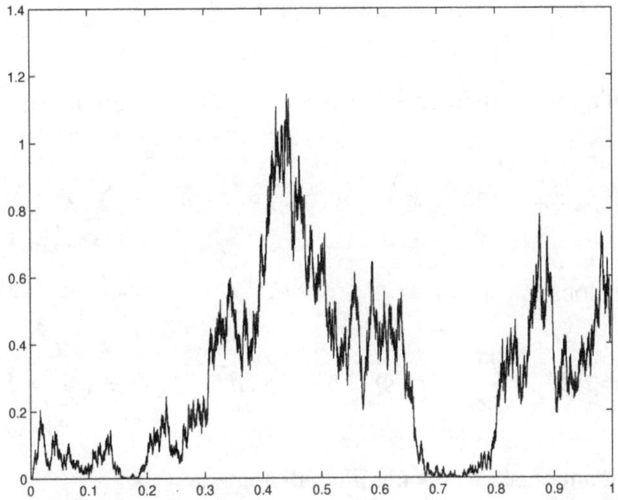

Figure 10.2 Carré d'un processus de Bessel de dimension 2.

Corrigé succinct

1. En utilisant la formule d'Itô (3.6) pour le processus $\left((B_t^2)^2\right)_{t \geqslant 0}$ et la formule d'intégration par parties stochastique (3.2.15) pour $(B_t^1 B_t^3)_{t \geqslant 0}$, nous pouvons écrire le processus Y sous forme canonique avec :

$$\forall s \in \mathbb{R}_+, \quad \varphi_s = \begin{pmatrix} 1 & 1 & 1 \\ -B_s^3 & 2B_s^2 & -B_s^1 \end{pmatrix}, \quad \psi_s = \begin{pmatrix} 0 \\ 1 \end{pmatrix}$$

2. En utilisant la formule d'Itô (3.6) pour les processus $((B_t^i)^2)_{t \geqslant 0}$, $1 \leqslant i \leqslant d$, nous pouvons écrire le carré de Bessel Z sous forme canonique avec $\varphi = 2B$ et $\psi \equiv d$.

Exercice 10.5.3. Vérification d'une solution d'EDS

Soient $c, \alpha_1, \cdots, \alpha_d$ des constantes réelles et $B = (B^1, \cdots, B^d)$ un mouvement brownien d-dimensionnel.

Montrer que le processus X défini par :

$$\forall t \in \mathbb{R}_+, \quad X_t = \exp\left(ct + \sum_{i=1}^{d} \alpha_i B_t^i\right)$$

est solution de l'équation différentielle stochastique suivante :

$$dX_t = (c + \frac{1}{2} \sum_{i=1}^{d} \alpha_i^2)\, X_t\, dt + X_t\, (\sum_{i=1}^{d} \alpha_i\, dB_t^i)$$

Corrigé

Nous appliquons le théorème 3.9 avec $X = B$ et Φ définie par :

$$\forall t \in \mathbb{R}_+, \quad \forall x \in \mathbb{R}^d, \quad \Phi(t,x) = \exp(ct + \sum_{i=1}^{d} \alpha_i x_i)$$

Nous calculons :

$$\frac{\partial \Phi}{\partial t} = c\Phi \ ; \ \frac{\partial \Phi}{\partial x_i} = \alpha_i\, \Phi\,, \ \ 1 \leqslant i \leqslant d \ ; \ \Delta_x \Phi = (\sum_{i=1}^{d} \alpha_i^2)\, \Phi$$

Le résultat annoncé en découle immédiatement.

Exercice 10.5.4. Transformation harmonique d'un mouvement brownien

Nous considérons un mouvement brownien d-dimensionnel $B = (B^1, \cdots, B^d)$ et une application $f \in C^{1,2}(\mathbb{R}_+ \times \mathbb{R}^d)$.

1. Montrer que :

$$M_t^f = f(t, B_t) - \int_0^t (\frac{1}{2}\Delta_x f + \frac{\partial f}{\partial t})(s, B_s)ds$$

est une martingale locale.

Donner une condition suffisante pour que M_t^f soit une martingale.

2. Soit $g \in C^2(\mathbb{R}^d)$ une application harmonique, c'est-à-dire de Laplacien identiquement nul. Montrer que le processus $(g(B_t), t \geqslant 0)$ est une martingale locale.

Corrigé

1. En appliquant le théorème 3.9 (formule d'Itô vectorielle) avec $X = B$ et $\Phi = f$, nous obtenons :

$$P\text{-p.s.}\,,\quad \forall t \in \mathbb{R}_+,\quad M_t^f = \sum_{i=1}^d \int_0^t \frac{\partial f}{\partial x_i}(s, B_s)\, dB_s^i$$

Si nous notons $(\mathcal{F}_t)_{t\geqslant 0}$ la filtration naturelle du mouvement brownien d-dimensionnel B, nous pouvons déduire de l'exercice 10.5.1. que le processus M^f est une $(\mathcal{F}_t)$-martingale locale.
Ce processus est même une martingale dès que :

$$\forall i = 1, \cdots d,\quad \left(\frac{\partial f}{\partial x_i}(s, B_s)\right)_{s\geqslant 0} \in M^2$$

C'est en particulier le cas par exemple lorsque toutes les dérivées partielles suivantes sont bornées :

$$\frac{\partial f}{\partial x_i},\quad i = 1, \cdots, d$$

2. Nous pouvons appliquer immédiatement la question précédente puisque nous avons ici :

$$\frac{\partial g}{\partial t} \equiv 0 \quad \text{et} \quad \Delta_x g \equiv 0$$

Nous pourrions d'ailleurs écrire comme précédemment une condition suffisante pour que le processus $(g(B_t), t \geqslant 0)$ soit une martingale.

Exercice 10.5.5. Processus de Bessel

Soit $d \geqslant 1$ un entier, $B = (B_i; i \leqslant d)$ un mouvement brownien d-dimensionnel partant de $B(0) = b \in \mathbb{R}^d, b \neq 0$, et $R(t) = \|B(t)\| = \left(B_1(t)^2 + \ldots + B_d(t)^2\right)^{1/2}$ sa distance à l'origine. On note $\tau = \inf\{t \geqslant 0 : B(t) = 0\}$ le temps d'atteinte par B de l'origine.

1. Écrire la formule d'Itô pour $\Phi(B(t))$ avec $\Phi \in \mathcal{C}^2(\mathbb{R}^d, \mathbb{R})$, puis pour $R(t) = \|B(t)\|$ et $t < \tau$.
2. Soit

$$\theta_k(t) = \frac{B_k(t)}{\|B(t)\|}\mathbf{1}_{\{B(t)\neq 0\}}$$

pour $k = 1, \ldots d$. Démontrer que le processus W défini par

$$W(t) = \sum_{k=1}^d \int_0^t \theta_k(s) dB_k(s)$$

est lui-même un mouvement brownien.

3. En déduire que R est solution de l'équation différentielle stochastique

$$dR(t) = dW(t) + \frac{d-1}{2R(t)}\,dt \tag{10.5.21}$$

issue de $R(0) = \|b\|$, jusqu'au temps d'atteinte τ de 0 par R.
En admettant qu'un mouvement brownien plan issu de $b \neq 0$ n'atteint p.s. jamais l'origine, ce que nous prouverons dans la section 13.4, montrer que ce temps τ est p.s. infini lorsque $d \geqslant 2$.

4. On suppose $d \geqslant 2$. Montrer que la loi de $R(t)$ admet une densité $\rho(t,r)$ (que l'on ne calculera pas). Donner sans démonstration une équations aux dérivées partielles satisfaite par ρ.
Indication : voir l'équation de Kolmogorov progressive donnée à la suite de la formule (6.2.5) dans le cours.

Corrigé

1. Pour $\Phi\colon \mathbb{R}^d \to \mathbb{R}$ de classe $\mathcal{C}^2$, la formule d'Itô s'écrit

$$\Phi(B(t)) \quad = \quad \Phi(b) + \int_0^t \nabla\Phi(B(s))\,dB(s) + \frac{1}{2}\int_0^t \Delta\Phi(B(s))\,ds \qquad (t \geqslant 0).$$

La fonction $\Phi\colon x = (x_1, \dots, x_d) \longmapsto \|x\| = \sqrt{x_1^2 + \cdots + x_d^2}$ est de classe $\mathcal{C}^2$ sur $\mathbb{R}^d \setminus \{0\}$ avec

$$\nabla\Phi(x) = \frac{x}{\|x\|} \qquad \text{et} \qquad \Delta\Phi(x) = \frac{d-1}{\|x\|} \qquad (x \neq 0).$$

La non-différentiabilité en 0 interdit d'appliquer directement la formule d'Itô à Φ. En revanche, pour $\varepsilon > 0$, on peut approcher Φ par Φ_ε de classe $\mathcal{C}^2$ sur $\mathbb{R}^d$ telle que

$$\|x\| \geqslant \varepsilon \quad \Longrightarrow \quad \Phi_\varepsilon(x) = \Phi(x).$$

La formule d'Itô s'applique à Φ_ε. En posant $\tau_\varepsilon = \inf\{t \geqslant 0\colon \|B(t)\| \leqslant \varepsilon\}$, on en déduit

$$\|B(t \wedge \tau_\varepsilon)\| \quad = \quad \|b\| + \sum_{k=1}^d \int_0^{t\wedge\tau_\varepsilon} \frac{B_k(s)}{\|B(s)\|}\,dB_k(s) + \frac{d-1}{2}\int_0^{t\wedge\tau_\varepsilon} \frac{1}{\|B(s)\|}\,ds.$$

Il suffit maintenant de faire décroître ε vers 0 et d'observer que $\tau_\varepsilon \uparrow \tau$ pour obtenir

$$\|B(t \wedge \tau)\| = \|b\| + \sum_{k=1}^d \int_0^{t\wedge\tau} \frac{B_k(s)}{\|B(s)\|}\,dB_k(s) + \frac{d-1}{2}\int_0^{t\wedge\tau} \frac{1}{\|B(s)\|}\,ds.$$

Pour être tout-à-fait précis, le passage à la limite est justifié par la continuité trajectorielle du brownien pour le membre de gauche, par la propriété d'isométrie de l'intégrale d'Itô pour le terme du milieu, et par convergence monotone pour le terme de droite.

2. On note $\{\mathcal{F}_t\}_{t\geqslant 0}$ la filtration naturelle de $\{B(t)\}_{t\geqslant 0}$. Remarquons que θ_k est progressivement mesurable et borné par 1 donc dans M^2, si bien que l'intégrale stochastique définissant $W(t)$ a un sens. Le processus W est aussitôt adapté et à trajectoires p.s. continues. Il reste à vérifier que pour $0 \leqslant s \leqslant t$, l'accroissement $W(t) - W(s)$ est indépendant de $\mathcal{F}_s$ et de loi $\mathcal{N}(0, t-s)$. En termes de fonctions caractéristiques, cela s'exprime ainsi : pour tout $\lambda \in \mathbb{R}$,

$$\mathbb{E}\left[e^{i\lambda(W(t)-W(s))}\Big|\,\mathcal{F}_s\right] \;=\; e^{-\frac{\lambda^2(t-s)}{2}}.$$

Il s'agit donc de montrer que le processus M défini par $M(t) := e^{i\lambda W(t)+\frac{\lambda^2 t}{2}}$ est une martingale. Puisque $d\langle W\rangle(t) = \sum_{k=1}^d \theta_k^2(t)\,dt = \mathbf{1}_{B(t)\neq 0}\,dt$, la formule d'Itô donne

$$M(t) \;=\; 1 + i\lambda \sum_{k=1}^d \int_0^t M(s)\theta_k(s)\,dB_k(s) + \frac{\lambda^2}{2}\int_0^t \mathbf{1}_{(B(s)=0)}\,ds.$$

Le dernier terme est nul p.s. (il est positif et d'espérance nulle, comme le montre une application du théorème de Fubini-Tonelli). On en déduit que $\{M(t)\}_{t\geqslant 0}$ est une martingale locale. C'est en fait une vraie martingale de carré intégrable, puisque $\mathbb{E}\left[\int_0^t |M(s)\theta_k(s)|^2\,ds\right] \leqslant \int_0^t e^{\lambda^2 s}\,ds < \infty$.

3. Comme indiqué dans l'énoncé, avec probabilité 1, le mouvement brownien plan issu de $b \neq 0$ ne touchera jamais l'origine : $\tau = \infty$ p.s. Ce résultat reste vrai *a fortiori* en dimension supérieure, puisqu'il faut au moins que les deux premières coordonnées s'annulent.
L'équation différentielle stochastique (10.5.21) n'est qu'une ré-écriture de l'identité établie à la question 1.

4. Soit X une variable aléatoire admettant une densité f sur $\mathbb{R}$. Alors pour toute fonction mesurable bornée $\varphi\colon \mathbb{R}_+ \to \mathbb{R}$, on peut écrire

$$\begin{aligned}
\mathbb{E}\left[\varphi(X^2)\right] &= \int_0^\infty \varphi(x^2)f(x)\,dx + \int_{-\infty}^0 \varphi(x^2)f(x)\,dx \\
&= \int_0^\infty \varphi(x^2)\left(f(x)+f(-x)\right)dx \qquad \text{(changement } x\mapsto -x\text{)} \\
&= \int_0^\infty \varphi(y)\frac{f(\sqrt{y})+f(-\sqrt{y})}{2\sqrt{y}}\,dy \qquad \text{(changement } y = x^2\text{)}.
\end{aligned}$$

Cela montre que X^2 admet aussi une densité. D'autre part, si $Y_1, \dots, Y_d$ sont des variables aléatoires indépendantes admettant des densités $f_1, \dots, f_d$, alors $Y_1 + \cdots + Y_d$ admet pour densité le produit de convolution $f_1 \star \cdots \star f_d$.
Enfin, si $Z \geqslant 0$ admet une densité g, alors pour φ mesurable bornée, on a grâce au changement de variable $r = \sqrt{z}$:

$$\mathbb{E}\left[\varphi(\sqrt{Z})\right] \;=\; \int_0^\infty \varphi(\sqrt{z})g(z)\,dz \;=\; \int_0^\infty \varphi(r)2rg(r^2)\,dr,$$

ce qui montre que $\sqrt{Z}$ admet aussi une densité.
On déduit de tout cela que pour $t > 0$,

$$R(t) = \sqrt{B_1^2(t) + \cdots + B_d^2(t)}$$

admet une densité $r \mapsto \varrho(t, r)$.
Enfin, l'équation de Kolmogorov progressive s'écrit ici

$$\frac{\partial \varrho}{\partial t} = \frac{1}{2}\frac{\partial^2 \varrho}{\partial r^2} - \frac{d-1}{2}\frac{\partial}{\partial r}\left(\frac{\varrho}{r}\right), \qquad \lim_{t \downarrow 0} \varrho = \delta_{\|b\|}.$$

Chapitre 11

Premiers pas avec le calcul stochastique, exercices

11.1 OSCILLATION D'UNE DIFFUSION À L'ORIGINE

On considère un processus X sur $(\Omega, \mathcal{A}, \mathbf{P})$ solution de l'équation différentielle stochastique

$$X(t) = x + B(t) + \int_0^t b(s, X(s))ds,$$

avec B un mouvement brownien et $b : \mathbb{R}^+ \times \mathbb{R} \to \mathbb{R}$ telle que $|b(s,x)| \leqslant a(s)$ pour une fonction a déterministe vérifiant $\int_0^1 a(s)^2 ds < \infty$. On notera

$$\tau_y^+(X) = \inf\{t \geqslant 0 : X(t) > y\}, \qquad \tau_y^-(X) = \inf\{t \geqslant 0 : X(t) < y\}.$$

1. Montrer que
$$\frac{d\mathbb{Q}}{d\mathbf{P}} = \exp\{-\int_0^1 b(s, X(s))dB(s) - \frac{1}{2}\int_0^1 b(s, X(s))^2 ds\}$$
définit une probabilité $\mathbb{Q}$ sur $(\Omega, \mathcal{A})$.
2. Trouver un mouvement brownien sous $\mathbb{Q}$, en prenant soin de distinguer les cas $t \leqslant 1$ et $t > 1$.
3. Montrer que :
$$\mathbf{P}(\tau_x^+(X) = \tau_x^-(X) = 0) = 1$$
Indication : On pourra remarquer que, d'après la dernière question de l'exercice sur la loi du tout ou rien de Blumenthal page 171, nous avons la propriété suivante dans le cas du mouvement brownien standard : $\mathbf{P}(\tau_0^+(B) = \tau_0^-(B) = 0) = 1$.

Corrigé

1. L'hypothèse $|b(s,x)| \leqslant a(s) \in L^2[0,1]$ entraine que la condition de Novikov

$$\mathbf{E}\exp\frac{1}{2}\int_0^1 b(s,X(s))^2 ds < \infty$$

est remplie. Cette condition implique que la variable

$$Z = \exp\{-\int_0^1 b(s,X(s))dB(s) - \frac{1}{2}\int_0^1 b(s,X(s))^2 ds\}$$

est d'espérance égale à 1. Donc, $\mathbb{Q}$ donnée dans l'énoncé est bien une probabilité sur $(\Omega,\mathcal{A})$.

2. Cette loi $\mathbb{Q}$ coincide sur $\mathcal{F}_\infty^B$ avec celle donnée par la transformation de Girsanov avec $\phi(s,\omega) = -b(s,X(s))\mathbf{1}_{[0,1]}(s)$. D'après le théorème de Girsanov, le processus

$$\overline{B}(t) = B(t) - \int_0^t \phi(s,\omega)ds$$

est un mouvement brownien sous $\mathbb{Q}$. On vérifie qu'ici,

$$\overline{B}(t) = \begin{cases} X(t) - x & \text{pour } t \in [0,1], \\ B(t) + \int_0^1 b(s,X(s))ds & \text{pour } t > 1. \end{cases}$$

3. On calcule par changement de mesure,

$$\begin{aligned} \mathbf{P}(\tau_x^+(X) > 0) &= \mathbf{E}^{\mathbb{Q}}\left[\frac{d\mathbf{P}}{d\mathbb{Q}}\mathbf{1}_{\{\tau_x^+(X)>0\}}\right] \\ &= \mathbf{E}^{\mathbb{Q}}\left[Z^{-1}\mathbf{1}_{\{\tau_x^+(X)>0\}}\right] \\ &= \mathbf{E}^{\mathbb{Q}}\left[Z^{-1}\mathbf{1}_{\{\tau_0^+(X-x)>0\}}\right] \\ &= 0 \end{aligned}$$

car sous $\mathbb{Q}$, le processus $(X(t) - x\,;\, 0 \leqslant t \leqslant 1)$ est un mouvement brownien et vérifie d'après l'indication :

$$\mathbb{Q}[\tau_0^+(X-x) > 0] = 0.$$

On raisonne de manière pour $\tau_x^-(X)$, et on obtient le résultat voulu.

11.2 LOI D'UN TEMPS D'ATTEINTE POUR LE MOUVEMENT BROWNIEN AVEC DÉRIVE CONSTANTE

Sur un espace de probabilité $(\Omega, \mathcal{A}, P)$, nous considérons un mouvement brownien réel $(B_t)_{t\geqslant 0}$ et nous notons $(\mathcal{F}_t)_{t\geqslant 0}$ sa filtration naturelle.

Pour $\delta \in \mathbb{R}^*$, nous définissons le mouvement brownien avec dérive constante δ (voir figure 11.1) par la formule :

$$\forall t \in \mathbb{R}_+, \quad \tilde{B}_t = B_t + \delta t$$

Enfin, pour $a > 0$, nous définissons les variables aléatoires :

$$T_a = \inf\{t \geqslant 0,\ B_t \geqslant a\} \quad ; \quad \tilde{T}_a = \inf\{t \geqslant 0,\ \tilde{B}_t \geqslant a\}$$

1. Dans l'exercice 9.5.4., nous avions établi que $P[T_a < \infty] = 1$ et que la transformée de Laplace de T_a vaut :

$$\forall \mu > 0, \quad E[\exp(-\mu T_a)] = \exp(-a\sqrt{2\mu})$$

En déduire que, lorsque $\delta \geqslant 0$, la transformée de Laplace de $\tilde{T}_a$ vaut :

$$\forall \mu > 0, \quad E[\exp(-\mu \tilde{T}_a)] = \exp\Big(-a\,(\sqrt{\delta^2 + 2\mu} - \delta)\Big) \tag{11.2.1}$$

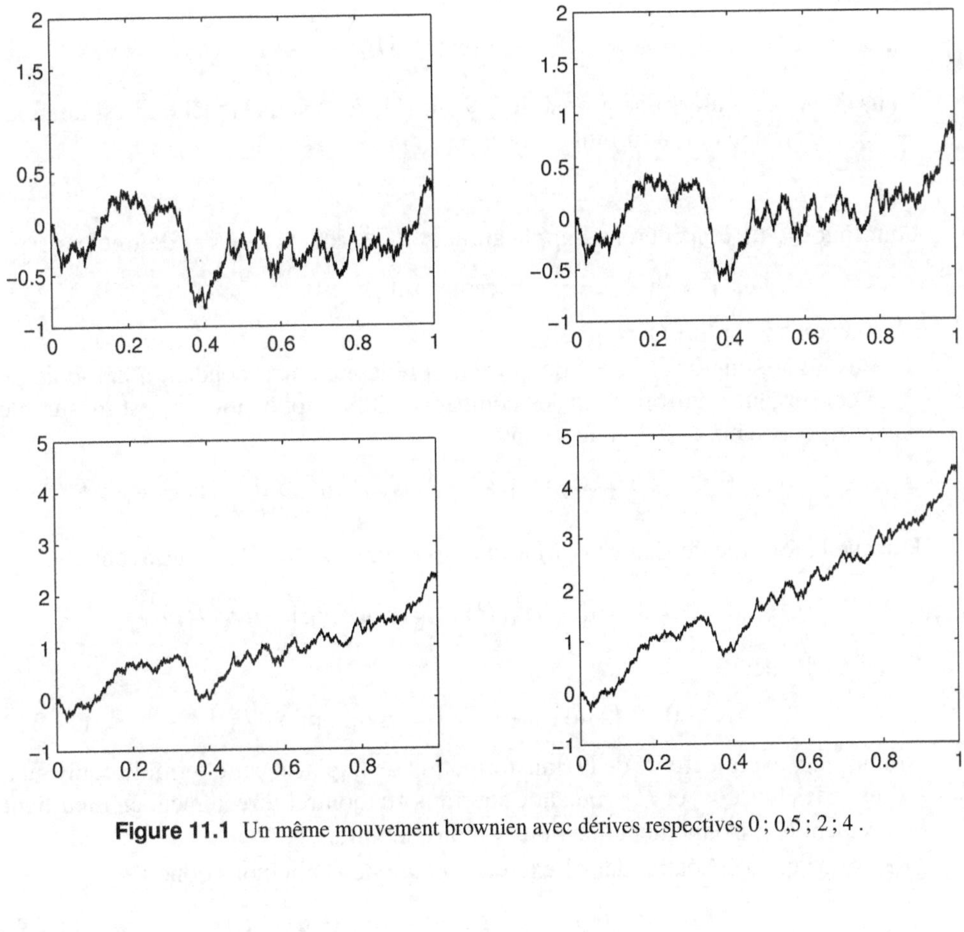

Figure 11.1 Un même mouvement brownien avec dérives respectives 0 ; 0,5 ; 2 ; 4 .

2. Dans l'exercice 9.5.5., nous avions montré que le temps d'atteinte T_a admettait la densité :

$$g_a(x) = a \; \frac{\exp(-\frac{a^2}{2x})}{\sqrt{2\pi x^3}} \; \mathbf{1}_{\mathbb{R}_+^*}(x)$$

Pour tout $\delta \in \mathbb{R}^*$, calculer la fonction de répartition sous P de $\tilde{T}_a$.
En déduire que, si $\delta \geqslant 0$, la loi $P_{\tilde{T}_a}$ admet une densité $\tilde{g}_a$ que l'on explicitera.

3. Dans le cas $\delta < 0$, calculer $P(\tilde{T}_a < +\infty)$ puis expliciter la loi $P_{\tilde{T}_a}$.

4. Montrer que la formule (11.2.1) reste valable dans le cas $\delta < 0$.

5. Montrer que, si $\delta < 0$, la variable aléatoire $\tilde{S} = \sup_{t \geqslant 0} \tilde{B}_t$ suit sous P une loi exponentielle de paramètre -2δ.

Corrigé

1. La martingale exponentielle qui intervient dans la formule de Cameron-Martin s'écrit ici :

$$\forall t \in \mathbb{R}_+, \quad Z_t = \exp(-\delta B_t - \frac{\delta^2}{2}\, t\,)$$

Nous définissons alors une probabilité Q sur $(\Omega, \mathcal{F}_\infty)$ sous laquelle $\tilde{B}$ est un mouvement brownien par la formule suivante :

$$\forall t \in \mathbb{R}_+, \quad Q|_{\mathcal{F}_t} = Z_t\, P|_{\mathcal{F}_t} \tag{11.2.2}$$

Pour tout $a > 0$, considérons l'application $\tau_a : C^0(\mathbb{R}_+, \mathbb{R}) \to \overline{\mathbb{R}}_+$ définie par :

$$\forall x \in C^0(\mathbb{R}_+, \mathbb{R}), \quad \tau_a(x) = \inf\{s \geqslant 0,\ x_s = a\}$$

avec la convention $\inf \varnothing = +\infty$.
Si nous munissons $C^0(\mathbb{R}_+, \mathbb{R})$ de la tribu borélienne correspondant à la topologie de la convergence uniforme sur les compacts, alors l'application τ_a est mesurable puisque pour tout $t \in \mathbb{R}_+$, nous avons :

$$\{x \in C^0(\mathbb{R}_+, \mathbb{R}),\ \tau_a(x) \leqslant t\} = \{x \in C^0(\mathbb{R}_+, \mathbb{R}),\ \inf_{s \in [0,t] \cap \mathbb{Q}} |x_s - a| = 0\}$$

Puisque la formule de Cameron-Martin nous donne $Q_{\tilde{B}} = P_B$, nous avons :

$$\forall \mu > 0, \quad E_Q\Big[\exp\Big(-\mu \tau_a(\tilde{B})\Big)\Big] = E_P\Big[\exp\Big(-\mu \tau_a(B)\Big)\Big]$$

Cela s'écrit encore :

$$\forall \mu > 0, \quad E_Q[\exp(-\mu \tilde{T}_a)] = E_P[\exp(-\mu T_a)] \tag{11.2.3}$$

Notons que, par injectivité de la transformation de Laplace, cette formule équivaut à l'égalité des lois $Q_{\tilde{T}_a}$ et P_{T_a}, que nous aurions pu montrer directement en modifiant légèrement le raisonnement que nous venons de faire.
D'après ce qui a été établi dans l'exercice 9.5.4., nous obtenons donc :

$$\forall \mu > 0, \quad E_Q[\exp(-\mu \tilde{T}_a)] = \exp(-a\sqrt{2\mu}) \tag{11.2.4}$$

Nous sommes encore assez loin du résultat voulu car c'est $E_P[\exp(-\mu\tilde{T}_a)]$ et non $E_Q[\exp(-\mu\tilde{T}_a)]$ qui nous intéresse.
Pour passer d'une espérance sous Q à une espérance sous P, nous pouvons utiliser la relation suivante, qui découle immédiatement de (11.2.2) :

$$\forall t \in \mathbb{R}_+, \quad P|_{\mathcal{F}_t} = Z_t^{-1}\ Q|_{\mathcal{F}_t} \tag{11.2.5}$$

Néanmoins, cette relation nous permet uniquement de calculer l'espérance sous P d'une variable aléatoire $\mathcal{F}_t$-mesurable pour une certaine valeur de t, ce qui n'est pas le cas de $\exp(-\mu\tilde{T}_a)$.
C'est pourquoi, dans un premier temps, nous fixons $t \in \mathbb{R}_+$ et nous remarquons que la variable aléatoire $\tilde{T}_a \wedge t$ est $\mathcal{F}_t$-mesurable puisqu'elle s'écrit :

$$\tilde{T}_a \wedge t = \begin{cases} \inf\{s \leqslant t,\ \tilde{B}_s = a\} & \text{si cet ensemble est non vide} \\ t & \text{sinon.} \end{cases}$$

Grâce à (11.2.5), nous pouvons donc écrire :

$$E_P\left[\exp\left(-\mu(\tilde{T}_a \wedge t)\right)\right] = E_Q\left[Z_t^{-1}\exp\left(-\mu(\tilde{T}_a \wedge t)\right)\right]$$

Or, sous Q, le processus

$$Z_t^{-1} = \exp(\delta\tilde{B}_t - \frac{\delta^2}{2}t), \quad t \geqslant 0$$

est une $(\mathcal{F}_t)$-martingale, si bien qu'en appliquant le théorème d'arrêt aux temps d'arrêts bornés $\tilde{T}_a \wedge t$ et t, nous obtenons :

$$Q\text{-p.s.}, \quad E_Q[Z_t^{-1} \mid \mathcal{F}_{\tilde{T}_a \wedge t}] = Z_{\tilde{T}_a \wedge t}^{-1}$$

Nous en déduisons :

$$E_P\left[\exp\left(-\mu(\tilde{T}_a \wedge t)\right)\right] = E_Q\left[Z_{\tilde{T}_a \wedge t}^{-1}\exp\left(-\mu(\tilde{T}_a \wedge t)\right)\right],$$

ou encore :

$$E_P\left[\exp\left(-\mu(\tilde{T}_a \wedge t)\right)\right] = E_Q\left[\exp\left(\delta\tilde{B}_{\tilde{T}_a \wedge t} - (\mu + \frac{\delta^2}{2})(\tilde{T}_a \wedge t)\right)\right] \tag{11.2.6}$$

Nous désirons maintenant passer à la limite lorsque $t \to +\infty$ dans cette égalité .

En appliquant le théorème de convergence dominée au membre de gauche de (11.2.6), nous obtenons pour limite :

$$E_P[\exp(-\mu\tilde{T}_a)] \text{ avec la convention } \exp(-\mu\tilde{T}_a) = 0 \text{ sur } \{\tilde{T}_a = +\infty\}$$

D'autre part, puisque $Q_{\tilde{T}_a} = P_{T_a}$, nous avons, en utilisant l'exercice 9.5.4. :

$$Q(\tilde{T}_a < +\infty) = P(T_a < +\infty) = 1$$

Nous appliquons alors le théorème de convergence dominée au membre de droite de (11.2.6), en constatant que, puisque $\delta \geqslant 0$, l'intégrande est majoré par la constante

$\exp(\delta a)$; nous obtenons alors comme limite lorsque $t \to +\infty$:

$$E_Q\left[\exp\left(\delta a - (\mu + \frac{\delta^2}{2})\,\tilde{T}_a\right)\right]$$

Finalement, en passant à la limite lorsque $t \to \infty$ dans l'égalité (11.2.6) puis en utilisant (11.2.4), nous obtenons :

$$\begin{aligned} E_P[\exp(-\mu\tilde{T}_a)] &= \exp(\delta a)\, E_Q\left[\exp\left(-(\mu + \frac{\delta^2}{2})\tilde{T}_a\right)\right] \\ &= \exp\Big(-a(\sqrt{\delta^2 + 2\mu} - \delta)\Big), \end{aligned}$$

ce qui était bien l'expression cherchée.

2. Puisque $\tilde{T}_a$ est un $(\mathcal{F}_t)$-temps d'arrêt, nous pouvons utiliser (11.2.5) pour obtenir l'égalité :

$$\forall t \in \mathbb{R}_+, \quad P(\tilde{T}_a \leqslant t) = E_Q[Z_t^{-1}\, \mathbf{1}_{\tilde{T}_a \leqslant t}]$$

Constatant que $\{\tilde{T}_a \leqslant t\} \in \mathcal{F}_{\tilde{T}_a \wedge t}$, nous pouvons appliquer le théorème d'arrêt comme dans la question précédente pour en déduire :

$$\begin{aligned} \forall t \in \mathbb{R}_+, \quad P(\tilde{T}_a \leqslant t) &= E_Q[Z_{\tilde{T}_a \wedge t}^{-1}\, \mathbf{1}_{\tilde{T}_a \leqslant t}] = E_Q[Z_{\tilde{T}_a}^{-1}\, \mathbf{1}_{\tilde{T}_a \leqslant t}] \\ &= E_Q\left[\exp\left(\delta \tilde{B}_{\tilde{T}_a} - \frac{\delta^2}{2}\tilde{T}_a\right) \mathbf{1}_{\tilde{T}_a \leqslant t}\right] \\ &= \exp(\delta a)\, E_Q\left[\exp\left(-\frac{\delta^2}{2}\tilde{T}_a\right) \mathbf{1}_{\tilde{T}_a \leqslant t}\right] \end{aligned}$$

Or la loi $Q_{\tilde{T}_a} = P_{T_a}$ admet la densité g_a donc :

$$\forall t \in \mathbb{R}_+, \quad P(\tilde{T}_a \leqslant t) = \exp(\delta a) \int_0^t \exp(-\frac{\delta^2}{2}x)\, g_a(x)\, dx \qquad (11.2.7)$$

Définissons l'application $\tilde{g}_a : \mathbb{R} \to \mathbb{R}_+$ par :

$$\tilde{g}_a(x) = \exp(\delta a - \frac{\delta^2}{2}x)\, g_a(x) = a\, \frac{\exp(-\frac{(\delta x - a)^2}{2x})}{\sqrt{2\pi x^3}}\, \mathbf{1}_{\mathbb{R}_+^*}(x) \qquad (11.2.8)$$

L'égalité (11.2.7) s'écrit donc :

$$\forall t \in \mathbb{R}_+, \quad P(\tilde{T}_a \leqslant t) = \int_0^t \tilde{g}_a(x)\, dx \qquad (11.2.9)$$

Nous avons ainsi calculé la fonction de répartition de la variable aléatoire $\tilde{T}_a$ sous la probabilité P.

En appliquant le théorème de convergence monotone lorsque $t \nearrow +\infty$, nous déduisons de (11.2.9) l'égalité :

$$P(\tilde{T}_a < +\infty) = \int_0^{+\infty} \tilde{g}_a(x)\, dx \qquad (11.2.10)$$

Supposons maintenant $\delta \geqslant 0$; nous avons, en utilisant l'exercice 9.5.4. :

$$P\text{-p.s.}, \quad \tilde{T}_a \leqslant T_a < +\infty$$

Revenant à (11.2.10), nous en déduisons que $\tilde{g}_a$ est une densité de probabilité.

Finalement, lorsque $\delta \geqslant 0$, la formule (11.2.9) prouve que la loi $P_{\tilde{T}_a}$ admet $\tilde{g}_a$ pour densité.

3. Dans le cas $\delta \geqslant 0$, nous venons de démontrer que $\tilde{g}_a$ est une densité de probabilité, ce qui peut encore s'écrire sous la forme suivante :

$$\int_0^{+\infty} \exp(-\frac{\delta^2}{2}x)\, g_a(x)\, dx = \exp(-\delta a)$$

Le membre de gauche étant une fonction paire de δ, nous en déduisons que l'égalité suivante est valable pour tout $\delta \in \mathbb{R}$:

$$\int_0^{+\infty} \exp(-\frac{\delta^2}{2}\, x)\, g_a(x)\, dx = \exp(-|\delta| a) \qquad (11.2.11)$$

En utilisant cette égalité et (11.2.10), nous obtenons le résultat suivant, valable pour tout $\delta < 0$:

$$P(\tilde{T}_a < +\infty) = \int_0^{+\infty} \tilde{g}_a(x)\, dx = \exp(2\delta a) \qquad (11.2.12)$$

Nous constatons donc que, si $\delta < 0$, l'application $\tilde{g}_a$ n'est plus une densité de probabilité mais la densité d'une mesure positive de masse totale $\exp(2a\delta)$.

En utilisant à la fois (11.2.9) et l'égalité précédente, nous pouvons écrire la loi de $\tilde{T}_a$ sous P comme suit :

$$P_{\tilde{T}_a} = \tilde{g}_a.\, \lambda|_{\mathbb{R}_+} + (1 - \exp(2\delta a))\, \partial_\infty, \qquad (11.2.13)$$

où nous avons noté $\lambda|_{\mathbb{R}_+}$ la mesure de Lebesgue sur $\mathbb{R}_+$ et ∂_∞ la mesure de Dirac au point $+\infty$.

4. Nous avons démontré dans la question (2) que, pour tout $\delta \geqslant 0$, la variable $\tilde{T}_a$ suit sous P la loi de densité $\tilde{g}_a$ donnée par la formule (11.2.8).
En utilisant l'égalité (11.2.1), nous en déduisons que, pour tout $\delta \geqslant 0$:

$$\forall \mu > 0, \quad \int_0^{+\infty} \exp(-\mu x)\, \tilde{g}_a(x)\, dx = \exp\Big(-a\, (\sqrt{\delta^2 + 2\mu} - \delta)\Big)$$

Cette dernière égalité s'écrit encore, pour tout $\delta \geqslant 0$ et tout $\mu > 0$:

$$\int_0^{+\infty} \exp\Big(-(\mu + \frac{\delta^2}{2})\, x\Big)\, g_a(x)\, dx = \exp(-a\, \sqrt{\delta^2 + 2\mu}) \qquad (11.2.14)$$

Les deux membres étant des fonctions paires de δ, il est maintenant clair que cette formule reste valable pour $\delta < 0$.

Revenant alors à l'expression (11.2.13) de la loi de $\tilde{T}_a$ pour $\delta < 0$, nous obtenons dans ce cas :

$$E[\exp(-\mu\tilde{T}_a)] = \int_0^{+\infty} \exp(-\mu x)\, \tilde{g}_a(x)\, dx$$

Il suffit alors d'utiliser la définition (11.2.8) de $\tilde{g}_a$ et l'égalité (11.2.14), qui est valable pour $\delta < 0$, pour obtenir la conclusion voulue.

Remarque. Nous constatons donc que la formule (11.2.1), bien qu'elle soit valable pour tout $\delta \in \mathbb{R}$, masque en fait deux situations assez différentes pour la loi de $\tilde{T}_a$, suivant le signe de la dérive.
Nous pouvons retrouver ce fait par l'argument suivant :
Si nous appliquons le théorème de convergence monotone au membre de gauche de (11.2.1) lorsque $\mu \searrow 0$, en distinguant les cas $\tilde{T}_a(\omega) < +\infty$ et $\tilde{T}_a(\omega) = +\infty$, nous obtenons :

$$P(\tilde{T}_a < +\infty) = \exp\Big(a(\delta - |\,\delta|\,)\Big)$$

Autrement dit, si $\delta \geqslant 0$ (la dérive « pousse » le mouvement brownien vers la barrière $a > 0$ à atteindre), nous retrouvons l'égalité $P(\tilde{T}_a < +\infty) = 1$. En revanche, si $\delta < 0$ (la dérive éloigne le mouvement brownien de la barrière), il y a une probabilité strictement positive pour que le processus $\tilde{B}$ n'atteigne jamais le niveau a :

$$P(\tilde{T}_a = +\infty) = 1 - \exp(2\delta a) > 0 \qquad (11.2.15)$$

5. Notons d'abord que la borne supérieure définissant $\tilde{S}$ est P-presque sûrement atteinte, autrement dit que nous avons :

$$P\text{-p.s.}, \quad \tilde{S} = \max_{t \geqslant 0} \tilde{B}_t \qquad (11.2.16)$$

En effet, la proposition 2.11 (loi des grands nombres pour B) implique la convergence suivante lorsque $t \to +\infty$:

$$\tilde{B}_t = t\ (\frac{B_t}{t} + \delta) \xrightarrow{\text{p.s.}} -\infty$$

Nous déduisons de (11.2.16) l'égalité :

$$\forall a > 0, \quad P(\tilde{S} < a) = P(\tilde{T}_a = +\infty)$$

En utilisant (11.2.15), nous en déduisons facilement que la fonction de répartition de $\tilde{S}$ est celle de la loi exponentielle de paramètre -2δ, d'où la conclusion.

11.3 FONCTIONNELLE D'ONSAGER-MACHLUP

Nous considérons un espace de probabilité $(\Omega, \mathcal{A}, P)$, un mouvement brownien réel $(B_t)_{0\leqslant t\leqslant 1}$ sur l'intervalle $[0,1]$ et une application $h \in C^2([0,1],\mathbb{R})$ telle que $h(0) = 0$.

Nous munissons l'espace $C^0([0,1],\mathbb{R})$ de la norme de la convergence uniforme, notée $\|.\|_\infty$ et définie par :

$$\|f\|_\infty = \max_{x\in[0,1]} |f(x)|$$

1. Démontrer que la convergence suivante a lieu lorsque $\epsilon \to 0$:

$$\frac{P\left[\|B-h\|_\infty \leqslant \epsilon\right]}{P\left[\|B\|_\infty \leqslant \epsilon\right]} \longrightarrow \exp\{-\frac{1}{2}\int_0^1 {h'_s}^2 ds\}$$

Cette limite s'appelle la *fonctionnelle d'Onsager-Machlup*.

Remarque. Nous admettrons que $P[\|B\|_\infty \leqslant \epsilon] > 0$ pour tout $\epsilon > 0$.

2. Nous considérons maintenant le processus d'Ornstein-Uhlenbeck X solution de l'équation différentielle stochastique suivante :

$$dX_t = -X_t\, dt + dB_t \quad ; \quad X_0 = 0$$

Prouver que la convergence suivante a lieu lorsque $\epsilon \to 0$:

$$\frac{P[\|X-h\|_\infty \leqslant \epsilon]}{P[\|B\|_\infty \leqslant \epsilon]} \longrightarrow \exp\{-\frac{1}{2}\int_0^1 (h_s + h'_s)^2 ds + \frac{1}{2}\}$$

Corrigé

1. Les hypothèses sur l'application h impliquent que $h' \in L^2([0,1])$, ce qui nous permet de définir la variable aléatoire positive suivante :

$$Z = \exp\left(-\int_0^1 h'_s\, dB_s - \frac{1}{2}\int_0^1 (h'_s)^2\, ds\right), \tag{11.3.17}$$

ainsi que la mesure $Q = Z \cdot P$ sur $(\Omega, \mathcal{A})$. La formule de Cameron-Martin nous apprend que Q est une mesure de probabilité et que le processus $\tilde{B}$ défini par :

$$\forall t \in [0,1], \quad \tilde{B}_t = B_t + \int_0^t h'_s\, ds = B_t + h_t - h_0 = B_t + h_t$$

est un mouvement brownien sous cette nouvelle probabilité Q.
Si nous notons $\mathfrak{B}(h,\epsilon)$ la boule fermée de centre h et de rayon ϵ dans $C^0([0,1],\mathbb{R})$, nous avons alors :

$$P[\|B-h\|_\infty \leqslant \epsilon] = P_B[\mathfrak{B}(h,\epsilon)] = Q_{\tilde{B}}[\mathfrak{B}(h,\epsilon)] = Q[\|B\|_\infty \leqslant \epsilon]$$

D'après la définition de Q, le quotient de l'énoncé devient donc :

$$\frac{P[\|B-h\|_\infty \leqslant \epsilon]}{P[\|B\|_\infty \leqslant \epsilon]} = \frac{E_P[Z\,\mathbf{1}_{\|B\|_\infty\leqslant\epsilon}]}{P[\|B\|_\infty \leqslant \epsilon]} = E_P[Z \mid \|B\|_\infty \leqslant \epsilon]$$

En revenant à (11.3.17), nous voyons qu'il nous reste à montrer la convergence suivante lorsque $\epsilon \to 0$:

$$E_P[\exp(-\int_0^1 h'_s\, dB_s) \mid \|B\|_\infty \leqslant \epsilon] \to 1$$

En faisant une intégration par parties dans l'intégrale de Wiener précédente d'après la formule (10.2.4), nous voyons que ceci équivaut encore à :

$$E_P[\exp(-h'_1 B_1 + \int_0^1 h''_s\, B_s\, ds) \mid \|B\|_\infty \leqslant \epsilon] \to 1$$

Or la fonctionnelle linéaire $F : \Big(C^0([0,1],\mathbb{R}), \|.\|_\infty\Big) \to \mathbb{R}$ définie par :

$$\forall u \in C^0([0,1],\mathbb{R}), \quad F(u) = h'_1\, u_1 - \int_0^1 h''_s\, u_s\, ds$$

est continue puisque nous avons la majoration :

$$\forall u \in C^0([0,1],\mathbb{R}), \quad |F(u)| \leqslant (\,|h'_1| + \|h''\|_\infty)\, \|u\|_\infty$$

Nous concluons alors facilement en utilisant l'inégalité :

$$\Big| E_P\big[e^{-F(B)} \mid \|B\|_\infty \leqslant \epsilon\big] - 1 \Big| \leqslant E_P\Big[\,\big|\, e^{-F(B)} - 1\,\big| \mid \|B\|_\infty \leqslant \epsilon\Big]$$

2. En utilisant la question précédente, nous voyons qu'il suffit de démontrer la convergence suivante lorsque $\epsilon \to 0$:

$$\frac{P[\|X-h\|_\infty \leqslant \epsilon]}{P[\|B-h\|_\infty \leqslant \epsilon]} \longrightarrow \exp\left\{-\frac{1}{2}\int_0^1 (h_s^2 + 2h_s h'_s)\, ds + \frac{1}{2}\right\},$$

ce qui s'écrit encore :

$$\frac{P[\|X-h\|_\infty \leqslant \epsilon]}{P[\|B-h\|_\infty \leqslant \epsilon]} \longrightarrow \exp\left\{\frac{1}{2}\,(1 - h_1^2 - \int_0^1 h_s^2\, ds)\right\} \qquad (11.3.18)$$

Nous posons alors $\phi = X$ et nous définissons la variable aléatoire positive Z_1 comme dans la formule (4.3.23).

Montrons maintenant que nous pouvons appliquer la proposition 4.14 en vérifiant la condition suivante :

$$\exists (a,c) \in (\mathbb{R}_+^*)^2, \quad \forall s \in [0,1], \quad E\big[\exp(aX_s^2)\big] \leqslant c$$

Nous savons d'après la proposition 4.1 que le processus d'Ornstein-Uhlenbeck X s'écrit sous la forme :

$$\forall s \in \mathbb{R}_+, \quad X_s = \int_0^s e^{-(s-u)}\, dB_u$$

En particulier, nous avons :

$$\forall s \in \mathbb{R}_+, \quad X_s \sim \mathcal{N}(0, \frac{1-e^{-2s}}{2})$$

Nous en déduisons que, pour tout $s \in \mathbb{R}_+$, les deux variable aléatoires réelles suivantes ont même loi :

$$X_s \quad ; \quad \left(\frac{1-e^{-2s}}{2}\right)^{\frac{1}{2}} B_1$$

Par conséquent, pour tout $a > 0$ et tout $s \in [0,1]$, nous avons :

$$E[\exp(aX_s^2)] = E\left[\exp(a\,\frac{1-e^{-2s}}{2}\,B_1^2)\right] \leqslant E\left[\exp(\frac{a}{2}\,B_1^2)\right]$$

Nous constatons alors facilement que cette dernière quantité est finie dès que $a < 1$, ce qui nous permet d'achever notre vérification.

Puisque la condition énoncée dans la proposition 4.14 est satisfaite, nous pouvons maintenant définir sur $(\Omega, \mathcal{F}_1)$ la nouvelle probabilité $Q = Z_1 \cdot P$ et nous savons, d'après le théorème 4.8, que le processus X vérifiant l'égalité :

$$\forall t \in [0,1], \quad X_t = B_t - \int_0^t X_s\,ds$$

est un mouvement brownien sous cette nouvelle probabilité Q.
Puisque, d'une part, nous avons l'égalité suivante sur $\mathcal{F}_1$:

$$P = Z_1^{-1} \cdot Q,$$

et d'autre part, nous avons égalité entre les lois Q_X et P_B, nous pouvons réécrire le membre de gauche de (11.3.18) sous la forme :

$$\frac{P[\|X-h\|_\infty \leqslant \epsilon]}{P[\|B-h\|_\infty \leqslant \epsilon]} = \frac{E_Q[\,Z_1^{-1}\,\mathbf{1}_{\|X-h\|_\infty \leqslant \epsilon}\,]}{Q[\|X-h\|_\infty \leqslant \epsilon]} = E_Q[\,Z_1^{-1} \mid \|X-h\|_\infty \leqslant \epsilon]$$

D'après (4.3.23), nous avons :

$$Z_1 = \exp(\int_0^1 X_s\,dB_s - \frac{1}{2}\int_0^1 X_s^2\,ds) = \exp(\int_0^1 X_s\,dX_s + \frac{1}{2}\int_0^1 X_s^2\,ds)$$

Une simple application de la formule d'Itô (3.2.11) nous donne alors :

$$Z_1^{-1} = \exp\Big(\frac{1}{2}\,(1 - X_1^2 - \int_0^1 X_s^2\,ds)\Big)$$

Nous avons donc établi par ce qui précède l'égalité :

$$\frac{P[\|X-h\|_\infty \leqslant \epsilon]}{P[\|B-h\|_\infty \leqslant \epsilon]} = E_Q\left[e^{\frac{1}{2}\,(1-X_1^2-\int_0^1 X_s^2\,ds)} \mid \|X-h\|_\infty \leqslant \epsilon\right] \qquad (11.3.19)$$

Définissons la fonctionnelle $F : \Big(C^0([0,1],\mathbb{R}), \|.\|_\infty\Big) \to \mathbb{R}$ par :

$$\forall u \in C^0([0,1],\mathbb{R}), \quad F(u) = u_1^2 + \int_0^1 u_s^2\,ds$$

Cette fonctionnelle est lipschitzienne sur tout compact puisque nous avons la majoration :

$$|F(u) - F(v)| \leqslant 2\,(\|u\|_\infty + \|v\|_\infty)\,\|u-v\|_\infty$$

La continuité de F nous permet alors d'établir, en utilisant l'égalité (11.3.19), que la convergence (11.3.18) a lieu lorsque $\epsilon \to 0$, d'où la conclusion.

11.4 CHANGEMENT DE DÉRIVE

1. Nous considérons un mouvement brownien réel $(B_t)_{t\geqslant 0}$ défini sur un espace de probabilité $(\Omega, \mathcal{A}, P)$ et nous notons $(\mathcal{F}_t)_{t\geqslant 0}$ sa filtration naturelle.
   Nous supposons que le processus réel $(X_t)_{t\geqslant 0}$ est solution de l'équation différentielle stochastique suivante :
   $$dX_t = b_1(t, X_t)\, dt + \sigma(t, X_t)\, dB_t\,,$$
   où $b_1 : \mathbb{R}_+ \times \mathbb{R} \to \mathbb{R}$ et $\sigma : \mathbb{R}_+ \times \mathbb{R} \to \mathbb{R}_+^*$ sont deux applications mesurables.
   Montrer que, sous des hypothèses à préciser, il est possible de construire une probabilité Q sur l'espace $(\Omega, \mathcal{F}_\infty)$ telle que, sous Q, le processus $(X_t)_{t\geqslant 0}$ soit solution de la nouvelle équation différentielle stochastique :
   $$dX_t = b_2(t, X_t)\, dt + \sigma(t, X_t)\, d\tilde{B}_t\,,$$
   où $b_2 : \mathbb{R}_+ \times \mathbb{R} \to \mathbb{R}$ est une application mesurable et $(\tilde{B}_t)_{t\geqslant 0}$ un mouvement brownien sous Q.

2. Nous supposons désormais que $(\Omega, \mathcal{A}, P)$ est *l'espace de Wiener*, c'est-à-dire que $\Omega = C^0(\mathbb{R}_+, \mathbb{R})$ est muni de sa tribu borélienne $\mathcal{A} = \mathcal{B}(C^0(\mathbb{R}_+, \mathbb{R}))$ et de la probabilité P appelée *mesure de Wiener* qui n'est autre que la loi brownienne (notée P_B dans le théorème 2.2 de Donsker).
   Notons que dans ce modèle canonique, un élément $\omega \in \Omega$ est une application continue $(\omega_t)_{t\in\mathbb{R}_+}$. Pour tout $t \in \mathbb{R}_+$, nous définissons la variable aléatoire réelle X_t par :
   $$\forall \omega \in \Omega, \quad X_t(\omega) = \omega_t$$
   Nous appelons X le processus des coordonnées et nous constatons que sa loi sous P est égale à la mesure de Wiener. En d'autres termes, sous la probabilité P, le processus X est un mouvement brownien.
   Enfin, nous notons $(\mathcal{F}_t)_{t\in\mathbb{R}_+}$ la filtration naturelle du processus X et nous considérons un instant $T > 0$ fixé.
   Déduire de la question précédente que pour tout $b > 0$, il existe une mesure de probabilité Q_b sur $(\Omega, \mathcal{F}_T)$ sous laquelle le processus $(X_t)_{t\in[0,T]}$ est solution de l'équation différentielle stochastique :
   $$dX_t = -bX_t\, dt + d\tilde{B}_t \quad ; \quad X_0 = 0\,, \qquad (11.4.20)$$
   où $\tilde{B}$ est un mouvement brownien sur $[0, T]$ sous la probabilité Q_b.

3. Notons $Q_0 = P_{|\mathcal{F}_T}$ la restriction de la probabilité P à la sous-tribu $\mathcal{F}_T$.
   Nous disposons donc d'un modèle statistique $(\Omega, \mathcal{F}_T, (Q_b)_{b\in\mathbb{R}_+})$ correspondant à l'observation d'un processus d'Ornstein-Uhlenbeck sur $[0, T]$ vérifiant l'équation (11.4.20) avec le paramètre $b \geqslant 0$ inconnu.
   Calculer un estimateur du maximum de vraisemblance du coefficient b.

Remarque. Nous avons donc inclus le cas $b = 0$, le processus X étant alors un mouvement brownien.

Corrigé

1. Nous définissons le processus ϕ comme suit :

$$\forall t \in \mathbb{R}_+, \quad \phi_t = \frac{b_2(t, X_t) - b_1(t, X_t)}{\sigma(t, X_t)}$$

Nous supposons alors que $\phi \in M^2_{\text{loc}}$, puis nous définissons le processus Z comme dans (4.3.23).

Nous faisons maintenant l'hypothèse que Z est une $(\mathcal{F}_t)$-martingale, ce qui est vérifié en particulier lorsque la condition énoncée dans la proposition 4.13 de Novikov (respectivement dans la proposition 4.14) est satisfaite.

D'après le théorème 4.8 de Girsanov, il existe alors une unique probabilité Q sur $(\Omega, \mathcal{F}_\infty)$ telle que :

$$\forall t \in \mathbb{R}_+, \quad Q_{|\mathcal{F}_t} = Z_t \cdot P_{|\mathcal{F}_t}$$

et, sous cette probabilité Q, le processus $\tilde{B}$ défini ci-dessous est un mouvement brownien :

$$\forall t \in \mathbb{R}_+, \quad \tilde{B}_t = B_t - \int_0^t \phi_s \, ds$$

Nous concluons en écrivant les égalités :

$$\begin{aligned} dX_t &= b_1(t, X_t)\, dt + \sigma(t, X_t)\, [d\tilde{B}_t + \phi_t\, dt] \\ dX_t &= b_2(t, X_t)\, dt + \sigma(t, X_t)\, d\tilde{B}_t \end{aligned}$$

2. Nous appliquons la question précédente en prenant $\sigma \equiv 1$, $b_1 \equiv 0$ et l'application b_2 définie par :

$$\forall t \in \mathbb{R}_+, \quad \forall x \in \mathbb{R}, \quad b_2(t, x) = b_2(x) = -b\, x,$$

si bien que le processus ϕ est défini par :

$$\forall t \in [0, T], \quad \phi_t = -b\, X_t$$

Ayant l'intention d'appliquer la proposition 4.14, nous vérifions que la condition suivante est satisfaite :

$$\exists (a, c) \in \mathbb{R}_+^*, \quad \forall s \in [0, T], \quad E_P\left[\exp(a\, b^2\, X_s^2)\right] \leqslant c$$

Sous la probabilité P, le processus X est un mouvement brownien et donc :

$$\forall s \in [0, T], \quad X_s \text{ a même loi que } \left(\frac{s}{T}\right)^{\frac{1}{2}} X_T$$

Nous en déduisons :

$$E_P\left[\exp(a\, b^2 X_s^2)\right] = E_P\left[\exp(\frac{a\, b^2 s}{T}\, X_T^2)\right] \leqslant E_P\left[\exp(a\, b^2 X_T^2)\right]$$

Comme $X_T \sim \mathcal{N}(0,T)$ sous P, nous vérifions facilement que cette dernière espérance est finie dès que :

$$a < \frac{1}{2b^2T},$$

ce qui nous permet de conclure.

Nous pouvons alors définir sur $(\Omega, \mathcal{F}_T)$ une mesure de probabilité $Q_b = Z_T \cdot P_{|\mathcal{F}_T}$, où Z_T est donné par la formule de Girsanov (4.3.23), qui s'écrit dans notre cas :

$$Z_T = \exp\left(-b\int_0^T X_s\,dX_s - \frac{b^2}{2}\int_0^T X_s^2\,ds\right)$$

D'après la question précédente, cette probabilité Q_b a la propriété demandée par l'énoncé. En d'autres termes, puisque nous travaillons sur un espace canonique, Q_b est la loi d'un processus d'Ornstein-Uhlenbeck dont la dérive est caractérisée par le coefficient b.

3. D'après la question précédente, le modèle statistique considéré est dominé :

$$\forall b \in \mathbb{R}_+, \quad Q_b \ll Q_0 = P_{|\mathcal{F}_T}$$

Nous choisissons donc Q_0 comme mesure dominante et nous obtenons ainsi pour fonction de vraisemblance :

$$\frac{dQ_b}{dQ_0} = \exp\left(-b\int_0^T X_s\,dX_s - \frac{b^2}{2}\int_0^T X_s^2\,ds\right)$$

Une simple application de la formule d'Itô (3.6) nous permet alors d'écrire la log-vraisemblance sous la forme :

$$\log\frac{dQ_b}{dQ_0} = b\,\frac{T - X_T^2}{2} - \frac{b^2}{2}\int_0^T X_s^2\,ds$$

En maximisant cette fonction en la variable $b \in \mathbb{R}_+$, nous obtenons l'estimateur :

$$\hat{b} = \left(\frac{T - X_T^2}{2\int_0^T X_s^2\,ds}\right)_+.$$

Chapitre 12

Équations différentielles stochastiques et processus de diffusion, exercices

12.1 MOUVEMENT BROWNIEN SUR LE CERCLE UNITÉ

Nous considérons un mouvement brownien réel $(B_t)_{t \in \mathbb{R}_+}$ défini sur un espace de probabilité $(\Omega, \mathcal{A}, P)$. Nous définissons alors le processus Y, appelé mouvement brownien sur le cercle unité, par la formule suivante :

$$\forall t \in \mathbb{R}_+, \quad Y_t = (\cos B_t, \sin B_t)$$

Montrer que ce processus est l'unique solution forte de l'équation différentielle stochastique :

$$dY_t = -\frac{1}{2} Y_t \, dt + R Y_t \, dB_t \quad ; \quad Y_0 = (1, 0)$$

avec R matrice représentative de la rotation d'angle $\frac{\pi}{2}$ dans le plan.

Corrigé succinct

Il s'agit d'une équation différentielle stochastique de la forme (5.1.3) donc homogène (ou *autonome*, qui est un synonyme).

En outre, la condition de Lipschitz énoncée dans le théorème 5.1 est évidemment satisfaite puisque les applications b et σ sont linéaires dans le cas présent.

En appliquant successivement la formule d'Itô (3.6) avec $\phi(x) = \cos x$ puis $\phi(x) = \sin x$, nous constatons immédiatement que le processus de l'énoncé est bien solution de l'équation différentielle stochastique proposée.

12.2 VARIATION DE LA CONSTANTE

Exercice 12.2.1.

Nous considérons un mouvement brownien réel $(B_t)_{t\in\mathbb{R}_+}$ défini sur un espace de probabilité $(\Omega, \mathcal{A}, P)$ et une variable aléatoire réelle $\xi \in L^2(\Omega, \mathcal{A}, P)$, indépendante du mouvement brownien B.

Montrer que l'équation différentielle stochastique suivante admet une unique solution forte :

$$dX_t = -X_t\,dt + e^{-t}\,dB_t \quad ; \quad X_0 = \xi$$

Expliciter cette solution en utilisant une méthode du type *variation de la constante*.

Corrigé

Cette équation différentielle stochastique est inhomogène, de la forme (5.1.8) avec :

$$\forall t \in \mathbb{R}_+, \quad \forall x \in \mathbb{R}, \quad \sigma(t,x) = e^{-t} \quad \text{et} \quad b(t,x) = -x$$

Nous essayons donc d'appliquer le théorème 5.3.

La condition (5.1.9) est évidemment satisfaite puisque b est linéaire et σ ne dépend pas de la variable d'espace x. De même, la vérification de (5.1.10) est immédiate puisque l'application σ est majorée par la constante 1.

Nous en concluons que cette équation différentielle stochastique admet une unique solution forte.

Pour expliciter cette dernière, nous commençons par résoudre l'équation différentielle ordinaire homogène suivante :

$$dx_t = -x_t\,dt\,,$$

qui admet bien sûr pour solutions les applications de la forme :

$$\forall t \in \mathbb{R}_+, \quad x_t = C\exp(-t),$$

où C est une constante réelle.

Cela nous amène à chercher la solution de notre équation différentielle stochastique sous la forme :

$$\forall t \in \mathbb{R}_+, \quad X_t = C_t\exp(-t)$$

où C est cette fois-ci un processus.

En appliquant, par exemple, la formule d'intégration par parties stochastique (3.2.15) au processus $C_t = X_t\,e^t$, $t \geqslant 0$, nous constatons qu'il vérifie l'équation différentielle stochastique suivante :

$$dC_t = dB_t; \quad C_0 = \xi$$

Cette dernière équation différentielle stochastique s'intègre à vue et nous obtenons finalement :

$$\forall t \in \mathbb{R}_+, \quad X_t = (\xi + B_t)\, e^{-t}$$

Exercice 12.2.2.

Soient B un mouvement brownien, r, a des constantes. On considère l'EDS

$$dY_t = rdt + aY_t dB_t, \qquad Y_0 = 1. \tag{12.2.1}$$

1. Justifier par un théorème du cours que (12.2.1) admet une solution unique définie en tout temps. Calculer explicitement la valeur de $\mathbf{E}Y_t$ et $\mathbf{E}(Y_t^2)$.
2. Soit le «facteur intégrant»

$$Z_t = \exp\{-aB_t + \frac{1}{2}a^2 t\}.$$

Calculer la différentielle de $A_t = Y_t Z_t$.

3. En déduire l'expression de la solution Y_t en fonction de $B(s), s \leqslant t$.
4. Dans le cas $r = 0, a \neq 0$, en déduire que $Y_t \to 0$ p.s. quand $t \to \infty$. A-t-on convergence dans L^1 ?

Corrigé

1. Il s'agit d'une équation différentielle stochastique homogène, de la forme (5.1.3). En outre, la condition de Lipschitz énoncée dans le théorème 5.1 est évidemment satisfaite puisque les applications b et σ sont linéaires dans le cas présent. Ainsi, l'équation (12.2.1) admet une unique solution $Y \in M^2$, ce qui s'écrit :

$$P\text{-p.s.} \quad \forall t \in \mathbb{R}_+ \quad Y_t = 1 + rt + a\int_0^t Y_s\, dB_s$$

Comme $Y \in M^2$, nous savons que $t \mapsto \int_0^t Y_s\, dB_s$ est une martingale, de crochet égal à $t \mapsto \int_0^t Y_s^2\, ds$. Nous en déduisons :

$$\forall t \in \mathbb{R}_+ \quad E[Y_t] = 1 + rt \quad \text{et} \quad E[Y_t^2] = a^2 E\left[\int_0^t Y_s^2\, ds\right]$$

Le théorème de Fubini-Tonelli nous donne alors :

$$\forall t \in \mathbb{R}_+ \quad E[Y_t^2] = a^2 \int_0^t E[Y_s^2]\, ds$$

Ainsi l'application $t \mapsto E[Y_t^2]$ est solution de l'équation différentielle ordinaire $dx/dt = a^2 x$, $x_0 = 1$, qui se résout immédiatement en $x_t = \exp(a^2 t)$. Finalement, nous avons montré :

$$\forall t \in \mathbb{R}_+ \quad E[Y_t^2] = \exp(a^2 t)$$

2. En appliquant le théorème 3.7 (formule d'Itô) avec $\Phi = \exp$ et $X_t = -aB_t + \frac{1}{2}a^2t$, nous obtenons :

$$dZ_t = Z_t(-adB_t + \frac{1}{2}a^2dt) + \frac{1}{2}Z_ta^2dt = -aZ_tdB_t + a^2Z_tdt$$

Appliquons maintenant la formule d'intégration par parties (3.2.15) :

$$dA_t = dY_tZ_t + Y_tdZ_t + \langle dY_t, dZ_t \rangle$$

ce qui s'écrit encore :

$$dA_t = (rdt + aY_tdB_t)Z_t + Y_t(-aZ_tdB_t + a^2Z_tdt) - a^2Y_tZ_tdt = rZ_tdt$$

3. D'après la question précédente, nous avons $A_t = 1 + \int_0^t rZ_s\,ds$ et donc :

$$Y_t = Z_t^{-1}A_t = \exp\{aB_t - \frac{1}{2}a^2t\}\left(1 + r\int_0^t \exp\{-aB_s + \frac{1}{2}a^2s\}ds\right)$$

4. Dans le cas $r = 0$, nous obtenons $Y_t = \exp\{aB_t - \frac{1}{2}a^2t\} = Z_t^{-1}$, qui est un mouvement brownien géométrique. Notons que dans la deuxième question, nous avons en fait appliqué une méthode de variation de la constante utilisant celui-ci.
Supposons maintenant $a \neq 0$ et écrivons $Y_t = \exp\{-\frac{1}{2}a^2t(1 - \frac{2}{a}\frac{B_t}{t})\}$.
La loi des grands nombres pour le mouvement brownien (Proposition 2.11) implique alors $Y_t \to 0$ P-p.s. lorsque $t \to +\infty$.
Si l'on avait convergence dans L^1 du processus (Y_t) vers une certaine variable aléatoire Y_∞, il existerait une suite $(t_n) \in \mathbb{R}_+^{\mathbb{N}}$ strictement croissante et de limite $+\infty$ telle que $Y_{t_n} \to Y_\infty$ P-p.s. lorsque $n \to +\infty$.
Or, d'après ce qui précède, nous avons $Y_{t_n} \to 0$ P-p.s. lorsque $n \to +\infty$.
S'il y a convergence dans L^1 de (Y_t), c'est donc nécessairement vers une limite presque sûrement nulle, ce qui entraîne en particulier $E[Y_t] \to 0$ lorsque $t \to +\infty$.
C'est contradictoire avec le résultat de la première question dans laquelle nous avons prouvé que $E[Y_t] = 1$ pour tout $t \in \mathbb{R}_+$.
Nous avons ainsi démontré par l'absurde que le processus (Y_t) ne converge pas dans L^1 lorsque $t \to +\infty$.
Notons pour conclure qu'un théorème général affirme la convergence presque sûre de toute martingale positive lorsque $t \to +\infty$. Dans le cas $r = 0$, le processus (Y_t) est un exemple d'une telle martingale.

12.3 CHANGEMENT DE VARIABLE

Soit $(B_t)_{t\in\mathbb{R}_+}$ un mouvement brownien réel défini sur un espace de probabilité $(\Omega, \mathcal{A}, P)$. Montrer que, pour tout $x \in \mathbb{R}$, l'équation différentielle stochastique suivante admet une unique solution forte :

$$dX_t = (\sqrt{1 + X_t^2} + \frac{1}{2}X_t)\,dt + \sqrt{1 + X_t^2}\,dB_t \quad ; \quad X_0 = x$$

Expliciter cette solution en effectuant le changement de variable $X = \sinh Y$.

Corrigé

Cette équation différentielle stochastique est de la forme (5.1.3), donc homogène, avec :

$$\forall x \in \mathbb{R}, \quad b(x) = \sqrt{1+x^2} + x/2 \quad \text{et} \quad \sigma(x) = \sqrt{1+x^2}$$

Notons que cette dernière application admet une dérivée bornée sur $\mathbb{R}$:

$$\forall x \in \mathbb{R}, \quad |\sigma'(x)| = |\frac{x}{\sqrt{1+x^2}}| \leqslant 1$$

Nous déduisons alors du théorème des accroissements finis que la condition de Lipschitz énoncée dans le théorème 5.1 est satisfaite avec $K = 5/2$.

Ainsi, l'équation différentielle stochastique considérée admet une unique solution forte, que nous notons X et nous pouvons définir, comme le suggère l'énoncé, le processus $Y = \text{argsinh} X$.

En appliquant la formule d'Itô (3.2.11) avec $\phi(x) = \text{argsinh} x$, donc

$$\phi'(x) = (1+x^2)^{-1/2} \quad \text{et} \quad \phi''(x) = -x\,(1+x^2)^{-3/2},$$

nous constatons que le processus Y est solution de l'équation différentielle stochastique :

$$dY_t = dt + dB_t\,; \quad Y_0 = \text{argsinh} x$$

Cette équation différentielle stochastique s'intègre à vue et nous obtenons finalement :

$$\forall t \in \mathbb{R}_+, \quad X_t = \sinh\left(\text{argsinh} x + t + B_t\right),$$

ce qui s'écrit encore :

$$\forall t \in \mathbb{R}_+, \quad X_t = x \cosh(t+B_t) + \sqrt{1+x^2}\,\sinh(t+B_t)$$

12.4 BORNE SUPÉRIEURE D'UNE DIFFUSION

On se donne une constante $\sigma > 0$ et un espace filtré $(\Omega, \mathcal{F}, \{\mathcal{F}_t\}_{t \geqslant 0}, \mathbb{P})$ sur lequel est défini un $\{\mathcal{F}_t\}_{t\geqslant 0}$–mouvement brownien réel $\{B_t\}_{t\geqslant 0}$.
On considère alors l'EDS

$$dX_t = -\frac{X_t}{1+t}dt + \frac{\sigma}{1+t}\,dB_t, \qquad X_0 = 0.$$

1. Justifier que cette EDS admet une unique solution forte $\{X_t\}_{t\geqslant 0}$.
2. Calculer la différentielle stochastique du processus $\{Y_t\}_{t\geqslant 0}$ défini par $Y_t := (1+t)X_t$. En déduire la forme explicite de $\{X_t\}_{t\geqslant 0}$. Justifier que X_t converge vers 0 quand t tend vers l'infini.
3. On fixe $a > 0$ et on note $\tau_a := \inf\{t \geqslant 0 \colon X_t \geqslant a\}$. Pour $t \geqslant 0$, on pose

$$M_t := \exp\left(\frac{2at}{\sigma^2}(X_t - a) + \frac{2a}{\sigma^2}X_t\right).$$

Montrer que $\{M_t\}_{t\geqslant 0}$ est une martingale, et en déduire la valeur de $\mathbb{P}\left(\tau_a < \infty\right)$.

4. Conclure que la variable aléatoire $X^\star := \sup_{t\geqslant 0} X_t$ est la racine carrée d'une variable aléatoire de loi exponentielle dont on précisera le paramètre.

Corrigé

1. L'EDS s'écrit $dX_t = b(t,X_t)\,dt + \sigma(t,X_t)\,dB_t,\ X_0 = 0$ avec

$$b(t,x) = \frac{-x}{1+t} \qquad \text{et} \qquad \sigma(t,x) = \frac{\sigma}{1+t}.$$

Pour tout $x, y \in \mathbb{R}$ et $t \geqslant 0$, on a

$$\begin{aligned} |b(t,x) - b(t,y)| + |\sigma(t,x) - \sigma(t,y)| &\leqslant |x-y| \\ (b(t,x))^2 + (\sigma(t,x))^2 &\leqslant x^2 + \sigma^2 \end{aligned}$$

Ces deux conditions suffisent à garantir l'existence et l'unicité d'une solution forte.

2. On applique la formule d'Itô à $Y_t = F(t,X_t)$ avec $F(t,x) = (1+t)x$:

$$\begin{aligned} dY_t &= \frac{\partial F}{\partial t}(t,X_t)\,dt + \frac{\partial F}{\partial x}(t,X_t)\,dX_t + \frac{1}{2}\frac{\partial^2 F}{\partial x^2}(t,X_t)\,d\langle X\rangle_t \\ &= X_t\,dt + (1+t)dX_t \\ &= \sigma dB_t. \end{aligned}$$

Comme $Y_0 = X_0 = 0$, on conclut que

$$Y_t = \int_0^t \sigma dB_s = \sigma B_t, \qquad \text{et} \qquad X_t = \frac{Y_t}{1+t} = \frac{\sigma}{1+t}B_t.$$

On sait que p.s. $\frac{B_t}{t} \to 0$ lorsque $t \to \infty$ (loi forte des grands nombres pour le mouvement brownien). En écrivant $X_t = \frac{\sigma t}{1+t}\frac{B_t}{t}$, on en déduit aussitôt que p.s., $X_t \to 0$ lorsque $t \to \infty$.

3. Puisque $(1+t)X_t = \sigma B_t$ (question précédente), on a

$$M_t = \exp\left\{\lambda B_t - \frac{\lambda^2 t}{2}\right\}, \qquad \text{avec } \lambda = \frac{2a}{\sigma}.$$

C'est une martingale continue (martingale exponentielle du brownien). D'autre part, τ_a est un temps d'arrêt (temps d'entrée dans le fermé $[a,\infty)$ du processus continu et adapté $\{X_t\}_{t\geqslant 0}$). Le théorème d'arrêt garantit que $\{M_{t\wedge\tau_a}\}_{t\geqslant 0}$ est une martingale. En particulier,

$$\mathbb{E}\left[M_{t\wedge\tau_a}\right] = \mathbb{E}[M_0] = 1,$$

pour tout $t \geqslant 0$. Faisons maintenant tendre t vers $+\infty$. Sur l'événement $\{\tau_a < \infty\}$, on a $X_{\tau_a} = a$ (par continuité) et donc $M_{t\wedge\tau_a} \to M_{\tau_a} = \exp\left(\frac{2a^2}{\sigma^2}\right)$. Sur l'événement $\{\tau_a = \infty\}$, on a $X_t \to 0$ (question 2) et donc $M_{t\wedge\tau_a} = M_t \to 0$. Ainsi,

$$M_{t\wedge\tau_a} \xrightarrow[t\to\infty]{p.s.} \exp\left(\frac{2a^2}{\sigma^2}\right)\mathbf{1}_{\tau_a<\infty}.$$

D'autre part, comme $X_{t\wedge\tau_a} \leqslant a$, on a la domination $|M_{t\wedge\tau_a}| \leqslant \exp\left(\frac{2a^2}{\sigma^2}\right)$ pour tout $t \geqslant 0$. Le théorème de convergence dominée s'applique donc, et on conclut que

$$\mathbb{P}(\tau_a < \infty) = \exp\left(-\frac{2a^2}{\sigma^2}\right).$$

4. Comme la variable aléatoire $X^\star$ est positive ($X_0 = 0$), on a pour $t > 0$,

$$\begin{aligned}\mathbb{P}\left((X^\star)^2 \geqslant t\right) &= \mathbb{P}\left(X^\star \geqslant \sqrt{t}\right)\\ &= \mathbb{P}\left(\tau_{\sqrt{t}} < \infty\right)\\ &= \exp\left(-\frac{2t}{\sigma^2}\right) \qquad \text{(question 3 avec } a = \sqrt{t}).\end{aligned}$$

Cela montre que $(X^\star)^2$ suit la loi exponentielle de paramètre $2/\sigma^2$.

12.5 PROPRIÉTÉ DE MARTINGALE POUR UNE TRANSFORMÉE DE DIFFUSION

Soit $(B_t)_{t\in\mathbb{R}_+}$ un mouvement brownien réel défini sur un espace de probabilité $(\Omega, \mathcal{A}, P)$ et $(X_t)_{t\in\mathbb{R}_+}$ la solution de l'équation différentielle stochastique :

$$dX_t = f(X_t)\ dt + g(X_t)\ dB_t \quad ; \quad X_0 = x \quad ,$$

où $f : \mathbb{R} \to \mathbb{R}$ et $g : \mathbb{R} \to \mathbb{R}^*$ sont lipschitziennes et $x \in \mathbb{R}$ est fixé.

1. Trouver $\phi \in C^2(\mathbb{R}, \mathbb{R})$ non constante telle que $W_t = \phi(X_t)$ soit une martingale locale.
2. Écrire alors une équation différentielle stochastique vérifiée par W.
3. Nous supposons maintenant que f est négative sur $\mathbb{R}_-^*$ et positive sur $\mathbb{R}_+$. Montrer que W est une martingale.

Corrigé

1. Par application de la formule d'Itô (3.2.11), nous obtenons :

$$\begin{aligned} P\text{-p.s.}, \quad \forall t \in \mathbb{R}_+, \quad \phi(X_t) &= \phi(x) + \int_0^t \phi'(X_s)g(X_s)\,dB_s + \\ &+ \int_0^t [\phi'(X_s)f(X_s) + \frac{1}{2}\phi''(X_s)g^2(X_s)]\,ds \end{aligned}$$

Nous constatons donc que le processus $\phi(X)$ est une martingale locale dès que cette dernière intégrale est identiquement nulle, c'est-à-dire dès que ϕ est solution de l'équation différentielle ordinaire suivante :

$$y' f(x) + \frac{1}{2} y'' g^2(x) = 0$$

Il est facile de montrer que la solution générale de cette équation est de la forme suivante, avec $(a, b) \in \mathbb{R}^2$:

$$\phi(x) = a + b \int_0^x \exp\left(-2\int_0^u \frac{f(v)}{g^2(v)}\,dv\right) du$$

Finalement, toutes les applications de cette forme, avec $b \neq 0$, répondent à la question.

2. Notons d'abord que l'application ϕ étant continue et strictement monotone, elle réalise un homéomorphisme sur son image, ce qui nous autorise à écrire $X_t = \phi^{-1}(W_t)$.

   Or, d'après la question précédente, nous avons :

$$P\text{-p.s.}\,,\quad \forall t \in \mathbb{R}_+,\quad \phi(X_t) = \phi(x) + \int_0^t \phi'(X_s)g(X_s)\,dB_s \qquad (12.5.2)$$

   Nous en déduisons que W est solution de l'équation différentielle stochastique suivante :

$$dW_t = \phi' \circ \phi^{-1}(W_t)\; g \circ \phi^{-1}(W_t)\,dB_t \quad ; \quad W_0 = \phi(x)$$

3. Le théorème 5.1 nous apprend que $X \in M^2$.

   L'application g étant lipschitzienne, il existe une constante $k > 0$ telle que :

$$\forall x \in \mathbb{R},\quad |g(x)| \leqslant |g(0)| + k\,|x|$$

   En utilisant la simple inégalité suivante, vraie pour tous réels a et b :

$$(a+b)^2 \leqslant 2(a^2+b^2),$$

   nous déduisons facilement de ce qui précède que $g(X) \in M^2$.

   D'autre part, l'application f étant maintenant supposée négative sur $\mathbb{R}_-^*$ et positive sur $\mathbb{R}_+$, nous vérifions immédiatement que :

$$\forall x \in \mathbb{R},\quad |\phi'(x)| \leqslant |b|$$

   Nous en déduisons :

$$\phi'(X)\,g(X) \in M^2$$

   Il résulte alors de (12.5.2) que le processus W est une martingale.

12.6 MOUVEMENT BROWNIEN GÉOMÉTRIQUE

Nous considérons un mouvement brownien réel $(B_t)_{t\in\mathbb{R}_+}$ défini sur un espace de probabilité $(\Omega, \mathcal{A}, P)$ et une variable aléatoire réelle $\xi \in L^2(\Omega, \mathcal{A}, P)$, indépendante du mouvement brownien B.

L'équation différentielle stochastique suivante est utilisée, par exemple, dans les modèles de dynamique des populations :

$$dX_t = r_t\,X_t\,dt + v_t\,X_t\,dB_t \quad ; \quad X_0 = \xi \quad , \qquad (12.6.3)$$

où r et v sont deux applications boréliennes bornées sur $\mathbb{R}_+$.

1. Montrer que cette équation différentielle stochastique admet une unique solution forte. Expliciter cette solution en écrivant formellement l'équation différentielle stochastique vérifiée par $Y = \log X$.
2. Dans le cas particulier où $r \equiv \rho$ et $v \equiv \nu$, avec $(\rho, \nu) \in \mathbb{R}^2$, le processus X est appelé mouvement brownien géométrique.
   Nous supposons que P-presque sûrement, $\xi = 1$. Discuter le comportement asymptotique du mouvement brownien géométrique suivant les valeurs de (ρ, ν).
3. Nous considérons maintenant une équation différentielle stochastique de la forme :
   $$dZ_t = (r_t\, Z_t + r'_t)\, dt + (v_t\, Z_t + v'_t)\, dB_t \quad ; \quad Z_0 = \zeta \quad , \qquad (12.6.4)$$
   où r, r', v et v' sont des applications boréliennes bornées sur $\mathbb{R}_+$.
   Montrer que cette équation différentielle stochastique admet une unique solution forte. Expliciter cette solution en l'écrivant sous la forme :
   $$\forall t \in \mathbb{R}_+, \quad Z_t = C_t\, X_t,$$
   où X est la solution de l'équation différentielle stochastique (12.6.3) avec $\xi \equiv 1$.

Corrigé

1. Il s'agit d'une équation différentielle stochastique inhomogène de la forme (5.1.8) avec $b(t,x) = r_t\, x$ et $\sigma(t,x) = v_t\, x$.
   Nous vérifions facilement que les conditions (5.1.9) et (5.1.10) sont satisfaites en prenant :
   $$K = \max\left(\sup_{t \in \mathbb{R}_+} |r_t| + \sup_{t \in \mathbb{R}_+} |v_t|\, ,\ \sup_{t \in \mathbb{R}_+} r_t^2 + \sup_{t \in \mathbb{R}_+} v_t^2 \right)$$
   Le théorème 5.3 nous donne alors l'existence et l'unicité d'une solution forte à cette équation différentielle stochastique .
   Pour avoir une idée de sa forme explicite, nous commençons par un calcul *purement formel* en appliquant la formule d'Itô (3.2.11) au processus $Y = \log X$, qui n'est peut-être pas défini car X n'est pas forcément à valeurs dans $\mathbb{R}_+^*$!
   Nous obtenons ainsi :
   $$dY_t = \frac{dX_t}{X_t} - \frac{d\langle X \rangle_t}{2X_t^2} = r_t\, dt + v_t\, dB_t - \frac{v_t^2}{2}\, dt$$
   En tenant compte de la condition initiale $X_0 = \xi$, cela nous suggère de poser :
   $$\forall t \in \mathbb{R}_+, \quad X_t = \xi \, \exp\Big(\int_0^t (r_s - \frac{v_s^2}{2})\, ds + \int_0^t v_s\, dB_s \Big)$$
   Une nouvelle application de la formule d'Itô (3.2.11) montre que ce processus est effectivement solution de l'équation différentielle stochastique (12.6.3), ce qui nous permet de conclure puisque cette solution est unique.

2. En appliquant la question précédente à ce cas particulier, nous constatons que, pour $\xi \equiv 1$, le mouvement brownien géométrique s'écrit :

$$\forall t \in \mathbb{R}_+, \quad X_t = \exp\left((\rho - \frac{\nu^2}{2})\, t + \nu B_t \right)$$

En ce qui concerne le comportement asymptotique de ce processus, nous voyons donc apparaître trois cas :

– Si $\rho > \nu^2/2$, en écrivant :

$$\forall t \in \mathbb{R}_+, \quad X_t = \exp\Big((\rho - \frac{\nu^2}{2})\, t\, (1 + \frac{\nu}{\rho - \frac{\nu^2}{2}} \frac{B_t}{t}) \Big),$$

nous déduisons du théorème 2.11 (loi des grands nombres pour le mouvement brownien) le comportement suivant du mouvement brownien géométrique X lorsque $t \to +\infty$:

$$X_t \xrightarrow{\text{p.s.}} +\infty$$

– Si $\rho < \nu^2/2$, un raisonnement similaire nous donne cette fois, lorsque $t \to +\infty$:

$$X_t \xrightarrow{\text{p.s.}} 0$$

– Enfin, si $\rho = \nu^2/2 > 0$ (nous éliminons le cas $\rho = \nu = 0$ qui est trivial car alors $X \equiv 1$), nous déduisons du comportement asymptotique du mouvement brownien B, établi dans la formule (9.5.11), celui du mouvement brownien géométrique X :

$$P\text{-p.s.}, \quad \liminf_{t \to +\infty} X_t = 0 \quad \text{et} \quad \limsup_{t \to +\infty} X_t = +\infty$$

Remarque. La figure 12.1représente une simulation du mouvement brownien géométrique correspondant à ce dernier cas puisque nous avons choisi $\rho = \nu = 2$.

3. La vérification de la condition (5.1.9) est très similaire à ce qui a été fait dans la première question.

Pour vérifier (5.1.10), nous utilisons la simple inégalité suivante :

$$\forall (a, b) \in \mathbb{R}^2, \quad (a + b)^2 \leqslant 2\,(a^2 + b^2)$$

Nous constatons alors que les deux conditions précédentes sont satisfaite en prenant par exemple :

$$K = 2 \left(\sup_{t \in \mathbb{R}_+} |r_t| + \sup_{t \in \mathbb{R}_+} |v_t| + \sup_{t \in \mathbb{R}_+} r_t^2 + \sup_{t \in \mathbb{R}_+} (r_t')^2 + \sup_{t \in \mathbb{R}_+} v_t^2 + \sup_{t \in \mathbb{R}_+} (v_t')^2 \right)$$

Le théorème 5.3 nous apprend alors que l'équation différentielle stochastique considérée admet une unique solution forte Z.

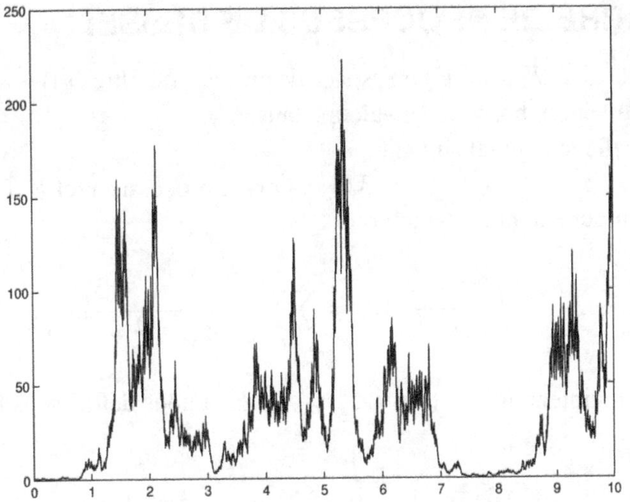

Figure 12.1 Mouvement brownien géométrique.

Afin d'expliciter celle-ci, nous définissons, suivant la suggestion de l'énoncé, le processus C par :

$$\forall t \in \mathbb{R}_+, \quad C_t = X_t^{-1} Z_t \,,$$

où X désigne l'unique solution forte de l'équation (12.6.3) pour la condition initiale $\xi \equiv 1$.

Nous appliquons alors la formule d'intégration par parties stochastique (3.2.15) pour écrire :

$$dC_t = d(X^{-1})_t \, Z_t + X_t^{-1} \, dZ_t + d\langle X^{-1}, Z\rangle_t \tag{12.6.5}$$

Or une simple application de la formule d'Itô (3.2.11) nous donne :

$$d(X^{-1})_t = -X_t^{-2} \, dX_t + X_t^{-3} \, d\langle X\rangle_t = X_t^{-1}\Big((v_t^2 - r_t)\, dt - v_t \, dB_t\Big),$$

d'où nous déduisons :

$$d\langle X^{-1}, Z\rangle_t = -X_t^{-1} v_t (v_t Z_t + v_t')\, dt$$

En reportant ces résultats dans (12.6.5), nous obtenons, après simplification :

$$dC_t = X_t^{-1}\Big((r_t' - v_t v_t')\, dt + v_t' \, dB_t\Big)$$

En tenant compte de la condition initiale $C_0 = Z_0 = \zeta$, nous obtenons finalement :

$$\forall t \in \mathbb{R}_+, \quad Z_t = X_t \left(\zeta + \int_0^t X_s^{-1} \,(r_s' - v_s v_s')\, ds + \int_0^t X_s^{-1} \, v_s' \, dB_s\right)$$

12.7 CARRÉ DE PROCESSUS DE BESSEL

Soient $(\Omega, \mathcal{F}, (\mathcal{F}_t)_{t\geqslant 0}, P)$ un espace de probabilité filtré et $W = (W^1, \cdots, W^d)$ un $(\mathcal{F}_t)$-mouvement brownien à valeurs dans $\mathbb{R}^d$.

On rappelle le résultat suivant :

Soit $\phi = (\phi_t^1, \cdots, \phi_t^d)_{t\in\mathbb{R}_+} \in M^2_{loc}$; alors le processus réel B défini ci-dessous est un $(\mathcal{F}_t)$-mouvement brownien réel :

$$\forall t \in \mathbb{R}_+, \quad B_t = \int_0^t \frac{\phi_s}{\|\phi_s\|}\, dW_s = \sum_{i=1}^d \int_0^t \frac{\phi_s^i}{\sqrt{(\phi_s^1)^2 + \cdots + (\phi_s^d)^2}}\, dW_s^i$$

Nous fixons maintenant $x = (x_1, \ldots, x_d) \in \mathbb{R}^d$ et nous définissons le processus X par :

$$\forall t \in \mathbb{R}_+, \quad X_t = \sum_{i=1}^d (x_i + W_t^i)^2$$

1. Écrire le processus X sous la forme standard d'un processus d'Itô :

$$\forall t \in \mathbb{R}_+, \quad X_t = X_0 + \int_0^t \varphi_s\, dW_s + \int_0^t \psi_s\, ds$$

2. Montrer que le processus φ explicité dans la question précédente appartient à l'espace M^2.

3. Montrer qu'il existe un $(\mathcal{F}_t)$-mouvement brownien réel B tel que X soit solution de l'équation différentielle stochastique :

$$dX_t = d\,dt + 2\sqrt{X_t}\, dB_t\,; \quad X_0 = \|x\|^2$$

Remarque. Le processus X est appelé *carré de processus de Bessel d-dimensionnel*, issu du point $\|x\|^2$.

Corrigé

1. La formule d'Itô (3.6) nous donne P-presque sûrement, pour tout $1 \leqslant i \leqslant d$:

$$\forall t \in \mathbb{R}_+, \quad (x_i + W_t^i)^2 = x_i^2 + 2\int_0^t (x_i + W_s^i)\, dW_s^i + t$$

On en déduit immédiatement :

$$X_t = X_0 + 2\int_0^t (x + W_s)\, dW_s + \int_0^t d\, ds$$

2. Pour tout $1 \leqslant i \leqslant d$ et tout $t \in \mathbb{R}_+$, on a, en utilisant le théorème de Fubini :

$$\begin{aligned} E\left[\int_0^t (x_i + W_s^i)^2 \, ds\right] &= \int_0^t E[(x_i + W_s^i)^2] \, ds \\ &= \int_0^t (x_i^2 + s) \, ds = x_i^2 \, t + \frac{t^2}{2} < +\infty, \end{aligned}$$

d'où le résultat.

3. D'après la question précédente et le résultat rappelé au début de l'exercice, le processus B défini par :

$$\forall t \in \mathbb{R}_+, \quad B_t = \int_0^t \frac{x + W_s}{\|x + W_s\|} \, dW_s = \int_0^t \frac{x + W_s}{\sqrt{X_s}} \, dW_s$$

est un mouvement brownien.

Or, d'après la première question, nous avons l'équation différentielle stochastique :

$$dX_t = 2(x + W_t) \, dW_t + d \, dt = 2\sqrt{X_t} \, dB_t + d \, dt,$$

ce qu'on voulait.

12.8 DÉPENDANCE EN LA CONDITION INITIALE

Nous considérons un mouvement brownien d-dimensionnel $(B_t)_{t \in \mathbb{R}_+}$ défini sur un espace de probabilité $(\Omega, \mathcal{A}, P)$ et des applications $b : \mathbb{R}_+ \times \mathbb{R}^k \to \mathbb{R}^k$ et $\sigma : \mathbb{R}_+ \times \mathbb{R}^k \to \mathcal{M}_{k,d}(\mathbb{R})$ vérifiant la condition de Lipschitz énoncée dans le théorème 5.1. Nous savons donc que, pour tout $x \in \mathbb{R}^k$, l'équation différentielle stochastique ci-dessous admet une unique solution forte, que nous noterons X^x :

$$dX_t = b(X_t) \; dt + \sigma(X_t) \; dB_t \quad ; \quad X_0 = x$$

Remarque. Puisque les applications b et σ sont à valeurs dans des espaces vectoriels, nous avons remplacé les valeurs absolues apparaissant dans la condition de Lipschitz par des normes sur ces espaces vectoriels. Le choix de ces normes n'aura d'influence que sur la valeur de la constante K. En effet, sur un espace vectoriel de dimension finie, tel que $\mathbb{R}^k$ ou $\mathcal{M}_{k,d}(\mathbb{R})$, toutes les normes sont équivalentes.

1. Prouver l'inégalité :

$$\forall t \in \mathbb{R}_+, \quad \forall (x, y) \in (\mathbb{R}^k)^2, \quad E\left[(X_t^x - X_t^y)^2\right] \leqslant (x - y)^2 \, C_t, \qquad (12.8.6)$$

où l'application $C : \mathbb{R}_+ \to \mathbb{R}_+$ est définie par :

$$\forall t \in \mathbb{R}_+, \quad C_t = 3 \exp\left(3K^2 t \, (1 + t)\right)$$

2. *Question intermédiaire d'analyse :* Nous considérons une application $u : \mathbb{R}^k \to \mathbb{R}$. Montrer que cette application u est continue au point $x \in \mathbb{R}^k$ si et seulement si de toute suite $(x_n) \in (\mathbb{R}^k)^{\mathbb{N}}$ qui converge vers x, il est possible d'extraire une sous-suite (x_{n_k}) telle que $u(x_{n_k}) \to u(x)$.

3. Soit $t \in \mathbb{R}_+$ fixé et $f : \mathbb{R}^k \to \mathbb{R}$ une application continue bornée.
Nous définissons l'application $u : \mathbb{R}^k \to \mathbb{R}$ par :
$$\forall x \in \mathbb{R}^k, \quad u(x) = E[f(X_t^x)] \tag{12.8.7}$$
À l'aide de l'inégalité (12.8.6), montrer que l'application u est continue bornée.

Corrigé

1. Par définition d'une solution forte, nous avons P-presque sûrement :
$$\begin{aligned} \forall t \in \mathbb{R}_+, \quad X_t^x &= x + \int_0^t b(X_s^x)\,ds + \int_0^t \sigma(X_s^x)\,dB_s \\ X_t^y &= y + \int_0^t b(X_s^y)\,ds + \int_0^t \sigma(X_s^y)\,dB_s \end{aligned}$$
Nous allons utiliser la simple inégalité suivante, qui résulte de la convexité de l'application $x \mapsto x^2$ sur $\mathbb{R}$:
$$\forall (a,b,c) \in \mathbb{R}^3, \quad (a+b+c)^2 \leqslant 3\,(a^2+b^2+c^2)$$
Nous déduisons de ce qui précède que P-presque sûrement :
$$\begin{aligned} \forall t \in \mathbb{R}_+, \quad (X_t^x - X_t^y)^2 &\leqslant 3(x-y)^2 + 3\left\{\int_0^t [b(X_s^x) - b(X_s^y)]\,ds\right\}^2 + \\ &+ 3\left\{\int_0^t [\sigma(X_s^x) - \sigma(X_s^y)]\,dB_s\right\}^2 \end{aligned}$$
En passant à l'espérance et en utilisant l'inégalité de Cauchy-Schwarz dans la première intégrale du membre de droite, nous obtenons l'inégalité :
$$\begin{aligned} E\left[(X_t^x - X_t^y)^2\right] &\leqslant 3(x-y)^2 + 3t\,E\left[\int_0^t [b(X_s^x) - b(X_s^y)]^2\,ds\right] + \\ &+ 3E\left[\int_0^t [\sigma(X_s^x) - \sigma(X_s^y)]^2\,ds\right] \end{aligned}$$
Grâce à la condition de Lipschitz énoncée dans le théorème 5.1, nous en déduisons finalement l'inégalité :
$$E\left[(X_t^x - X_t^y)^2\right] \leqslant 3(x-y)^2 + 3(1+t)K^2 \int_0^t E[(X_s^x - X_s^y)^2]\,ds$$
Il suffit alors d'appliquer le lemme 4.12 de Gronwall pour obtenir la conclusion voulue.

2. Le sens direct est évident puisque $u(x_n) \to u(x)$ par continuité.
Pour le sens réciproque, nous allons raisonner par l'absurde en supposant que u n'est pas continue au point x, ce qui s'écrit :
$$\exists \epsilon > 0, \quad \forall \delta > 0, \quad \exists y \in \mathbb{R}^k, \quad |y - x| < \delta \quad \text{et} \quad |u(y) - u(x)| \geqslant \epsilon$$

Pour tout $n \in \mathbb{N}^*$, nous appliquons cette propriété avec $\delta = 1/n$, ce qui nous permet de construire une suite (y_n) qui converge vers x et telle que :

$$\forall n \in \mathbb{N}^*, \quad |u(y_n) - u(x)| \geqslant \epsilon$$

Nous déduisons de cette minoration qu'il n'existe pas de sous-suite (y_{n_k}) telle que $u(y_{n_k}) \to u(x)$, d'où une contradiction.

3. L'application f étant supposée bornée, nous constatons immédiatement que u l'est aussi. Nous allons maintenant utiliser l'équivalence établie dans la question précédente pour prouver la continuité de u en tout point $x \in \mathbb{R}^k$.
Prenons donc une suite $(x_n) \in (\mathbb{R}^k)^{\mathbb{N}}$ qui converge vers x. D'après (12.8.6), nous avons la convergence suivante :

$$X_t^{x_n} \xrightarrow{L^2} X_t^x$$

Nous savons qu'il est alors possible d'extraire une sous-suite $(X_t^{x_{n_k}})$ telle que :

$$X_t^{x_{n_k}} \xrightarrow{\text{p.s.}} X_t^x$$

Il suffit d'appliquer le théorème de convergence dominée de Lebesgue pour en déduire que $u(x_{n_k}) \to u(x)$, ce qui nous permet de conclure.

12.9 ÉQUATION DIFFÉRENTIELLE STOCHASTIQUE DE TANAKA

Nous revenons ici sur une équation différentielle stochastique qui a été traitée en exemple dans le cours page 90.

Soit $(B_t)_{t\in\mathbb{R}_+}$ un mouvement brownien réel défini sur un espace de probabilité $(\Omega, \mathcal{A}, P)$. Nous considérons l'équation différentielle stochastique suivante :

$$dX_t = \operatorname{sgn}(X_t)\, dB_t \quad ; \quad X_0 = 0 \tag{12.9.8}$$

1. Montrer que cette équation n'admet aucune solution forte.

   Indication : Raisonner par l'absurde en considérant une solution forte X de l'équation différentielle stochastique et montrer que X est un mouvement brownien en appliquant l'exercice 10.5.5.
   En notant $(\mathcal{H}_t)$ sa filtration canonique, ainsi que $(\mathcal{G}_t)$ celle du processus $|X|$, utiliser la formule de Tanaka (10.4.13) pour montrer que B est un $(\mathcal{G}_t)$-mouvement brownien. En déduire les inclusions suivantes pour tout $t \in \mathbb{R}_+^* : \mathcal{F}_t \subset \mathcal{G}_t \subsetneq \mathcal{H}_t$ et aboutir à une contradiction.

2. Construire une solution faible de cette équation différentielle stochastique en considérant un mouvement brownien X et en utilisant le cas particulier étudié à la fin de l'exercice 10.5.5.

Corrigé

1. Soit X une solution forte de l'équation différentielle stochastique considérée. En appliquant l'exercice 10.5.5. avec $d = 1$ et $\phi = \mathrm{sgn} X$, nous constatons que X est un mouvement brownien réel.

 Nous notons $(\mathcal{H}_t)$ sa filtration canonique et $(\mathcal{G}_t)$ celle du processus $|X|$, si bien que nous pouvons démontrer l'inclusion stricte :

$$\forall t \in \mathbb{R}_+^*, \quad \mathcal{G}_t \subsetneq \mathcal{H}_t$$

 Nous laissons la démonstration de cette inclusion au lecteur qui pourra par exemple montrer que la variable aléatoire $\mathrm{sgn}(B_t)$ est indépendante de $\mathcal{G}_t$ et en déduire que, si l'on avait $\mathcal{G}_t = \mathcal{H}_t$, alors cette variable serait presque sûrement constante, d'où une contradiction.

 À partir de l'équation différentielle stochastique de l'énoncé, nous pouvons écrire, puisque l'application sgn est à valeurs dans $\{-1, 1\}$:

$$dB_t = \frac{1}{\mathrm{sgn}(X_t)}\, dX_t = \mathrm{sgn}(X_t)\, dX_t$$

 En appliquant la formule de Tanaka (10.4.13) au mouvement brownien X, nous en déduisons :

$$P\text{-p.s.}, \quad \forall t \in \mathbb{R}_+, \quad B_t = \int_0^t \mathrm{sgn}(X_s)\, dX_s = |X_t| - |X_0| - L_t^X,$$

 où $(L_t^X)_{t\in\mathbb{R}_+}$ est le temps local du mouvement brownien X.

 D'après la convergence (10.4.14), le processus L^X est $(\mathcal{G}_t)$-adapté. Avec l'égalité précédente, nous en déduisons que B est un $(\mathcal{G}_t)$-mouvement brownien.

 En notant $(\mathcal{F}_t)_{t\in\mathbb{R}_+}$ la filtration canonique associée au mouvement brownien B, nous avons donc les inclusions (en complétant les tribus par les ensembles négligeables pour la probabilité P) :

$$\forall t \in \mathbb{R}_+^*, \quad \mathcal{F}_t \subset \mathcal{G}_t \subsetneq \mathcal{H}_t$$

 Mais, le processus X étant une solution forte, il doit être $(\mathcal{F}_t)$-adapté, ce qui implique l'inclusion :

$$\forall t \in \mathbb{R}_+, \quad \mathcal{H}_t \subset \mathcal{F}_t,$$

 d'où une contradiction.

2. Soit $(\Omega', \mathcal{F}', (\mathcal{F}'_t)_{t\in\mathbb{R}_+}, P')$ un espace de probabilité filtré sur lequel est défini un mouvement brownien X.

 D'après la caractérisation de Paul Lévy (Théorème 2.13 page 32), le processus $\tilde{B}$ défini ci-dessous est un $(\mathcal{F}'_t)_{t\in\mathbb{R}_+}$-mouvement brownien :

$$\forall t \in \mathbb{R}_+, \quad \tilde{B}_t = \int_0^t \mathrm{sgn}(X_s)\, dX_s$$

L'écriture différentielle $d\tilde{B}_t = \operatorname{sgn}(X_t)\, dX_t$ nous donne alors, puisque l'application sgn est à valeurs dans $\{-1, 1\}$:

$$dX_t = \frac{1}{\operatorname{sgn}(X_t)}\, d\tilde{B}_t = \operatorname{sgn}(X_t)\, d\tilde{B}_t,$$

d'où la conclusion.

Chapitre 13

Diffusions et opérateurs aux dérivées partielles, exercices

13.1 COMPLÉMENTS DE COURS

Le lecteur qui souhaite des précisions sur ces brefs compléments de cours pourra se reporter au chapitre 7 de **[23]**, *intitulé « Diffusions : Basic Properties ».*

13.1.1. Propriété de Markov pour une diffusion

Nous considérons un mouvement brownien d-dimensionnel $(B_t)_{t \in \mathbb{R}_+}$ défini sur un espace de probabilité $(\Omega, \mathcal{A}, P)$ et des applications $b : \mathbb{R}_+ \times \mathbb{R}^k \to \mathbb{R}^k$ et $\sigma : \mathbb{R}_+ \times \mathbb{R}^k \to \mathcal{M}_{k,d}(\mathbb{R})$ vérifiant la condition de Lipschitz énoncée dans le théorème 5.1 (en remplaçant les valeurs absolues par des normes).

Nous savons donc que, pour $x \in \mathbb{R}^k$ fixé arbitrairement, l'équation différentielle stochastique ci-dessous admet une unique solution forte :

$$dX_t = b(X_t)\ dt + \sigma(X_t)\ dB_t \quad ; \quad X_0 = x$$

Rappelons que cette unique solution X s'appelle un processus de diffusion.

Nous introduisons maintenant $(\mathcal{F}_t)_{t \in \mathbb{R}_+}$ la filtration canonique associée au mouvement brownien B, complétée par les ensembles négligeables pour la probabilité P.

Nous avons déja rencontré la propriété suivante du mouvement brownien dans la proposition 2.1 :

Pour tout $t_0 \geqslant 0$, le processus $(B_{t+t_0} - B_{t_0}, t \geqslant 0)$ est un mouvement brownien indépendant de la tribu $\mathcal{F}_{t_0}$.

Cette propriété se transmet à la diffusion X sous la forme suivante :

Propriété de Markov simple. *Soit $f : \mathbb{R}^k \to \mathbb{R}$ une application continue bornée ; pour tous $t_0, t \geqslant 0$, nous avons l'égalité :*

$$P_x\text{-}p.s.\,, \quad E_x[f(X_{t_0+t}) \mid \mathcal{F}_{t_0}] = E_{X_{t_0}}[f(X_t)]$$

Nous pouvons généraliser ces propriétés au cas où t_0 est remplacé par un $(\mathcal{F}_t)$-temps d'arrêt τ fini P_x-presque sûrement. Nous obtenons alors la propriété de Markov forte pour le mouvement brownien : le processus $(B_{t+\tau} - B_\tau, t \geqslant 0)$ est un mouvement brownien indépendant de la tribu $\mathcal{F}_\tau$.

Cette propriété se transmet encore aux diffusions de la façon suivante.

Propriété de Markov forte. *Soit $f : \mathbb{R}^k \to \mathbb{R}$ une application continue bornée et τ un $(\mathcal{F}_t)$-temps d'arrêt fini P_x-presque sûrement. Nous avons alors pour tout $t \geqslant 0$:*

$$P_x\text{-}p.s.\,, \quad E_x[f(X_{\tau+t}) \mid \mathcal{F}_\tau] = E_{X_\tau}[f(X_t)]$$

Il n'est pas difficile de généraliser cette propriété au cas de n instants $0 \leqslant t_1 \leqslant \cdots \leqslant t_n$ et de n applications continues bornées $f_1, \cdots, f_n$. Nous obtenons alors l'égalité suivante, valable P_x-presque sûrement :

$$E_x[f_1(X_{\tau+t_1})f_2(X_{\tau+t_2})\cdots f_n(X_{\tau+t_n}) \mid \mathcal{F}_\tau] = E_{X_\tau}[f_1(X_{t_1})f_2(X_{t_2})\cdots f_n(X_{t_n})]$$

13.1.2. Générateur infinitésimal et formule de Dynkin

Rappelons que le générateur infinitésimal associé à la diffusion X est un opérateur différentiel L tel que pour toute application $f \in C_c^2(\mathbb{R}^k)$ et tout point $x \in \mathbb{R}^k$:

$$Lf(x) = \sum_i b_i(x)\frac{\partial f}{\partial x_i}(x) + \frac{1}{2}\sum_{i,j}(\sigma\sigma^*)_{i,j}(x)\frac{\partial^2 f}{\partial x_i \partial x_j}(x) \qquad (13.1.1)$$

$$= \lim_{t\downarrow 0}\frac{E_x[f(X_t)] - f(x)}{t} \qquad (13.1.2)$$

En appliquant la formule d'Itô pour faire apparaître une martingale, nous obtenons le résultat suivant, qui a de nombreuses applications :

Formule de Dynkin. *Soit $f \in C_K^2(\mathbb{R}^k)$ et τ un $(\mathcal{F}_t)$-temps d'arrêt tel que $E_x[\tau] < +\infty$. Alors, nous avons l'égalité :*

$$E_x[f(X_\tau)] = f(x) + E_x\left[\int_0^\tau Lf(X_s)\,ds\right] \qquad (13.1.3)$$

13.2 PASSAGES SUCCESSIFS DE BARRIÈRES POUR UN MOUVEMENT BROWNIEN RÉEL

Soit $(B_t)_{t\in\mathbb{R}_+}$ un mouvement brownien réel défini sur un espace de probabilité $(\Omega, \mathcal{A}, P)$ et $(\mathcal{F}_t)_{t\in\mathbb{R}_+}$ la filtration canonique associée à B.

Nous définissons une suite de variables aléatoires positives $(T_n)_{n\in\mathbb{N}}$ par $T_0 = 0$ et la relation de récurrence :

$$\forall n \in \mathbb{N}, \quad T_{n+1} = \inf\{t \geqslant T_n,\ |B_t - B_{T_n}| \geqslant 1\}$$

1. Démontrer par récurrence que $(T_n)_{n\in\mathbb{N}}$ est une suite de $(\mathcal{F}_t)$-temps d'arrêt finis presque sûrement.
2. Montrer que la suite des accroissements $(T_{n+1} - T_n)_{n\in\mathbb{N}}$ est indépendante et identiquement distribuée.
3. D'après l'exercice 9.5.4., la transformée de Laplace des accroissements précédents vaut :
$$\forall \mu \in \mathbb{R}_+, \quad E[\exp(-\mu T_1)] = \frac{1}{\cosh(\sqrt{2\mu})} \tag{13.2.4}$$
En déduire la convergence suivante lorsque $n \to +\infty$:
$$\frac{T_n}{n} \xrightarrow{\text{p.s.}} 1 \tag{13.2.5}$$
4. Nous définissons le processus de comptage $(N_t)_{t\in\mathbb{R}_+}$ associé à la suite $(T_n)_{n\in\mathbb{N}}$ par l'égalité :
$$\forall t \in \mathbb{R}_+, \quad N_t = \sum_{n=1}^{+\infty} \mathbf{1}_{\{T_n \leqslant t\}}$$
Déduire de (13.2.5) la convergence suivante lorsque $t \to +\infty$:
$$\frac{N_t}{t} \xrightarrow{\text{p.s.}} 1$$

Corrigé

1. Pour $n = 0$ la propriété est évidente. Supposons-la maintenant vraie au rang n, c'est-à-dire que T_n est un $(\mathcal{F}_t)$-temps d'arrêt fini presque sûrement.

Pour tout $s \in \mathbb{R}_+$, nous avons alors :
$$\{T_{n+1} \leqslant s\} = \{T_n \leqslant s\} \cap \{\sup_{T_n \leqslant u \leqslant s} |B_u - B_{T_n}| \geqslant 1\} \in \mathcal{F}_s$$
donc T_{n+1} est un $(\mathcal{F}_t)$-temps d'arrêt.

En outre, la propriété de Markov forte nous permet d'affirmer que le processus β^{n+1} défini par :
$$\forall t \in \mathbb{R}_+, \quad \beta_t^{n+1} = B_{T_n+t} - B_{T_n}$$
est un mouvement brownien indépendant de la tribu $\mathcal{F}_{T_n}$.

Or, d'après la définition de T_{n+1}, nous avons l'égalité suivante :
$$T_{n+1} - T_n = \inf\{t \geqslant 0,\ |\beta_t^{n+1}| \geqslant 1\} \tag{13.2.6}$$

D'après la propriété de récurrence du mouvement brownien réel, établie dans l'exercice 9.5.4., nous en déduisons que $T_{n+1} - T_n < +\infty$ presque sûrement. Comme l'hypothèse de récurrence nous donne $T_n < +\infty$ presque sûrement, nous pouvons conclure :

$$P\text{-p.s.}, \quad T_{n+1} < +\infty$$

2. Nous allons déduire les deux propriétés demandées de l'égalité (13.2.6) :
   - Tout comme le processus β^{n+1}, la variable aléatoire $T_{n+1} - T_n$ est indépendante de $\mathcal{F}_{T_n}$. Nous en déduisons l'indépendance de $T_{n+1} - T_n$ et $(T_n - T_{n-1}, \cdots, T_1)$, qui est un vecteur aléatoire $\mathcal{F}_{T_n}$-mesurable. Cela suffit à prouver que la suite $(T_{n+1} - T_n)_{n\in\mathbb{N}}$ est indépendante.
   - Les processus β^{n+1}, $n \in \mathbb{N}$ ayant tous la même loi (celle du mouvement brownien), il en est de même des variables aléatoires $T_{n+1} - T_n$, $n \in \mathbb{N}$.

3. Commençons par calculer la dérivée du membre de gauche de (13.2.4) en un point $\mu_0 > 0$ en utilisant un corollaire du théorème de convergence dominée de Lebesgue pour justifier la dérivation sous l'espérance.

   La dérivée en μ de l'intégrande $\exp(-\mu T_1)$ vaut $-T_1 \exp(-\mu T_1)$ et nous avons la majoration suivante :

$$\forall \mu \in]\frac{\mu_0}{2}, +\infty[, \quad |T_1 \exp(-\mu T_1)| \leqslant T_1 \exp(-\frac{\mu_0}{2} T_1)$$

   Or l'application $x \to x \exp(-\frac{\mu_0}{2} x)$ est bornée sur $\mathbb{R}_+$ d'où l'intégrabilité de ce majorant. Nous en déduisons que pour tout $\mu > 0$,

$$\frac{d}{d\mu} E[\exp(-\mu T_1)] = -E[T_1 \exp(-\mu T_1)]$$

   Par identification avec la dérivée du membre de droite dans la formule (13.2.4), nous obtenons donc l'égalité :

$$\forall \mu > 0, \quad E[T_1 \exp(-\mu T_1)] = \frac{\sinh(\sqrt{2\mu})}{\cosh^2(\sqrt{2\mu})} \frac{1}{\sqrt{2\mu}}$$

   Nous passons alors à la limite lorsque μ décroît vers 0 en utilisant le théorème de convergence monotone dans le membre de gauche et l'équivalent $\sinh x \sim x$ lorsque $x \to 0$ dans le membre de droite, ce qui nous donne :

$$E[T_1] = 1$$

   Notons qu'en procédant ainsi, nous avons en particulier prouvé l'intégrabilité de T_1, qui n'était pas évidente *a priori*.

   La propriété établie dans la deuxième question et la loi forte des grands nombres nous donnent maintenant la convergence suivante lorsque $n \to +\infty$:

$$\frac{T_1 + (T_2 - T_1) + \cdots + (T_n - T_{n-1})}{n} \xrightarrow{\text{p.s.}} E[T_1],$$

ce qui s'écrit encore :

$$\frac{T_n}{n} \xrightarrow{\text{p.s.}} 1$$

4. D'après la première question, les variables aléatoires T_n, $n \in \mathbb{N}^*$, sont toutes finies presque sûrement donc la convergence suivante a lieu lorsque $t \to +\infty$:

$$N_t \xrightarrow{\text{p.s.}} +\infty \tag{13.2.7}$$

En combinant les convergences (13.2.5) et (13.2.7), nous obtenons les convergences suivantes lorsque $t \to +\infty$:

$$\frac{T_{N_t}}{N_t} \xrightarrow{\text{p.s.}} 1 \tag{13.2.8}$$

$$\frac{T_{N_t+1}}{N_t+1} \xrightarrow{\text{p.s.}} 1 \tag{13.2.9}$$

Il nous reste à constater que d'après la définition du processus de comptage $(N_t)_{t\in\mathbb{R}_+}$, nous avons presque sûrement l'encadrement suivant :

$$\forall t \in \mathbb{R}_+, \quad T_{N_t} \leqslant t < T_{N_t+1} \,,$$

d'où nous déduisons :

$$\forall t \in \mathbb{R}_+, \quad \frac{N_t}{T_{N_t+1}} < \frac{N_t}{t} \leqslant \frac{N_t}{T_{N_t}} \tag{13.2.10}$$

En utilisant (13.2.7) et (13.2.9), nous obtenons les équivalences suivantes lorsque $t \to +\infty$:

$$\frac{N_t}{T_{N_t+1}} \sim \frac{N_t+1}{T_{N_t+1}} \sim 1$$

donc le membre de gauche de l'encadrement (13.2.10) converge vers 1 presque sûrement. Mais, d'après (13.2.8), le membre de droite de ce même encadrement converge aussi vers 1 presque sûrement, ce qui nous donne la conclusion désirée.

13.3 PRINCIPE DE RÉFLEXION DU MOUVEMENT BROWNIEN

Soient $(B_t)_{t\in\mathbb{R}_+}$ un mouvement brownien réel défini sur un espace de probabilité $(\Omega, \mathcal{A}, P)$ et $(\mathcal{F}_t)_{t\in\mathbb{R}_+}$ la filtration canonique associée à B.

Pour tout $a > 0$, nous définissons le $(\mathcal{F}_t)$-temps d'arrêt T_a par :

$$T_a = \inf\{t \geqslant 0,\ B_t = a\}$$

D'autre part, nous définissons le processus $(S_t)_{t\in\mathbb{R}_+}$ par :

$$\forall t \in \mathbb{R}_+, \quad S_t = \max_{s\in[0,t]} B_s$$

1. En appliquant la propriété de Markov forte au temps T_a, prouver l'égalité :

$$\forall t \in \mathbb{R}_+,\ \forall a > 0, \forall b \leqslant a,\ P(S_t \geqslant a\,,\ B_t \leqslant b) = P(B_t \geqslant 2a - b) \qquad (13.3.11)$$

Indication : Soient $F : \mathbb{R}_+ \times C^0(\mathbb{R}_+, \mathbb{R}) \to \mathbb{R}$ une fonctionnelle borélienne bornée, T une variable aléatoire à valeurs dans $\mathbb{R}_+$ et $X = (X_t)_{t \in \mathbb{R}_+}$ un processus aléatoire continu indépendant de T. Définissons l'application $\varphi : \mathbb{R}_+ \to \mathbb{R}$ par :

$$\forall t \in \mathbb{R}_+, \quad \varphi(t) = E[F(t, X)]$$

Alors, nous avons l'égalité :

$$P\text{-p.s.}\,, \quad E[F(T, X) \mid T] = \varphi(T)$$

2. En déduire que, *à t fixé*, les variables aléatoires S_t et $|B_t|$ ont même loi. Les processus $(S_t)_{t \in \mathbb{R}_+}$ et $(|B_t|)_{t \in \mathbb{R}_+}$ ont-ils même loi ?

3. Prouver à l'aide de la question précédente l'égalité :

$$\forall a > 0, \quad \forall t \in \mathbb{R}_+, \quad P(T_a \leqslant t) = 2 \int_a^{+\infty} \frac{1}{\sqrt{2\pi t}} \exp(-\frac{y^2}{2t})\, dy$$

En déduire que la loi de T_a admet la densité g_a définie par :

$$\forall x \in \mathbb{R}, \quad g_a(x) = a\ \frac{\exp(-\frac{a^2}{2x})}{\sqrt{2\pi x^3}} \mathbf{1}_{\mathbb{R}_+^*}(x)$$

Remarque. Nous retrouvons ainsi par une autre méthode le résultat établi à la fin de l'exercice 9.5.5.

Corrigé

1. Nous notons d'abord que, le mouvement brownien étant un processus continu issu de 0, le théorème des valeurs intermédiaires nous donne l'égalité suivante :

$$\{S_t \geqslant a\} = \{T_a \leqslant t\}$$

Nous avons établi dans l'exercice 9.5.4. que le temps d'arrêt T_a est fini presque sûrement. La propriété de Markov forte pour le mouvement brownien nous dit que le processus β défini par :

$$\forall t \in \mathbb{R}_+, \quad \beta_t = B_{t+T_a} - B_{T_a} = B_{t+T_a} - a$$

est un mouvement brownien indépendant de la tribu $\mathcal{F}_{T_a}$.
Nous déduisons de ce qui précède les égalités :

$$P(S_t \geqslant a\,,\ B_t \leqslant b) = P(T_a \leqslant t\,,\ B_t \leqslant b) = P(T_a \leqslant t\,,\ \beta_{t-T_a} \leqslant b - a)$$

Nous utilisons l'indication de l'énoncé avec la fonctionnelle F définie par :

$$\forall s \in \mathbb{R}_+, \quad \forall x \in C^0(\mathbb{R}_+, \mathbb{R}), \quad F(s, x) = \mathbf{1}_{\{s \leqslant t,\ x_{t-s} \leqslant b-a\}}$$

Nous en déduisons :

$$P(S_t \geqslant a\,,\, B_t \leqslant b) = E[\varphi(T_a)]\,,$$

où l'application φ est définie par :

$$\forall s \in \mathbb{R}_+, \quad \varphi(s) = P(s \leqslant t,\, \beta_{t-s} \leqslant b - a)$$

Mais, puisque $-\beta$ est encore un mouvement brownien, nous pouvons tout aussi bien écrire :

$$\forall s \in \mathbb{R}_+, \quad \varphi(s) = P(s \leqslant t,\, \beta_{t-s} \geqslant a - b)$$

En remontant le calcul précédent, nous aboutissons donc à l'égalité :

$$P(S_t \geqslant a,\, B_t \leqslant b) = P(T_a \leqslant t,\, \beta_{t-T_a} \geqslant a - b)\,,$$

d'où nous déduisons immédiatement (13.3.11) puisque $b \leqslant a$ implique l'inclusion :

$$\{B_t \geqslant 2a - b\} \subset \{T_a \leqslant t\}$$

2. En prenant $b = a$ dans (13.3.11), nous obtenons :

$$P(S_t \geqslant a\,,\, B_t \leqslant a) = P(B_t \geqslant a) \tag{13.3.12}$$

Pour $t > 0$, la loi de la variable aléatoire B_t étant diffuse, nous avons :

$$\forall a > 0, \quad P(B_t = a) = 0$$

Ceci reste vrai pour $t = 0$ puisque $B_0 = 0$.
L'égalité (13.3.12) s'écrit donc encore, pour tout $t \in \mathbb{R}_+$ et tout $a > 0$:

$$P(S_t \geqslant a,\, B_t \leqslant a) = P(B_t > a) = P(B_t > a\,,\, S_t \geqslant a)\,, \tag{13.3.13}$$

cette dernière égalité provenant de l'inclusion $\{B_t > a\} \subset \{S_t \geqslant a\}$.
Nous en déduisons, pour tout $t \in \mathbb{R}_+$ et tout $a > 0$:

$$P(S_t \geqslant a) = P(S_t \geqslant a, B_t \leqslant a) + P(S_t \geqslant a, B_t > a) = 2P(B_t > a)$$

En utilisant la symétrie de la loi de B_t, nous obtenons alors :

$$\forall a > 0, \quad P(S_t \geqslant a) = 2P(B_t \geqslant a) = P(|B_t| \geqslant a)$$

Finalement, les variables aléatoires positives S_t et $|B_t|$ ont même fonction de répartition et donc même loi.

S'il est vrai que ces variables aléatoires *à t fixé* ont même loi, il n'en n'est pas de même pour les processus S et $|B|$. En effet, presque sûrement, le processus S est croissant tandis que le processus $|B|$ revient en 0 à des instants arbitrairement grands, par la propriété de récurrence du mouvement brownien réel établie dans l'exercice 9.5.4.

3. En utilisant la densité de la loi $\mathcal{N}(0, t)$ suivie par la variable aléatoire B_t, nous obtenons :

$$\begin{aligned} P(T_a \leqslant t) &= P(S_t \geqslant a) = 2P(B_t \geqslant a) \\ &= 2\int_a^{+\infty} \frac{1}{\sqrt{2\pi t}} \exp\left(-\frac{y^2}{2t}\right) dy \end{aligned} \tag{13.3.14}$$

Un calcul simple nous donne :

$$\frac{d}{dt}\left[\frac{2}{\sqrt{2\pi t}}\exp\left(-\frac{y^2}{2t}\right)\right] = \frac{1}{\sqrt{2\pi}}(-t^{-3/2}+y^2t^{-5/2})\exp\left(-\frac{y^2}{2t}\right)$$

Soit $t_0 > 0$ fixé arbitrairement ; pour tout $\frac{t_0}{2} < t < 2t_0$, l'expression précédente admet le majorant :

$$\frac{1}{\sqrt{2\pi}}\left[\left(\frac{t_0}{2}\right)^{-3/2} + y^2\left(\frac{t_0}{2}\right)^{-5/2}\right]\exp\left(-\frac{y^2}{4t_0}\right)$$

qui est intégrable par rapport à la mesure de Lebesgue sur $[a,+\infty[$, ce qui justifie la dérivation sous l'intégrale dans (13.3.14) au point $t_0 > 0$.
Finalement, sur $\mathbb{R}_+^*$, la dérivée de $P(T_a \leqslant t)$ vaut :

$$\int_a^{+\infty}\frac{1}{\sqrt{2\pi}}\left(-t^{-3/2}+y^2t^{-5/2}\right)\exp\left(-\frac{y^2}{2t}\right)dy$$

En écrivant cette expression comme la somme de deux intégrales puis en effectuant une intégration par parties dans la seconde, nous obtenons :

$$-\int_a^{+\infty}\frac{1}{\sqrt{2\pi}}t^{-3/2}\exp\left(-\frac{y^2}{2t}\right)dy \qquad (13.3.15)$$

$$-\frac{1}{\sqrt{2\pi}}\left[yt^{-3/2}\exp\left(-\frac{y^2}{2t}\right)\right]_{y=a}^{y=+\infty} \qquad (13.3.16)$$

$$+\int_a^{+\infty}\frac{1}{\sqrt{2\pi}}t^{-3/2}\exp\left(-\frac{y^2}{2t}\right)dy \qquad (13.3.17)$$

Puisque les termes (13.3.15) et (13.3.17) s'éliminent, nous obtenons finalement :

$$\frac{d}{dt}P(T_a \leqslant t) = \frac{a}{\sqrt{2\pi t^3}}\exp\left(-\frac{a^2}{2t}\right)$$

Nous avons bien sûr $P(T_a \leqslant 0) = 0$ donc en intégrant cette expression, nous obtenons l'égalité suivante, qui nous permet de conclure :

$$\forall t \in \mathbb{R}_+, \quad P(T_a \leqslant t) = \int_0^t \frac{a}{\sqrt{2\pi s^3}}\exp\left(-\frac{a^2}{2s}\right)ds$$

13.4 RÉCURRENCE OU TRANSIENCE DU MOUVEMENT BROWNIEN

Considérons un mouvement brownien d-dimensionnel $(B_t)_{t\in\mathbb{R}_+}$ issu de $a \in \mathbb{R}^d$ et défini sur un espace de probabilité $(\Omega, \mathcal{A}, P)$, ainsi que $(\mathcal{F}_t)_{t\in\mathbb{R}_+}$ la filtration canonique associée à B. Pour $r > 0$ fixé, nous notons D_r la boule ouverte de centre 0 et de rayon r dans $\mathbb{R}^d$.

1. Nous supposons que $|a| < r$ et nous définissons la variable aléatoire :

$$\sigma_r = \inf\{t \geqslant 0, \quad |B_t| \geqslant r\},$$

avec $|\,.\,|$ norme euclidienne dans $\mathbb{R}^d$ et la convention $\inf \varnothing = +\infty$.
Montrer que la variable σ_r est un $(\mathcal{F}_t)$-temps d'arrêt fini presque sûrement. On l'appelle *temps de sortie* du mouvement brownien B hors de la boule D_r.

2. En appliquant la formule de Dynkin, calculer $E[\sigma_r]$.

3. Nous supposons désormais que $d \geqslant 2$ et $|a| > r$ et nous notons τ_r le temps d'entrée du mouvement brownien B dans la boule fermée $\overline{D}_r$.
Pour tout $R > |a|$, nous définissons la couronne :

$$C_{r,R} = \{x \in \mathbb{R}^d, \ \ r < |x| < R\}$$

et nous notons $T_{r,R}$ le temps de sortie du mouvement brownien B hors de $C_{r,R}$.
Montrer que, pour tous $r < |a| < R$, $T_{r,R}$ est un $(\mathcal{F}_t)$-temps d'arrêt intégrable.

4. Pour $r < |a| < R$ fixés, nous considérons une application $f \in \mathcal{C}_c^2(\mathbb{R}^d)$ telle que, pour tout $x \in \overline{C}_{r,R}$,

$$f(x) = \begin{cases} -\log|x| & \text{si } d = 2 \\ |x|^{2-d} & \text{si } d \geqslant 3 \end{cases}$$

Montrer l'égalité suivante :

$$\forall x \in \overline{C}_{r,R}, \quad \Delta f(x) = 0\,,$$

puis calculer les probabilités :

$$p_{r,R} = P[|B_{T_{r,R}}| = r] \quad ; \quad q_{r,R} = P[|B_{T_{r,R}}| = R]$$

5. Montrer les égalités suivantes :

$$P[\tau_r < +\infty] = \begin{cases} 1 & \text{si } d = 2 \\ \left(\frac{|a|}{r}\right)^{2-d} < 1 & \text{si } d \geqslant 3 \end{cases}$$

On dit que le mouvement brownien plan est *récurrent*, tandis que le mouvement brownien en dimension $d \geqslant 3$ est *transient*.

6. Nous nous plaçons dans le cas $d = 2$ avec $a \neq 0$. Malgré son caractère récurrent, montrer que le mouvement brownien plan ne passera p.s. jamais par l'origine.

La figure 13.1 représente le carré de la norme d'un mouvement brownien en dimension 8, donc dans le cas transient. Le lecteur pourra faire une comparaison avec la figure 10.2 qui représente le même type de processus en dimension 2 donc dans le cas récurrent.

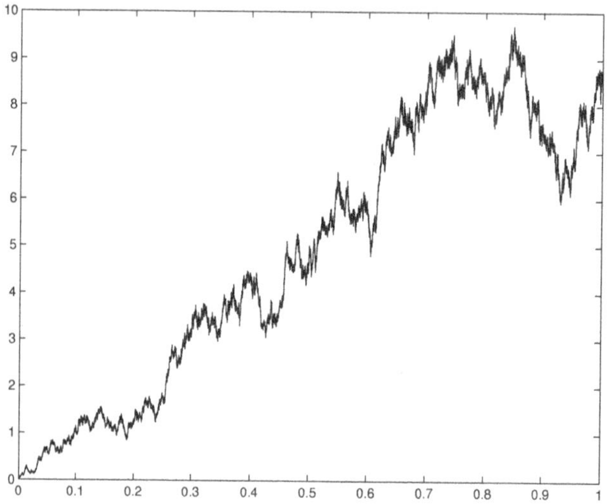

Figure 13.1 Carré d'un processus de Bessel de dimension 8.

Corrigé

1. En tant que temps d'entrée du processus continu et $(\mathcal{F}_t)$-adapté B dans le fermé D^c, la variable σ_r est un $(\mathcal{F}_t)$-temps d'arrêt.

   Nous notons maintenant $B_t = (B_t^1, \cdots, B_t^d), t \in \mathbb{R}_+$ et nous définissons la variable aléatoire :
$$\sigma_r^1 = \inf\{t \in \mathbb{R}_+, \quad |B_t^1| \geqslant r\},$$
   en adoptant toujours la convention $\inf \varnothing = +\infty$.

   La variable σ_r^1 est encore un $(\mathcal{F}_t)$-temps d'arrêt et la propriété de récurrence du mouvement brownien réel, établie dans l'exercice 9.5.4., entraîne que σ_r^1 est fini P-presque sûrement.

   Cela nous permet de conclure puisque $\sigma_r \leqslant \sigma_r^1$, P-presque sûrement.

2. Comme nous l'avons vu dans l'exemple 6.1 du cours, le générateur infinitésimal associé à la diffusion B vaut $\frac{1}{2}\Delta$.

   Par conséquent, en appliquant la formule de Dynkin à une application $f \in \mathcal{C}_c^2(\mathbb{R}^k)$ telle que $f(x) = |x|^2$ sur D (facile à construire) et au temps d'arrêt $\tau = \sigma_r \wedge k$, avec $k \in \mathbb{N}^*$ fixé, nous obtenons l'égalité :
$$E_a[f(B_{\sigma_r \wedge k})] = f(a) + E_a[\int_0^{\sigma_r \wedge k} \Delta f(B_s)\, ds\,] = |a|^2 + d\, E_a[\sigma_r \wedge k]$$
   Cette égalité étant valable pour tout $k \in \mathbb{N}^*$, il nous reste à passer à la limite lorsque $k \to +\infty$ pour obtenir, en utilisant le résultat de la question précédente :
$$E_a[\sigma_r] = \frac{r^2 - |a|^2}{d}.$$

3. En tant que temps d'entrée du processus continu et $(\mathcal{F}_t)$-adapté B dans le fermé $C^c_{r,R}$, la variable $T_{r,R}$ est un $(\mathcal{F}_t)$-temps d'arrêt.

   Nous considérons alors deux cas :

   – Si $|a| \geqslant R$, alors presque sûrement $T_{r,R} = 0$ et l'intégrabilité de $T_{r,R}$ est triviale.
   – Si $r < |a| < R$, nous remarquons que $T_{r,R}$ est majoré presque sûrement par le temps de sortie de la boule de centre 0 et de rayon R, lequel est intégrable d'après la question précédente, ce qui nous permet de conclure.

4. Dans le cas $d = 2$, nous calculons successivement, pour tout $x \in \overline{C_{r,R}}$:

$$f(x) = \frac{1}{2}\log(x_1^2 + x_2^2)\,, \qquad \frac{\partial f}{\partial x_1} = -\frac{x_1}{x_1^2 + x_2^2}\,, \qquad \frac{\partial^2 f}{\partial x_1^2} = \frac{x_1^2 - x_2^2}{(x_1^2 + x_2^2)^2}$$

   et nous concluons facilement en échangeant les rôles de x_1 et x_2.

   Dans le cas $d \geqslant 3$, les calculs s'écrivent, pour tout $x \in \overline{C_{r,R}}$:

$$f(x) = \left(\sum_{i=1}^{d} x_i^2\right)^{1-\frac{d}{2}}\,, \qquad \frac{\partial f}{\partial x_i} = (2-d)\,x_i\left(\sum_{i=1}^{d} x_i^2\right)^{-\frac{d}{2}}\,,$$

   puis

$$\frac{1}{2-d}\,\frac{\partial^2 f}{\partial x_i^2} = \left(\sum_{i=1}^{d} x_i^2\right)^{-\frac{d}{2}-1}\left(\sum_{i=1}^{d} x_i^2 - d x_i^2\right),$$

   et nous concluons facilement.

   Nous appliquons de nouveau la formule de Dynkin au mouvement brownien B, de générateur infinitésimal $L = \frac{1}{2}\Delta$, et au temps d'arrêt $T_{r,R}$, qui est intégrable d'après la question précédente :

$$E_a[f(B_{T_{r,R}})] = f(a) + E_a\Big[\int_0^{T_{r,R}} \Delta f(B_s)\,ds\Big] = f(a)$$

   Notons que le temps d'arrêt $T_{r,R}$ est fini P-presque sûrement en tant que variable aléatoire P-intégrable.

   Dans le cas $d = 2$, l'égalité précédente nous donne donc :

$$-\log|a| = p_{r,R}(-\log r) + q_{r,R}\,(-\log R)\,,$$

   d'où :

$$q_{r,R} = \frac{\log|a| - \log r}{\log R - \log r} \quad ; \quad p_{r,R} = \frac{\log R - \log|a|}{\log R - \log r}$$

   Dans le cas $d \geqslant 3$, nous obtenons :

$$|a|^{2-d} = p_{r,R}\,r^{2-d} + q_{r,R}\,R^{2-d},$$

   d'où :

$$q_{r,R} = \frac{r^{2-d} - |a|^{2-d}}{r^{2-d} - R^{2-d}} \quad ; \quad p_{r,R} = \frac{|a|^{2-d} - R^{2-d}}{r^{2-d} - R^{2-d}}$$

5. Pour tout $k \in \mathbb{N}^*$, posons $T_k = T_{r,2^k R}$. Nous remarquons alors que la suite d'évènements $(E_k)_{k\in\mathbb{N}^*}$ définie ci-dessous est croissante pour l'inclusion :

$$\forall k \in \mathbb{N}^*, \quad E_k = \{|B_{T_k}| = r\}$$

En effet, si le mouvement brownien est entré dans $\overline{D}_r$ avant de sortir de la boule de centre 0 et de rayon $2^k R$, c'est a fortiori vrai avec la boule de centre 0 et de rayon $2^{k+1}R$.

Nous constatons ensuite que :

$$\bigcup_{k\in\mathbb{N}^*} E_k = \{\tau_r < +\infty\} \tag{13.4.18}$$

En effet, si $\tau_r(\omega) < +\infty$, alors il existe un certain rang $k_0(\omega)$ tel que :

$$\forall k \geqslant k_0(\omega), \quad |B_{T_k}(\omega)| = r$$

et donc

$$\omega \in \bigcup_{k\in\mathbb{N}^*} E_k$$

En revanche, si $\tau_r(\omega) = +\infty$, nous avons $\omega \notin E_k$ pour tout $k \in \mathbb{N}^*$ et donc

$$\omega \notin \bigcup_{k\in\mathbb{N}^*} E_k$$

La suite $(E_k)_{k\in\mathbb{N}^*}$ étant croissante, nous déduisons de (13.4.18) l'égalité :

$$P(\tau_r < +\infty) = \lim p_{r,2^k R}$$

Dans le cas $d = 2$, il en résulte que $P(\tau < +\infty) = 1$.

En revanche, dans le cas $d \geqslant 3$, nous obtenons :

$$P(\tau < +\infty) = \left(\frac{|a|}{r}\right)^{2-d} < 1$$

En dimension $d \geqslant 3$, il y a donc une probabilité strictement positive pour que le mouvement brownien B issu du point a tel que $|a| > r$ ne visite jamais la boule ouverte D_r.

> ***Remarque.*** L'idée est que, contrairement à ce qui se passe pour la trajectoire brownienne en dimension $d = 2$ qui est dense dans le plan, dès que $d \geqslant 3$, il y a « trop d'espace » pour que la trajectoire brownienne puisse visiter n'importe quel voisinage.

6. Soit $R > |a|$ fixé et $(r_k)_{k\in\mathbb{N}} \in (\mathbb{R}_+^*)^{\mathbb{N}}$ une suite décroissante de limite nulle. En notant $\tau_0 = \inf\{t \geqslant 0, B_t = 0\}$, nous constatons que les évènements $\{\tau_{r_k} < \sigma_R\}, k \in \mathbb{N}$, forment une suite décroissante telle que :

$$\bigcap_{k\in\mathbb{N}} \{\tau_{r_k} < \sigma_R\} = \{\tau_0 < \sigma_R\}$$

Nous en déduisons, en utilisant le résultat de la quatrième question :

$$P(\tau_0 < \sigma_R) = \lim_k p_{r_k,R} = 0.$$

Il nous reste maintenant à remarquer que les évènements $\{\tau_0 < \sigma_{2^k R}\}, k \in \mathbb{N}$, forment une suite croissante telle que :

$$\bigcup_{k\in\mathbb{N}} \{\tau_0 < \sigma_{2^k R}\} = \{\tau_0 < +\infty\}$$

pour en déduire :

$$P(\tau_0 < +\infty) = \lim_k P(\tau_0 < \sigma_{2^k R}) = 0.$$

Chapitre 14

Simulation de diffusions

Dans l'ensemble de ce chapitre, nous utilisons le logiciel MATLAB. Néanmoins, le lecteur qui n'aurait pas accès à MATLAB peut télécharger un logiciel gratuit qui s'en rapproche, SCILAB, et adapter les programmes qui suivent en conséquence. *http ://www.scilab.org/fr*
En outre, plusieurs collègues, que nous remercions ici, ont rédigé des cours d'introduction à Scilab accessibles sur le Web. Citons par exemple :

- *Démarrer en Scilab* par Bernard Ycart, professeur à l'université René Descartes-Paris 5. *http ://www.math-info.univ-paris5.fr/~ycart/*
- *Une introduction à Scilab* par Bruno Pinçon, maître de conférences à l'Université Henri Poincaré (Nancy). *http ://www.iecn.u-nancy.fr/~pincon/*

14.1 INTRODUCTION À MATLAB

Merci à Marc Hoffmann pour sa contribution à ce paragraphe.

14.1.1. Création d'une fonction

Pour créer une fonction MATLAB, nous pourrons suivre la procédure ci-dessous :

1. Ouvrir un fichier « M-file »
(barre de commande supérieure : File → New → M-file)

2. Écrire dans ce fichier les différentes instructions qui vont définir la fonction désirée Nom-Fonction.
La première ligne est nécessairement de la forme suivante :

function y = Nom-Fonction(x),
puis, après un retour à la ligne, une succession de commandes appelant à un moment ou à un autre l'argument x.
Le résultat de Nom-Fonction sera y.
Il n'est pas nécessaire qu'une fonction appelle un argument. Dans ce dernier cas, la syntaxe est simplement : function y = Nom-Fonction.
Dans le cas du tracé d'une figure, il n'est pas non plus nécessaire de donner un nom au résultat : la première ligne se réduit à : function Nom-Fonction(x) ou function Nom-Fonction.

3. Sauvegarder le fichier
(barre de commande supérieure : File → Save as... → taper Nom-Fonction.m)
Il est essentiel de donner le même nom au fichier qu'à la fonction.
4. Revenir à la fenêtre de commande, c'est-à-dire la feuille de calcul
(barre de commande supérieure : Windows → MATLAB Command Window)
5. Exécuter le programme Nom-Fonction en appelant directement la fonction Nom-Fonction dans la feuille de calcul au même titre désormais que les autres fonctions classiques.

Voici quelques conseils pratiques :

1. Ne pas hésiter à travailler simultanément sur un « M-file » et sur la feuille de calcul.
2. Au cours de l'écriture d'une fonction, il est généralement efficace de procéder par étapes en faisant un test à chaque fois. Si le signe % est placé devant une ligne, Matlab la passera sans l'exécuter, ce qui est pratique pour faire des tests.
3. Pour connaître la définition ou la syntaxe d'une fonction prédéfinie Fnpred, écrire l'instruction help Fnpred dans la feuille de calcul est très utile.
4. Pour se renseigner sur un thème, par exemple l'intégration, nous pouvons de même avoir recours à l'instruction lookfor integration.
5. Lorsque Matlab exécute un programme, il affiche toutes les variables intermédiaires, ce qui peut prendre du temps ! Pour éviter cela, placer un point-virgule à la fin d'une ligne d'instruction permet de masquer toutes les variables intermédiaires qu'elle contient.

14.1.2. Commandes de base

1. **Le calcul matriciel.** Matlab utilise comme objet élémentaire les matrices.

   Ainsi, un nombre réel est considéré comme une matrice 1×1. De même, un vecteur est une matrice $n \times 1$ (ou $1 \times p$).

   Si $a = (a_{ij})$ est une matrice $n \times p$, alors a(i,j) désigne l'élément a_{ij}, a(i, :) désigne la i-ème ligne de la matrice et a(:,j) la j-ème colonne. Les opérations usuelles sur les matrices se font avec les opérateurs habituels $+$, $-$, $*$, $/$ (multiplication par l'inverse à droite où à gauche), lorsque cela a un sens.

Noter que si a est une matrice et λ est un scalaire, l'opération a + lambda a un sens et désigne la matrice $(a_{ij} + \lambda)$. De même pour a*lambda ou a/lambda.

Les valeurs des matrices sont saisies entre crochets, ligne par ligne ; les lignes sont séparées par des points-virgules.

Ainsi, écrire a=[1,2 ;3,4] crée la matrice

$$a = \begin{pmatrix} 1 & 2 \\ 3 & 4 \end{pmatrix}.$$

Pour définir une sous-matrice, nous utiliserons un double point : si a est la matrice $a = (1, 7, 3, 6, 5, 2, 4)$, alors b = a(3 :6) crée la matrice $b = (3, 6, 5, 2)$ (nous ne prenons que les éléments de la 3e à la 6e colonne).

Certains types de matrices sont prédéfinis : eyes(n) (matrice identité $n \times n$), ones(m,n) (matrice $m \times n$ dont tous les éléments sont des 1), zeros(m,n) (matrice nulle $m \times n$).

Pour déclarer à Matlab qu'une matrice A est de taille $m \times n$, nous pouvons par exemple écrire A=zeros(m,n) puis modifier les coefficients de la matrice dans la suite du programme. Réciproquement, la fonction length() renvoie le nombre d'éléments d'un vecteur et la fonction size() la taille d'une matrice.

2. **Fonctions statistiques.** L'instruction rand(m,n)(resp. randn(m,n)) simule une matrice $m \times n$ dont les éléments sont des réalisations de variables indépendantes, uniformes sur $[0, 1]$ (resp. gaussiennes centrées réduites).

   La fonction cumsum() calcule la somme cumulée des éléments d'un vecteur.

   Voir aussi mean() pour le moyenne arithmétique d'un vecteur ligne.

3. **Boucles, incrémentation.** La syntaxe pour une boucle de $i = 1$ à n est la suivante : for i=1 :n, instruction,. . . , instruction, end.

   La commande z=(a :pas :b) crée le vecteur z dont les éléments sont les $a + i\,\mathrm{pas}$, $0 \leqslant i \leqslant [(b - a)/\mathrm{pas}]$.

4. **Graphisme.** Si X et Y sont deux vecteurs, plot(X,Y,'y') reliera par un trait de couleur jaune (y=yellow) les points $(X(i), Y(i))$.

   Le vecteur X est souvent de la forme z=(a :pas :b).

   Il peut être plus approprié d'utiliser l'instruction linspace(a,b,n), qui crée un vecteur de taille n constitué de points régulièrement espacés entre a et b.

   Voir aussi line, qui permet de tracer une ligne (utile pour le représentation de niveaux fixes pour des simulations). Il est conseillé d'utiliser l'instruction help line pour connaître la syntaxe, qui n'est pas forcément naturelle.

   Si nous souhaitons représenter plusieurs graphes sur une même figure, la fonction hold nous sera utile car, par défaut, Matlab crée une nouvelle figure pour chaque graphe.

   Lorsque nous écrivons une fonction produisant une figure, il est prudent de placer au début du programme l'instruction clf qui réinitialisera l'écran graphique.

Pour insérer du texte en mode graphique, utiliser title, xlabel ou ylabel (consulter help pour connaître leurs usages).

5. **Saisie de variables.** L'instruction x=input('question') entraîne l'affichage de 'question' sur la feuille de calcul lors de l'exécution du programme. La réponse entrée par l'utilisateur sera alors enregistrée comme valeur de x.

6. **Fonctions numériques.** L'usage des fonctions est standard, ainsi que le syntaxe. Voir par exemple sqrt(), log10(), abs(). La fonction « partie entière » s'écrit floor().

14.2 SIMULATION D'UN MOUVEMENT BROWNIEN

14.2.1. Construction de Lévy du mouvement brownien réel

Nous introduisons d'abord les ensembles d'indices suivants :

$$\forall n \in \mathbb{N}, \quad I_n = \{(k,n), \quad k \leqslant 2^n \text{ et } k \text{ impair}\}; \; I = \cup_{n \geqslant 0} I_n.$$

Nous définissons alors la famille $(f_{k,n})_{(k,n)\in I}$ d'applications de $[0,1]$ dans $[0,1]$, dites fonctions « tentes » de Schauder, par : $f_{1,0}$ est l'application identité et, pour tout $(k,n) \in I \setminus \{(1,0)\}$, $f_{k,n}$ est l'application affine par morceaux définie conformément à la figure 14.1

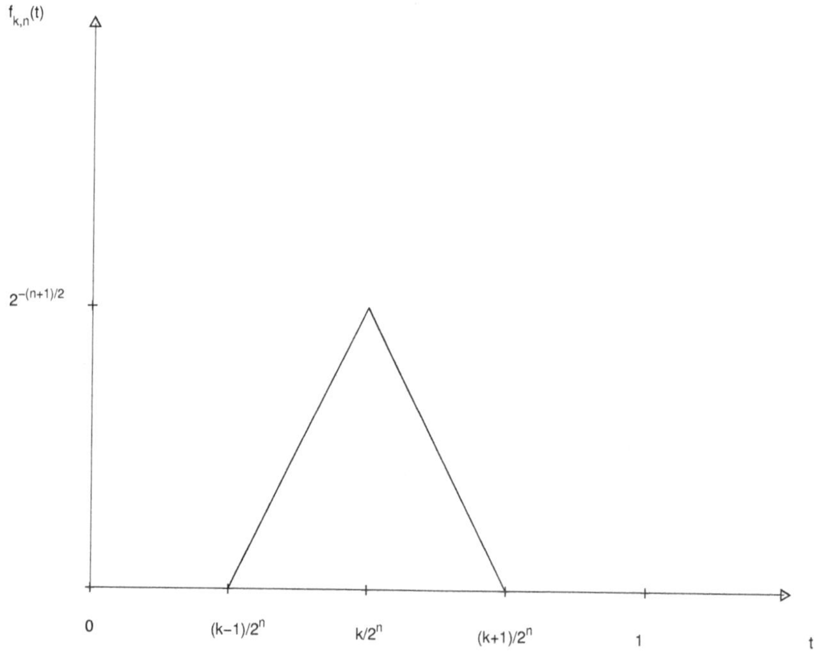

Figure 14.1 Fonction « tente » de Schauder.

Nous considérons alors un espace de probabilité $(\Omega, \mathcal{A}, P)$ suffisamment riche pour que l'on puisse définir une famille dénombrable $(\xi_{k,n})_{(k,n)\in I}$ de variables aléatoires indépendantes identiquement distribuées de loi commune $\mathcal{N}(0,1)$ sur cet espace. Nous posons alors :

$$\forall n \in \mathbb{N}, \forall \omega \in \Omega, \forall t \in [0,1], B_t^{(n)}(\omega) = \sum_{m=0}^{n} \sum_{(k,m)\in I_m} f_{k,m}(t)\, \xi_{k,m}.$$

Nous remarquons maintenant qu'à t fixé, la deuxième sommation (qui porte en fait sur l'indice k) met en jeu au plus un terme non nul ; en effet, les fonctions « tentes » concernées ne se « recouvrent » pas.

Le théorème suivant nous donne une construction explicite du mouvement brownien, ce qui est intéressant à la fois théoriquement (cela prouve son existence !) et pratiquement (nous allons en tirer une méthode de simulation).

Théorème 14.1. *$P(d\omega)$-presque sûrement, la suite d'applications $\left(B^{(n)}(\omega)\right)_{n\in\mathbb{N}}$ converge uniformément sur l'intervalle $[0,1]$ vers une application $B(\omega)$; le processus $B = \lim_n B^{(n)}$ est un mouvement brownien sur $[0,1]$.*

Un instant de réflexion montre que la suite $\left(B^{(n)}(\omega)\right)_{n\in\mathbb{N}}$ a la propriété suivante :
Pour tous $n \in \mathbb{N}^*$ et $0 \leqslant k \leqslant 2^n$,

$$B^{(n)}_{\frac{k}{2^n}} = \begin{cases} B^{(n-1)}_{\frac{k}{2^n}} & \text{si } k \text{ est pair} \\ \frac{1}{2}\left(B^{(n-1)}_{\frac{k-1}{2^n}} + B^{(n-1)}_{\frac{k+1}{2^n}}\right) + 2^{-\frac{n+1}{2}}\, \xi_{k,n} & \text{si } k \text{ est impair} \end{cases} \qquad (14.2.1)$$

C'est à partir de ce constat que nous allons construire l'algorithme nous permettant de simuler le processus $\left(B_t^{(n)}, 0 \leqslant t \leqslant 1\right)$.

Pour n « suffisamment grand », nous considérerons alors le résultat obtenu comme une simulation d'un mouvement brownien sur l'intervalle $[0,1]$.

Exercice 14.2.2. Algorithme correspondant

Nous voulons créer une fonction brownien(N) qui nous donne une simulation du processus $B^{(N)}$ défini dans le paragraphe précédent. Plus précisément, il s'agit d'écrire un algorithme nous donnant comme résultat une simulation du vecteur aléatoire $\left(B^{(N)}(\frac{k}{2^N}), 0 \leqslant k \leqslant 2^N\right)$, dont la connaissance est équivalente à celle du processus affine par morceaux $B^{(N)}$.

Nous suggérons au lecteur de commencer en simulant le vecteur suivant :

$$\left(B^{(0)}(0), B^{(0)}(1)\right) = (0, \xi_{1,0})$$

puis d'itérer les étapes ci-dessous pour n variant de 1 à N :

1. Garder en mémoire la simulation de $\left(B^{(n-1)}(\frac{k}{2^{n-1}}), 0 \leqslant k \leqslant 2^{n-1}\right)$ réalisée à l'étape précédente.

2. Simuler le vecteur $\left(\xi_{k,n}, 0 \leqslant k \leqslant 2^n, k \text{ impair}\right)$.
3. Créer un nouveau vecteur de taille $2^n + 1$, par exemple en l'initialisant à la valeur vecteur nul.
4. Modifier ce vecteur en utilisant (14.2.1) pour obtenir une simulation de $\left(B^{(n)}(\frac{k}{2^n}), 0 \leqslant k \leqslant 2^n\right)$.

Corrigé

Une écriture possible du programme est la suivante :

```
function y=brownien(N)
B=[0,randn] ;
for n=1 :N
Bmemo=B ;
p=2∧n ;
xi=randn(1,p/2) ;
B=zeros(1,1+p) ;
kpair=(0 :2 :p) ;
kimpair=(1 :2 :p-1) ;
B(1+kpair)=Bmemo ; % décalage de 1 car le premier élément de B correspond à k = 0
accr=2∧(-(n+1)/2)*xi ;
B(1+kimpair)=(Bmemo(1 :p/2)+Bmemo(2 :p/2+1))/2+accr ;
end
y=B ;
```

Le résultat se réduisant à la donnée d'un vecteur, ce n'est pas très parlant ! Néanmoins, il va maintenant être très facile d'écrire un nouveau programme appelant la fonction que nous venons de créer et donnant pour résultat la représentation graphique correspondante : c'est l'objet du paragraphe suivant.
L'intérêt d'avoir ainsi défini cette fonction brownien est que nous pourrons l'utiliser dans des programmes ultérieurs où nous ne souhaiterons pas tracer une figure immédiatement.

Exercice 14.2.3. Représentation graphique

1. Écrire la fonction graphbrownien(N) donnant la représentation graphique annoncée dans le paragraphe précédent.

Corrigé

Un programme possible est le suivant :

```
function graphbrownien(N)
clf
X=linspace(0,1,2∧N+1) ;
Y=brownien(N)
plot(X,Y,'r')
```

2. Écrire un programme permettant de visualiser les représentations graphiques successives correspondant aux processus $B^{(n)}$ pour n variant de 1 à N.

Corrigé

Un programme possible est le suivant :

```
function y=schauder(N)
clf
B=[0,randn] ;
for n=1 : N
Bmemo=B ; p=2∧n ; xi=randn(1,p/2) ;
B=zeros(1,1+p) ;
kpair=(0 :2 :p) ;
kimpair=(1 :2 :p-1) ;
B(1+kpair)=Bmemo ;
accr=2∧(-(n+1)/2)*xi ;
B(1+kimpair)=(Bmemo(1 :p/2)+Bmemo(2 :p/2+1))/2+accr ;
plot(linspace(0,1,2∧n+1),B,'r')
pause(1)
end
```

> ***Remarque.*** Pour $N = 15$, nous constatons alors visuellement une « stabilisation » des dernières figures obtenues. Nous considérerons donc que la figure obtenue par l'instruction graphbrownien(15) nous donne une idée assez juste de la courbe brownienne réelle sur l'intervalle $[0, 1]$.

Exercice 14.2.4. Mouvement brownien multidimensionnel

En utilisant la fonction brownien(N) définie précédemment, simuler un mouvement brownien plan puis un mouvement brownien en dimension 3.

Expliquer théoriquement pourquoi les résultats obtenus sont comparables.

Corrigé

Si nous exécutons plusieurs fois de suite la fonction brownien(N), nous obtenons des simulations de mouvements browniens indépendants. En effet, les appels successifs au générateur aléatoire de Matlab au travers de l'instruction randn, qui fait partie du programme définissant brownien(N), produisent des résultats qui sont censés être des réalisations de variables aléatoires toutes indépendantes.

Il suffit donc pour produire une simulation d'un mouvement brownien plan de faire appel deux fois à l'instruction brownien(N), comme dans le programme suivant :

```
function graphbrownien2(N)
clf
X=brownien(N) ;
Y=brownien(N) ;
plot(X,Y,'r')
```

La simulation d'un mouvement brownien de dimension 3 est très similaire, sauf que nous utilisons l'instruction plot3 pour obtenir une représentation graphique dans l'espace :

```
function graphbrownien3(N)
clf
X=brownien(N);
Y=brownien(N);
Z=brownien(N);
plot3(X,Y,Z,'r')
```

Si nous exécutons graphbrownien2(15) et graphbrownien3(15) par exemple, nous constatons que l'allure des résultats obtenus est très comparable. Nous allons maintenant expliquer pourquoi ce constat est conforme à nos connaissances théoriques.

L'instruction plot3 produit une figure en perspective, qui n'est autre qu'une projection sur un plan vectoriel de $\mathbb{R}^2$. Or nous avons montré dans l'exercice 9.3.2. que le mouvement brownien (en dimension 3 par exemple) est invariant par isométrie.

À l'aide d'une isométrie judicieusement choisie, nous pouvons donc nous ramener au cas où nous projetons un mouvement brownien tridimensionnel $B = (B^1, B^2, B^3)$ sur le plan xOy ; le résultat obtenu est évidemment le mouvement brownien plan (B^1, B^2).

Remarque. Il serait erroné d'en déduire que le mouvement brownien a le même comportement en dimension 2 ou 3 : ce n'est qu'une illusion due à notre représentation en perspective ! En effet, nous avons démontré dans l'exercice 13.2.3. que le mouvement brownien plan est récurrent alors qu'un mouvement brownien en dimension $d \geqslant 3$ est transitoire.

Ainsi, en dimension 2, le mouvement brownien visite n'importe quel voisinage du plan en un temps presque sûrement fini. Autrement dit, la trajectoire brownienne est dense dans le plan avec probabilité 1.

En revanche, en dimension 3, la trajectoire brownienne est loin de visiter tous les voisinages de l'espace puisque la propriété suivante est vraie presque sûrement :

$$\lim_{t \to +\infty} |B_t| = +\infty$$

À ce propos, le lecteur pourra se référer à **[15]** pages 158 à 163.

14.3 FONCTION DE RÉPARTITION DU MAXIMUM D'UN PONT BROWNIEN

Il s'agit d'illustrer numériquement le résultat obtenu dans l'exercice 9.5.6. Commençons par introduire quelques résultats théoriques sur lesquels nous allons nous appuyer.

14.3.1. Fonction de répartition empirique

Sur un espace de probabilité $(\Omega, \mathcal{A}, P)$, nous considérons une suite de variables aléatoires réelles $(X_i)_{i \in \mathbb{N}^*}$ indépendantes identiquement distribuées de loi commune μ. Pour tout $n \in \mathbb{N}^*$ et tout $\omega \in \Omega$, nous définissons l'application

$F_n(\omega) : \mathbb{R} \to [0,1]$ comme suit :

$$\forall t \in \mathbb{R}, \quad F_n(\omega)(t) = \frac{1}{n}\sum_{i=1}^{n} \mathbf{1}_{\{X_i(\omega) \leqslant t\}}$$

Nous dirons que F_n est la fonction de répartition empirique associée au n-échantillon $(X_1, \cdots, X_n)$.

L'instruction Matlab permettant de tracer le graphe d'une telle fonction est cdfplot.

Une simple application de la loi forte des grands nombres montre que, pour tout $t \in \mathbb{R}$ fixé, la convergence suivante a lieu :

$$F_n(t) \xrightarrow{\text{p.s.}} P(X_1 \leqslant t) = F(t),$$

où F désigne donc la fonction de répartition de la loi μ commune aux $(X_i)_{i \in \mathbb{N}^*}$.

En fait, cette convergence a même lieu uniformément en t :

Théorème 14.2. ***(Glivenko-Cantelli)***

$$P(d\omega)\text{-presque sûrement,} \quad \sup_{t \in \mathbb{R}} |F_n(\omega)(t) - F(t)| \longrightarrow 0$$

Si la loi μ est inconnue, nous pourrons donc utiliser ce résultat pour obtenir une approximation de la fonction de répartition à partir de la fonction de répartition empirique correspondant à un échantillon « suffisamment grand » de cette loi.

Pour préciser cette dernière expression, il est important de savoir à quelle vitesse la convergence a lieu dans le théorème de Glivenko-Cantelli. Dans le cas où la loi μ est diffuse, c'est-à-dire sans masse ponctuelle, le théorème suivant nous dit que cette vitesse est de l'ordre de $\sqrt{n}$.

Théorème 14.3. ***(Kolmogorov-Smirnov)*** *Si la loi μ est diffuse, alors pour tout $t > 0$, la convergence suivante a lieu lorsque n tend vers l'infini :*

$$P\left(\sqrt{n}\sup_{t \in \mathbb{R}} |F_n(\omega)(t) - F(t)| \leqslant u\right) \to K(u),$$

où K, fonction de répartition d'une certaine loi, admet le développement suivant :

$$\forall u > 0\,, \quad K(u) = 1 + 2\sum_{k=1}^{+\infty}(-1)^k \exp(-2k^2u^2)$$

En d'autre termes, nous avons la convergence en loi de la suite de variables aléatoires :

$$(\sqrt{n}\sup_{t \in \mathbb{R}} |F_n(\omega)(t) - F(t)|)_{n \in \mathbb{N}^*}$$

vers une certaine loi non dégénérée de fonction de répartition K.

Exercice 14.3.2. Comparaison entre fonction de répartition empirique et fonction de répartition théorique

Il s'agit d'obtenir une représentation graphique permettant la comparaison annoncée dans le titre en suivant les étapes que voici :

1. Définir les fonctions pont(N) et graphpont(N) qui correspondent aux fonctions brownien(N) et graphbrownien(N) des paragraphes 14.2.2 et 14.2.3 lorsque nous remplaçons le mouvement brownien B par le pont brownien Z associé, dont nous rappelons la définition :

$$\forall t \in [0,1], \quad Z_t = B_t - tB_1$$

Ici encore, nous considérerons que pour $N = 15$, la figure obtenue en exécutant l'instruction graphpont nous donne une représentation assez satisfaisante d'une trajectoire de pont brownien.

2. Nous posons $U = \max_{t\in[0,1]} Z_t$ et appelons μ la loi de cette variable aléatoire. En utilisant la fonction pont(N), simuler un échantillon de taille m de la loi μ.

3. Représenter sur un même graphique la fonction de répartition empirique correspondant à l'échantillon de la question précédente ainsi que la fonction de répartition théorique de la loi μ, qui a été déterminée dans l'exercice 9.5.6. :

$$\forall a \in \mathbb{R}_+, \quad F(a) = 1 - \exp(-2a^2)$$

Corrigé

1. La fonction brownien(N) nous donnant une simulation du vecteur suivant :

$$\Big(B^{(N)}(\frac{k}{2^N}),\, 0 \leqslant k \leqslant 2^N\Big),$$

il suffit de la modifier un peu pour obtenir la simulation correspondante du vecteur

$$\Big(B^{(N)}(\frac{k}{2^N}) - \frac{k}{2^N}\, B^{(N)}(1)\,,\, 0 \leqslant k \leqslant 2^N\Big)$$

Voici donc un programme possible :

```
function y=pont(N)
B=brownien(N);
P=B-B(2∧N+1)*(0 :2∧(-N) :1);
y=P;
```

Nous obtenons alors une représentation graphique par le programme suivant :

```
function graphpont(N)
clf
X=linspace(0,1,2∧N+1);
Y=pont(N);
plot(X,Y,'r')
```

2. En utilisant la fonction pont(N), nous pouvons simuler la variable aléatoire :

$$U^N = \max_{0 \leqslant k \leqslant 2^N} \Big(B^{(N)}(\frac{k}{2^N}) - \frac{k}{2^N} B^{(N)}(1) \Big)$$

Nous considérerons que pour $N = 15$, nous obtenons ainsi une approximation satisfaisante du maximum d'un pont brownien.

La fonction suivante va nous donner une simulation d'un m-échantillon constitué de telles variables aléatoires :

```
function y=maxpont(m,N)
for i=1 :m
y(i)=max(pont(N)) ;
end
```

3. Pour $a = 1,85$, nous obtenons $F(a) \sim 0,9989$ donc nous choisissons de faire une représentation graphique sur l'intervalle $[0; 1,85]$.

Nous pouvons par exemple utiliser le programme suivant :

```
function frmaxpont(m,N)
clf
X=(0 :0.01 :1.85) ;
Y=1-exp(-2*X.^2) ;
hold on
plot(X,Y,'r')
cdfplot(maxpont(m,N))
hold off
```

14.4 SIMULATION D'UNE DIFFUSION

14.4.1. Le schéma d'Euler

Nous souhaitons simuler un processus réel X qui est solution de l'équation différentielle stochastique suivante :

$$\forall t \in [0,T], \quad X_t = X_0 + \int_0^t \sigma(X_s)\, dB_s + \int_0^t b(X_s)\, ds \tag{14.4.2}$$

où B est un mouvement brownien réel indépendant de X_0.

Une idée fondamentale en simulation est de « discrétiser le temps » en considérant, pour $n \in \mathbb{N}^*$, une famille d'instants $(t_i)_{1\leqslant i\leqslant n}$ avec $t_i = i\frac{T}{n}$ et en définissant un processus discret $(X^n_{t_i})_{1\leqslant i\leqslant n}$, qui est en fait une chaîne de Markov, par la récurrence :

$$\begin{cases} X^n_0 = X_0, \\ X^n_{t_i} = X^n_{t_{i-1}} + \sigma(X^n_{t_{i-1}})\,(B_{t_i} - B_{t_{i-1}}) + b(X^n_{t_{i-1}})\,\frac{T}{n}, \quad 1 \leqslant i \leqslant n. \end{cases} \tag{14.4.3}$$

Le système (14.4.3) constitue le *schéma d'Euler* associé à l'équation différentielle stochastique (14.4.2).

Supposons que nous sommes capables de simuler la variable aléatoire X_0.

La fonction brownien(N) nous donnant une simulation de $(B_{t_i})_{1\leqslant i\leqslant n}$ dans le cas $n = 2^N$, il sera alors facile d'en déduire une simulation du processus X^n en suivant la formule (14.4.3).

Il est bien sûr très important de savoir estimer avec quelle précision nous pouvons approcher le vecteur aléatoire $(X_{t_i})_{1\leqslant i\leqslant n}$ par le vecteur $(X^n_{t_i})_{1\leqslant i\leqslant n}$ obtenu par le schéma d'Euler correspondant. Le théorème suivant nous donne une réponse au sens de la convergence presque sûre :

Théorème 14.4. *Pour tout* $0 < \alpha < \frac{1}{2}$, *la convergence suivante a lieu :*

$$n^\alpha \sup_{1\leqslant i\leqslant n} |X_{t_i} - X^n_{t_i}| \xrightarrow{\text{p.s.}} 0$$

Le lecteur intéressé peut se référer à [**1**] page 56.

Exercice 14.4.2. Mouvement brownien géométrique

Nous avons vu dans l'exercice 12.5.1. que, pour tout $\nu \in \mathbb{R}$, le mouvement brownien géométrique X défini par :

$$\forall t \in \mathbb{R}_+, \quad X_t = \exp(\nu B_t) \tag{14.4.4}$$

est l'unique solution forte de l'EDS :

$$dX_t = \frac{\nu^2}{2} X_t\, dt + \nu\, X_t\, dB_t \quad ; \quad X_0 = 1$$

Nous nous proposons de simuler un tel processus sur l'intervalle $[0, 1]$ de deux façons différentes et de comparer les résultats obtenus :

1. Écrire le schéma d'Euler correspondant à l'EDS précédente dans le cas $\nu = 1$.

   Pour tout $1 \leqslant k \leqslant n$, en déduire une formule explicite pour $X^n_{t_k}$ en fonction des accroissements du mouvement brownien $(B_{t_i} - B_{t_{i-1}})_{1\leqslant i\leqslant k}$.

2. À partir d'une *même* simulation de $(B_{t_i})_{1\leqslant i\leqslant n}$, avec $n = 2^N$, construire le processus $(X_{t_i})_{1\leqslant i\leqslant n}$ donné par l'égalité (14.4.4) et le processus $(X^n_{t_i})_{1\leqslant i\leqslant n}$ obtenu en suivant le schéma d'Euler.

   Comparer ces deux processus en les représentant sur un même graphe.

   Indication : Vous pourrez introduire le vecteur suivant :

$$V = \left(1 + \frac{1}{2n} + B_{t_i} - B_{t_{i-1}}\right)_{1\leqslant i\leqslant n}$$

Corrigé

1. Le système (14.4.3) s'écrit dans notre cas :

$$\begin{cases} X^n_0 = 1, \\ X^n_{t_i} = X^n_{t_{i-1}} + X^n_{t_{i-1}}(B_{t_i} - B_{t_{i-1}}) + \frac{1}{2n} X^n_{t_{i-1}}, \quad 1 \leqslant i \leqslant n. \end{cases}$$

Nous en déduisons immédiatement que pour tout $1 \leqslant k \leqslant n$,

$$X^n_{t_k} = \prod_{i=1}^{k}(1 + \frac{1}{2n} + B_{t_i} - B_{t_{i-1}})$$

2. Un programme possible est le suivant :

```
function mbg(N)
B=brownien(N) ;
X=linspace(0,1,2∧N+1) ;
Y=exp(B) ;
V=1+2∧(-N-1)+B(2 :2∧N+1)-B(1 :2∧N) ;
Z=[1,cumprod(V)] ;
plot(X,Y,'r',X,Z,'b')
```

Nous constatons que pour $N \geqslant 13$, les deux courbes obtenues coïncident presque parfaitement.

Exercice 14.4.3. Processus d'Ornstein-Uhlenbeck

Nous rappelons que le processus d'Ornstein-Uhlenbeck est solution de l'équation différentielle stochastique suivante :

$$dV_t = -bV_t\,dt + \sigma\,dB_t\,,$$

où b et σ sont 2 paramètres strictement positifs.

Si la condition initiale V_0 est indépendante du mouvement brownien B et suit la loi $\mathcal{N}(0, \frac{\sigma^2}{2b})$, alors le processus V est stationnaire.

Écrire le schéma d'Euler pour un processus d'Ornstein-Uhlenbeck stationnaire de paramètres $\sigma = b = 1$ sur l'intervalle de temps $[0, 10]$.

Effectuer la simulation correspondante à partir d'une simulation de $(B_{t_i})_{1 \leqslant i \leqslant n}$, avec $n = 2^N$.

Corrigé

Le système (14.4.3) s'écrit ici :

$$\begin{cases} V^n_0 = V_0, \\ V^n_{t_i} = (1 - \frac{bT}{n})\,V^n_{t_{i-1}} + \sigma\,(B_{t_i} - B_{t_{i-1}})\,, \quad 1 \leqslant i \leqslant n. \end{cases}$$

Avec les valeurs $\sigma = b = 1, T = 10, n = 2^N$, cela se traduit par le programme suivant :

```
    function ou(N)
B=sqrt(10)*brownien(N) ;% propriété de changement d'échelle du mouvement brownien
X=linspace(0,10,2∧N+1) ;
V(1)=randn/sqrt(2) ;
for i=1 :2∧N
V(i+1)=(1-10*2∧(-N))*V(i)+B(i+1)-B(i) ;
```

```
end
plot(X,V,'r')
```

Remarque. En particulier, nous pouvons noter la façon dont la propriété de stationnarité se traduit sur une telle simulation en la comparant par exemple avec celle d'un mouvement brownien sur le même intervalle de temps $[0, 10]$.
Nous pouvons également observer ce qui se passe lorsque nous changeons la loi de la condition initiale, par exemple en choisissant V_0 constante presque sûrement, ce qui fait perdre le caractère stationnaire du processus.

Exercice 14.4.4. Mouvement brownien sur le cercle unité

Nous avons vu dans l'exercice 12.1 que le mouvement brownien sur le cercle unité est l'unique solution forte de l'équation différentielle stochastique suivante :

$$dY_t = -\frac{1}{2}Y_t\,dt + RY_t\,dB_t \quad ; \quad Y_0 = (1,0)$$

où la matrice R est définie comme suit :

$$R = \begin{bmatrix} 0 & -1 \\ 1 & 0 \end{bmatrix}$$

En généralisant la formule (14.4.3) au cas d'une diffusion en dimension 2, écrire le schéma d'Euler correspondant à cette équation différentielle stochastique.

En prenant $n = 2^N$ construire à partir d'une *même* simulation de $(B_{t_i})_{1\leqslant i\leqslant n}$:

- le vecteur $(Y^n_{t_i})_{1\leqslant i\leqslant n}$ obtenu en suivant le schéma d'Euler ;
- le vecteur $(\cos(B_{t_i}), \sin(B_{t_i}))_{1\leqslant i\leqslant n}$

Comparer les deux résultats obtenus en représentant les trajectoires associées sur un même graphe.

Corrigé

Les coefficients de diffusion et de dérive sont ici des applications de $\mathbb{R}^2$ dans $\mathbb{R}^2$ données par les égalités :

$$\forall y \in \mathbb{R}^2, \quad \sigma(y) = Ry \quad , \quad b(y) = -\frac{1}{2}y$$

Le schéma d'Euler correspondant est donc :

$$\begin{cases} Y^n_0 = (1,0), \\ Y^n_{t_i} = (1 - \frac{T}{2n})\,Y^n_{t_{i-1}} + R\,Y^n_{t_{i-1}}\,(B_{t_i} - B_{t_{i-1}}), \; 1 \leqslant i \leqslant n. \end{cases} \tag{14.4.5}$$

En prenant $T = 1$, nous pouvons donc écrire le programme suivant :

```
function mbc(N)
clf
B=brownien(N) ;
R=[0,-1 ;1,0] ;
Y=zeros(2,2∧N+1) ; % c'est une façon de déclarer la taille de Y
Y( :,1)=[1 ;0] ;
for i=1 :2∧N
```

```
Y( :,i+1)=(1-2∧(-N-1))*Y( :,i)+(B(i+1)-B(i))*R*Y( :,i) ;
end
hold on
axis([-1 1 -1 1]) % permet de travailler dans un repère orthonormé
plot(Y(1, :),Y(2, :),'r')
plot(cos(B),sin(B),'b')
hold off
```

Pour $N = 15$, nous observons une bonne coïncidence des trajectoires, qui forment un arc du cercle unité.

Chapitre 15

Problèmes corrigés

15.1 ÉQUATION DE SMOLUCHOWSKI

Soient $b : \mathbb{R} \to \mathbb{R}$ une fonction lipschitzienne, $|b(x) - b(y)| \leqslant k|x - y|$, et $\beta > 0$. Soit B un mouvement brownien réel.

On considère l'équation différentielle stochastique (de Smoluchowski)

$$dY_t = b(Y_t)dt + dB_t \ , \quad Y_0 = 0 \tag{15.1.1}$$

ainsi que le système différentiel stochastique

$$\begin{aligned} dX_t &= V_t dt \quad ; \quad X_0 = 0 \ , \\ dV_t &= -\beta V_t dt + \beta b(X_t)dt + \beta dB_t \quad ; \quad V_0 = 0 \end{aligned} \tag{15.1.2}$$

Remarque. Les quatre parties de ce problème sont indépendantes.

Partie I

1. Montrer qu'il existe une unique solution forte à l'équation (15.1.1), définie en tout temps, sans chercher à la calculer.
2. Même question pour le système (15.1.2).

Partie II

On définit les fonctions $U, F : \mathbb{R} \to \mathbb{R}$,

$$U(y) = \int_0^y b(z)dz \ , \quad F(y) = \int_0^y e^{-2U(z)}dz \ .$$

1. Montrer que $M_t = F(Y_t)$ est une martingale locale.

Calculer sa variation quadratique $<M>_t$.

2. Pour $a, b > 0$ on définit :

$$\tau = \inf\{t \geqslant 0 : Y_t \notin]-a, b[\,\}$$

Montrer que $(M_{t\wedge\tau})_{t\geqslant 0}$ est une martingale, de même que $(M^2_{t\wedge\tau} - <M>_{t\wedge\tau})_{t\geqslant 0}$.

3. En déduire que $\mathbb{E}\tau < \infty$.

En notant que $F(-a) < 0$, prouver les égalités :

$$\mathbb{P}(Y_\tau = b) = 1 - \mathbb{P}(Y_\tau = -a) = \frac{-F(-a)}{-F(-a) + F(b)}$$

Partie III

Dans cette partie, on suppose b de classe $\mathcal{C}^1$, bornée, et que :

$$C := \int_{\mathbb{R}} \exp\{2U(y)\}dy < +\infty$$

On considère alors la probabilité μ sur $\mathbb{R}$ donnée par

$$\mu(dy) = C^{-1}\exp(2U)dy$$

Pour tout $y \in \mathbb{R}$, on note Y^y la solution de (15.1.1) partant de $Y_0 = y$, i.e.

$$\forall t \in \mathbb{R}_+, \quad Y_t^y = y + \int_0^t b(Y_s^y)ds + B_t$$

1. Montrer que pour $t > 0$ fixé, la formule $W_s = B_{t-s} - B_t$ définit un mouvement brownien W sur $[0, t]$.

2. Trouver une probabilité Q sur la tribu $\sigma(B_s, s \geqslant 0)$ telle que, sous Q, le processus $(Y_t^y ; t \geqslant 0)$ soit un mouvement brownien partant de y.

3. En déduire que pour toute $f : \mathbb{R} \to \mathbb{R}$ borélienne positive ,

$$\mathbb{E}f(Y_t^y) = \mathbb{E}\left[f(y+B_t)\exp\{U(y+B_t) - U(y) - \frac{1}{2}\int_0^t (b' + b^2)(y+B_s)ds\}\right]$$

4. Soit S une variable aléatoire de loi μ, indépendante de B.

Soit $Y^* = (Y_t^*)_{t\geqslant 0}$ la solution de (15.1.1) partant de $Y_0 = S$, i.e.

$$\forall t \in \mathbb{R}_+, \quad Y_t^* = S + \int_0^t b(Y_s^*)ds + B_t$$

Déduire de ce qui précède que, pour $f, g : \mathbb{R} \to \mathbb{R}$ boréliennes positives :

$$\mathbb{E}f(Y_0^*)g(Y_t^*) = \mathbb{E}f(Y_t^*)g(Y_0^*)$$

En déduire que Y_0^* a même loi que Y_t^*, et donc que μ est probabilité invariante pour la diffusion Y.

En déduire enfin que le couple (Y_0^*, Y_t^*) a même loi que (Y_t^*, Y_0^*) : la diffusion Y^* est dite *réversible*.

Partie IV

Dans cette partie, on suppose, pour simplifier, que $b(0) = 0$.
Le but est de montrer que pour tout $T > 0$ fixé,

$$\lim_{\beta\to\infty} X_t = Y_t \text{ uniformément sur } [0, T] \tag{15.1.3}$$

avec probabilité un.

Remarque. C'est ce qu'on obtiendrait formellement en divisant par β la deuxième ligne de (15.1.2), puis en faisant $\beta = \infty$.

1. Montrer que

$$X_t = -\beta^{-1}V_t + \int_0^t b(X_s)ds + B_t\,, \tag{15.1.4}$$

et en déduire la majoration suivante :

$$|X_t - Y_t| \leqslant \beta^{-1}|V_t| + k\int_0^t |X_s - Y_s|ds$$

2. Montrer que

$$V_t = \beta\int_0^t e^{-\beta(t-s)}b(X_s)ds + \beta\int_0^t e^{-\beta(t-s)}dB_s \tag{15.1.5}$$

3. En intégrant par parties, montrer que presque sûrement, quand $\beta \to \infty$:

$$\sup_{t\leqslant T}\left|\int_0^t e^{-\beta(t-s)}dB_s\right| \to 0$$

4. En utilisant (15.1.5), (15.1.4) et en remarquant que $|b(z)| \leqslant k|z|$, montrer que presque sûrement, quand $\beta \to \infty$:

$$\sup_{t\leqslant T}\beta^{-1}|V_t| \to 0$$

Conclure.

Corrigé

Partie I

1. Pour l'équation (15.1.1), qui est homogène (ou *autonome*), il suffit de constater que b est k-lipschitzienne et $\sigma \equiv 1$ pour conclure par le critère du cours.

2. Le système (15.1.2) est aussi homogène et se réécrit :

$$d\begin{bmatrix} X_t \\ V_t \end{bmatrix} = \begin{bmatrix} V_t \\ -\beta V_t + \beta b(X_t) \end{bmatrix} dt + \begin{bmatrix} 0 \\ \beta \end{bmatrix} dB_t.$$

Si nous posons donc :

$$b(x,v) = \begin{bmatrix} v \\ -\beta v + \beta b(x) \end{bmatrix} \text{ et } \sigma(x,v) = \begin{bmatrix} 0 \\ \beta \end{bmatrix},$$

nous observons que le critère du cours est également satisfait puisque :

$$\begin{aligned}\|b(x_1,v_1)-b(x_2,v_2)\|_\infty &= \max(|v_1-v_2|,\beta|b(x_1)-b(x_2)-(v_1-v_2)|)\\ &\leqslant (1+k\beta)\|(x_1,v_1)-(x_2,v_2)\|_\infty.\end{aligned}$$

Partie II

1. La formule d'Itô nous donne :

$$\begin{aligned}dM_t &= F'(Y_t)\,dY_t+\frac{1}{2}F''(Y_t)\,d\langle Y\rangle_t\\ &= e^{-2U(Y_t)}[b(Y_t)dt+dB_t]-b(Y_t)e^{-2U(Y_t)}\,dt\\ &= e^{-2U(Y_t)}\,dB_t,\end{aligned}$$

donc (M_t) est une martingale locale et sa variation quadratique vaut :

$$\langle M\rangle_t=\int_0^t e^{-4U(Y_s)}ds.$$

2. Le processus $(M_{t\wedge\tau})_{t\geqslant 0}$ est une martingale locale arrêtée, donc une martingale locale. De plus, on a :

$$M_{t\wedge\tau}=\int_0^t \mathbf{1}_{[0,\tau]}(s)e^{-2U(Y_s)}dB_s \text{ et}$$

$$E\Big[\int_0^t \mathbf{1}_{[0,\tau]}(s)e^{-4U(Y_s)}ds\Big]\leqslant t\times\exp\big(-4\min_{y\in[-a,b]}U(y)\big)<+\infty,$$

donc $(M_{t\wedge\tau})_{t\geqslant 0}$ est une martingale.

La condition suivante vient d'être vérifiée :

$$\mathbf{1}_{[0,\tau]}e^{-4U(Y_\cdot)}\in M^2$$

Nous en déduisons que le processus $(M^2_{t\wedge\tau}-\langle M\rangle_{t\wedge\tau})_{t\geqslant 0}$ est une martingale.

3. Par propriété de martingale, on a :

$$E\big[M^2_{t\wedge\tau}-\langle M\rangle_{t\wedge\tau}\big]=0,\ \text{ d'où :}$$

$$E\Big[\int_0^t \mathbf{1}_{[0,\tau]}(s)e^{-4U(Y_s)}ds\Big]=E\big[F^2(Y_{t\wedge\tau})\big].$$

On en déduit l'inégalité :

$$\exp\big(-4\max_{y\in[-a,b]}U(y)\big)\ E[t\wedge\tau]\leqslant\max_{y\in[-a,b]}F^2(y);$$

ainsi, il existe une constante $K>0$ telle que :

$$\forall t\in\mathbb{R}_+,\quad E[t\wedge\tau]\leqslant K$$

Grâce au théorème de convergence monotone, en faisant tendre t vers $+\infty$, on en déduit l'intégrabilité de τ.

De nouveau par propriété de martingale, on a :

$$E[F(Y_{t\wedge\tau})] = 0$$

Notons maintenant que le temps d'arrêt τ est fini presque sûrement (puisqu'il est intégrable) et que nous avons l'inégalité :

$$\forall t \in \mathbb{R}_+, \quad |F(Y_{t\wedge\tau})| \leqslant \max_{y\in[-a,b]} |F(y)|$$

Dans ces conditions, on peut appliquer le théorème de convergence dominée de Lebesgue et l'on obtient :

$$E[F(Y_\tau)] = 0$$

Remarquons maintenant que, le temps d'arrêt τ étant fini presque sûrement, la variable aléatoire réelle Y_τ ne peut prendre que deux valeurs : $-a$ et b.
Ainsi, si nous posons $p = P(Y_\tau = b)$, l'égalité précédente se réécrit :

$$F(-a)(1-p) + F(b)\,p = 0$$

Nous pouvons donc conclure :

$$p = \frac{-F(-a)}{F(b) - F(-a)}$$

Partie III

1. Le processus W est gaussien centré et, si $0 \leqslant u \leqslant v \leqslant t$, on a :

$$\begin{aligned} E[W_u W_v] &= E\left[(B_{t-u} - B_t)(B_{t-v} - B_t)\right] \\ &= (t-v) - (t-v) - (t-u) + t \\ &= u, \end{aligned}$$

ce qui suffit.

2. Pour tout $t \in \mathbb{R}_+$, nous définissons :

$$Z_t = \exp\Big\{-\int_0^t b(Y_s^y)dB_s - \frac{1}{2}\int_0^t b^2(Y_s^y)ds\Big\}$$

L'application b étant bornée, le critère de Novikov (cf. proposition 4.13) :

$$E\big[\exp(\frac{1}{2}\int_0^t b^2(Y_s^y)ds)\big] < +\infty$$

est évidemment satisfait.

Le théorème de Girsanov nous dit alors que la probabilité Q est définie de façon unique sur $\mathcal{F}_\infty$ (avec $\mathcal{F}_t = \sigma(B_s, s \leqslant t)$) par :

$$Q|_{\mathcal{F}_t} = Z_t P|_{\mathcal{F}_t}$$

3. Puisque Z_t est P-presque sûrement strictement positive, la définition précédente nous donne :

$$P|_{\mathcal{F}_t} = Z_t^{-1} Q|_{\mathcal{F}_t}$$

On en déduit :

$$\begin{aligned} E_P[f(Y_t^y)] &= E_Q[Z_t^{-1} f(Y_t^y)] \\ &= E_Q\left[\exp\left\{\int_0^t b(Y_s^y)dB_s + \frac{1}{2}\int_0^t b^2(Y_s^y)ds\right\} f(Y_t^y)\right] \end{aligned}$$

Or $dB_t = dY_t^y - b(Y_t^y)\,dt$, d'où :

$$E_P[f(Y_t^y)] = E_Q\left[\exp\left\{\int_0^t b(Y_s^y)dY_s^y - \frac{1}{2}\int_0^t b^2(Y_s^y)ds\right\} f(Y_t^y)\right]$$

Puisque, sous Q, le processus Y^y est un mouvement brownien partant de y, on en déduit :

$$E_P[f(Y_t^y)] = E_P\left[\exp\left\{\int_0^t b(y+B_s)dB_s - \frac{1}{2}\int_0^t b^2(y+B_s)ds\right\} f(y+B_t)\right]$$

Il nous reste à remarquer que, d'après la formule d'Itô, on a :

$$\begin{aligned} U(y+B_t) &= U(y) + \int_0^t U'(y+B_s)dB_s + \frac{1}{2}\int_0^t U''(y+B_s)ds \\ &= U(y) + \int_0^t b(y+B_s)dB_s + \frac{1}{2}\int_0^t b'(y+B_s)ds, \end{aligned}$$

d'où l'on déduit l'égalité de l'énoncé.

4. Une diffusion étant un processus de Markov, on a :

$$E[g(Y_t^*) \mid S = y] = E[g(Y_t^y)]$$

On en déduit :

$$E[f(Y_0^*)g(Y_t^*)] = E[f(S)g(Y_t^*)] = \int_{\mathbb{R}} \mu(dy) f(y) E[g(Y_t^y)]$$

En utilisant la question précédente, nous obtenons :

$$E[f(Y_0^*)g(Y_t^*)] = \frac{1}{C}\int_{\mathbb{R}} dy\ e^{2U(y)} f(y) E[g(y+B_t)\exp\{\cdots\}],$$

qui s'écrit encore, d'après le théorème de Fubini :

$$\frac{1}{C}E\left[\int_{\mathbb{R}} dy\, f(y)g(y+B_t)\exp\left\{U(y+B_t)+U(y) - \frac{1}{2}\int_0^t (b'+b^2)(y+B_s)ds\right\}\right] \tag{15.1.6}$$

On fait alors le simple changement de variable $z = y + B_t$ pour écrire l'expression précédente sous la forme :

$$\frac{1}{C}E\left[\int_{\mathbb{R}} dz\, f(z-B_t)g(z)\exp\left\{U(z)+U(z-B_t) - \frac{1}{2}\int_0^t (b'+b^2)(z-B_t+B_s)ds\right\}\right],$$

ce qui s'écrit encore, d'après la définition de W :

$$\frac{1}{C}E\Big[\int_{\mathbb{R}} dz\, f(z+W_t)g(z)\exp\Big\{U(z)+U(z+W_t)-\frac{1}{2}\int_0^t (b'+b^2)(z+W_{t-s})ds\Big\}\Big]$$

De nouveau, on fait un simple changement de variable $s' = t - s$ pour obtenir l'égalité entre $E[f(Y_0^*)g(Y_t^*)]$ et :

$$\frac{1}{C}E\Big[\int_{\mathbb{R}} dz\, g(z)f(z+W_t)\exp\Big\{U(z+W_t)+U(z)-\frac{1}{2}\int_0^t (b'+b^2)(z+W_{s'})ds'\Big\}\Big]$$

Or nous avons montré précédemment que le processus W était un mouvement brownien ; on en déduit finalement, en utilisant la formule (15.1.6) :

$$E[f(Y_0^*)g(Y_t^*)] = [E[g(Y_0^*)f(Y_t^*)] \tag{15.1.7}$$

Il suffit de prendre alors le cas particulier $g \equiv 1$ pour en déduire que Y_0^* et Y_t^* ont même loi, c'est-à-dire que la mesure μ est invariante pour la diffusion Y.

Enfin, un argument de classes monotones nous permet de déduire de l'égalité (15.1.7) que les couples (Y_0^*, Y_t^*) et (Y_t^*, Y_0^*) ont même loi.

Partie IV

1. Le système (15.1.2) se réécrit :

$$\begin{aligned} dX_t &= V_t dt\,,\quad X_0 = 0\,,\\ V_t\,dt &= -\beta^{-1}dV_t + b(X_t)\,dt + dB_t\,,\quad V_0 = 0\,. \end{aligned} \tag{15.1.8}$$

On en déduit :

$$\forall t \in \mathbb{R}_+,\quad X_t = -\beta^{-1}V_t + \int_0^t b(X_s)\,ds + B_t$$

Or, on a :

$$\forall t \in \mathbb{R}_+,\quad Y_t = \int_0^t b(Y_s)\,ds + B_t$$

En outre, b est k-lipschitzienne, d'où :

$$|X_t - Y_t| \leqslant \beta^{-1}|V_t| + |\int_0^t [b(X_s) - b(Y_s)]ds| \leqslant \beta^{-1}|V_t| + k\int_0^t |X_s - Y_s|\,ds \tag{15.1.9}$$

2. Notons que X et V sont déja définis de façon unique d'après la Partie I.

Il s'agit simplement ici d'établir une relation entre ces deux processus.

En utilisant une méthode de type *variation de la constante*, nous introduisons le processus W défini par :

$$\forall t \in \mathbb{R}_+,\quad W_t = e^{\beta t}V_t$$

Nous constatons alors, en appliquant la formule (3.2.15) d'intégration par parties stochastique que ce processus vérifie l'équation :

$$\begin{aligned} dW_t &= \beta W_t\,dt + e^{\beta t}\,dV_t \\ &= \beta e^{\beta t} V_t dt + e^{\beta t}(-\beta V_t\,dt + \beta b(X_t)\,dt + \beta\,dB_t) \end{aligned}$$

Comme on a de plus $W_0 = 0$, on en déduit :

$$W_t = \int_0^t \beta e^{\beta s} b(X_s)\,ds + \int_0^t \beta e^{\beta s}\,dB_s,$$

d'où l'égalité recherchée puisque $V_t = e^{-\beta t} W_t$.

3. Par intégration par parties dans une intégrale de Wiener, on a :

$$\int_0^t e^{-\beta(t-s)} dB_s = B_t - \int_0^t \beta e^{-\beta(t-s)} B_s ds \qquad (15.1.10)$$

Nous travaillons maintenant à ω fixé.

Soit $\epsilon > 0$ arbitraire ; l'application $B_.(\omega)$ étant uniformément continue sur $[0, t]$, il existe $\delta > 0$ tel que :

$$\forall (u, v) \in [0, t]^2 \quad |u - v| \leqslant \delta \Longrightarrow |B_u(\omega) - B_v(\omega)| < \epsilon$$

Or, on a d'après (15.1.10) :

$$\int_0^t e^{-\beta(t-s)} dB_s = -\int_0^{t-\delta} \beta e^{-\beta(t-s)} B_s ds \; - \int_{t-\delta}^t \beta e^{-\beta(t-s)} (B_s - B_t) ds \; + e^{-\beta\delta} B_t$$

(on a utilisé l'égalité : $\int_{t-\delta}^t \beta e^{-\beta(t-s)} ds = [e^{-\beta(t-s)}]_{t-\delta}^t = 1 - e^{-\beta\delta}$)

On en déduit que, pour tout $t \leqslant T$, on a l'inégalité :

$$|\int_0^t e^{-\beta(t-s)} dB_s| \leqslant T\beta e^{-\beta\delta} \max_{[0,T]} |B| \; + \frac{\epsilon}{2} \underbrace{\int_{t-\delta}^t \beta e^{-\beta(t-s)} ds}_{1-e^{-\beta\delta}} \; + e^{-\beta\delta} \max_{[0,T]} |B|$$

Finalement, on obtient :

$$\liminf_{\beta \to +\infty} \sup_{t \leqslant T} |\int_0^t e^{-\beta(t-s)} dB_s| \leqslant \epsilon,$$

d'où la conclusion puisque ϵ était arbitraire.

4. D'après (15.1.5), on a :

$$\beta^{-1} V_t = \int_0^t e^{-\beta(t-s)} b(X_s)\,ds + \int_0^t e^{-\beta(t-s)} dB_s$$

On en déduit la majoration :

$$\forall t \leqslant T, \; |\beta^{-1} V_t| \leqslant \int_0^t e^{-\beta(t-s)} k|X_s|\,ds + \sup_{t \leqslant T} |\int_0^t e^{-\beta(t-s)} dB_s|$$

Or, pour tout $t \leqslant T$, on a les inégalités :

$$\int_0^t e^{-\beta(t-s)} k|X_s|\, ds \leqslant k \sup_{s\leqslant T} |X_s| \int_0^t e^{-\beta(t-s)}\, ds \leqslant \frac{k}{\beta} \sup_{s\leqslant T} |X_s|.$$

On en déduit, en utilisant la question précédente, que la convergence suivante a lieu lorsque $\beta \to +\infty$:

$$\sup_{t\leqslant T} |\beta^{-1} V_t| \xrightarrow{\text{p.s.}} 0$$

La majoration (15.1.9) implique immédiatement que pour tout $t \leqslant T$,

$$|X_t - Y_t| \leqslant \sup_{t\leqslant T} \beta^{-1}|V_t| + k \int_0^t |X_s - Y_s|\, ds,$$

d'où, par le Lemme 4.12 de Gronwall :

$$|X_t - Y_t| \leqslant (\sup_{t\leqslant T} \beta^{-1}|V_t|)\ e^{kt}$$

Finalement, on obtient :

$$\sup_{t\leqslant T} |X_t - Y_t| \leqslant e^{kT} \sup_{t\leqslant T} \beta^{-1}|V_t|,$$

ce qui nous donne la convergence uniforme voulue lorsque $\beta \to +\infty$.

15.2 FONCTION HYPERBOLIQUE D'UN MOUVEMENT BROWNIEN

Soient $(B(t))_{t\in\mathbb{R}_+}$ et $(C(t))_{t\in\mathbb{R}_+}$ deux mouvements browniens réels indépendants définis sur un espace de probabilité $(\Omega, \mathcal{A}, \mathbb{P})$. Pour tout $t \in \mathbb{R}_+$, nous définissons :

$$\begin{aligned} Y(t) &= \int_0^t e^{C(t)-C(s)}\, dB(s) \\ W(t) &= \int_0^t \frac{Y(s)}{\sqrt{1+Y(s)^2}}\, dC(s) + \int_0^t \frac{1}{\sqrt{1+Y(s)^2}}\, dB(s) \end{aligned}$$

1. Montrer que pour $\lambda \in \mathbb{R}$, le processus M_λ défini ci-dessous est une martingale :

$$\forall t \in \mathbb{R}_+, \quad M_\lambda(t) = \exp\{i\lambda W(t) + \lambda^2 t/2\}$$

En déduire que W est un mouvement brownien réel.

2. Montrer que Y est solution de l'équation différentielle stochastique

$$dY(t) = \sqrt{1+Y(t)^2}\, dW(t) + \frac{Y(t)}{2}\, dt \quad ; \quad Y(0) = 0 \tag{15.2.11}$$

3. Nous définissons le processus $X = \sinh W$.
Quelle équation différentielle stochastique vérifie la fonction aléatoire X ?

Rappel : La fonction sinus hyperbolique est définie par :

$$\forall t \in \mathbb{R}_+, \quad \sinh x = \frac{e^x - e^{-x}}{2}$$

4. Montrer que $\mathbb{P}$-presque sûrement, on a l'égalité :

$$\forall t \in \mathbb{R}_+, \quad X(t) = Y(t)$$

5. On rappelle que $\tilde{B}^t(s) := B(t) - B(t-s)$ est un mouvement brownien sur $[0,t]$.
Prouver l'égalité :

$$\forall \phi \in L^2([0,t]), \quad \int_0^t \phi(s)\, dB(s) = \int_0^t \phi(t-s)\, d\tilde{B}^t(s)$$

Indication : On pourra commencer à vérifier cette propriété sur une classe de fonctions simples ϕ.

6. On définit maintenant le processus Z par :

$$\forall t \in \mathbb{R}_+, \quad Z(t) = \int_0^t e^{C(s)} dB(s)$$

Déduire de ce qui précède que :

$$\forall t \in \mathbb{R}_+, \quad Y(t) \text{ a même loi que } Z(t) \tag{15.2.12}$$

7. Les processus Y et Z sont-ils des martingales ?
Cela est-il en contradiction avec la relation (15.2.12) ?

Corrigé

1. Nous définissons l'application $f(t,x) = \exp(i\lambda x + \lambda^2 t/2)$ si bien qu'on a les égalités :

$$\frac{\partial f}{\partial t} = \frac{\lambda^2}{2} f \quad ; \quad \frac{\partial f}{\partial x} = i\lambda f \quad ; \quad \frac{\partial^2 f}{\partial x^2} = -\lambda^2 f$$

Nous appliquons alors la formule d'Itô à $M_\lambda(t) = f(t, W_t)$ pour obtenir :

$$dM_\lambda(t) = \frac{\lambda^2}{2} M_\lambda(t)\, dt + i\lambda M_\lambda(t)\, dW_t - \frac{\lambda^2}{2} M_\lambda(t)\, d\langle W\rangle_t$$

Nous calculons :

$$d\langle W\rangle_t = \frac{Y_t^2}{1+Y_t^2}\ dt + \frac{1}{1+Y_t^2}\ dt = dt$$

Nous avons donc :

$$dM_\lambda(t) = i\lambda M_\lambda(t)\, dW_t = \frac{i\lambda M_\lambda(t) Y_t}{\sqrt{1+Y_t^2}}\, dC_t + \frac{i\lambda M_\lambda(t)}{\sqrt{1+Y_t^2}}\, dB_t$$

Posons $\mathcal{F}_t = \sigma\big((B_s, C_s), 0 \leqslant s \leqslant t\big)$ et montrons que M_λ est somme de deux $(\mathcal{F}_t)-$martingales, ce qui permettra de conclure.

Le processus C est un $(\mathcal{F}_t)-$mouvement brownien et nous avons les inégalités :

$$\forall t \in \mathbb{R}_+, \quad E\left[\int_0^t \left|\frac{i\lambda M_\lambda(s) Y_s}{\sqrt{1+Y_s^2}}\right|^2 ds\right] \leqslant \int_0^t \lambda^2 |M_\lambda(s)|^2 \, ds$$
$$\leqslant \int_0^t \lambda^2 \exp\left(\lambda^2 s/2\right) \, ds < +\infty$$

Nous en déduisons que le processus suivant :

$$\left(\int_0^t \frac{i\lambda M_\lambda(s) Y_s}{\sqrt{1+Y_s^2}} \, dC_s\right)_{t\in\mathbb{R}_+}$$

est une $(\mathcal{F}_t)-$martingale.

En raisonnant de façon similaire pour l'autre terme, nous obtenons finalement que M_λ est une $(\mathcal{F}_t)-$martingale.

En particulier, nous avons l'égalité :

$$\forall t \geqslant s \geqslant 0, \quad E\left[\frac{M_t}{M_s}\middle|\mathcal{F}_s\right] = 1,$$

qui s'écrit encore :

$$E\left[\exp\left(i\lambda(W_t - W_s)\right)|\mathcal{F}_s\right] = \exp\left(-\frac{\lambda^2}{2}(t-s)\right)$$

Cette espérance conditionnelle étant presque sûrement constante pour tout $\lambda \in \mathbb{R}$, nous en déduisons que la variable $W_t - W_s$ est indépendante de la tribu $\mathcal{F}_s$, par propriété des fonctions caractéristiques.

De plus, en passant à l'espérance dans la relation précédente, nous identifions la fonction caractéristique de $W_t - W_s$, ce qui nous permet d'affirmer que cette variable suit la loi $\mathcal{N}(0, t-s)$.

Enfin, le processus W est presque sûrement à trajectoires continues puisqu'il est défini par une somme d'intégrales d'Itô.

Toutes ces conditions étant satisfaites, nous pouvons en conclure que W est un $(\mathcal{F}_t)-$mouvement brownien.

2. L'égalité $Y_0 = 0$ est évidente. Nous appliquons la formule (3.2.15) d'intégration par parties stochastique au processus Y écrit sous la forme :

$$\forall t \in \mathbb{R}_+, \quad Y_t = e^{C_t} \int_0^t e^{-C_s} \, dB_s\,,$$

en ayant remarqué au préalable que, par simple application de la formule d'Itô, nous avons :

$$d(e^{C_t}) = e^{C_t} \, dC_t + \frac{1}{2} e^{C_t} \, dt$$

Nous calculons donc :

$$\begin{aligned} dY_t &= e^{C_t}e^{-C_t}dB_t + (e^{C_t}\,dC_t + \frac{1}{2}e^{C_t}\,dt)\int_0^t e^{-C_s}\,dB_s + \\ &+ \langle e^{C_t}\,dC_t,\, e^{-C_t}\ \ dB_t\rangle \end{aligned}$$

Puisque B et C sont deux mouvements browniens indépendants, nous avons la nullité de ce dernier crochet, d'où :

$$dY_t = dB_t + Y_t\,dC_t + \frac{1}{2}Y_t\,dt$$

C'est bien l'équation différentielle stochastique recherchée puisque la définition du processus W nous donne :

$$\sqrt{1+Y_t^2}\,dW_t = dB_t + Y_t\,dC_t$$

3. Une simple application de la formule d'Itô nous donne :

$$dX_t = \cosh W_t\,dW_t + \frac{1}{2}\sinh W_t\,dt,$$

d'où l'équation différentielle stochastique :

$$dX_t = \sqrt{1+X_t^2}\,dW_t + \frac{1}{2}X_t\,dt \quad ; \quad X_0 = 0$$

Remarque. Nous avons utilisé l'égalité $\cosh^2(x) = 1 + \sinh^2(x)$.

4. Dans les deux questions précédentes, nous avons prouvé que les processus X et Y sont solutions fortes d'une même équation différentielle stochastique de la forme :

$$dS_t = b(S_t)\,dt + \sigma(S_t)\,dW_t \quad ; \quad S_0 = 0 \quad ,$$

où les applications b et σ sont définies par :

$$\forall x \in \mathbb{R}, \quad b(x) = \frac{x}{2} \quad ; \quad \sigma(x) = \sqrt{1+x^2}$$

Si nous montrons que les applications b et σ sont lipschitziennes, alors nous pourrons déduire du théorème 5.1 l'égalité presque sûre des processus X et Y.

Or cette propriété de Lipschitz est une évidence pour b qui est linéaire et résulte pour σ du théorème des accroissements finis puisque nous avons l'inégalité :

$$\forall x \in \mathbb{R}, \quad |\sigma'(x)| = |\frac{x}{\sqrt{1+x^2}}| \leqslant 1$$

5. Notons F l'ensemble des fonctions en escalier de la forme :

$$\phi = \sum_{i=1}^{n} a_i\,\mathbf{1}_{]t_{i-1},t_i]},\ n \in \mathbb{N}^*,\ (a_i)_{1\leqslant i\leqslant n} \in \mathbb{R}^n,\ 0 = t_0 < t_1 < \cdots < t_n = t$$

Pour une telle fonction, nous avons par définition de l'intégrale de Wiener :

$$\int_0^t \phi_s \ dB_s = \sum_{i=1}^n a_i(B_{t_i} - B_{t_{i-1}})$$

D'autre part, $\tilde{B}^t$ étant aussi un mouvement brownien et l'application $s \mapsto \phi_{t-s}$ se réécrivant sous la forme $\sum_{i=1}^n a_i \mathbf{1}_{[t-t_i, t-t_{i-1}[}$, nous avons aussi :

$$\int_0^t \phi_{t-s} \ d\tilde{B}_s^t = \sum_{i=1}^n a_i(\tilde{B}^t_{t-t_{i-1}} - \tilde{B}^t_{t-t_i}) = \sum_{i=1}^n a_i(B_{t_i} - B_{t_{i-1}})$$

Nous avons ainsi vérifié l'égalité demandée pour les fonctions $\phi \in F$.

Pour passer au cas général $\phi \in L^2([0,t])$, nous utilisons la densité de F dans $L^2([0,t])$: il existe une suite $(\phi^n) \in F^{\mathbb{N}}$ telle que $\phi^n \xrightarrow{L^2} \phi$.

En utilisant l'isométrie qui permet de définir l'intégrale de Wiener, nous pouvons alors passer à la limite au sens $L^2(\Omega, \mathcal{A}, \mathbb{P})$ lorsque $n \to \infty$ dans les égalités :

$$\forall n \in \mathbb{N}, \quad \int_0^t \phi_s^n \ dB_s = \int_0^t \phi_{t-s}^n \ d\tilde{B}_s^t$$

pour obtenir l'égalité (presque sûre) dans le cas général.

6. Fixons $t \geqslant 0$ et montrons que Y_t et Z_t ont même loi en prouvant que :

$$\forall f : \mathbb{R} \to \mathbb{R} \quad \text{borélienne bornée}, \quad E[f(Y_t)] = E[f(Z_t)]$$

En utilisant l'indépendance des processus B et C, ainsi que le résultat de la question précédente (où nous prenons, conditionnellement au processus C, $\phi_s = \exp(C_t - C_s)$), nous obtenons :

$$\begin{aligned} E\left[f(Y_t)|\, C\right] &= E\left[f\left(\int_0^t e^{C_t - C_s} dB_s\right) \middle|\, C\right] \\ &= E\left[f\left(\int_0^t e^{C_t - C_{t-s}} d\tilde{B}_s^t\right) \middle|\, C\right] \\ &= E\left[f\left(\int_0^t e^{\tilde{C}_s^t} d\tilde{B}_s^t\right) \middle|\, C\right], \end{aligned}$$

où nous avons noté $\tilde{C}$ le mouvement brownien sur $[0,t]$ défini par :

$$\forall s \in [0,t], \quad \tilde{C}_s = C_t - C_{t-s}$$

En passant à l'espérance dans l'égalité précédente, nous obtenons :

$$E[f(Y_t)] = E\left[f\left(\int_0^t e^{\tilde{C}_s^t} d\tilde{B}_s^t\right)\right]$$

Or $(\tilde{B}^t, \tilde{C}^t)$ est un couple de mouvements browniens sur $[0,t]$ indépendants, donc a même loi que (B, C) (restreint à $[0,t]$) si bien que cette dernière espérance est encore égale à :

$$E\left[f\left(\int_0^t e^{C_s}\,dB_s\right)\right] = E[f(Z_t)],$$

d'où la conclusion.

7. Montrons d'abord que le processus Y, qui est presque sûrement égal au processus X d'après la 4e question, n'est pas une martingale.

Nous notons donc $(\mathcal{G}_t)_{t\geqslant 0}$ la filtration canonique associée à X et nous calculons, pour $0 \leqslant s \leqslant t$:

$$\begin{aligned}
E[X_t|\,\mathcal{G}_s] &= E\left[\sinh(W_t)|\,\mathcal{G}_s\right]\\
&= E\left[\sinh(W_s + W_t - W_s)|\,\mathcal{G}_s\right]\\
&= E\left[\sinh(W_s)\cosh(W_t - W_s) + \cosh(W_s)\sinh(W_t - W_s)|\,\mathcal{G}_s\right]
\end{aligned}$$

Remarquons que la filtration naturelle associée à W est encore $(\mathcal{G}_t)_{t\geqslant 0}$ puisque les processus W et X sont reliés par un homéomorphisme.

En utilisant l'indépendance des accroissements du mouvement brownien W et en notant que la variable aléatoire $\sinh(W_t - W_s)$ est centrée, nous obtenons :

$$E[X_t|\,\mathcal{G}_s] = X_s\; E[\cosh(W_t - W_s)]$$

Si X était une martingale, cette dernière espérance serait égale à 1. La fonction cosh étant partout minorée par 1, ceci imposerait $W_t - W_s = 0$ presque sûrement, ce qui est bien sûr faux !

Nous avons donc montré par l'absurde que $Y = X$ n'est pas une martingale.

En utilisant l'exercice 10.3.3., nous pouvons aboutir plus rapidement à la même conclusion : il suffit de constater que dans l'équation différentielle stochastique (15.2.11), le « terme en dt » n'est pas $d\lambda \otimes dP$-presque partout nul puisqu'il vaut $Y/2$.

En revanche, Z est une martingale en tant qu'intégrale d'Itô du processus e^{2C} qui appartient à M^2 puisque nous avons, en utilisant le théorème de Fubini et l'égalité (8.1.2) :

$$E[\int_0^t e^{2C_s}\,ds] = \int_0^t E[e^{2C_s}]\,ds = \int_0^t e^{2s}\,ds = \frac{e^{3t}}{3} < \infty$$

Cette différence importante entre les processus Y et Z n'est pas contradictoire avec la propriété (15.2.12) qui affirmait une égalité en loi des *variables aléatoires réelles* Y_t et Z_t *à t fixé* : ceci est en effet beaucoup plus faible qu'une égalité en loi des *processus* Y et Z.

15.3 MOUVEMENT BROWNIEN SUR LE CERCLE

Soient $(\Omega, \mathcal{F}, (\mathcal{F}_t)_{t\geqslant 0}, P)$ un espace de probabilité filtré et $B = (B_t)_{t\geqslant 0}$ un $(\mathcal{F}_t)$-mouvement brownien réel.

On note R la matrice représentative de la rotation d'angle $\pi/2$ dans le plan :

$$R = \begin{pmatrix} 0 & -1 \\ 1 & 0 \end{pmatrix}$$

On considère les trois équations différentielles stochastiques suivantes, qui concernent toutes des processus à valeurs dans $\mathbb{R}^2$:

$$\begin{aligned} dX_t &= R\,X_t\,dt \quad &;\quad X_0 &= (\cos\alpha, \sin\alpha) \\ dY_t &= R\,Y_t\,dB_t \quad &;\quad Y_0 &= (\cos\beta, \sin\beta) \\ dZ_t &= R\,Z_t\,dB_t + c\,Z_t\,dt \quad &;\quad Z_0 &= (\cos\gamma, \sin\gamma), \end{aligned}$$

avec α, β, γ, c paramètres réels.

1. Montrer que chacune de ces équations admet une unique solution forte et que celle-ci appartient à l'espace M^2.

2. On note $X_t = (X_t^1, X_t^2)$ et l'on définit le processus ξ par :

$$\forall t \in \mathbb{R}_+, \quad \xi_t = \|X_t\|^2 = (X_t^1)^2 + (X_t^2)^2$$

En calculant $d\xi_t$, montrer que l'on a P-presque sûrement :

$$\forall t \in \mathbb{R}_+, \quad \|X_t\| = 1$$

3. En appliquant une méthode similaire, montrer que l'on a P-presque sûrement :

$$\forall t \in \mathbb{R}_+, \quad \|Y_t\| \geqslant 1$$

4. Montrer que l'on peut choisir la valeur du paramètre c de sorte que l'on ait P-presque sûrement

$$\forall t \in \mathbb{R}_+, \quad \|Z_t\| = 1$$

Dans la suite, c'est cette valeur de c que l'on adoptera.

5. Expliciter le processus X.

   Indication : Le résultat de la question (2) peut nous inciter à chercher le processus X sous la forme :

$$\forall t \in \mathbb{R}_+, \quad X_t = (\cos A_t, \sin A_t)$$

6. Montrer que P-presque sûrement , on a :

$$\forall t \in \mathbb{R}_+, \quad Z_t = (\cos(\gamma + B_t), \sin(\gamma + B_t))$$

7. En déduire une formule explicite pour le processus Y.

Corrigé

1. Chacune de ces équations différentielles stochastiques est homogène et la condition de Lipschitz énoncée dans le théorème 5.1 est clairement satisfaite à chaque fois puisque les applications en jeu sont linéaires, ce qui nous permet de conclure.

2. La première équation différentielle stochastique peut se réécrire comme suit :

$$dX_t^1 = -X_t^2\,dt\,,\; dX_t^2 = X_t^1\,dt \quad ; \quad X_0^1 = \cos\alpha\,,\; X_0^2 = \sin\alpha$$

Notons qu'en particulier, on a pour tout $t \geqslant 0$:

$$\langle X^1\rangle_t = \langle X^2\rangle_t = \langle X^1, X^2\rangle_t = 0$$

Si l'on applique le théorème 3.9 avec l'application $\Phi : \mathbb{R}^2 \to \mathbb{R}$ définie par :

$$\forall x = (x^1, x^2) \in \mathbb{R}^2, \quad \Phi(x^1, x^2) = (x^1)^2 + (x^2)^2,$$

on obtient donc :

$$d\xi_t = 2X_t^1\,dX_t^1 + 2X_t^2\,dX_t^2 + d\langle X^1\rangle_t + d\langle X^2\rangle_t = 0$$

On en déduit :

$$P\text{-p.s.}\,, \quad \forall t \in \mathbb{R}_+, \quad \xi_t = \xi_0 = 1,$$

ce qu'on voulait.

3. La deuxième équation différentielle stochastique peut s'écrire encore :

$$dY_t^1 = -Y_t^2\,dB_t\,,\; dY_t^2 = Y_t^1\,dB_t \quad ; \quad Y_0^1 = \cos\beta\,,\; Y_0^2 = \sin\beta$$

Nous définissons le processus η par :

$$\forall t \in \mathbb{R}_+, \quad \eta_t = (Y_t^1)^2 + (Y_t^2)^2$$

En procédant comme dans la question précédente et en utilisant les égalités :

$$d\langle Y^1\rangle_t = (Y_t^2)^2\,dt, \quad d\langle Y^2\rangle_t = (Y_t^1)^2\,dt,$$

nous obtenons l'équation différentielle : $d\eta_t = \eta_t\,dt$.

On en déduit que P-presque sûrement, pour tout $t \geqslant 0$, on a :

$$\eta_t = \eta_0 + \int_0^t \underbrace{\eta_s}_{\geqslant 0}\,ds \geqslant \eta_0 = \cos^2\beta + \sin^2\beta = 1$$

En fait, on peut même résoudre immédiatement l'équation différentielle ci-dessus pour obtenir :

$$P\text{-p.s.}, \quad \forall t \in \mathbb{R}_+, \quad \eta_t = e^t$$

4. Nous écrivons la troisième équation différentielle stochastique sous la forme :

$$\begin{aligned} dZ_t^1 &= -Z_t^2\, dB_t \;+ cZ_t^1\, dt \\ dZ_t^2 &= Z_t^1\, dB_t \quad + cZ_t^2\, dt\,, \end{aligned}$$

avec la condition initiale :

$$Z_0^1 = \cos\gamma \quad ; \quad Z_0^2 = \sin\gamma$$

Nous procédons alors comme précédemment en définissant le processus ζ par :

$$\forall t \in \mathbb{R}_+, \quad \zeta_t = (Z_t^1)^2 + (Z_t^2)^2$$

Nous obtenons l'équation différentielle suivante :

$$\begin{aligned} d\zeta_t &= 2Z_t^1(-Z_t^2\, dB_t + cZ_t^1\, dt) + 2Z_t^2(Z_t^1\, dB_t + cZ_t^2\, dt) + \\ &+ (Z_t^2)^2\, dt + (Z_t^1)^2\, dt \\ &= (2c+1)\, \zeta_t\, dt \end{aligned}$$

Si nous choisissons $c = -\frac{1}{2}$, nous obtenons le résultat voulu :

$$P\text{-p.s.}\,, \quad \forall t \in \mathbb{R}_+, \quad \zeta_t = \zeta_0 = \cos^2\gamma + \sin^2\gamma = 1$$

5. Si la solution s'écrit sous la forme suggérée dans l'indication, on peut réécrire l'équation $dX_t^1 = -X_t^2\, dt$ sous la forme :

$$-\sin A_t\, dA_t = -\sin A_t\, dt$$

Nous choisissons donc :

$$\forall t \in \mathbb{R}_+, \quad A_t = \alpha + t$$

et il est alors facile de vérifier que le processus X défini par :

$$\forall t \in \mathbb{R}_+, \quad X_t = (\cos(\alpha + t), \sin(\alpha + t))$$

est bien solution de l'équation différentielle stochastique .

6. La formule d'Itô (3.6) nous donne les deux égalités suivantes, valables P-presque sûrement, pour tout $t \in \mathbb{R}_+$:

$$\begin{aligned} \cos(\gamma + B_t) &= \cos\gamma - \int_0^t \sin(\gamma + B_s)\, dB_s - \frac{1}{2}\int_0^t \cos(\gamma + B_s)\, ds \\ \sin(\gamma + B_t) &= \sin\gamma + \int_0^t \cos(\gamma + B_s)\, dB_s - \frac{1}{2}\int_0^t \sin(\gamma + B_s)\, ds \end{aligned}$$

Ceci prouve que le processus suivant :

$$(\cos(\gamma + B_t), \sin(\gamma + B_t))_{t \in \mathbb{R}_+}$$

est bien solution de l'équation différentielle stochastique que nous avions réécrite au début de la quatrième question, en prenant $c = -\frac{1}{2}$.

Cette solution étant unique, on obtient l'égalité demandée.

7. Si l'énoncé ne nous avait pas suggéré une solution dans la question précédente, une idée naturelle pour résoudre la troisième équation différentielle stochastique aurait été d'appliquer une méthode de *variation de la constante*.

 Pour cela, nous résolvons d'abord l'équation différentielle ordinaire homogène :

$$d\zeta_t = -\frac{1}{2}\,\zeta_t\,dt$$

 Les solutions sont de la forme suivante, avec $C \in \mathbb{R}^2$:

$$\forall t \in \mathbb{R}_+, \quad \zeta_t = C\exp(-t/2)$$

 Cela nous amène à chercher la solution Z sous la forme :

$$\forall t \in \mathbb{R}_+, \quad Z_t = Y_t \exp(-t/2)\,,$$

 où Y est notre nouveau processus inconnu.

 Autrement dit, notre méthode consiste à définir le processus Y par :

$$\forall t \in \mathbb{R}_+, \quad Y_t = \exp(t/2)\,Z_t\,, \tag{15.3.13}$$

 et à écrire l'équation différentielle stochastique qu'il vérifie.

 La formule (3.2.15) d'intégration par parties stochastique nous donne P-presque sûrement :

$$\begin{aligned}\forall t \in \mathbb{R}_+, \quad dY_t^1 &= \exp(t/2)\,dZ_t^1 + \frac{Z_t^1}{2}\exp(t/2)\,dt \\ &= -\exp(t/2)\,Z_t^2\,dB_t \\ &= -Y_t^2\,dB_t \\ dY_t^2 &= \exp(t/2)\,dZ_t^2 + \frac{Z_t^2}{2}\exp(t/2)\,dt \\ &= \exp(t/2)\,Z_t^1\,dB_t \\ &= Y_t^1\,dB_t\end{aligned}$$

 Comme d'autre part, nous avons :

$$Y_0^1 = Z_0^1 = \cos\gamma \quad ; \quad Y_0^2 = Z_0^2 = \sin\gamma\,,$$

 nous constatons que le processus Y n'est autre que l'unique solution de la deuxième équation différentielle stochastique, dès lors que nous prenons pour valeur du paramètre $\gamma = \beta$.

 Revenant à l'égalité (15.3.13), nous pouvons expliciter Y puisque Z est connu grâce à la question précédente :

$$\forall t \in \mathbb{R}_+, \quad Y_t = \big(\exp(t/2)\,\cos(\beta + B_t), \exp(t/2)\,\sin(\beta + B_t)\big)$$

 Notons que cela est bien cohérent avec l'égalité démontrée dans la troisième question :

$$\forall t \in \mathbb{R}_+, \quad \|Y_t\|^2 = \exp(t)$$

15.4 FONCTIONNELLE QUADRATIQUE DU MOUVEMENT BROWNIEN

Notations : Nous noterons cosh (resp. sinh, tanh) les fonctions cosinus (resp. sinus, tangente) hyperboliques, définies pour tout $x \in \mathbb{R}$ par :

$$\cosh x = \frac{e^x + e^{-x}}{2} \quad ; \quad \sinh x = \frac{e^x - e^{-x}}{2} \quad ; \quad \tanh x = \frac{\sinh x}{\cosh x}$$

Soient $(\Omega, \mathcal{F}, (\mathcal{F}_t)_{t \geqslant 0}, P)$ un espace de probabilité filtré et $B = (B_t)_{t \in \mathbb{R}_+}$ un $(\mathcal{F}_t)$-mouvement brownien réel issu de 0.

On veut calculer, pour tous $a \geqslant 0,\ b \geqslant 0$, l'espérance suivante :

$$I(a,b) = E\left[\exp\left\{-aB_t^2 - \frac{b^2}{2}\int_0^t B_s^2 ds\right\}\right]$$

1. *Question préliminaire :* Soit X une variable aléatoire réelle sur $(\Omega, \mathcal{F}, P)$ suivant la loi gaussienne centrée réduite.
   Pour quelles valeurs du réel α la variable aléatoire $\exp(\alpha X^2)$ est-elle intégrable et que vaut alors $E[\exp(\alpha X^2)]$?
2. Trouver la fonction aléatoire $G_t(\omega)$ telle que le processus Z défini par :
   $$\forall t \in \mathbb{R}_+, \quad Z_t = \exp\left\{-b\int_0^t B_s\, dB_s - \int_0^t G_s\, ds\right\}$$
   soit une $(\mathcal{F}_t)$-martingale locale.
3. Exprimer la variable aléatoire Z_t en fonction de B_t, $\int_0^t B_s^2 ds$, t et de constantes uniquement.
4. Prouver que le processus Z est une $(\mathcal{F}_t)$-martingale d'espérance égale à 1.
   On justifiera en particulier l'intégrabilité de Z_t.
5. Déduire de ce qui précède l'égalité :
   $$I(a,b) = E\left[Z_t \exp\left\{\left(\frac{b}{2} - a\right) B_t^2\right\}\right] \exp\left(-\frac{bt}{2}\right)$$
6. On définit la probabilité Q sur $(\Omega, \mathcal{F}_\infty)$ par :
   $$\forall t \in \mathbb{R}_+, \quad dQ_{|\mathcal{F}_t} = Z_t\, dP_{|\mathcal{F}_t}$$
   Que peut-on dire de la loi sous la probabilité Q du processus β défini ci-dessous ?
   $$\forall t \in \mathbb{R}_+, \quad \beta_t = B_t + b\int_0^t B_s ds$$
   Même question pour la loi du processus B sous la probabilité Q.

En déduire l'égalité suivante :

$$\forall t \in \mathbb{R}_+, \quad B_t = \int_0^t e^{b(s-t)} d\beta_s ,$$

puis expliciter la loi de la variable aléatoire B_t sous la probabilité Q.

7. Déduire de ce qui précède l'égalité, valable pour tous $a \geqslant 0$, $b > 0$:

$$I(a,b) = \left\{ \cosh(bt) + \frac{2a}{b} \sinh(bt) \right\}^{-1/2}$$

Corrigé

1. Par simple intégration par rapport à la densité gaussienne centrée réduite, nous obtenons :

$$E[e^{\alpha X^2}] = \int_{-\infty}^{+\infty} e^{\alpha x^2} e^{-x^2/2} \frac{1}{\sqrt{2\pi}}\, dx < +\infty \quad \text{ssi} \quad \alpha < \frac{1}{2}$$

Si cette dernière condition est vérifiée, nous posons $\sigma = (1-2\alpha)^{-1/2}$, de sorte que :

$$E[e^{\alpha X^2}] = \sigma \int_{-\infty}^{+\infty} e^{-\frac{x^2}{2\sigma^2}} \frac{1}{\sqrt{2\pi\sigma^2}}\, dx = \sigma$$

Finalement, on a établi l'égalité :

$$\forall \alpha < \frac{1}{2}, \quad E[e^{\alpha X^2}] = (1-2\alpha)^{-1/2}$$

2. La formule d'Itô nous permet de calculer :

$$dZ_t = -Z_t\,(bB_t\, dB_t + G_t\, dt) + \frac{1}{2}\, Z_t\, b^2 B_t^2\, dt$$

On prend donc $G_t = b^2 B_t^2/2$, si bien que le processus :

$$Z_t = 1 - b \int_0^t Z_s B_s\, dB_s, \quad t \geqslant 0,$$

est une $(\mathcal{F}_t)$-martingale locale.

3. Une simple application de la formule d'Itô (3.6) nous permet d'écrire :

$$P\text{-p.s.}, \quad \forall t \in \mathbb{R}_+, \quad B_t^2 = 2 \int_0^t B_s\, dB_s + t$$

La définition du processus Z nous donne alors :

$$P\text{-p.s.}, \quad \forall t \in \mathbb{R}_+, \quad Z_t = \exp\left\{ -\frac{b}{2}\,(B_t^2 - t) - \frac{b^2}{2} \int_0^t B_s^2\, ds \right\}$$

4. Puisque nous avons l'égalité :

$$\forall t \in \mathbb{R}_+, \quad Z_t = 1 - b\int_0^t Z_s B_s \, dB_s \, ,$$

il suffit de prouver que $ZB \in M^2$ pour obtenir la conclusion voulue.

D'après la formule établie dans la question précédente, pour tout $t \geqslant 0$, on a la majoration :

$$\forall s \in [0,t], \quad 0 \leqslant Z_s \leqslant \exp(\frac{bt}{2})$$

On en déduit :

$$E\left[\int_0^t Z_s^2 B_s^2 \, ds\right] \leqslant e^{bt} E\left[\int_0^t B_s^2 \, ds\right] = e^{bt}\int_0^t E[B_s^2]\, ds = e^{bt}\frac{t^2}{2} < +\infty,$$

ce qui suffit.

5. D'après la formule établie dans la troisième question, on a :

$$P\text{-p.s.}\,, \quad \forall t \in \mathbb{R}_+, \quad \exp\left\{-\frac{b^2}{2}\int_0^t B_s^2 \, ds\right\} = Z_t \exp\left(\frac{b}{2}B_t^2\right)\exp\left(-\frac{bt}{2}\right)$$

On en déduit immédiatement que :

$$I(a,b) = E\left[Z_t \exp\left\{(\frac{b}{2} - a)B_t^2\right\}\right]\exp\left(-\frac{bt}{2}\right)$$

6. Le théorème 4.8 de Girsanov nous apprend que β est un mouvement brownien sous la probabilité Q.

En outre, puisque B est solution de l'équation différentielle stochastique :

$$dB_t + bB_t \, dt = d\beta_t,$$

c'est, sous la probabilité Q, un processus d'Ornstein-Uhlenbeck.

La proposition 4.1 nous apprend alors que le processus B s'écrit :

$$P\text{-p.s.}\,, \quad \forall t \in \mathbb{R}_+, \quad B_t = \int_0^t e^{b(s-t)} d\beta_s$$

Sous Q, cette dernière expression est une intégrale de Wiener donc, d'après l'isométrie qui permet de construire ce type d'intégrale, la variable aléatoire B_t suit une loi gaussienne centrée de variance :

$$\int_0^t e^{2b(s-t)} \, ds = e^{-2bt}\left[\frac{e^{2bs}}{2b}\right]_0^t = \frac{1 - e^{-2bt}}{2b}$$

7. D'après les deux questions précédentes, puisque B_t est $\mathcal{F}_t$-mesurable, on a :

$$I(a,b) = E_Q\left[\exp\left\{\left(\frac{b}{2} - a\right)B_t^2\right\}\right]\exp\left(-\frac{bt}{2}\right)$$

On peut écrire :

$$B_t = \left(\frac{1-e^{-2bt}}{2b}\right)^{\frac{1}{2}} X,$$

avec $X \sim \mathcal{N}(0,1)$ sous la probabilité Q.

En utilisant la question préliminaire avec le réel :

$$\alpha = \left(\frac{b}{2} - a\right)\left(\frac{1-e^{-2bt}}{2b}\right),$$

dont on vérifie facilement qu'il est majoré par 1/4, on en déduit :

$$\begin{aligned} E_Q\left[\exp\left\{\left(\frac{b}{2}-a\right)B_t^2\right\}\right] &= (1-2\alpha)^{-1/2} \\ &= \left[1 - \left(\frac{1}{2} - \frac{a}{b}\right)\left(1-e^{-2bt}\right)\right]^{-1/2} \end{aligned}$$

Finalement, on obtient :

$$I(a,b) = \left[\frac{1}{2}(1+e^{-2bt}) + \frac{a}{b}(1-e^{-2bt})\right]^{-1/2} \exp\left(-\frac{bt}{2}\right),$$

ce qui nous donne immédiatement l'égalité recherchée.

15.5 MARTINGALE ET TRANSFORMÉE DE FOURIER

Notations : Nous noterons cosh (resp. sinh, tanh) les fonctions cosinus (resp. sinus, tangente) hyperboliques, définies pour tout $x \in \mathbb{R}$ par :

$$\cosh x = \frac{e^x + e^{-x}}{2} \quad ; \quad \sinh x = \frac{e^x - e^{-x}}{2} \quad ; \quad \tanh x = \frac{\sinh x}{\cosh x}$$

Soient $(\Omega, \mathcal{F}, (\mathcal{F}_t)_{t\geqslant 0}, P)$ un espace de probabilité filtré et $B = (B_t^1, B_t^2)_{t\geqslant 0}$ un $(\mathcal{F}_t)$-mouvement brownien dans $\mathbb{R}^2$ issu de 0.

Pour tout $t \in \mathbb{R}_+$, on définit :

$$\begin{aligned} A_t &= \int_0^t B_s^1 dB_s^2 - \int_0^t B_s^2 dB_s^1 \\ C_t &= (B_t^1)^2 + (B_t^2)^2 \\ D_t &= \int_0^t B_s^1 dB_s^1 + \int_0^t B_s^2 dB_s^2 \end{aligned}$$

Le but de cet exercice est de calculer la fonction caractéristique de la variable A_t en établissant la formule suivante :

$$\forall u \in \mathbb{R}, \quad E[\exp(iuA_t)] = \frac{1}{\cosh(ut)}$$

1. Montrer que les variables aléatoires réelles A_t et $-A_t$ ont même loi (qui est donc dite *symétrique*).

   En déduire l'égalité suivante :
$$\forall t \in \mathbb{R}_+, \quad \forall u \in \mathbb{R}, \quad E[\exp(iuA_t)] = E[\cos(uA_t)]$$

2. Calculer $d\langle A\rangle_t$, $d\langle D\rangle_t$ et $d\langle A, D\rangle_t$.

3. Dans la suite, on considère deux applications α et β de classe C^1 de $\mathbb{R}_+$ dans $\mathbb{R}$ et l'on pose, pour tout $t \in \mathbb{R}_+$:
$$V_t = \cos(uA_t) \quad ; \quad W_t = -\frac{\alpha_t}{2}\,C_t + \beta_t$$
   Montrer que $(V_t)_{t\in\mathbb{R}_+}$ et $(W_t)_{t\in\mathbb{R}_+}$ sont des processus d'Itô en explicitant leur décomposition puis calculer $d\langle V\rangle_t$, $d\langle W\rangle_t$ et $d\langle V, W\rangle_t$.

4. On définit maintenant le processus Z par :
$$\forall t \in \mathbb{R}_+, \quad Z_t = V_t\, e^{W_t}$$
   Calculer la différentielle $d(e^{W_t})$ puis montrer que Z est un processus d'Itô en explicitant sa décomposition.
   En déduire que, pour que Z soit une $(\mathcal{F}_t)$-martingale locale, il suffit que les deux applications α et β vérifient deux équations différentielles que l'on précisera.

5. On fixe maintenant un réel $T > 0$. Montrer que les deux applications :
$$\alpha_t = u\tanh(u(T-t)) \quad ; \quad \beta_t = -\log\cosh(u(T-t))\,,$$
   sont solutions des équations différentielles précédentes pour $0 \leqslant t \leqslant T$.

6. On choisit maintenant α et β comme dans la question précédente. Montrer que le processus $(Z_t)_{0\leqslant t\leqslant T}$ est alors une martingale.

7. Déduire de la question précédente la formule annoncée au début de l'exercice.

Corrigé

1. Les processus (B_1, B_2) et (B_2, B_1) ayant la même loi, il en est de même pour les variables aléatoires suivantes :
$$\int_0^t B_s^1 dB_s^2 - \int_0^t B_s^2 dB_s^1 \quad ; \quad \int_0^t B_s^2 dB_s^1 - \int_0^t B_s^1 dB_s^2,$$
   qui ne sont autres que A_t et $-A_t$. On en déduit les égalités :
$$E[\exp(iuA_t)] = E[\exp(-iuA_t)] = E\left[\frac{e^{iuA_t} + e^{-iuA_t}}{2}\right] = E[\cos(uA_t)]$$

2. En utilisant la définition du processus A, ainsi que la nullité du crochet $\langle B^1, B^2\rangle$, on obtient :
$$d\langle A\rangle_t = (B_t^1)^2 + (B_t^2)^2 = C_t\,dt$$

Un calcul très similaire nous donne :

$$d\langle D\rangle_t = C_t\, dt$$

Enfin, on a :

$$d\langle A, D\rangle_t = -B_t^2 B_t^1 dt + B_t^1 B_t^2 dt = 0$$

3. En appliquant la formule d'Itô, on obtient :

$$dV_t = -u\sin(uA_t)\, dA_t - \frac{u^2}{2} \underbrace{\cos(uA_t)}_{V_t} C_t\, dt$$

D'autre part, la formule (3.2.15) d'intégration par parties stochastique nous permet de calculer :

$$dW_t = -\frac{\dot{\alpha}_t}{2} C_t\, dt - \frac{\alpha_t}{2}\, dC_t + \dot{\beta}_t\, dt$$

Or, on a :

$$dC_t = 2B_t^1 dB_t^1 + 2B_t^2 dB_t^2 + 2\, dt = 2dD_t + 2\, dt\,,$$

d'où finalement :

$$dW_t = -\alpha_t\, dD_t + (\dot{\beta}_t - \alpha_t - \frac{\dot{\alpha}_t}{2} C_t)\, dt$$

On déduit de ces formules le calcul des « crochets » suivants :

$$\begin{aligned} d\langle V\rangle_t &= u^2\sin^2(uA_t)\, d\langle A\rangle_t = u^2\sin^2(uA_t)\, C_t\, dt \\ d\langle W\rangle_t &= \alpha_t^2\, d\langle D\rangle_t = \alpha_t^2\, C_t\, dt \\ d\langle V, W\rangle_t &= u\sin(uA_t)\, \alpha_t\, d\langle A, D\rangle_t = 0 \end{aligned}$$

4. Une simple application de la formule d'Itô (3.6) nous donne :

$$d(e^{W_t}) = e^{W_t}\, dW_t + \frac{1}{2} e^{W_t}\, \alpha_t^2\, C_t\, dt,$$

d'où, en utilisant la formule (3.2.15) d'intégration par parties stochastique :

$$dZ_t = e^{W_t}\, dV_t + Z_t\, dW_t + \frac{1}{2} Z_t \alpha_t^2\, C_t\, dt + e^{W_t}\, d\langle V, W\rangle_t$$

On obtient donc :

$$\begin{aligned} dZ_t &= -u\, e^{W_t}\sin(uA_t)\, dA_t - \frac{u^2}{2} Z_t C_t\, dt - \alpha_t Z_t dD_t + \\ &+ (\dot{\beta}_t - \alpha_t - \frac{\dot{\alpha}_t}{2} C_t)\, Z_t\, dt + \frac{1}{2} Z_t \alpha_t^2 C_t\, dt \end{aligned}$$

Finalement, on écrit :

$$\begin{aligned} dZ_t &= -u\, e^{W_t}\sin(uA_t)\, dA_t - \alpha_t Z_t\, dD_t + \\ &+ (\dot{\beta}_t - \alpha_t) Z_t\, dt + \frac{1}{2}(\alpha_t^2 - \dot{\alpha}_t - u^2) Z_t\, C_t\, dt \end{aligned}$$

On en déduit que, pour que le processus Z soit une $(\mathcal{F}_t)$-martingale locale, il suffit que les deux équations différentielles suivantes soient vérifiées :

$$\begin{cases} \dot{\beta}_t &= \alpha_t \\ \dot{\alpha}_t &= \alpha_t^2 - u^2 \end{cases}$$

5. Par simple dérivation, on fait les vérifications voulues :

$$\begin{aligned} \dot{\beta}_t &= -\frac{(-u)\sinh(u(T-t))}{\cosh(u(T-t))} = u\tanh(u(T-t)) = \alpha_t \\ \dot{\alpha}_t &= -u^2\left[1-\tanh^2(u(T-t))\right] = \alpha_t^2 - u^2 \end{aligned}$$

6. On a maintenant :

$$\begin{aligned} dZ_t &= -ue^{W_t}\sin(uA_t)B_t^1\,dB_t^2 + ue^{W_t}\sin(uA_t)B_t^2\,dB_t^1 - \\ &- \alpha_t Z_t B_t^1\,dB_t^1 - \alpha_t Z_t B_t^2\,dB_t^2 \end{aligned}$$

Une combinaison linéaire de $(\mathcal{F}_t)$-martingales étant une $(\mathcal{F}_t)$-martingale, il suffit de prouver l'appartenance à M^2 des 4 processus suivants :

$$e^{W_t}\sin(uA_t)B_t^1, \quad e^{W_t}\sin(uA_t)B_t^2, \quad \alpha_t Z_t B_t^1, \quad \alpha_t Z_t B_t^2; \quad t \geqslant 0$$

Nous pouvons nous contenter d'examiner le premier et le troisième processus, les deux autres se traitant par des calculs similaires.

Nous avons les inégalités :

$$\forall t \in [0,T], \quad \alpha_t \geqslant 0 \quad , \quad \beta_t \leqslant 0$$

Comme, en outre, nous avons la minoration :

$$P\text{-p.s.}, \quad \forall t \in [0,T], \quad C_t \geqslant 0,$$

nous obtenons :

$$P\text{-p.s.}, \quad \forall t \in [0,T], \quad W_t \leqslant 0$$

Nous en déduisons la majoration :

$$P\text{-p.s.}, \quad \forall t \in [0,T], \quad |e^{W_t}\sin(uA_t)B_t^1| \leqslant |B_t^1|,$$

à partir de laquelle nous obtenons facilement le résultat voulu.

Concernant l'autre processus, nous montrons sans difficulté que :

$$P\text{-p.s.}, \quad \forall t \in [0,T] \quad |\alpha_t Z_t B_t^1| \leqslant \alpha_0\,|B_t^1|,$$

ce qui nous permet de conclure.

7. Puisque $(Z_t)_{0 \leqslant t \leqslant T}$ est une martingale, nous avons l'égalité :

$$E[Z_T] = E[Z_0]$$

Comme $\alpha_T = \beta_T = 0$ et $\beta_0 = -\log\cosh(uT)$, cette égalité s'écrit encore :

$$E[\cos(uA_T)] = \frac{1}{\cosh(uT)}$$

Comme $T > 0$ est arbitraire, en utilisant l'égalité établie dans la première question, nous obtenons la formule annoncée.

15.6 MARTINGALE LOCALE EXPONENTIELLEMENT INTÉGRABLE MAIS NON MARTINGALE

Remerciements à G. Giacomin, professeur à l'Université Denis Diderot-Paris 7, qui a rédigé ce problème pour un contrôle de connaissances dans le cadre du Master deuxième année de Modélisation Aléatoire.

Soit B un mouvement brownien bi-dimensionnel issu de 0.

Pour $a \in \mathbb{R}^2 \backslash \{0\}$ et $\varepsilon > 0$, nous appelons $\tau_{\varepsilon,a}$ le temps d'entrée de B dans (la fermeture de) la boule $S(a, \varepsilon)$, définie par :

$$S(a, \varepsilon) = \{x \in \mathbb{R}^2, \quad |x - a| < \varepsilon\}$$

Nous rappelons que $P(d\omega)$-presque sûrement, $\tau_{\varepsilon,a} < \infty$ et nous admettrons que si $b \neq 0$, alors

$$P\left(\exists t \in [0, \infty[, \ B_t = b\right) = 0$$

1. Montrer que pour tout $a \in \mathbb{R}^2 \backslash \{0\}$, on a :

$$P(d\omega)\text{-p.s.}, \quad \lim_{\varepsilon \searrow 0} \tau_{\varepsilon,a} = \infty$$

2. Montrer que si $\varepsilon < |a|$, alors on a l'égalité suivante, $P(d\omega)$-presque sûrement :

$$\log \left|B_{t \wedge \tau_{\varepsilon,a}} - a\right| = \log |a| + \int_0^t \mathbf{1}_{\{s \leqslant \tau_{\varepsilon,a}\}} \sum_{i=1,2} \frac{B_s^i - a}{|B_s - a|^2} \, dB_s^i$$

3. Montrer que

$$\frac{B_s - a}{|B_s - a|^2} \in M_{loc}^2,$$

Nous définissons le processus M par :

$$\forall t \in \mathbb{R}_+, \quad M(t) = \log |B_t - a| - \log |a|$$

Montrer l'égalité :

$$P(d\omega)\text{-p.s.}, \quad M(t) = \int_0^t \sum_{i=1,2} \frac{B_s^i - a_i}{|B_s - a|^2} \, dB_s^i$$

4. Montrer que pour tout $\beta < 2$, on a :

$$E\left[\exp\left(\beta |M(t)|\right)\right] < \infty$$

En déduire que la martingale locale M est dans L^p pour tout p.

5. Montrer que si Z_1 et Z_2 sont deux variables $\mathcal{N}(0,1)$ indépendantes on a
$$E\big[\log\left((Z_1-1)^2+Z_2^2\right)\big] > 0$$

   Indication : On pourra exprimer cette espérance par une intégrale, faire un passage en coordonnées polaires puis utiliser le développement en série entière de $\log(1-z)$.

6. Montrer qu'on peut trouver $t>0$ tel que
$$E\left[\log|B_t-a|\right] > \log|a|$$

7. Montrer que la martingale locale M n'est pas une martingale.

Corrigé

1. Soit $\omega \in \Omega$ fixé et $0 < \epsilon_1 < \epsilon_2$.
Puisque $S(a,\epsilon_1) \subset S(a,\epsilon_2)$, on a $\tau_{\epsilon_1,a}(\omega) \geqslant \tau_{\epsilon_2,a}(\omega)$.
Nous pouvons donc définir :
$$\lim_{\epsilon \searrow 0} \tau_{\epsilon,a}(\omega) = \sup_{\epsilon>0} \tau_{\epsilon,a}(\omega) \in \overline{\mathbb{R}}_+$$
Nous noterons désormais $\tau_a(\omega)$ cette quantité.
Supposons maintenant que $\tau_a(\omega) < +\infty$. La définition de $\tau_{\epsilon,a}$ et la continuité de la trajectoire brownienne nous donnent alors :
$$|B_{\tau_{\epsilon,a}}(\omega)-a| \leqslant \epsilon$$
puis, par passage à la limite quand $\epsilon \searrow 0$,
$$B_{\tau_a}(\omega) = a$$
En somme, nous avons montré l'inclusion suivante :
$$\{\tau_a < +\infty\} \subset \{\exists t \in [0,+\infty[,\ B_t = a\}$$
D'après la propriété admise dans l'énoncé, nous en déduisons que P-presque sûrement, $\tau_a = +\infty$.

2. Puisque $|a| > \epsilon$, on a P-presque sûrement :
$$\tau_{\epsilon,a} > 0 \quad \text{et} \quad |B_{t\wedge\tau_{\epsilon,a}}| \geqslant \epsilon$$
Nous pouvons alors appliquer la formule d'Itô sur l'intervalle $[0, t\wedge\tau_{\epsilon,a}]$ puisque l'application $f : \mathbb{R}^2\backslash\{a\} \to \mathbb{R}$ définie ci-dessous est de classe $\mathcal{C}^2$:
$$f(x) = \log|x-a| = \frac{1}{2}\log[(x_1-a_1)^2+(x_2-a_2)^2]$$
Pour $i=1,2$, il est facile de calculer successivement :
$$\frac{\partial f}{\partial x_i}(x) = \frac{x_i-a_i}{|x-a|^2} \quad , \quad \frac{\partial^2 f}{\partial x_i^2}(x) = \frac{|x-a|^2-2(x_i-a_i)^2}{|x-a|^4},$$
d'où finalement la nullité de Δf sur $\mathbb{R}^2\backslash\{a\}$.

La formule d'Itô nous donne alors :

$$P\text{-p.s.}, \quad \log|B_{t\wedge\tau_{\epsilon,a}} - a| = \log|a| + \int_0^{t\wedge\tau_{\epsilon,a}} \sum_{i=1}^{2} \frac{(B_s^i - a_i)}{|B_s - a|^2}\, dB_s^i \qquad (15.6.14)$$

ce qui est bien l'égalité de l'énoncé.

3. La propriété admise dans le début de l'énoncé nous donne :

$$P(d\omega)\text{-p.s.}, \quad \forall t \in \mathbb{R}_+^*, \quad B_t(\omega) \neq a$$

Nous en déduisons que $P(d\omega)$-presque sûrement, les applications $\phi_i : \mathbb{R}_+ \to \mathbb{R}$, $i = 1, 2$, définies par :

$$\phi_i(s) = \frac{B_s^i(\omega) - a_i}{|B_s(\omega) - a|^2}$$

sont continues, donc bornées sur tout intervalle compact, ce qui entraîne :

$$\frac{B_s - a}{|B_s - a|^2} \in M_{loc}^2$$

En particulier, les intégrales stochastiques suivantes sont bien définies :

$$\int_0^t \frac{B_s^i - a_i}{|B_s - a|^2}\, dB_s^i, \quad i = 1, 2$$

Puisque P-presque sûrement, $\lim_{\epsilon\searrow 0} \tau_{\epsilon,a} = +\infty$, il suffit de passer à la limite lorsque $\epsilon \searrow 0$ dans la formule (15.6.14) pour obtenir l'égalité demandée.

Si nous notons $(\mathcal{F}_t)_{t\geqslant 0}$ la filtration canonique associée au mouvement brownien B, l'égalité :

$$M_t = \sum_{i=1}^{2} \int_0^t \frac{B_s^i - a_i}{|B_s - a|^2}\, dB_s^i$$

montre que le processus M est une $(\mathcal{F}_t)$- martingale locale.

4. Notons d'abord que pour $\beta < 0$, le résultat est évident puisque l'espérance est majorée par 1. Nous supposons donc maintenant $0 \leqslant \beta < 2$.

Le processus M s'écrivant sous la forme :

$$\forall t \in \mathbb{R}_+, \quad M_t = \log\frac{|B_t - a|}{|a|},$$

nous avons les inégalités :

$$\begin{aligned} E[\exp(\beta|M_t|)] &\leqslant E[\exp(\beta M_t)] + E[\exp(-\beta M_t)] \\ &\leqslant E[\frac{|B_t - a|^\beta}{|a|^\beta}] + E[\frac{|B_t - a|^{-\beta}}{|a|^{-\beta}}] \end{aligned}$$

Or, en effectuant le changement de variables en coordonnées polaires :

$$\left\{ \begin{array}{lcl} x - a_1 &=& r\cos\theta \\ y - a_2 &=& r\sin\theta \end{array} \right. ,$$

nous obtenons, pour tout $\gamma \in]-2,2[$,

$$\begin{aligned} E[|B_t - a|^\gamma] &= \int_{\mathbb{R}^2} [(x-a_1)^2 + (y-a_2)^2]^{\frac{\gamma}{2}} \frac{1}{2\pi t} \exp(-\frac{x^2+y^2}{2t})\, dx\, dy \\ &\leqslant \frac{1}{2\pi t} \exp(-\frac{a_1^2+a_2^2}{2t}) \times \\ &\times \int_{]0,+\infty[\times]0,2\pi[} r^{\gamma+1} \exp(-\frac{r^2 - (|a_1|+|a_2|)r}{2t})\, dr\, d\theta \end{aligned}$$

Nous en déduisons :

$$E[|B_t - a|^\gamma] \leqslant \frac{1}{t} \int_0^{+\infty} r^{\gamma+1} \exp(-\frac{r^2 - (|a_1|+|a_2|)r}{2t})\, dr < +\infty$$

Il en résulte que $E[\exp(\beta|M_t|)] < +\infty$ pour $0 \leqslant \beta < 2$.
Pour en déduire que la martingale locale M est dans L^p pour tout $p \in \mathbb{N}^*$, il suffit de partir de la majoration :

$$\forall p \in \mathbb{N}^*, \quad \forall x \in \mathbb{R}, \quad \frac{|x|^p}{p!} \leqslant \exp(|x|)\,,$$

pour en déduire :

$$E[|M_t|^p] \leqslant p!\, E[\exp(|M_t|)] < +\infty$$

5. Un simple changement de variables en coordonnées polaires montre que :

$$E\left[\log\left((Z_1-1)^2 + Z_2^2\right)\right] = \frac{1}{2\pi} \int_0^{+\infty} I(r)\, r \exp(-\frac{r^2}{2})\, dr,$$

où l'on a posé, pour tout $r > 0$:

$$I(r) = \int_0^{2\pi} \log(1 + r^2 - 2r\cos\theta)\, d\theta$$

Notons l'égalité suivante, qui est immédiate à démontrer :

$$\forall r > 0, \quad I(\frac{1}{r}) = I(r) - 4\pi \log r$$

Fixons maintenant $r \in]0,1[$; nous allons prouver que $I(r) = 0$.

Rappelons ici le développement en série entière classique :

$$\log(1-z) = -\sum_{n\geqslant 1} \frac{z^n}{n},$$

avec convergence normale donc uniforme de la série entière sur le disque fermé $\{z \in \mathbb{C},\ |z| \leqslant r\}$.

Nous en déduisons le calcul suivant :

$$\begin{aligned} I(r) &= \int_0^{2\pi} \log(1 - re^{i\theta})\, d\theta + \int_0^{2\pi} \log(1 - re^{-i\theta})\, d\theta \\ &= -\int_0^{2\pi} \sum_{n\geqslant 1} r^n e^{in\theta}\, d\theta - \int_0^{2\pi} \sum_{n\geqslant 1} r^n e^{-in\theta}\, d\theta \end{aligned}$$

En raison de la convergence uniforme constatée précédemment, nous pouvons donc écrire :

$$I(r) = -\sum_{n\geqslant 1} r^n \int_0^{2\pi} e^{in\theta}\, d\theta - \sum_{n\geqslant 1} r^n \int_0^{2\pi} e^{-in\theta}\, d\theta = 0$$

Nous déduisons de tout ce qui précède que l'égalité de départ se réécrit :

$$E\left[\log\left((Z_1-1)^2 + Z_2^2\right)\right] = \int_1^{+\infty} 2r \log r \exp(-\frac{r^2}{2})\, dr.$$

Cette dernière intégrale étant manifestement strictement positive, nous obtenons la conclusion voulue.

6. Il s'agit de prouver l'existence de $t > 0$ tel que :

$$E\left[\log \frac{|B_t - a|}{|a|}\right] > 0$$

Le mouvement brownien étant invariant par rotation – en réalité, ici, nous n'utilisons que l'invariance de la loi $\mathcal{N}(0, tI_2)$ – nous pouvons nous ramener au cas où $a = (|a|, 0)$ si bien qu'il nous reste à montrer :

$$E\left[\log \left|\frac{B_t}{|a|} - (1,0)\right|\right] > 0$$

Choisissons $t = |a|^2$ de sorte que nous pouvons écrire :

$$\frac{B_t}{|a|} = (Z_1, Z_2),$$

avec Z_1,Z_2 variables indépendantes gaussiennes centrées réduites.

Nous concluons alors facilement en utilisant la question précédente.

7. Si M était une martingale, son espérance serait constante donc on aurait :

$$\forall t > 0, \quad E\big[\log|B_t - a|\big] = \log|a|,$$

ce qui est contredit par la question précédente.

Remarque. Nous avons donc construit une martingale locale admettant des moments de tous les ordres (et même exponentiellement intégrable) mais qui n'est pas une martingale.

15.7 MOUVEMENT BROWNIEN CONDITIONNÉ À RESTER POSITIF

Soit B un mouvement Brownien réel issu de $B(0) = 0$ défini sur un espace $(\Omega, \mathcal{A}, \mathbf{P})$ avec une filtration $(\mathcal{F}_t)_{t \geqslant 0}$, soient $\alpha \geqslant 0$, $x \in (0, +\infty)$, et $X^{\alpha,x}$ le mouvement Brownien issu de x et avec dérive $-\alpha$,

$$X^{\alpha,x}(t) = x + B(t) - \alpha t, \quad t \geqslant 0.$$

On notera $\tau^{\alpha,x} = \inf\{t \geqslant 0 : X^{\alpha,x} = 0\}$ le temps d'atteinte de 0 par $X^{\alpha,x}$, $g(t,x)$ la densité Gaussienne $g(t,x) = \frac{1}{\sqrt{2\pi t}} e^{-x^2/2t}$ et $\mathbf{E}[U; A] = \mathbf{E}[U \mathbf{1}_A]$ l'espérance d'une variable aléatoire U sur l'événement A. On rappelle le résultat suivant, établi dans la section 13.3 : pour tous $a \geqslant 0$ et $b \leqslant a$,

$$\mathbf{P}\big(\max_{s \in [0,t]} B(s) \geqslant a, B(t) \leqslant b\big) = \mathbf{P}\big(B(t) \geqslant 2a - b\big). \tag{15.7.15}$$

1. Montrer que pour $f : \mathbb{R}^+ \to \mathbb{R}$ mesurable bornée,

$$\mathbf{E}\big[f(X^{0,x}(t)); \tau^{0,x} > t\big] = \int_0^\infty f(y) p_-(t,x,y) dy,$$

avec, en notant sinh la fonction sinus hyperbolique $\sinh(z) = (e^z - e^{-z})/2$,

$$p_-(t,x,y) = g(t, y-x) - g(t, y+x) = \frac{2}{\sqrt{2\pi t}} e^{-\frac{x^2+y^2}{2t}} \sinh(\frac{xy}{t}).$$

2. A l'aide d'une transformation de Girsanov, déterminer une probabilité $\mathbb{Q}$ sur $\mathcal{F}_\infty$ telle que sous $\mathbb{Q}$ le processus $X^{\alpha,x}$ soit un mouvement Brownien issu de x. En déduire que pour f comme plus haut,

$$\mathbf{E}\big[f(X^{\alpha,x}(t)); \tau^{\alpha,x} > t\big] = \int_0^\infty f(y) p_-^{(\alpha)}(t,x,y) dy,$$

avec

$$p_-^{(\alpha)}(t,x,y) = e^{-\alpha(y-x) - \alpha^2 t/2} p_-(t,x,y).$$

3(i) Vérifier que $p_-(t,x,y)$ satisfait l'équation de la chaleur $\frac{\partial p_-}{\partial t} = \frac{1}{2}\frac{\partial^2 p_-}{\partial y^2}$.

(ii) On définit $u^{(\alpha)}(t,x) = \mathbf{P}(\tau^{\alpha,x} > t)$. En utilisant une écriture intégrale de $u^{(\alpha)}$, calculer sa dérivée en temps par intégrations par parties.

(iii) En déduire que

$$\mathbf{P}(\tau^{\alpha,x} > t) = \int_t^{+\infty} \frac{x}{\sqrt{2\pi r^3}} \exp\{-\frac{(x-\alpha r)^2}{2r}\} dr,$$

et conclure que $\tau^{\alpha,x}$ a une densité que l'on précisera.

4. Pour $s \geqslant 0$ fixé, montrer l'existence de la limite :

$$\lim_{t \to \infty} \frac{\frac{\partial}{\partial t} u^{(\alpha)}(t-s, y)}{\frac{\partial}{\partial t} u^{(\alpha)}(t,x)} \quad ,$$

et en déduire que pour s, x, y positifs fixés,

$$\lim_{t\to\infty} \frac{\mathbf{P}(\tau^{\alpha,y} > t-s)}{\mathbf{P}(\tau^{\alpha,x} > t)} = \frac{y}{x}\exp\left\{\alpha(y-x) + \frac{\alpha^2 s}{2}\right\}. \qquad (15.7.16)$$

5. Soit f mesurable bornée.

(i) Exprimer $\mathbf{E}\big[f(X^{\alpha,x}(s))\mathbf{1}_{\{\tau^{\alpha,x}>t\}}\big|\mathcal{F}_s\big]$ à l'aide de la loi de $\tau^{\alpha,y}$ pour $y \in \mathbb{R}$.

(ii) Trouver la constante C telle que, en notant $q(s,x,y) = C\frac{y}{x}p_-(s,x,y)$, on ait

$$\lim_{t\to\infty} \mathbf{E}\big[f(X^{\alpha,x}(s))|\tau^{\alpha,x} > t\big] = \int_0^\infty f(y)q(s,x,y)dy.$$

(iii) Cette constante dépend-elle de α ? Commenter.

6. Vérifier que pour tout x, l'application $(t,y) \mapsto q(t,x,y)$ est solution de l'équations aux dérivées partielles

$$\begin{aligned} \frac{\partial}{\partial t}q &= \frac{1}{2}\frac{\partial^2}{\partial y^2}q - \frac{\partial}{\partial y}\left(\frac{q}{y}\right), \quad \text{pour} \quad t>0, y>0,\\ q(t,x,0) &= 0,\\ \lim_{t\searrow 0} q(t,x,y)dy &= \delta_x(dy). \end{aligned}$$

Pour quelle diffusion cette équation est-elle une équation de Kolmogorov ? En admettant que cette équations aux dérivées partielles admet une unique solution, identifier la densité $\rho(t,r)$ qui apparaît dans la dernière question de l'exercice intitulé «Processus de Bessel» dans la section 10.5.

Corrigé

1. Traitons d'abord le cas où f est de la forme $f = \mathbf{1}_{[r,\infty)}$ avec $r \geqslant 0$.

$$\begin{aligned} \mathbb{E}\left[f(X^{0,x}(t)); \tau^{0,x} \leqslant t\right] &= \mathbb{P}\left(x + B(t) \geqslant r\,; \exists s \in [0,t], x + B(s) \leqslant 0\right)\\ &= \mathbb{P}\left(x - B(t) \geqslant r\,; \exists s \in [0,t], x - B(s) \leqslant 0\right) \quad (B \overset{\text{loi}}{=} -B)\\ &= \mathbb{P}\left(B(t) \leqslant x - r\,;\ \max_{0\leqslant s\leqslant t} B(s) \geqslant x\right)\\ &= \mathbb{P}\left(B(t) \geqslant x + r\right) \quad ((15.7.15) \text{ avec } a = x \text{ et } b = x - r)\\ &= \mathbb{E}[f(B(t) - x)]. \end{aligned}$$

En passant au complémentaire, on en déduit que :

$$\mathbb{E}\left[f(X^{0,x}(t)); \tau^{0,x} > t\right] = \mathbb{E}[f(B(t) + x)] - \mathbb{E}[f(B(t) - x)].$$

C'est l'identité cherchée car $B(t) \pm x$ a pour densité $y \mapsto g(t, y \mp x)$. La formule s'étend aux fonctions simples par linéarité, puis au fonctions mesurables bornées par densité.

2. Il est bien connu que le processus Z défini par

$$Z(t) := \exp\left\{\alpha B(t) - \frac{\alpha^2 t}{2}\right\} \qquad (t \geqslant 0)$$

est une martingale positive issue de $Z(0) = 1$ (martingale exponentielle). Ce constat permet de définir une mesure de probabilité $\mathbb{Q}$ sur $\mathcal{F}_\infty$ par

$$d\mathbb{Q}_{|\mathcal{F}_t} := Z(t)\, d\mathbf{P}_{|\mathcal{F}_t} \qquad (t \geqslant 0).$$

Sous cette mesure, le théorème de Girsanov garantit que $\widetilde{B} := \{B(t) - \alpha t\}_{t\geqslant 0}$ est un mouvement brownien standard, et donc que $X^{\alpha,x} = x + \widetilde{B}$ est un mouvement brownien issu de x. Autrement dit, le processus $X^{\alpha,x}$ sur l'espace $(\Omega, \mathcal{F}_\infty, \mathbb{Q})$ a même loi que le processus $X^{0,x}$ sur $(\Omega, \mathcal{F}_\infty, \mathbf{P})$. On en déduit en particulier que pour toute fonction $f\colon \mathbb{R}_+ \to \mathbb{R}$ mesurable bornée,

$$\begin{aligned} \mathbf{E}_{\mathbb{Q}}\left[f(X^{\alpha,x}(t)); \tau^{\alpha,x} > t\right] &= \mathbf{E}\left[f\left(X^{0,x}\right); \tau^{0,x} > t\right] \\ &= \int_0^\infty f(y) p_-(t,x,y)\, dy \qquad \text{(question 1)}. \end{aligned}$$

En remplaçant f par $y \mapsto f(y) e^{\alpha(x-y) - \frac{\alpha^2 t}{2}}$, on obtient

$$\mathbf{E}_{\mathbb{Q}}\left[Z^{-1}(t) f(X^{\alpha,x}(t)); \tau^{\alpha,x} > t\right] = \int_0^\infty f(y) p_-^{(\alpha)}(t,x,y)\, dy.$$

Pour conclure, il suffit maintenant d'utiliser la définition de $\mathbb{Q}$ pour écrire

$$\mathbf{E}_{\mathbb{Q}}\left[Z^{-1}(t) f(X^{\alpha,x}(t)); \tau^{\alpha,x} > t\right] = \mathbf{E}\left[f(X^{\alpha,x}(t)); \tau^{\alpha,x} > t\right].$$

Attention : l'égalité $d\mathbb{Q} = Z(t) d\mathbf{P}$ n'est valable que sur la tribu $\mathcal{F}_t$! Il faut donc s'assurer ici que $f\left(X^{\alpha,x}(t)\right) \mathbf{1}_{(\tau^{\alpha,x} > t)}$ est $\mathcal{F}_t$−mesurable. C'est le cas car $X^{\alpha,x}$ est adapté et $\tau^{\alpha,x}$ est un temps d'arrêt (temps d'atteinte d'un fermé par un processus continu et adapté).

(i) D'après le cours, la densité gaussienne g satisfait l'équation de la chaleur. Pour $x \in \mathbb{R}$ fixé, il en est donc de même des fonctions $(t,y) \mapsto g(t, y-x)$ et $(t,y) \mapsto g(t, y+x)$, donc de leur différence.

(ii) La formule de la question 2 avec $f \equiv 1$ donne l'écriture intégrale

$$e^{\frac{\alpha^2 t}{2}} u^{(\alpha)}(t,x) = \int_0^\infty e^{-\alpha(y-x)} p_-(t,x,y)\, dy. \qquad (\star)$$

Or pour $0 < t_1 \leqslant t \leqslant t_2 < \infty$, on a la domination

$$\left|\frac{\partial p_-}{\partial t}(t,x,y)\right| \leqslant \frac{1}{\sqrt{2\pi t_1}} \left[\left(\frac{1}{t_1} + \frac{(y-x)^2}{t_1^2}\right) e^{\frac{-(y-x)^2}{2t_2}} + \left(\frac{1}{t_1} + \frac{(y+x)^2}{t_1^2}\right) e^{\frac{-(y+x)^2}{2t_2}}\right]$$

Après produit par $e^{-\alpha(y-x)}$, le membre de droite est clairement intégrable par rapport à y sur $(0,\infty)$, ce qui nous autorise à dériver sous l'intégrale dans $(\star)$ pour obtenir que pour $t > 0$,

$$\begin{aligned} e^{\frac{\alpha^2 t}{2}} \left\{\frac{\alpha^2}{2} u^{(\alpha)}(t,x) + \frac{\partial u^{(\alpha)}}{\partial t}(t,x)\right\} &= \int_0^\infty e^{-\alpha(y-x)} \frac{\partial p_-}{\partial t}(t,x,y)\, dy \\ &= \frac{1}{2}\int_0^\infty e^{-\alpha(y-x)} \frac{\partial^2 p_-}{\partial y^2}(t,x,y)\, dy \end{aligned}$$

Par intégration par parties, ce membre de droite se réécrit :

$$-\frac{x}{\sqrt{2\pi t^3}}e^{\alpha x-\frac{x^2}{2t}}+\frac{\alpha}{2}\int_0^\infty e^{-\alpha(y-x)}\frac{\partial p_-}{\partial y}(t,x,y)\,dy$$

ou encore, par une nouvelle intégration par parties :

$$-\frac{x}{\sqrt{2\pi t^3}}e^{\alpha x-\frac{x^2}{2t}}+\frac{\alpha^2}{2}\int_0^\infty e^{-\alpha(y-x)}p_-(t,x,y)\,dy=-\frac{x}{\sqrt{2\pi t^3}}e^{\alpha x-\frac{x^2}{2t}}+\frac{\alpha^2}{2}e^{\frac{\alpha^2 t}{2}}u^{(\alpha)}(t,x)$$

Après simplification, on obtient finalement :

$$-\frac{\partial u^{(\alpha)}}{\partial t}(t,x)=\frac{x}{\sqrt{2\pi t^3}}e^{-\frac{(x-\alpha t)^2}{2t}} \qquad (\star\star)$$

(iii) En intégrant $(\star\star)$ entre t et T, il vient

$$u^{(\alpha)}(t,x)-u^{(\alpha)}(T,x) \quad = \quad \int_t^T \frac{x}{\sqrt{2\pi r^3}}e^{-\frac{(x-\alpha r)^2}{2r}}\,dr.$$

Pour obtenir l'identité cherchée, il suffit de faire $T\to\infty$ et de remarquer que $u^{(\alpha)}(T,x)\to 0$ puisque p-s, $\tau^{\alpha,x}\leqslant\tau^{0,x}<+\infty$. Ainsi $\tau_{\alpha,x}$ a pour densité $r\mapsto \frac{x}{\sqrt{2\pi r^3}}e^{-\frac{(x-\alpha r)^2}{2r}}\mathbf{1}_{r\geqslant 0}$.

4. Grâce à $(\star\star)$, nous calculons :

$$\frac{\frac{\partial u^{(\alpha)}}{\partial t}(t-s,y)}{\frac{\partial u^{(\alpha)}}{\partial t}(t,x)} \quad = \quad \left(\frac{t}{t-s}\right)^{\frac{3}{2}}\frac{y}{x}e^{\frac{(x-\alpha t)^2}{2t}-\frac{(y-\alpha(t-s))^2}{2(t-s)}} \underset{t\to\infty}{\longrightarrow} \frac{y}{x}e^{\alpha(y-x)+\frac{\alpha^2 s}{2}}.$$

En d'autres termes, les fonctions positives suivantes sont équivalentes en $+\infty$:

$$t\mapsto -\frac{\partial u^{(\alpha)}}{\partial t}(t-s,y) \quad ; \quad t\mapsto -\frac{y}{x}e^{\alpha(y-x)+\frac{\alpha^2 s}{2}}\frac{\partial u^{(\alpha)}}{\partial t}(t,x)$$

Leurs restes intégraux sont donc aussi équivalents en $+\infty$:

$$\int_r^\infty -\frac{\partial u^{(\alpha)}}{\partial t}(t-s,y)\,dt \underset{r\to\infty}{\sim} \int_r^\infty -\frac{y}{x}e^{\alpha(y-x)+\frac{\alpha^2 s}{2}}\frac{\partial u^{(\alpha)}}{\partial t}(t,x)\,dt,$$

ce qui, après réarrangement, donne exactement la limite cherchée.

(5) Posons $\widetilde{B}(u):=B(s+u)-B(s)$, de sorte que $\{\widetilde{B}(u)\}_{u\geqslant 0}$ est un mouvement brownien indépendant de $\mathcal{F}_s$ (propriété de Markov).
Puisque $X^{\alpha,x}(s+u)=X^{\alpha,x}(s)+\widetilde{B}(u)-\alpha u$, on a

$$f(X^{\alpha,x}(s))\mathbf{1}_{\tau^{\alpha,x}>t} \quad = \quad f(X^{\alpha,x}(s))\mathbf{1}_{\tau^{\alpha,x}>s}\mathbf{1}_{\forall u\in[0,t-s],X^{\alpha,x}(s)+\widetilde{B}(u)-\alpha u>0}.$$

Par ailleurs, on a déjà noté dans la réponse à la question 2 que les variables aléatoires $X^{\alpha,x}(s)$ et $\mathbf{1}_{\tau^{\alpha,x}>s}$ sont $\mathcal{F}_s$−mesurable. On déduit donc de la décomposition ci-dessus que

$$\mathbb{E}\left[f(X^{\alpha,x}(s))\mathbf{1}_{\tau^{\alpha,x}>t}|\mathcal{F}_s\right] \quad = \quad f(X^{\alpha,x}(s))\mathbf{1}_{\tau^{\alpha,x}>s}\phi(X^{\alpha,x}(s)),$$

avec

$$\begin{aligned}\phi(y) &= \mathbf{P}\left(\forall u \in [0,t-s], y+\widetilde{B}(u)-\alpha u>0\right)\\ &= \mathbf{P}\left(\forall u \in [0,t-s], y+B(u)-\alpha u>0\right) \qquad (\text{car } \widetilde{B} \overset{loi}{=} B)\\ &= \mathbf{P}\left(\tau^{\alpha,y}>t-s\right)\end{aligned}$$

(ii) En passant à l'espérance, on en déduit

$$\begin{aligned}\mathbf{E}\left[f\left(X^{\alpha,x}(s)\right); \tau^{\alpha,x}>t\right] &= \mathbf{E}\left[f(X^{\alpha,x}(s))\phi(X^{\alpha,x}(s))\mathbf{1}_{\tau^{\alpha,x}>s}\right]\\ &= \int_0^\infty f(y)\phi(y)p_-^{(\alpha)}(s,x,y)\,dy \quad ,\end{aligned}$$

cette dernière égalité venant du résultat de la question 2 appliqué à $f\phi$ au lieu de f. En divisant de part et d'autre par $\mathbf{P}\left(\tau^{\alpha,x}>t\right)$, il vient

$$\mathbf{E}\left[f\left(X^{\alpha,x}(s)\right)|\tau^{\alpha,x}>t\right] = \int_0^\infty f(y)p_-^{(\alpha)}(s,x,y)\frac{\mathbf{P}\left(\tau^{\alpha,y}>t-s\right)}{\mathbf{P}\left(\tau^{\alpha,x}>t\right)}\,dy.$$

Au vu de la limite établie à la question 4, on conclut par convergence dominée que :

$$\mathbf{E}\left[f\left(X^{\alpha,x}(s)\right)|\tau^{\alpha,x}>t\right] \underset{t\to\infty}{\longrightarrow} \int_0^\infty f(y)p_-^{(\alpha)}(s,x,y)\frac{y}{x}e^{\alpha(y-x)+\frac{\alpha^2 s}{2}}\,dy$$

ou encore :

$$\mathbf{E}\left[f\left(X^{\alpha,x}(s)\right)|\tau^{\alpha,x}>t\right] \underset{t\to\infty}{\longrightarrow} \int_0^\infty f(y)p_-(s,x,y)\frac{y}{x}\,dy,$$

ce qui est l'identité cherchée avec $C=1$.

(iii) Le terme de droite ne dépend plus de α : ainsi, le fait de conditionner $X^{\alpha,x}$ à rester positif fait complètement disparaître la dérive.

6. Puisque $q(t,x,y)=(y/x)p_-(t,x,y)$, on a bien $q(t,x,0)=0$ et

$$\begin{aligned}\frac{1}{2}\frac{\partial^2 q}{\partial y^2} &= \frac{1}{x}\frac{\partial p_-}{\partial y}+\frac{y}{2x}\frac{\partial^2 p_-}{\partial y^2}\\ &= \frac{1}{x}\frac{\partial p_-}{\partial y}+\frac{y}{x}\frac{\partial p_-}{\partial t} \qquad (\text{équation de la chaleur pour } p_-, \text{ question } 3)\\ &= \frac{\partial}{\partial y}\left(\frac{q}{y}\right)+\frac{\partial q}{\partial t}.\end{aligned}$$

Enfin, la propriété $q(t,x,y)\,dy \to \delta_x(dy)$ quand $t\to 0$ découle de l'équation progressive établie pour p à la suite de l'équation de la chaleur (4.2.19) page 67, en prêtant attention au fait qu'ici tout se passe sur $\mathbb{R}_+$.
On reconnaît l'équation de Kolmogorov progressive associée à la diffusion :

$$dY_t = \frac{dt}{Y_t}+dB_t \quad ; \quad Y_0 = x$$

Avec $x = \|b\|$, c'est précisément la diffusion obtenue à la question 3 de l'exercice cité dans l'énoncé, en dimension $d = 3$. En admettant qu'il y ait une unique solution à cette équation de Kolmogorov, on en déduit que pour $d = 3$, nous avons :

$$\varrho(t,r) = \frac{r}{\|b\|\sqrt{2\pi t}}\left[\exp\left(-\frac{(r-\|b\|)^2}{2t}\right) - \exp\left(\frac{(r+\|b\|)^2}{2t}\right)\right].$$

15.8 ÉQUATION DES ONDES

Soit un entier $d \geqslant 1$, et D un ouvert connexe borné de $\mathbb{R}^d$. On considère un mouvement Brownien d-dimensionnel B issu de $B(0) = x \in D$, une variable Z de loi gaussienne $\mathcal{N}(0,1)$ et Y une variable aléatoire de loi de Cauchy de densité $\frac{1}{\pi(1+y^2)}$ sur $\mathbb{R}$. On suppose B, Y, Z indépendants entre eux, et on note P_x, E_x la probabilité et l'espérance sur l'espace probabilisé correspondant. On note $\Delta = \sum_{i=1}^d \frac{\partial^2}{\partial x_i^2}$ le Laplacien.

Le but de ce problème est d'étudier l'équation des ondes

$$\frac{\partial^2}{\partial t^2}u(t,x) = \Delta u(t,x), \qquad (t,x) \in \mathbb{R}^+ \times D, \tag{15.8.17}$$

plus précisément les solutions particulières de la forme

$$u(t,x) = E_x\big[f\big(tY + \sqrt{\tau}Z, B(\tau)\big)\big], \tag{15.8.18}$$

avec $f : \mathbb{R} \times \partial D \to \mathbb{R}$ borélienne bornée, et

$$\tau = \inf\{t \geqslant 0 : B(t) \in D^c\}$$

le temps de sortie de D pour le mouvement brownien B, dont on rappelle qu'il est presque sûrement fini. On pose

$$v(t,x) = E_x\big[f(t + \sqrt{\tau}Z, B(\tau)\big],$$

de sorte que $u(t,x) = E_x[v(tY,x)]$. [Remarquer que l'espérance ne porte que sur Y, et pourrait donc être notée $\mathbf{E}[v(tY,x)] = u(t,x)$.]

1. Dans cette question, on considère le cas particulier où $d = 1$, $D =]-1,1[$.

(i) Lorsque $f(t,x) = e^x \cos(t)$ pour $t \in \mathbb{R}, x = \pm 1$, calculer la fonction u donnée par (15.8.18), et vérifier qu'elle est solution de (15.8.17). On rappelle que $\mathbf{E}e^{isY} = e^{-|s|}$ pour tout réel s.

(ii) Vérifier que $u(t,x) = e^{-x-t}$ est solution de (15.8.17). Trouver une fonction f telle que l'on ait (15.8.18).

(iii) Vérifier que $u(t,x) = e^{x+t}$ est solution de (15.8.17), et qu'elle n'est pas de la forme (15.8.18) pour une fonction f bornée.

2. On revient à présent au cas général. Soit $W = (W_i)_{i=0}^d$ un mouvement brownien de dimension $1+d$, $\mathcal{P}_w$ sa loi quand il part de $w \in \mathbb{R} \times D$, et

$$\sigma = \inf\{s \geqslant 0 : W(s) \notin \mathbb{R} \times D\}$$

le temps de sortie de la bande $\mathbb{R} \times D$ de $\mathbb{R}^{1+d}$. On notera $\widetilde{W} = (W_i)_{i=1}^d$, de sorte que $W = (W_0, \widetilde{W})$.

(i) Comparer la loi de σ sous $\mathcal{P}_{t,x}$ et celle de τ sous P_x, et en déduire que $\sigma < \infty$ p.s.

(ii) Montrer que $(t + \sqrt{\tau} Z, B(\tau))$ a même loi sous P_x que $(W_0(\sigma), \widetilde{W}(\sigma))$ sous $\mathcal{P}_{t,x}$. En déduire que

$$v(t,x) = \mathcal{E}_{(t,x)}[f(W(\sigma))].$$

(iii) Montrer que

$$\frac{\partial^2}{\partial t^2} v(t,x) = -\Delta v(t,x), \qquad (t,x) \in \mathbb{R} \times D.$$

Indication : soit $\sigma_n = \inf\{s \geqslant 0 : W(s) \notin]-n, n[\times D\}$ pour n entier, et $v_n(t,x) = \mathcal{E}_{(t,x)}[f(W(\sigma_n))]$. Vérifier que $\sigma_n \to \sigma$ p.s., que v_n est harmonique sur $]-n,n[\times D$, et enfin que v est harmonique sur $\mathbb{R} \times D$.

3.

(i) Calculer la valeur de $E_x e^{-(r+sZ)^2}$ pour $r, s \in \mathbb{R}$.

(ii) En déduire qu'il existe des constantes positives c, C telles que

$$E_x e^{-(t+\sqrt{\tau}Z)^2} \leqslant C e^{-c|t|}, \qquad t \in \mathbb{R}, x \in \mathbb{R}^d.$$

[On admettra que $P_x(\tau \geqslant t) \leqslant e^{-kt}, t \geqslant 0$, pour une constante $k > 0$]

4. Dans cette question, on fera l'hypothèse (H) :

$$t \mapsto f(t,x) \text{ est } C^2, \quad \forall t \in \mathbb{R} \quad \left|\frac{\partial}{\partial t} f(t,x)\right| + \left|\frac{\partial^2}{\partial t^2} f(t,x)\right| \leqslant e^{-t^2}, \quad \text{idem sur } \partial_x,$$

et on notera $v^{(1)}(t,x) = \frac{\partial}{\partial t} v(t,x)$, $v^{(2)}(t,x) = \frac{\partial^2}{\partial t^2} v(t,x)$.

(i) Montrer que sous l'hypothèse (H),

$$\frac{\partial^2}{\partial t^2} u(t,x) = E_x\left[Y^2 \times v^{(2)}(tY, x)\right].$$

(ii) En utilisant la densité de Cauchy, en déduire que

$$\frac{\partial^2}{\partial t^2} u(t,x) = -E_x\left[v^{(2)}(tY, x)\right].$$

[On remarquera que $\lim_{z \to +\infty} v^{(1)}(z,x) = \lim_{z \to -\infty} v^{(1)}(z,x) = 0$.]

(iii) Conclure de ce qui précède que, sous l'hypothèse (H), u est solution de (15.8.17).

Corrigé

1.

(i) Calculons d'abord v, en intégrant d'abord en Z :

$$\begin{aligned} v(t,x) &= E_x\big[e^{B(\tau)}\cos(t+\sqrt{\tau}Z)\big] \\ &= E_x\big[e^{B(\tau)}\frac{1}{2}\sum_{\pm} e^{\pm i(t+\sqrt{\tau}Z)}\big] \\ &= \frac{1}{2}\sum_{\pm} e^{\pm it}E_x\big[e^{B(\tau)}E_x[e^{\pm i\sqrt{\tau}Z}|B]\big] \end{aligned}$$

Par conséquent, nous avons :

$$v(t,x) = \frac{1}{2}\sum_{\pm} e^{\pm it}E_x\big[e^{B(\tau)-\tau/2}\big] \tag{15.8.19}$$

Calculons maintenant $E_x\big[e^{B(\tau)-\tau/2}\big]$. Comme $e^{B(t)-t/2}$, $t \geqslant 0$, est une martingale, le théorème d'arrêt pour le temps d'arrêt borné $\tau_n = \tau \wedge n$ entraîne que

$$E_x\big[e^{B(\tau_n)-\tau_n/2}\big] = E_x\big[e^{B(0)}\big] = e^x.$$

Puisque $e^{B(\tau_n)-\tau_n/2} \leqslant e$, le membre de gauche converge vers $E_x\big[e^{B(\tau)-\tau/2}\big]$ quand $n \to \infty$ par le théorème de convergence dominée. Nous en déduisons que $E_x\big[e^{B(\tau)-\tau/2}\big] = e^x$ et donc (15.8.19) nous donne :

$$v(t,x) = e^x\frac{1}{2}\sum_{\pm} e^{\pm it} = e^x\cos(t)$$

Calculons à présent u :

$$\begin{aligned} u(t,x) &= \mathbf{E}v(tY,x) \\ &= \frac{1}{2}e^x\sum_{\pm}\mathbf{E}e^{\pm itY} \\ &= e^{x-|t|} \\ &= e^{x-t}, \qquad \text{pour } t \geqslant 0. \end{aligned}$$

On vérifie directement que pour cette fonction u,

$$\frac{\partial^2}{\partial t^2}u(t,x) = \frac{\partial^2}{\partial x^2}u(t,x) = u(t,x), \tag{15.8.20}$$

elle vérifie bien l'équation des ondes.

(ii) Cette fonction $u(t,x) = e^{-x-t}$ vérifie encore (15.8.20), et donc aussi l'équation des ondes. En reprenant les calculs de la question précédente, on voit qu'elle correspond à $f(t,x) = e^{-x}\cos(t)$.

(iii) Là encore, la fonction $u(t,x) = e^{x+t}$ vérifie (15.8.20), et donc aussi l'équation des ondes.

Remarquons maintenant que les fonctions données par (15.8.18) vérifient :

$$\|u\|_\infty := \sup_{(t,x)\in\mathbb{R}_+\times D} |u(t,x)| \leqslant \|f\|_\infty.$$

Mais $u(t,x) = e^{x+t}$ étant non bornée sur $\mathbb{R}_+ \times]-1,1[$, elle ne peut pas être de la forme (15.8.18) pour une fonction f bornée.

2.

(i) On remarque que σ est le temps de sortie de D pour $\widetilde{W} = (W_i)_{i=1}^d$. La loi de $\widetilde{W}$ sous $\mathcal{P}_{t,x}$ est la même que celle de B sous P_x. On en déduit que la loi de σ sous $\mathcal{P}_{t,x}$ est égale à celle de τ sous P_x, et donc :

$$\mathcal{P}_{t,x}(\sigma < \infty) = P_x(\tau < \infty) = 1$$

(ii) Nous considérons la tribu $\mathcal{F}^{\widetilde{W}} = \sigma(W_i(s), i = 1,\dots d, s \geqslant 0)$ et $g : \mathbb{R} \to \mathbb{R}$, $h : \mathbb{R}^d \to \mathbb{R}$ deux applications mesurables bornées ; nous avons alors :

$$\begin{aligned}\mathcal{E}_{t,x}\left[g(W_0(\sigma))h(\widetilde{W})\right] &= \mathcal{E}_{t,x}\left[h(\widetilde{W})\mathcal{E}_{t,x}[g(W_0(\sigma))|\mathcal{F}^{\widetilde{W}}]\right] \\ &= \mathcal{E}_{t,x}\left[h(\widetilde{W})\mathcal{E}_{t,x}\left[g\left(t+\sqrt{\sigma}\frac{W_0(\sigma)-t}{\sqrt{\sigma}}\right)\Big|\mathcal{F}^{\widetilde{W}}\right]\right]\end{aligned}$$

La variable aléatoire σ est $\mathcal{F}^{\widetilde{W}}$-mesurable, et comme sous $\mathcal{P}_{t,x}$ le processus W_0 est indépendant de la tribu $\mathcal{F}^{\widetilde{W}}$, la loi conditionnelle de $\frac{W_0(\sigma)-t}{\sqrt{\sigma}}$ sachant $\mathcal{F}^{\widetilde{W}}$ est la loi normale $\mathcal{N}(0,1)$.
Ainsi, l'espérance conditionnelle dans la dernière formule est égale à $\mathbf{E}[g(t+sY)]$ avec $s = \sqrt{\sigma}$, et

$$\mathcal{E}_{t,x}\left[g(W_0(\sigma))h(\widetilde{W})\right] = E_x\left[h(B)g(t+\sqrt{\tau}Z)\right],$$

Ceci prouve l'égalité des lois de $(t+\sqrt{\tau}Z, B)$ sous P_x et de $(W_0(\sigma), \widetilde{W})$ sous $\mathcal{P}_{t,x}$, donc aussi celle de $(t+\sqrt{\tau}Z, B(\tau))$ sous P_x et de $(W_0(\sigma), \widetilde{W}(\sigma))$ sous $\mathcal{P}_{t,x}$. Nous en déduisons finalement l'égalité voulue :

$$v(t,x) = E_x[f(t+\sqrt{\tau}Z, B(\tau)] = \mathcal{E}_{(t,x)}[f(W(\sigma))]$$

(iii) Le temps d'arrêt σ_n est le temps de sortie d'un ensemble borné pour le mouvement brownien, il est donc fini p.s. En utilisant la dernière question de l'exercice sur la loi du tout ou rien de Blumenthal page 171, on constate que $]-n,n[\times D$ est régulier au sens de la définition 4.2.15 page 65. Le théorème 4.5 nous dit alors que $v_n(t,x)$ est solution du problème de Dirichlet $(]-n,n[\times D, f)$.
La suite σ_n est majorée par σ, croissante en n, et nous avons l'équivalence :

$$\sigma_n < \sigma \iff |W_0(\sigma)| > n$$

Par conséquent, $\mathcal{P}_{t,x}(d\omega)$-presque sûrement, il existe un rang $N(\omega) \in \mathbb{N}$ tel que, pour tout $n \geqslant N(\omega)$, $\sigma_n(\omega) = \sigma(\omega)$. En particulier, $\mathcal{P}_{t,x}$-p.s., $\sigma_n \to \sigma$.
Comme f est bornée, le théorème de convergence dominée nous donne, pour tout $(t,x) \in \mathbb{R} \times D$:

$$v_n(t,x) = \mathcal{E}_{(t,x)}[f(W(\sigma_n))] \xrightarrow[n\to+\infty]{} v(t,x) = \mathcal{E}_{(t,x)}[f(W(\sigma))]$$

La fonction v_n étant harmonique sur $]-n,n[\times D$, elle possède la propriété de la valeur moyenne : pour tous (t,x) et $r>0$ tels que $\overline{\mathcal{B}((t,x),r)} \subset]-n,n[\times D$,

$$v_n(t,x) = \int_{\partial\mathcal{B}((t,x),r)} v_n(s,y)d\mu_{(t,x),r}(s,y),$$

avec $\mu_{a,r}$ la probabilité uniforme sur la sphère de rayon r et centre $a \in \mathbb{R}^{1+d}$. On peut passer à la limite en n dans cette formule par convergence dominée et en déduire que $v(t,x)$ possède la propriété de la valeur moyenne pour $(t,x)\in\mathbb{R}\times D$. D'après la réciproque de la proposition 4.4 (cf. remarque page 63), ceci implique que v est harmonique sur le domaine $\mathbb{R}\times D$. Autrement dit,

$$\frac{\partial^2}{\partial t^2}v(t,x) = -\Delta v(t,x), \qquad (t,x)\in\mathbb{R}\times D.$$

3.

(i) Pour $(t,u)\in\mathbb{R}^2$ arbitraire fixé, un calcul élémentaire nous donne, en posant $\sigma^2=(1+2u^2)^{-1}$ et $m=-2\sigma^2 tu$:

$$\begin{aligned} E_x e^{-(t+uZ)^2} &= \int_{-\infty}^{+\infty} e^{-(t^2+2tuz+u^2z^2)}e^{-\frac{z^2}{2}}\frac{dz}{\sqrt{2\pi}} \\ &= \sigma\exp[t^2(2\sigma^2u^2-1)]\int_{-\infty}^{+\infty} e^{-\frac{(z-m)^2}{2\sigma^2}}\frac{dz}{\sqrt{2\pi\sigma^2}} \\ &= (1+2u^2)^{-1/2}\exp\left(-\frac{t^2}{1+2u^2}\right). \end{aligned}$$

(ii) Par indépendance des variables τ et Z, nous déduisons du calcul précédent :

$$E_x e^{-(t+\sqrt{\tau}Z)^2} = E_x\left[(1+2\tau)^{-1/2}\exp\left(-\frac{t^2}{1+2\tau}\right)\right] \leqslant E_x\exp\left(-\frac{t^2}{1+2\tau}\right)$$

Pour $t\in\mathbb{R}$ arbitraire fixé, nous considérons le C^1-difféomorphisme croissant $g_t :]0,+\infty[\to]e^{-t^2},1[$ défini par $g_t(\theta) = e^{-t^2/(1+2\theta)}$, de dérivée $g_t'(\theta) = (2t^2)/(1+2\theta)^2\, e^{-t^2/(1+2\theta)}$. Nous pouvons donc écrire :

$$E_x e^{-(t+\sqrt{\tau}Z)^2} \leqslant E_x g_t(\tau) \quad ,$$

et, comme $g_t(\tau)$ est une variable aléatoire positive, et même plus précisément à valeurs dans $]e^{-t^2},1[$, nous avons l'égalité :

$$E_x g_t(\tau) = \int_0^{+\infty} P_x(g_t(\tau)>y)\,dy = e^{-t^2} + \int_{e^{-t^2}}^1 P_x(g_t(\tau)>y)\,dy$$

Avec le changement de variable $y=g_t(\theta)$, nous en déduisons :

$$\begin{aligned} E_x e^{-(t+\sqrt{\tau}Z)^2} &\leqslant e^{-t^2} + \int_0^{+\infty} P_x(\tau>\theta)\frac{2t^2}{(1+2\theta)^2}e^{-t^2/(1+2\theta)}d\theta \\ &\leqslant e^{-t^2} + \int_0^{+\infty}\frac{2t^2}{(1+2\theta)^2}\exp\left(-k\theta-\frac{t^2}{1+2\theta}\right)d\theta \quad , \end{aligned}$$

cette dernière égalité résultant de celle rappelée dans l'énoncé.
Comme ce majorant est pair, il suffit d'étudier son comportement en $+\infty$.
En utilisant l'inégalité :

$$\frac{2t^2}{(1+2\theta)^2}\exp\left(-k\theta-\frac{t^2}{1+2\theta}\right)\leqslant \mathbf{1}_{]0,\frac{t-1}{2}[}(\theta)\,2t^2e^{-t}+\mathbf{1}_{[\frac{t-1}{2},+\infty[}(\theta)\,2e^{-k\theta}\ ,$$

nous en déduisons, pour tout $t\geqslant 1$:

$$E_x e^{-(t+\sqrt{\tau}Z)^2}\leqslant e^{-t^2}+t^3e^{-t}+\frac{2}{k}\exp\left(-\frac{k(t-1)}{2}\right)$$

Finalement, en choisissant $c<\min\{1,k/2\}$, il est facile d'en déduire l'existence une constante C telle que :

$$\forall (t,x)\in\mathbb{R}\times\mathbb{R}^d\quad E_x e^{-(t+\sqrt{\tau}Z)^2}\leqslant Ce^{-c|t|}$$

4.

(i) Si nous justifions l'interversion suivante entre $\frac{\partial^2}{\partial t^2}$ et E_x :

$$\frac{\partial^2}{\partial t^2}E_x[v(tY,x)]=E_x\Big[\frac{\partial^2}{\partial t^2}v(tY,x)\Big]\quad , \tag{15.8.21}$$

nous obtenons bien :

$$\frac{\partial^2}{\partial t^2}u(t,x)=E_x\big[Y^2\times v^{(2)}(tY,x)\big].$$

Commençons par justifier :

$$\frac{\partial}{\partial t}E_x[v(tY,x)]=E_x\Big[\frac{\partial}{\partial t}\big(v(tY,x)\big)\Big]=E_x\Big[Yv^{(1)}(tY,x)\Big] \tag{15.8.22}$$

D'abord, sous l'hypothèse (H), $\frac{\partial}{\partial t}f(t,x)$ est bornée donc nous pouvons écrire :

$$v^{(1)}(t,x)=\frac{\partial}{\partial t}v(t,x)=E_x\left[\frac{\partial}{\partial t}f(t+\sqrt{\tau}Z,B(\tau))\right].$$

En outre, l'hypothèse (H) nous donne la majoration :

$$|v^{(1)}(t,x)|\leqslant E_x e^{-(t+\sqrt{\tau}Z)^2}\leqslant Ce^{-c|t|}, \tag{15.8.23}$$

d'après la question précédente.
Soit $t_0\neq 0$; il existe un voisinage V de t_0 tel que :

$$\forall t\in V\quad |Yv^{(1)}(tY,x)|\leqslant C|Y|\exp\left(-\frac{c|t_0Y|}{2}\right)$$

Cette dernière variable aléatoire étant intégrable, la dérivation sous le signe E_x dans (15.8.22) est justifiée en tout $t\neq 0$.
Pour justifier (15.8.21), il suffit d'appliquer les mêmes arguments avec la dérivée seconde.

(ii) En utilisant la densité de Cauchy, on calcule pour $t \neq 0$,

$$\begin{aligned}
\frac{\partial^2}{\partial t^2}u(t,x) &= \int_{-\infty}^{+\infty} \frac{y^2}{\pi(1+y^2)} v^{(2)}(ty,x)dy \\
&= \frac{1}{\pi}\int_{-\infty}^{+\infty} v^{(2)}(ty,x)dy - \int_{-\infty}^{+\infty} \frac{1}{\pi(1+y^2)} v^{(2)}(ty,x)dy \\
&= \frac{1}{\pi t}\big[v^{(1)}(ty,x)\big]_{y=-\infty}^{+\infty} - E_x\big[v^{(2)}(tY,x)\big],
\end{aligned}$$

d'où finalement :

$$\frac{\partial^2}{\partial t^2}u(t,x) = -E_x\big[v^{(2)}(tY,x)\big] \qquad (15.8.24)$$

car $\lim_{z\to+\infty} v^{(1)}(z,x) = \lim_{z\to-\infty} v^{(1)}(z,x) = 0$ d'après (15.8.23).

(iii) Nous avons prouvé dans la deuxième question que $v^{(2)}(t,x) = -\Delta v(t,x)$. Dans l'égalité (15.8.24), l'espérance porte sur la variable aléatoire Y ; comme elle ne fait pas intervenir x, nous pouvons l'écrire :

$$\begin{aligned}
\frac{\partial^2}{\partial t^2}u(t,x) &= -\mathbf{E}\big[v^{(2)}(tY,x)\big] \\
&= \mathbf{E}\Delta v(tY,x) \\
&= \Delta \mathbf{E} v(tY,x) \qquad \text{(en utilisant (H))} \\
&= \Delta u(t,x).
\end{aligned}$$

Ainsi, sous l'hypothèse (H), u est solution de l'équation des ondes (15.8.17).

Bibliographie

[1] Bouleau, Nicolas ; Talay, Denis : *Probabilités numériques.* INRIA, Rocquencourt, 1992.

[2] Brezis, Haïm : *Analyse fonctionnelle : Théorie et applications.* (2e tirage). Masson, Paris, 1987.

[3] Cartan, Henri : *Calcul différentiel.* Hermann, Paris 1967.

[4] Cottrell, Marie ; Genon-Catalot, Valentine ; Duhamel, Christian ; Meyre, Thierry : *Exercices de Probabilités.* Cassini, Paris, 2005.

[5] Dudley, Richard : *Real Analysis and Probability.* Mathematics Series. Wadsworth and Brooks/Cole, Belmont, 1989.

[6] Durrett, Richard : *Stochastic calculus. A practical introduction.* Probability and Stochastics Series. CRC Press, Boca Raton, FL, 1996.

[7] Durrett, Richard : *Probability : theory and examples.* Duxbury Press, Belmont, 1996.

[8] Ethier, Stewart N. ; Kurtz, Thomas G. : *Markov processes. Characterization and convergence.* John Wiley & Sons, Inc., New York, 1986.

[9] Friedman, A. : *Stochastic Differential Equations and Applications, Vol. 1* Academic Press, New York 1975.

[10] Gard, Thomas : *Introduction to stochastic differential equations.* Monographs and Textbooks in Pure and Applied Mathematics, 114. Marcel Dekker, New York, 1988.

[11] Ikeda, Nobuyuki ; Watanabe, Shinzo : *Stochastic differential equations and diffusion processes.* (2e édition). North-Holland Mathematical Library, 24. North-Holland Publishing Co., Amsterdam, 1989.

[12] Ito, Kiyoshi ; Mc Kean, Henry P.Jr : *Diffusion processes and their sample paths.* Die Grundlehren der Mathematischen Wissenschaften 125 Academic Press, New York ; Springer-Verlag, Berlin-New York ; 2e édition, 1974.

[13] Kallianpur, Gopinath : *Stochastic filtering theory.* Applications of Mathematics, 13. Springer-Verlag, New York-Berlin, 1980.

[14] Kloeden, Peter ; Platen, Eckhard : *Numerical solution of stochastic differential equations.* Applications of Mathematics 23. Springer-Verlag, Berlin, 1992.

[15] Karatzas, Ioannis ; Shreve, Steven E. : *Brownian motion and stochastic calculus.* Graduate Texts in Mathematics, 113. Springer-Verlag, New York, 1988.

[16] Ledoux, Michel : Logarithmic Sobolev inequalities for unbounded spin systems revisited. Séminaire de Probabilités XXXV, Lecture Notes in Math., 1755, Springer, Berlin, 2001, pp. 167-194.

[17] Le Gall, Jean-François : *Mouvement Brownien, martingales et calcul stochastique.* Collection Mathématiques et applications 71, Springer, 2012.

[18] McKean, Henry, Jr. : *Stochastic integrals.* Probability and Mathematical Statistics, 5 Academic Press, New York-London 1969.

[19] Nelson, Edward : *Dynamical theories of Brownian motion.* Princeton University Press, Princeton, N.J. 1967.

[20] Neveu, Jacques : *Martingales à temps discret.* Masson et Cie, Paris, 1972.

[21] Neveu, Jacques : *Bases mathématiques du calcul des probabilités.* Deuxième édition, Masson et Cie, Éditeurs, Paris 1970.

[22] Neveu, Jacques, Pardoux Etienne : *Modèles de diffusions.* Cours de l'École Polytechnique 1991.

[23] Øksendal, Bernt : *Stochastic Differential Equations. An introduction with applications.* 6e édition. Universitext. Springer-Verlag, Berlin, 2003.

[24] Revuz, Daniel : *Mesure et Integration.* Hermann, Paris 1997.

[25] Revuz, Daniel : *Probabilités.* Hermann, Paris, 1997.

[26] Revuz, Daniel ; Yor, Marc : *Continuous martingales and Brownian motion.* Third edition. Grundlehren der Mathematischen Wissenschaften, 293. Springer-Verlag, Berlin, 1999.

[27] Stroock, Daniel ; Varadhan, Srinivasa : *Multidimensional diffusion processes.* Fundamental Principles of Mathematical Sciences 233. Springer-Verlag, Berlin-New York, 1979.

[28] Sznitman, Alain-Sol : *Brownian motion, obstacles and random media. Springer Monographs in Mathematics.* Springer-Verlag, Berlin, 1998.

[29] Toulouse, Paul : *Thèmes de probabilités et statistique.* Dunod, Paris, 1999.

[30] Williams, David : *Probability with martingales.* Cambridge University Press, Cambridge, 1991.

[31] Ycart, Bernard : *Modèles et algorithmes markoviens.* Mathématiques et Applications 39, Springer, 2002.

Index

absolue continuité, 93
absolue continuité de diffusions, 79
algorithme de recuit simulé, 126
approximation diffusion, 96
approximation faible, discrétisation, 144
approximation forte, discrétisation, 141

Brascamp-Lieb, inégalité, 123
bruit blanc, 13

Cameron-Martin, formule, 71
caractérisation de Paul Lévy, 32
chaleur, équation, 67
coefficient de diffusion, 84
convergence vers l'équilibre, 123
crochet d'un processus d'Itô, 47
crochet d'une martingale, 32

diffusion, 84
diffusion d'Ehrenfest, 98
diffusion dans un potentiel, 120
Dirichlet, forme, 122
discrétisation de diffusion, 140
durée de vie, 88
Dynkin, formule, 266
dérive, 84

espace gaussien, 7

Feynman-Kac, formule, 69, 115
filtrage, 99
filtration, 22
filtration propre, 22
filtre de Kalman-Bucy, 100
fonction aléatoire, 4
fonction en escalier, 39
fonction harmonique, 61
fonctions de Lyapunov, 131
forme de Dirichlet, 122
formule d'Itô, 45, 49, 50
formule d'Itô vectorielle, 51
formule de Karhunen-Loève, 9

Girsanov, formule, 72
générateur infinitésimal d'une diffusion, 111

harmonique, 61

intégrale de Wiener, 203, 204
intégrale stochastique, 41, 48
invariante, probabilité, 114
inégalité de Doob, 29

Kolmogorov, équation progressive, 113
Kolmogorov, équation rétrograde, 113

laplacien, 61
localisation et intégrale stochastique, 48
loi de l'arcsinus, 80
loi des grands nombres, 30

martingale, 22
martingale de carré intégrable, 31
modèle de Cox-Ingersol-Ross, 115
modèle logistique, 133
mouvement brownien, 12
mouvement brownien géométrique, 14, 49
mouvement brownien sur le cercle, 247, 292
mouvement brownien vectoriel, 51
mouvement brownien, $\mathcal{F}$-, 38

Novikov, critère, 77

Onsager-Machlup, fonctionnelle, 241
Ornstein-Uhlenbeck, processus, 57
oscillateur harmonique, 59

pont brownien, 173
principe d'invariance, 16
principe de réflexion, 269
principe du maximum, 63
problème de Cauchy, 115
problème de Dirichlet, 63, 118
processus aléatoire, 3
processus d'Itô, 47
processus d'Ornstein-Uhlenbeck, 57
processus d'Ornstein-Uhlenbeck multidimensionnel, 58
processus de Poisson, 196
processus gaussien, 7
progressivement mesurable, 38
propriété de Markov, 15, 28, 107

Radon-Nikodim, dérivée, 79
rapport signal-sur-bruit, 96
récurrence, 132
régulier, domaine, 65
réversible, 15
réversible, diffusion, 121

schéma d'Euler, 140
schéma de Milstein, 146
semi-groupe, 109
simulation, 137
Smoluchowski, équation, 120
solution faible, 89
solution forte, 84
sous-martingale, sur-martingale, 24
stabilité, 132

Tanaka, 90
temps d'arrêt, 24
temps d'entrée, 24
test du rapport de vraisemblance, 96
théorème d'arrêt, 25, 28
théorème de Hille-Yoshida, 111
trou spectral, 122

valeur moyenne, propriété, 62
variation quadratique, 21
Vasicek, modèle, 86
version continue, 19

Wright-Fisher, 98

échelle diffusive, 14
équation de Fokker-Planck, 114
équation de Langevin, 55
équation de Langevin multidimensionnelle, 58
équations différentielles stochastiques, 84

Achevé d'imprimer en France par Dupli-Print (95)
N° d'impression : 2015071035
www.dupli-print.fr

73837 – (I) – (0,8) – PAF/EPR - OSB 80°– JME
Dépôt légal : août 2015